Studien zur theoretischen und empirischen Forschung in der Mathematikdidaktik

Reihe herausgegeben von

Gilbert Greefrath, Münster, Deutschland

Stanislaw Schukajlow, Münster, Deutschland

Hans-Stefan Siller, Würzburg, Deutschland

In der Reihe werden theoretische und empirische Arbeiten zu aktuellen didaktischen Ansätzen zum Lehren und Lernen von Mathematik – von der vorschulischen Bildung bis zur Hochschule – publiziert. Dabei kann eine Vernetzung innerhalb der Mathematikdidaktik sowie mit den Bezugsdisziplinen einschließlich der Bildungsforschung durch eine integrative Forschungsmethodik zum Ausdruck gebracht werden. Die Reihe leistet so einen Beitrag zur theoretischen, strukturellen und empirischen Fundierung der Mathematikdidaktik im Zusammenhang mit der Qualifizierung von wissenschaftlichem Nachwuchs.

Hoang Nguyen

Wirksamkeit dynamischer Visualisierungen bei der Einführung des Ableitungsbegriffs

Eine empirische Studie in Jahrgangsstufe 11

Springer Spektrum

Hoang Nguyen
Mathematik und Informatik
Universität Münster
Münster, Deutschland

Dissertation am Institut für Didaktik der Mathematik und der Informatik der Universität Münster
Dekan: Prof. Dr. Arthur Bartels
Erstgutachter: Prof. Dr. Gilbert Greefrath
Zweitgutachter: Prof. Dr. Reinhard Oldenburg
Tag der Disputation: 04.12.2025
Tag der Promotion: 04.12.2025

ISSN 2523-8604 ISSN 2523-8612 (electronic)
Studien zur theoretischen und empirischen Forschung in der Mathematikdidaktik
ISBN 978-3-658-51844-8 ISBN 978-3-658-51845-5 (eBook)
https://doi.org/10.1007/978-3-658-51845-5

Die Deutsche Nationalbibliothek verzeichnet diese Publikation in der Deutschen Nationalbibliografie; detaillierte bibliografische Daten sind im Internet über https://portal.dnb.de abrufbar.

Planung/Lektorat: Carina Reibold
Springer Spektrum ist ein Imprint der eingetragenen Gesellschaft Springer Fachmedien Wiesbaden GmbH und ist ein Teil von Springer Nature.
Die Anschrift der Gesellschaft ist: Abraham-Lincoln-Str. 46, 65189 Wiesbaden, Germany

Geleitwort

Der Übergang von der Algebra zur Analysis markiert einen wichtigen Wendepunkt im Mathematikunterricht. Im Zentrum steht dabei der Ableitungsbegriff, der durch seine Vielschichtigkeit zwischen lokaler Änderungsrate, Tangentensteigung und formalem Grenzwert Lernende wie Lehrende vor erhebliche Herausforderungen stellt. In einer Zeit, in der die Digitalisierung der Schulen schnell voranschreitet, stellt sich die Frage: Können digitale Werkzeuge diesen Abstraktionsprozess nicht nur begleiten, sondern auch qualitativ vertiefen? Die vorliegende Dissertation von Hoang Nguyen liefert auf diese Frage eine ebenso fundierte wie differenzierte Antwort.

Was diese Arbeit besonders auszeichnet, ist die außergewöhnliche theoretische Dichte und die gelungene Synthese verschiedener Forschungsstränge. Hoang Nguyen gelingt eine passende Integration des deutschen Konzepts der Grundvorstellungen mit der internationalen Concept-Image-Theorie. Durch die Erweiterung um moderne Frameworks zum Ableitungsverständnis schafft er ein ausdifferenziertes Rahmenmodell, das über den bisherigen Forschungsstand klar hinausreicht.

Auch in methodischer Hinsicht setzt die Arbeit Maßstäbe. Eingebettet in das Projekt AdVise, überzeugt die Studie durch ein kontrolliertes Design mit 274 Lernenden. Die saubere Trennung zwischen interaktiv-dynamischen GeoGebra-Applets und statischen Repräsentationen erlaubt es, die Wirksamkeit der Dynamik als isolierte Variable zu bestimmen. Die statistische Auswertung, gestützt auf die Item-Response-Theorie und komplexe Regressionsmodelle, zeugt von einer hohen wissenschaftlichen Expertise. Dass Hoang Nguyen dabei den Fokus auf die Grundvorstellung der Tangentensteigung legt und nachweisen kann, wie gezielte

Interaktion das Verständnis nachhaltig fördert, ist ein zentraler Gewinn für die Fachdidaktik.

Hoang Nguyens Dissertation bietet auch Lehrkräften konkrete Orientierungspunkte, wie interaktive Werkzeuge gestaltet sein müssen, um Lernende zum konstruktiven Handeln zu führen. Diese Dissertation liefert wertvolle Impulse für zukünftige Forschungen und bereichert sowohl die theoretische als auch die praktische Perspektive auf mathematische Bildung. Hoang Nguyen hat gezeigt, dass die Digitalisierung des Mathematikunterrichts dann am erfolgreichsten ist, wenn sie auf einem soliden Fundament aus Fachdidaktik und kognitiver Psychologie steht.

Münster
im April 2026

Gilbert Greefrath

Danksagung

Mit diesen Zeilen, die den Anfang dieser Arbeit markieren und das Ende eines langen Schreibprozesses mit häufig wechselnder *Steigung* des Fortschritts einläuten, möchte ich auf die ereignisreiche Zeit der Promotion zurückblicken, in der ich viel über die Mathematikdidaktik lernen durfte. Besonders bereichernd empfand ich die Teilnahme an nationalen und internationalen Tagungen, auf denen ich meine Forschung vorstellen und diskutieren konnte sowie wertvolle Einblicke in andere Forschungsbereiche erhielt. Während dieser Jahre haben mich sehr viele Menschen begleitet und sowohl beruflich als auch privat unterstützt, denen ich hiermit meinen herzlichen Dank ausspreche.

An erster Stelle gilt mein Dank meinem Doktorvater Prof. Dr. Gilbert Greefrath, der mir stets großes Vertrauen entgegengebracht und meine Forschung durch hilfreiche Rückmeldungen vorangebracht hat. Besonders schätze ich, dass er auch in Phasen der Stagnation die richtigen Worte fand, um mich zu motivieren und andere Sichtweisen einzunehmen. Zudem möchte ich mich bei Prof. Dr. Reinhard Oldenburg für sein Interesse an meiner Arbeit, die freundliche Übernahme des Zweitgutachtens sowie dafür bedanken, dass ich mein Forschungsprojekt im Rahmen eines Kolloquiums an der Universität Augsburg vorstellen durfte. Ebenso danke ich Prof. Dr. Stanislaw Schukajlow für die Bereitschaft, die Rolle des Drittprüfers zu übernehmen, sowie für den bereichernden Austausch im Institut.

Auch meinen Kolleginnen und Kollegen bin ich sehr dankbar: Die gemeinsamen Aktivitäten sowie die regen inhaltlichen und methodischen Diskussionen trugen zu einer angenehmen und produktiven (Arbeits-)Atmosphäre bei und führten auch dazu, dass über die Arbeit hinaus gute Freundschaften entstanden.

Besonders die Ausflüge zu meiner Lieblings-Currywurstbude Otmar mit Anna, Laura und Maxim oder die regelmäßig von Wespen belagerten Arbeitssessions im Campus Café mit Marlena waren eine willkommene Abwechslung. Im Besonderen möchte ich mich bei meinem Büropartner Andreas bedanken, der stets ein offenes Ohr für Probleme jeglicher Art hatte. Unsere vielen fachlichen (und privaten) Gespräche brachten nicht nur unsere Arbeiten voran, sondern machten den manchmal von Müdigkeit geprägten Büroalltag deutlich angenehmer. Bei methodischen und statistischen Fragen waren mir Jascha und insbesondere Katharina K. eine große Hilfe. Auch die studentischen Hilfskräfte am Institut haben mich durch kurzfristiges Korrekturlesen oder Kodieren tatkräftig unterstützt.

Darüber hinaus gilt mein Dank vielen Freundinnen und Freunden, die auf ganz unterschiedliche Weise zur Fertigstellung dieser Arbeit beigetragen haben. Hervorheben möchte ich vor allem Marc, aber auch Katharina W., Giuseppe, Thomas und meine Lüner Spielefreundesgruppe. Ebenso danke ich allen Masterandinnen, die mich bei den Erhebungen engagiert unterstützt haben, sowie den Mathematiklehrkräften und den Schülerinnen und Schülern, die durch ihre Teilnahme an der Studie diese Arbeit erst ermöglicht haben.

Zum Schluss möchte ich von Herzen meiner Mutter für ihre unermüdliche Unterstützung und ihren Glauben an mich und meine Fähigkeiten danken. Beides hat mich ermutigt, diese Promotion anzutreten und nun abzuschließen. *Con cảm ơn mẹ nhiều!*

Zusammenfassung

Der Ableitungsbegriff gilt sowohl aus der Perspektive des Lehrens als auch aus der des Lernens als besonders anspruchsvoll. In dem Projekt *AdVise – Ableitung (dynamisch) über Visualisierungen entdecken* wurde untersucht, inwiefern interaktiv gestaltete dynamische Visualisierungen über GeoGebra die Einführung des Ableitungsbegriffs unterstützen können. Dafür wurde eine sechsstündige Unterrichtssequenz als Intervention entwickelt, die sich inhaltlich an den beiden zentralen Grundvorstellungen der Ableitung an einer Stelle – der *Lokalen Änderungsrate* und der *Tangentensteigung* – orientierte. Ergänzend wurde auch die Ableitung als Funktion thematisiert, insbesondere im Kontext des grafischen Differenzierens. Die Unterrichtssequenz wurde als Arbeitsblatt-basierter Lernpfad in zwei Varianten konzipiert: mit dynamischen Visualisierungen über GeoGebra und mit statischen Visualisierungen, wobei dazugehörige Aufgabenstellungen inhaltlich identisch gestellt wurden. In die Auswertung gingen die Daten von $N = 274$ Schülerinnen und Schülern der 11. Jahrgangsstufe ein (141 in der dynamischen und 133 in der statischen Gruppe).

Die Ergebnisse zeigen, dass beide Varianten zu einer Verbesserung des Verständnisses der Ableitung führten, der Zuwachs in der dynamischen Gruppe jedoch signifikant höher ausfiel. Ein Interaktionseffekt zwischen Vorwissen und Gruppenzugehörigkeit bestand nicht. Dynamische Visualisierungen förderten insbesondere die Ausprägung der Grundvorstellung Tangentensteigung und führten zudem zu positiveren Einstellungen gegenüber der Software GeoGebra.

Darüber hinaus leistet die Studie einen Beitrag zur Theorie der Grundvorstellungen zum Ableitungsbegriff: Die Grundvorstellung *Tangentensteigung* war auch nach der Intervention in der Gesamtstichprobe durchschnittlich stärker ausgeprägt als die *Lokale Änderungsrate.* Zwischen den Grundvorstellungen und der Fähigkeit, Aufgaben zum Verständnis der Ableitung zu bearbeiten, bestehen positive Zusammenhänge, d. h. eine hohe Ausprägung der Grundvorstellungen geht mit einem höheren Verständnis einher und vice versa. Ebenso erwies sich die Ausprägung der *Tangentensteigung* in der dynamischen Gruppe im Vergleich zur statischen Gruppe als signifikanter Prädiktor des Verständnisses der Ableitung.

Schließlich liefern die Ergebnisse auch Hinweise zur Nutzung interaktiver Elemente in dynamischen Visualisierungen: Während aktive Interaktionsmöglichkeiten (z. B. Zugmodus oder Eingabefelder) das Verständnis und die Ausprägung von Grundvorstellungen unterstützten, wirkten sich passive Interaktionen (z. B. Animationen) eher hinderlich aus. Die Einstellungen gegenüber GeoGebra vor der Intervention erwiesen sich hingegen nicht als signifikanter Prädiktor.

Abstract

The concept of the derivative is considered particularly challenging from both a teaching and a learning perspective. The project *AdVise* (*German: Ableitung (dynamisch) über Visualisierungen entdecken*) examined the extent to which interactively designed dynamic visualizations with GeoGebra can support the introduction of the derivative concept. For this purpose, a series of six lessons was developed that focused on the two central basic mental models of the derivative at a point – the *local rate of change* and the *tangent slope*. In addition, the derivative as a function was addressed, particularly in the context of graphical differentiation. The sequence was designed as a worksheet-based learning path in two variants: one with dynamic visualizations in GeoGebra and one with static visualizations, with identical tasks provided in both conditions. In total, $N = 274$ students from grade 11 participated in the analysis (141 in the dynamic group and 133 in the static group).

The results show that both variants led to an improvement in students' understanding of the derivative, with significantly greater gains in the dynamic group. No interaction effect was found between prior knowledge and group membership. Dynamic visualizations particularly supported the extent of the basic mental model *tangent slope* and also led to more positive attitudes toward the software GeoGebra.

Furthermore, the study contributes to the theory of basic mental models of the derivative: after the intervention, the *tangent slope* was on average more pronounced than the *local rate of change*. Positive correlations were found between the extent of these basic mental models and students' understanding of the derivative, indicating that higher levels of basic mental models were associated with better understanding, and vice versa. In the dynamic group, the basic mental model *tangent slope* also proved to be a significant predictor of understanding of the derivative compared to the static group.

Finally, the findings provide insights into the use of interactive elements in dynamic visualizations: while active interaction options (e. g., dragging mode or input fields) supported understanding and the development of basic mental models, passive forms of interaction (e. g., animations) tended to hinder learning. Attitudes toward GeoGebra prior to the intervention, however, did not emerge as a significant predictor.

Inhaltsverzeichnis

Abbildungsverzeichnis

Tabellenverzeichnis

Einleitung 1

Der Ableitungsbegriff stellt für viele Lernende sowohl im schulischen als auch universitären Kontext eine erhebliche Herausforderung dar (z. B. Asiala et al., 1997; Berry & Nyman, 2003; Habre & Abboud, 2006; Hahn & Prediger, 2008; Ubuz, 2007; Zandieh, 2000). Gleichwohl nimmt er im schulischen Mathematikunterricht eine zentrale Stellung ein und ist im Sachgebiet *Analysis* in den Bildungsstandards für die Allgemeine Hochschulreife in Deutschland fest verankert (KMK, 2012). Zudem ist der Ableitungsbegriff weit über den Unterricht hinaus bedeutsam, etwa beim Verständnis von Veränderungsprozessen (Larsen et al., 2017, S. 526; NCTM, 2000, S. 40). Seine Vermittlung gilt jedoch als besonders anspruchsvoll (Bezuidenhout, 1998, S. 397; Pizarro-Ayavire et al., 2024; Verhoef et al., 2015).

Trotz der gut dokumentierten Schwierigkeiten mangelte es bis vor wenigen Jahren an Studien, die sich mit didaktischen Ansätzen zur Förderung des Verständnisses der Ableitung befassen (Mkhatshwa, 2024, S. 2; Ryberg, 2018, S. 1). Larsen et al. (2017) forderten daher, diesen Forschungsbereich stärker auszubauen. Seither sind im Bereich der Analysis zwar einige Interventionsstudien erschienen (vgl. Alzaga Elizondo & Larsen, 2024), doch speziell zum Ableitungsbegriff bleibt die Zahl entsprechender Arbeiten weiterhin gering – insbesondere im schulischen Kontext.

Bereits die Geschichte der Mathematik verdeutlicht, dass das Konzept der Ableitung einen grafischen Ursprung besitzt (de Almeida & da Silva, 2018, S. 882). Daher wird häufig empfohlen, dieses visuell und für Lernende explorativ einzuführen (vgl. Orton, 1983; Ryberg, 2018; Samuels, 2017; Zengin, 2018), sodass sie Grundvorstellungen (z. B. die Ableitung als lokale Änderungsrate bzw. als Tangentensteigung) zunächst auf informeller Ebene aufbauen können (Hahn & Prediger, 2004). Vor diesem Hintergrund wird auch der Einsatz

H. Nguyen, *Wirksamkeit dynamischer Visualisierungen bei der Einführung des Ableitungsbegriffs*, Studien zur theoretischen und empirischen Forschung in der Mathematikdidaktik, https://doi.org/10.1007/978-3-658-51845-5_1

digitaler Werkzeuge diskutiert. Dynamische Visualisierungen eröffnen die Möglichkeit, Funktionsgraphen mit anderen Repräsentationen interaktiv zu verknüpfen (Schacht, 2015; Swidan, 2019). Im Vergleich zu den in Schulbüchern üblichen statischen Visualisierungen ermöglichen digitale Werkzeuge, dynamische Prozesse wie den Übergang von der durchschnittlichen zur lokalen Änderungsrate sichtbar zu machen (Hoch et al., 2019; Swidan & Naftaliev, 2019).

Allerdings ist die Forschung zu Visualisierungen bislang überwiegend qualitativ ausgerichtet (Schoenherr & Schukajlow, 2024a). Der Vergleich von statischen und dynamischen Visualisierungen erweist sich zudem als komplex (Castro-Alonso et al., 2016) und zeigt in der Literatur häufig ambivalente Ergebnisse (Berney & Bétrancourt, 2016; Höffler & Leutner, 2007). Verschiedene Autorinnen und Autoren warnen daher davor, dynamische Visualisierungen pauschal als überlegen anzusehen. Vielmehr sind Faktoren wie Lernziele, Thema und individuelle Merkmale der Lernenden zu berücksichtigen (H.-K. Wu et al., 2015, S. 37).

Aus theoretischer und empirischer Perspektive bietet sich das Sachgebiet der Analysis im Allgemeinen bzw. der Ableitungsbegriff im Speziellen an, von dynamischen Visualisierungen zu profitieren (Ng, 2016; Tall et al., 2008; Verhoef et al., 2015; Y. Zhang et al., 2023). Quantitative Studien, die im schulischen Mathematikunterricht systematisch die Wirksamkeit dynamischer Visualisierungen im Vergleich zu statischen bei der Einführung des Ableitungsbegriffs untersuchen, fehlen bislang jedoch weitgehend. Gerade diese Anfangsphase ist von zentraler Bedeutung, da sie die Grundlage für das Verständnis weiterführender Konzepte legt und eine vorschnelle Thematisierung kalkülhafter Verfahren leicht zu Fehlvorstellungen führen kann. Vor diesem Hintergrund leistet die vorliegende Arbeit einen Beitrag, indem sie in einer schulischen Interventionsstudie vorrangig die Wirksamkeit dynamischer gegenüber statischen Visualisierungen bei der Einführung des Ableitungsbegriffs vergleicht und zugleich Einflussfaktoren des Lernens mit dynamischen Visualisierungen untersucht.

Struktur der Arbeit

Die vorliegende Arbeit umfasst einen theoretischen und einen empirischen Teil. Der theoretische Hintergrund behandelt das Verständnis und die Grundvorstellungen der Ableitung sowie den Beitrag (dynamischer) Visualisierungen hierzu.

Kapitel 2 beleuchtet den Ableitungsbegriff zunächst aus fachmathematischer Perspektive. Anschließend wird er aus mathematikdidaktischer Sicht betrachtet: Zunächst wird das Konzept der Grundvorstellungen (vom Hofe & Blum, 2016) allgemein beschrieben, bevor zentrale Grundvorstellungen zur Ableitung – insbesondere die *Lokale Änderungsrate* und die *Tangentensteigung* – hergeleitet und erläutert werden (Greefrath et al., 2016b; Salle & Clüver, 2021). Darauf aufbauend erfolgt eine für diese Arbeit zentrale Begriffsklärung des Verständnisses der Ableitung auf Grundlage des Rahmenmodells von Zandieh (2000) sowie dessen Erweiterung durch Roundy et al. (2015). Im Anschluss wird dieses Rahmenmodell mit den Grundvorstellungen verknüpft. Das Kapitel schließt mit curricularen Vorgaben zum Lernen der Ableitung in Deutschland sowie empirisch belegten Verständnisschwierigkeiten von Lernenden in Schule und Hochschule.

Daran schließt sich eine Auseinandersetzung mit den Grundlagen von Repräsentationen an. Dabei werden statische sowie dynamische Visualisierungen als Teilmenge von Repräsentationen definiert. Es folgen theoretische Überlegungen und empirische Studien zur Rolle (multipler) dynamischer bzw. statischer Repräsentationen beim Mathematiklernen, insbesondere in der Funktionenlehre und Differenzialrechnung (Kapitel 3).

Kapitel 4 vertieft das Lernen mit dynamischen Visualisierungen. Zunächst wird GeoGebra als Software zur Erstellung dynamischer Visualisierungen vorgestellt. Danach werden Einstellungen gegenüber GeoGebra als ein affektives Merkmal betrachtet. Anschließend werden die *Cognitive Load Theory* (Chandler & Sweller, 1991) und die *Cognitive Theory of Multimedia Learning* (Mayer, 2014) eingeführt. Beide Theorien liefern einerseits Designprinzipien zur Gestaltung dynamischer Visualisierungen und bieten andererseits eine theoretische Grundlage zur Erklärung möglicher Unterschiede im Lernzuwachs zwischen dynamischen und statischen Visualisierungen. Im weiteren Verlauf werden das Vorwissen sowie die in den GeoGebra-Applets bereitgestellten interaktiven Tools (u. a. der Zugmodus, Eingabefelder oder Animationen) als mögliche Einflussfaktoren thematisiert. Als theoretische Grundlage zur Analyse der Interaktivität dient die Verknüpfung des Angebot-Nutzungs-Modells in digital angereicherten Lernumgebungen (Reinhold et al., 2024) mit dem ICAP-Rahmenmodell (Chi & Wylie, 2014), das zwischen passiver und aktiver Nutzung unterscheidet. Das Kapitel endet mit der Darstellung empirischer Studien zur Wirksamkeit dynamischer Visualisierungen beim Lernen des Ableitungsbegriffs.

Schließlich werden in Kapitel 5 Vergleichsstudien zur Wirksamkeit dynamischer und statischer Visualisierungen zusammengefasst – zunächst übergreifende und anschließend auf den Ableitungsbegriff bezogene Arbeiten, wobei sowohl Einzelstudien als auch Metaanalysen (Berney & Bétrancourt, 2016; Höffler & Leutner, 2007; Ploetzner et al., 2020) einbezogen werden. Das Kapitel schließt mit Kriterien, die bei einem angemessenen Vergleich von dynamischen und statischen Visualisierungen berücksichtigt werden sollten (Castro-Alonso et al., 2016; Tversky et al., 2002). Auf dieser Grundlage werden Forschungsfragen hergeleitet, teils mit theoriebasierten Hypothesen, teils in explorativer Ausrichtung. Diese werden im empirischen Teil dieser Arbeit beantwortet (Kapitel 6).

Dieser beginnt mit der Darstellung des methodischen Rahmens, in dem zunächst die Projektidee vorgestellt wird. Es folgen das quantitativ ausgerichtete Studiendesign, die Stichprobe sowie die Durchführung der sechsstündigen Interventionsstudie in einer Variante mit dynamischen und einer mit statischen Visualisierungen. Darüber hinaus werden die Auswertungsmethoden zur Skalierung der Daten und zur Durchführung von Unterschieds- und Zusammenhangsanalysen sowie die eingesetzten Messinstrumente zum Verständnis der Ableitung, zu den Ausprägungen der Grundvorstellungen *Lokale Änderungsrate* und *Tangentensteigung* sowie zu den Einstellungen gegenüber GeoGebra beschrieben (Kapitel 7).

Im anschließenden Kapitel 8 werden die Ergebnisse zu den drei behandelten Fragenkomplexen dargestellt: (**I**) die Auswirkungen der sechsstündigen Intervention auf das Verständnis der Ableitung, die Ausprägung von Grundvorstellungen zur Ableitung sowie die Einstellungen gegenüber GeoGebra, (**II**) die Zusammenhänge zwischen Verständnis und Grundvorstellungen zur Ableitung und (**III**) die Einflussfaktoren auf das Lernen mit dynamischen Visualisierungen.

Kapitel 9 greift diese Ergebnisse auf und diskutiert sie vor dem Hintergrund theoretischer Überlegungen und empirischer Befunde. Darüber hinaus wird das methodische Vorgehen kritisch reflektiert. Den Abschluss der Arbeit bilden ein Fazit sowie ein Ausblick, in dem Implikationen für die weitere Forschung und die unterrichtliche Praxis erörtert werden.

Teil I
Theoretischer Teil

Ableitungsbegriff

2

Die Ursprünge der Differenzialrechnung gehen auf die Väter der Analysis, Isaac Newton und Gottfried Wilhelm Leibniz, im späten 17. Jahrhundert zurück (Grieser, 2015, S. VII). Die Entwicklung ihrer Konzepte erfolgte unabhängig voneinander: Newton näherte sich dem Ableitungsbegriff aus einer physikalischen Perspektive, um Probleme aus dem Bereich der Mechanik zu lösen, etwa zur Bestimmung von Momentangeschwindigkeiten. Die *heutige* Ableitung bezeichnete er als „a fluxion – a rate of flux or change" (Grabiner, 1983, S. 199). Leibniz hingegen verfolgte einen geometrischen Zugang: Über die Bestimmung von Tangentensteigungen an beliebigen Kurven gelangte er zum Begriff der Ableitung (Haghjoo et al., 2020, S. 112).Er interpretierte die Ableitung als Quotient infinitesimal kleiner Differenzen und bezeichnete sie als „differential quotient" (Grabiner, 1983, S. 199). Auch in der formalen Notation der Ableitung unterschieden sich die beiden Ansätze: Newton verwendete das Symbol $\dot{x}$, wobei diese Notation auch heutzutage in physikalischen Kontexten für Ableitungen nach einer zeitabhängigen Variablen noch üblich ist (Goebbels & Ritter, 2023, S. 332). Leibniz hingegen führte den Ausdruck dy/dx auf Basis von Differenzialen ein. Beide Darstellungen basieren auf dem Konzept unendlich kleiner Größen. Diese Herangehensweise war zwar intuitiv zugänglich und ermöglichte bedeutende mathematische Fortschritte, erfüllte jedoch nicht die strengen Anforderungen an mathematische Rigorosität. Erst im 19. Jahrhundert entwickelten Augustin-Louis Cauchy (1823) und Karl Weierstraß (1861) mithilfe einer formalen Grenzwertdefinition eine exakte Definition der Ableitung, die nicht mehr auf der Basis unendlich kleiner Größen beruht und somit die Differenzialrechnung der heutigen Mathematik begründete (Arens et al., 2022, S. 316; Grabiner, 1983; Grieser, 2015).

H. Nguyen, *Wirksamkeit dynamischer Visualisierungen bei der Einführung des Ableitungsbegriffs*, Studien zur theoretischen und empirischen Forschung in der Mathematikdidaktik, https://doi.org/10.1007/978-3-658-51845-5_2

2.1 Fachwissenschaftliche Aspekte zur Ableitung

Auch im fachdidaktischen Diskurs spielen fachwissenschaftliche Charakterisierungen mathematischer Begriffe eine zentrale Rolle. So kann zwischen (fachwissenschaftlichen) Aspekten und (fachdidaktischen) Grundvorstellungen zu zentralen Begriffen der Analysis unterschieden werden. Fachwissenschaftliche Aspekte können folgendermaßen beschrieben werden:

> *Ein Aspekt eines mathematischen Begriffs ist ein Teilbereich des Begriffs, mit dem dieser fachlich charakterisiert werden kann. (Greefrath et al., 2016b, S. 17)*

Also repräsentiert ein Aspekt den fachlichen Kern eines Begriffs und kann dazu beitragen, diesen zu definieren. Die in Lehrwerken zur Analysis in der Regel prominenteste Definition der Ableitung beruht auf dem Grenzwert des Differenzenquotienten (Forster, 2016; Forster & Lindemann, 2023; Greefrath et al., 2016b; Grieser, 2015).

Aspekt: Ableitung als Grenzwert des Differenzenquotienten
Sei $I \subset \mathbb{R}$ ein Intervall, $f : I \to \mathbb{R}$ eine reellwertige Funktion und $x_0 \in I$. Die Funktion f heißt differenzierbar an der Stelle x_0, wenn der Grenzwert

$$f'(x_0) := \lim_{x \to x_0} \frac{f(x) - f(x_0)}{x - x_0} \text{ bzw. } f'(x_0) := \lim_{h \to 0} \frac{f(x_0 + h) - f(x_0)}{h}$$

in $\mathbb{R}$ existiert. Ist f an der Stelle x_0 differenzierbar, dann heißt $f'(x_0)$ die Ableitung von f an der Stelle x_0 (oder der Differentialquotient von f an der Stelle x_0).

Geometrische Interpretation der Ableitung an einer Stelle
Der Differenzenquotient $\frac{f(x)-f(x_0)}{x-x_0}$ kann geometrisch als die Steigung der Sekante an dem Graphen einer Funktion f durch die Punkte $A(x_0|f(x_0))$ und $B(x|f(x))$ interpretiert werden (vgl. **Abbildung 2.1**). Durch Bildung des Grenzwertes ($x \to x_0$) kommt es geometrisch zum Übergang der Sekante durch A und B zur Tangente am Graphen von f im Punkt A, sofern f an der Stelle x_0 differenzierbar ist. Dann entspricht die Steigung der Tangente dem Term $\lim\limits_{x \to x_0} \frac{f(x)-f(x_0)}{x-x_0}$, also der Ableitung von f an der Stelle x_0 (Forster & Lindemann, 2023, S. 227–228).

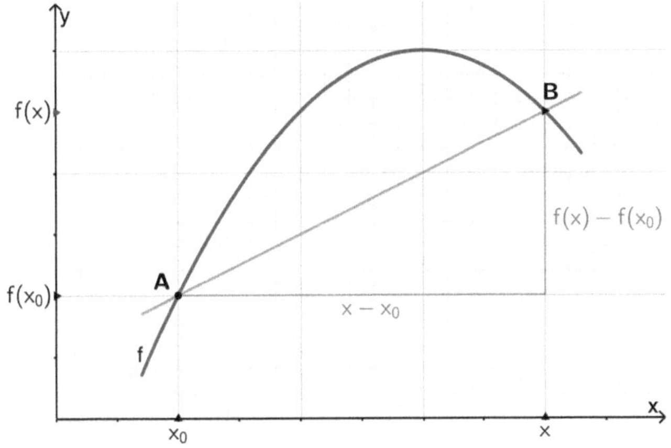

Abbildung 2.1 Geometrische Interpretation des Differenzenquotienten als Steigung der Sekante

Ein weiterer (fachlicher) und zum Grenzwert des Differenzenquotienten äquivalenter Aspekt der Ableitung ist die lokale Linearisierung bzw. lokale lineare Approximation (Danckwerts & Vogel, 2010; Forster, 2016; Greefrath et al., 2016b).

Aspekt: Ableitung als Lokale Linearisierung
Sei $I \subset \mathbb{R}$ ein Intervall, $f : I \to \mathbb{R}$ eine reellwertige Funktion und $x_0 \in I$. Die Funktion f heißt differenzierbar an der Stelle x_0, wenn es eine Konstante $m \in \mathbb{R}$ gibt, sodass

$$f(x) = f(x_0) + m \cdot (x - x_0) + r(x - x_0),$$

wobei r eine (Rest-)Funktion ist, für die gilt

$$\lim_{x \to x_0} \frac{r(x - x_0)}{x - x_0} = 0.$$

In dem Fall ist die Konstante m die Ableitung von f an der Stelle x_0, d. h. $m := f'(x_0)$.

Der Aspekt der Ableitung als Lokale Linearisierung hebt demnach hervor, dass die Funktion f an der Stelle x_0 – im Falle der Differenzierbarkeit – durch die Tangente t mit der Funktionsgleichung $t(x) = f(x_0) + f'(x_0) \cdot (x - x_0)$ addiert mit dem Approximationsfehler $r(x - x_0)$, der für $x \to x_0$ gegen 0 läuft, approximiert werden kann (Greefrath et al., 2016b, S. 143). Dies ist in Abbildung 2.2 dargestellt.

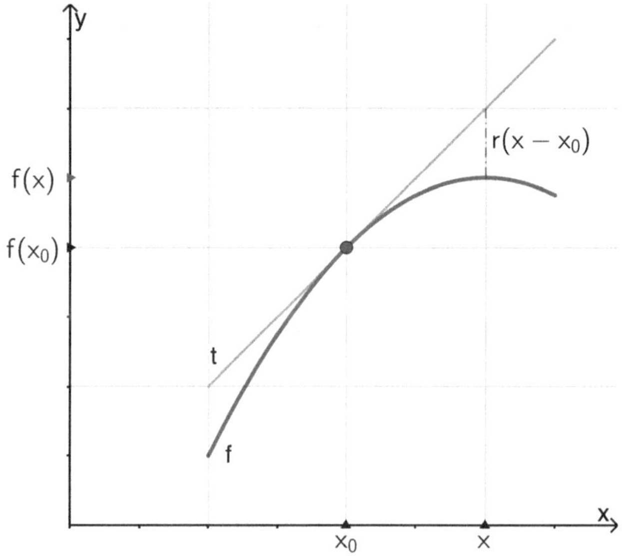

Abbildung 2.2 Approximation des Graphen einer Funktion f durch eine Tangente t (in Anlehnung an Danckwerts & Vogel, 2010, S. 71)

In einigen Lehrwerken (z. B. Forster, 2016) wird die lokale Linearisierung als Satz formuliert und mit der Definition über den Aspekt der Ableitung als Grenzwert des Differenzenquotienten bewiesen. Im Rahmen dieser Arbeit wird jedoch die lokale Linearisierung selbst als definierender Aspekt der Ableitung betrachtet. Entsprechend wird auf einen Beweis ausgehend vom Differenzenquotienten verzichtet. Wahlweise kann auch gezeigt werden, dass die beiden Definitionen äquivalent sind (Forster, 2016, S. 169).

2.2 Fachdidaktische Grundvorstellungen zur Ableitung

2.2.1 Grundvorstellungskonzept

Neben den Aspekten, die den fachlichen Kern mathematischer Begriffe widerspiegeln, hat sich in der deutschen Mathematikdidaktik das Grundvorstellungskonzept etabliert, welches fachdidaktischer Art ist und mittlerweile auch auf Englisch in renommierten naturwissenschaftsdidaktischen Zeitschriften für den internationalen Raum publiziert wurde. Beispielsweise werden in der Mathematikdidaktik Grundvorstellungen unterschiedlich ins Englische übersetzt: Hochmuth et al. (2024) nutzen den Begriff *basic ideas*, Greefrath et al. (2022) sowie Hußmann und Prediger (2016) sprechen von *basic mental models*, und Pekrun et al. (2007) verwenden die Formulierung *basic mathematical conceptual ideas.* Darüber hinaus wurde das mathematikdidaktische Konzept durch Meyer und Marohn (2024) in die Chemiedidaktik getragen und Grundvorstellungen (engl. *basic conceptions*) zum Dichtebegriff normativ hergeleitet. Fachdidaktische Grundvorstellungen können folgendermaßen beschrieben werden:

> *Eine Grundvorstellung zu einem mathematischen Begriff ist eine inhaltliche Deutung des Begriffs, die diesem Sinn gibt. (Greefrath et al., 2016b, S. 17)*

Vom Hofe et al. (2005, S. 142) ergänzen diese Beschreibung dahingehend, dass Grundvorstellungen ebenfalls zu mathematischen Verfahren existieren können, so beispielsweise zum Kalkül *Nenner mal Nenner und Zähler mal Zähler* zur Multiplikation von Brüchen mithilfe der Grundvorstellungen Anteil vom Anteil oder Flächeninhalt (Padberg & Wartha, 2017). In der Mathematik und den Naturwissenschaften wurde dem Aufbau tragfähiger Grundvorstellungen in den vergangenen Jahren großes Interesse entgegengebracht (Blum et al., 2004). Sowohl in der mathematikdidaktischen Ausbildung (Studium und Referendariat), in Fortbildungen als auch in praxisorientierten Fachzeitschriften für Lehrende spielen Grundvorstellungen mittlerweile eine zentrale Rolle (Hochmuth et al., 2024). Darüber hinaus prägt das Grundvorstellungskonzept Curricula (vgl. Abschnitt 2.5) sowie klassische Lehrwerke für das Schulfach Mathematik, wie z. B. *Mathematik heute* und *Elemente der Mathematik*, die sich bei der Gestaltung an Grundvorstellungen orientieren (Griesel et al., 2019, S. 130).

Allerdings wird in der Literatur selten eine einheitliche Definition des Vorstellungsbegriffs verwendet (Hahn & Prediger, 2008). Bender (1991) beschreibt Vorstellungen als (innere) anschauliche Repräsentationen eines Objekts, die bewusst abgerufen und genutzt werden können. Wichtig ist hierbei hervorzuheben, dass es sich dabei um mentale Modelle gedanklicher Konstrukte handelt, mit deren Hilfe das im Sprachgebrauch häufig genannte *intuitive Verständnis* konkretisiert wird (Griesel et al., 2019, S. 128; Kleine et al., 2005a, S. 231).

Forschung in der Mathematik zu Vorstellungen und verwandten Begriffen, wie z. B. der *Anschauung* oder der *Verinnerlichung*, gab es bereits im 19. Jahrhundert. Griesel brachte den konkreten Begriff der Grundvorstellungen erstmals im Jahr 1971 „in die neuere mathematikdidaktische Diskussion [ein]" (vom Hofe, 1992, S. 345). Dies geschah im Zuge der frühen Stoffdidaktik (engl. *subject-matter didactics*), mit der das Ziel verfolgt wurde, mathematisches Wissen in Schulen auf eine Art und Weise zu vermitteln, die an die Fähigkeiten und Erfahrungen der Schülerinnen und Schüler anknüpft. Die mathematischen Inhalte wurden demnach vereinfacht, jedoch ohne ihre mathematische Präzision zu verzerren (Hefendehl-Hebeker et al., 2019, S. 29; vom Hofe & Blum, 2016, S. 227). Heutzutage gehen die meisten Arbeiten zu Grundvorstellungen, so auch die einleitende allgemeine Beschreibung durch Greefrath et al. (2016b), auf vom Hofes Werke zurück (Roos, 2020). Eine prägnante Zusammenfassung des Grundvorstellungskonzepts zur Beschreibung der „Beziehungen zwischen mathematischen Inhalten und dem Phänomen der individuellen Begriffsbildung" (vom Hofe, 1992, S. 347) schließt drei wesentliche Merkmale von Grundvorstellungen ein (vom Hofe & Blum, 2016):

- **1. Sinnkonstituierung**: Grundvorstellungen leisten einen Beitrag zur Sinnkonstituierung mathematischer Konzepte, indem sie eine Verknüpfung zum Vorwissen Lernender schaffen. Dies können bekannte inner- oder außermathematische Situationen sein.
- **2. Repräsentationen**: Grundvorstellungen ermöglichen den Aufbau mentaler Repräsentationen mathematischer Konzepte und somit auch operatives Handeln auf der Ebene des Denkens.
- **3. Anwendung**: Grundvorstellungen schaffen Verbindungen zwischen mathematischen Konzepten und realen (Problem-)Situationen.

Damit wird deutlich, dass das Ziel über die bloße Wiedergabe normativer Grundvorstellungen hinausgeht (Jetses et al., 2024). Insbesondere der letzte Punkt, also die Nutzung von Grundvorstellungen zur Anwendung mathematischer Begriffe, betrachten Blum et al. (2004, S. 146) als entscheidend, um zwischen Realität und Mathematik sinnvoll übersetzen zu können. Dies kann dem vereinfachten Modellierungskreislauf in Anlehnung an Kleine et al. (2005b, S. 229) und Prediger (2008, S. 6) in **Abbildung 2.3** entnommen werden: Demnach wird eine (1) reale Situation mithilfe von Grundvorstellungen modelliert (bzw. mathematisiert) und in ein (2) mathematisches Modell überführt, welches mithilfe mathematischer Mittel gelöst wird. Das dadurch erhaltene (3) mathematische Resultat wird mithilfe von Grundvorstellungen in der Realität interpretiert; das Ergebnis ist ein (4) reales Resultat. Dieses wird an der realen Situation überprüft (Validieren des Resultats) oder mit unterschiedlichen mathematischen Modellen verglichen (Validieren des Modells) (Greefrath, 2012, S. 130). Insgesamt bleibt also ohne Grundvorstellungen das Durchführen mathematischer Operationen ein rein formales Vorgehen, das keinen Bezug zu Anwendungsbereichen und realen Kontexten aufweist (vom Hofe et al., 2005, S. 143).

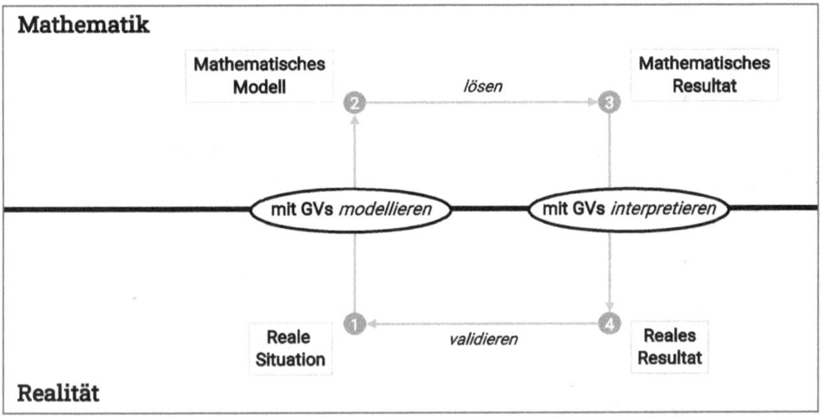

Abbildung 2.3 Grundvorstellungen im Modellierungsprozess (in Anlehnung an vom Hofe, 2003, S. 5)

Schematisch lässt sich der Aufbau und Nutzen von Grundvorstellungen als Beziehung zwischen Individuum, Sachzusammenhang, Grundvorstellung(en) und Mathematik betrachten (vgl. **Abbildung 2.4**). Der konstruktivistischen Sichtweise folgend, nach der Lernen als ein aktiver Prozess verstanden wird, schreiben Griesel et al. (2019, S. 128) über den Aufbau von Grundvorstellungen:

> Der Aufbau mentaler Repräsentationen kann nur in einem eigenständigen Akt durch den Schüler selbst erfolgen. Mentale Repräsentationen können nicht von außen eingetrichtert werden.

Weigand (2015) konkretisiert, dass die Entwicklung von Grundvorstellungen eine aktive Auseinandersetzung mit den mathematischen Begriffen in unterschiedlichen Darstellungsformen und außer- sowie innermathematischen Sachzusammenhängen erfordert.

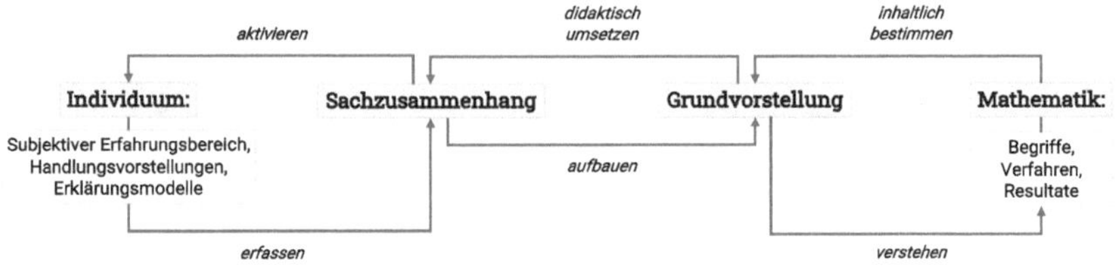

Abbildung 2.4 Aufbau von Grundvorstellungen (in Anlehnung an vom Hofe & Blum, 2016, S. 232)

Vor dem in **Abbildung 2.4** beschriebenen Hintergrund lassen sich Grundvorstellungen als dynamische Objekte charakterisieren, die sich über die Zeit durch neue Erfahrungen verändern und weiterentwickeln können. Aufgrund der Tatsache, dass sich in unterschiedlichen Sachzusammenhängen verschiedene Grundvorstellungen aufbauen lassen, beschreiben Kleine et al. (2005a) Grundvorstellungen als „elements of a cognitive net in which single ‚Grundvorstellungen' are not isolated but are in correlation to others" (2005a, S. 229). Insbesondere Letzteres wird von Autorinnen und Autoren als zentral angesehen und als sogenannte *vernetzte Grundvorstellungen* beschrieben. Die Vernetzung kann innerhalb von Grundvorstellungen zu demselben Begriff erfolgen, aber auch eine Verknüpfung von Grundvorstellungen verschiedener Begriffe zu komplexeren Grundvorstellungen ist dabei denkbar: „So muss man z. B. keine Formel für die Steigung einer linearen Funktion auswendig lernen, und sich wundern, wieso sie zwei Subtraktionen und eine Division enthält, wenn man die Grundvorstellung des Subtrahierens als Änderung und des Bruchs als Verhältnis verinnerlicht hat" (Prediger, 2009, S. 7).

Ein mathematischer Begriff kann also aus verschiedenen Perspektiven betrachtet werden und somit mehrere Grundvorstellungen umfassen. Daher sollte Mathematikunterricht stets darauf ausgerichtet sein, eine Vielzahl an Grundvorstellungen anzusprechen und ihre gegenseitige Verknüpfung zu betonen, was dann als Grundverständnis eines Begriffs bezeichnet werden kann (vom Hofe, 2003, S. 6; Weber, 2016, S. 93). Die Entwicklung vernetzter Grundvorstellungen erfolgt nach Roth und vom Hofe (2023, S. 8) anhand von Verständnisankern, welche sie folgendermaßen beschreiben:

> *Ein Verständnisanker ist eine prototypische Situation, an der Grundvorstellung und ein damit verbundener Erklärungskontext zu einem mathematischen Sachverhalt ausgebildet werden.*

Dabei eignen sich insbesondere klar durchschaubare und an das Vorwissen der Lernenden anknüpfende Situationen, zu denen Schülerinnen und Schüler in neuen Sachkontexten durch Analogieschluss entsprechende Grundvorstellungen abrufen können. Im Rahmen der Integralrechnung geben Roth und vom Hofe (2023) das Beispiel einer Wassermenge in einem Becken bei bekannter Zufluss- bzw. Abflussrate als Verstehensanker an, um beispielsweise die Grundvorstellungen des Integrals als Rekonstruktion einer Gesamtgröße aus ihren Änderungsraten sowie dem Integral als orientierter Flächeninhalt zu verknüpfen.

Grundvorstellungen zu mathematischen Begriffen und Verfahren lassen sich auf unterschiedliche Art und Weise klassifizieren. So wird einerseits zwischen dem normativen, deskriptiven und konstruktiven Aspekt von Grundvorstellungen unterschieden. Bis in die 1980er Jahre wurde das Grundvorstellungskonzept ausschließlich normativ angewandt: So gelten normative Grundvorstellungen – in Greefrath et al. (2016b) universelle Grundvorstellungen genannt – als Leitlinie für den Aufbau mentaler Vorstellungen mathematischer Inhalte und ausgehend von fachdidaktischen Analysen als Idealvorstellungen, die Lernende zu Begriffen aufbauen sollten (Kleine et al., 2005a; vom Hofe & Blum, 2016). In diesen spiegelt sich ebenfalls der fachmathematische Kern wider. Darüber hinaus bieten normative Grundvorstellungen Lehrkräften eine Orientierung „how students *should* be taught in order to possess adequate conceptual understanding of different subjects“ (vom Hofe & Blum, 2016, S. 231). Deskriptive Grundvorstellungen hingegen – in Greefrath et al. (2016b) individuelle Grundvorstellungen genannt – spiegeln subjektive Vorstellungen eines konkreten Individuums zu einem Begriff wider. Durch Analyse schriftlicher Aufgabenbearbeitungen oder mündlicher Äußerungen lassen sich diese identifizieren (vom Hofe, 1992, S. 353; vom Hofe & Blum, 2016, S. 232).

Es ist denkbar, dass Schülerinnen und Schüler normative Grundvorstellungen aus ihren deskriptiven Grundvorstellungen durch einen kontinuierlichen Austausch entwickeln, der schließlich zu einer allgemeinen Akzeptanz innerhalb einer (Lern-)Gemeinschaft führen kann (Siller & Roth, 2016, S. 13). Allerdings können sich normative und deskriptive Grundvorstellungen auch grundlegend voneinander unterscheiden. „If one compares the existing with the desired

‚Grundvorstellungen', we have the idea outcome of an agreement. In many cases you can observe a deficit" (Kleine et al., 2005a, S. 229). In letzterem Fall, bei dem individuelle Vorstellungen dem repräsentierenden Begriff widersprechen, würde man von Fehlvorstellungen sprechen (Griesel et al., 2019, S. 129). Untergeordnet ist vereinzelt in der Literatur zu Grundvorstellungen auch von einem konstruktiven Aspekt von Grundvorstellungen die Rede, welcher die Fehlvorstellungen Lernender in den Fokus rückt und sich damit befasst, wie diese entstanden sind und welche Maßnahmen getroffen werden können, um diese zu beheben (Katter, 2025, S. 4; vom Hofe & Blum, 2016). In dem letzten Aspekt wird auch ein weiteres mögliches Anwendungsgebiet von Grundvorstellungen sichtbar, nämlich die schulische Diagnose und die individuelle Förderung (Griesel et al., 2019, S. 130).[1]

Eine weitere, von den normativen, deskriptiven und konstruktiven Aspekten unabhängige Art der Klassifizierung von Grundvorstellungen erfolgt in primäre und sekundäre Grundvorstellungen. Primäre Grundvorstellungen basieren auf Handlungen an konkreten Objekten und haben einen repräsentativen Charakter, da mathematische Begriffe oder Verfahren mittels realer Objekte oder Handlungen dargestellt werden können. Sie gelten entsprechend der **Abbildung 2.3** als Brückenglied, um zwischen der Realität und der Mathematik zu übersetzen (Büchter & Henn, 2010, S. 31). Als ein einfaches Beispiel für primäre Grundvorstellungen lässt sich für das Addieren die Grundvorstellung Hinzufügen nennen, das nicht nur bildlich bzw. symbolisch dargestellt, sondern auch an konkreten Objekten (z. B. Stiften) realisiert werden kann (vom Hofe & Blum, 2016). Sekundäre Grundvorstellungen hingegen werden erst im Laufe des Mathematikunterrichts entwickelt (Kleine et al., 2005a). Sie bauen auf primären Grundvorstellungen und mathematischen Operationen mit Symbolen auf und haben somit einen symbolischen Charakter (Hochmuth et al., 2024; vom Hofe & Blum, 2016). Zudem werden sekundäre Grundvorstellungen nicht durch Handlungen an konkreten Objekten repräsentiert, sondern „zunehmend mit Hilfe von mathematischen Darstellungsmitteln wie Zahlenstrahl, Koordinatensystem oder Graphen" (Hahn, 2008, S. 10).

Ein Blick in die internationale Forschungslandschaft zu Konstrukten, die Grundvorstellungen ähneln, führt schnell zur Theorie des *concept image* und der *concept definition*, die auf Tall und Vinner (1981) zurückgeht. Sie beschreiben ein *concept image* wie folgt:

---

[1] Sofern nachfolgend lediglich von *Grundvorstellungen* die Rede ist, sind damit typischerweise normative Grundvorstellungen genannt, sofern nicht explizit andere Arten von Grundvorstellungen referiert werden.

> We shall use the term concept image to describe the total cognitive structure that is associated with the concept, which includes all the mental pictures and associated properties and processes. It is built up over the years through experiences of all kinds, changing as the individual meets new stimuli and matures. (Tall & Vinner, 1981, S. 152)

Es umfasst demnach kurz gesagt alle Assoziationen eines Individuums zu einem mathematischen Begriff, ist subjektiv und durch Erfahrungen veränderbar. Dem gegenüber steht die *formal concept definition*, die eine verbale, präzise und explizite Definition eines mathematischen Begriffs ist, die von der mathematischen Gesellschaft als akzeptiert betrachtet wird. Bei einer persönlichen Rekonstruktion einer Definition wird stattdessen von einer *personal concept definition* gesprochen (Tall & Vinner, 1981, S. 152; Vinner, 1983, S. 293). Zu einer *concept definition* können Lernende Assoziationen verbinden, die dann als *concept definition images* bezeichnet werden. Diese sind allerdings bei vielen Schülerinnen und Schülern schwach ausgeprägt oder gar nicht vorhanden. So gehört beispielsweise die *concept definition* einer Funktion als eindeutige Zuordnung zweier Mengen A und B bei vielen Schülerinnen und Schülern nicht zu einem *concept definition image*; stattdessen bildet die Vorstellung einer Funktion als Regel oder Formel das *concept image* (Vinner, 1983). Wie konkret Grundvorstellungen (und Aspekte) mit *concept image* und *concept definition* zusammenhängen wurde bereits von einigen Autorinnen und Autoren beschrieben (z. B. Feudel, 2020, S. 55; Greefrath et al., 2016a, S. 103; Klinger, 2019; Prediger, 2008; Roos, 2020, S. 45; Salle & Clüver, 2021). Beide Konzepte versuchen zu erklären, wie Lernende mathematische Begriffe verwenden und welche Vorstellungen sie dazu aufbauen (Klinger, 2019). Prediger (2008, S. 6) sieht Tall und Vinners *concept image* eng verbunden mit individuellen Grundvorstellungen sowie eine *concept definition* mit normativen Grundvorstellungen; die Beziehung zu den Aspekten nach Greefrath et al. (2016b) bleibt aus. Auf eine ähnliche Weise verknüpfen Ableitinger et al. (2022, S. 6) *concept images* mit individuellen Grundvorstellungen sowie *concept definition images* mit normativen Grundvorstellungen. Greefrath et al. (2021a, S. 651) ergänzen die Beziehung beider Konzepte noch um die Aspekte (siehe **Abbildung 2.5**).

Roos (2020, S. 44) kritisiert, dass die Beziehung zwischen Grundvorstellungen (sowie Aspekten) und dem *concept image* (sowie der *concept definition*) in der Literatur nicht einheitlich geklärt ist. Im Rahmen dieser Arbeit wird der Fokus auf das Grundvorstellungskonzept gelegt, da (normative) Grundvorstellungen den Kern eines *concept image* widerspiegeln und demnach fokussierter sind als die

Menge aller Assoziationen mit einem Begriff im Sinne des *concept image* (Feudel, 2020, S. 58; Weigand et al., 2025). Zudem werden sich Teile der Methodik (siehe Kapitel 7) an der Studie von Greefrath et al. (2022) orientieren, in der als theoretischer Rahmen das Grundvorstellungskonzept verwendet wird.

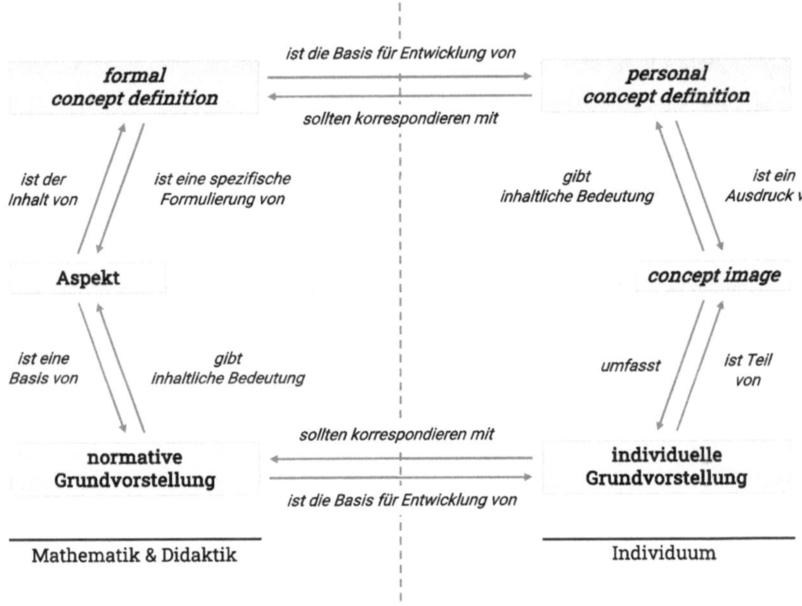

Abbildung 2.5 Beziehung zwischen Grundvorstellungen, Aspekten, *concept images* und *concept definitions* (in Anlehnung an Greefrath et al., 2021a, S. 651)

Das Grundvorstellungskonzept wurde sehr lange aus einer rein theoretischen bzw. normativen Perspektive beschrieben, bevor es in den späten 1990-er Jahren mit empirischen Forschungsarbeiten untermauert wurde (Hußmann & Prediger, 2016, S. 57). Im Rahmen der PALMA-Studie (engl. *Project for the Analysis of Learning and Achievement in Mathematics*) wurden u. a. qualitative Interviews mit Schülerinnen und Schülern über zentrale Themen der Klassen 5 bis 8 (z. B. Brüche) geführt. Die Ergebnisse zeigen, dass Lernende über unzureichende Grundvorstellungen verfügen und somit Mathematikaufgaben und insbesondere Modellierungsaufgaben nicht adäquat lösen können (Pekrun et al., 2007; vom

Hofe et al., 2005; vom Hofe & Blum, 2016). Zur Beschreibung von PISA-Aufgaben führen Blum et al. (2004) die *Grundvorstellungsintensität* ein, die vier Ausprägungen annehmen kann: Zur Bearbeitung einer Aufgabe werden entweder keine Grundvorstellungen (bei technischen Aufgaben), elementare Grundvorstellungen, erweiterte Grundvorstellungen oder komplexe Grundvorstellungen benötigt. Die Grundvorstellungsintensität kann signifikant zur Varianzaufklärung beitragen – insbesondere bei außermathematischen Aufgaben (Blum et al., 2004; Kleine et al., 2005b). Auch im Rahmen des COACTIV-Projekts (Professionswissen von Lehrkräften, kognitiv aktivierender Mathematikunterricht und die Entwicklung von mathematischer Kompetenz) wurde die Grundvorstellungsintensität in Aufgaben kodiert. Die Kodierung der Grundvorstellungsintensität in Aufgaben erwies sich jedoch als herausfordernd und zeigte Einschränkungen in der Beurteilerübereinstimmung (Jordan et al., 2008). Frenken et al. (2024) zeigten in einer Analyse von 203 Aufgaben des Instituts für Qualitätsentwicklung im Bildungswesen (IQB), dass 129 Aufgaben ohne Grundvorstellungen lösbar waren. In 73 Aufgaben wurde zumindest eine Grundvorstellung zur Bearbeitung benötigt und lediglich ein Arbeitsauftrag verlangte die Kombination mehrerer Grundvorstellungen. Dieses Ergebnis weist darauf hin, dass der Einbezug von Grundvorstellungen in Prüfungsaufgaben bislang eine untergeordnete Rolle spielt.

Eine weitere Problematik im Hinblick auf die Verwendung von Grundvorstellungen in der mathematikdidaktischen Forschung ist, dass häufig nicht ersichtlich ist, ob bzw. wie Grundvorstellungen systematisch hergeleitet wurden. Katter (2025) betont die Dringlichkeit einer solchen Transparenz, damit normative Grundvorstellungen nicht willkürlich formuliert werden. Um dieser Lücke zu begegnen, entwickelten Salle und Clüver (2021) einen theoriebasierten Verfahrensrahmen, der diesen Prozess der Herleitung explizit strukturiert. Anhand zweier Beispiele zeigen sie, wie einerseits Grundvorstellungen zum Sinus entwickelt werden können und andererseits wie sich die drei in der Literatur etablierten Grundvorstellungen zum Bruchzahlbegriff – *Bruch als Anteil*, *Bruch als Operator* und *Bruch als Verhältnis* (Padberg & Wartha, 2017) – mittels des Verfahrensrahmens rekonstruieren lassen. Dabei werden in der normativen Analyse sowohl die fachmathematischen Definitionen als auch ihre Darstellungsformen und inner- sowie außermathematischen Anwendungssituationen berücksichtigt (Jetses et al., 2024, S. 2). Daneben spielen auch empirische Befunde beim Aufstellen von fachlich korrekten Grundvorstellungen eine zentrale Rolle (Salle & Clüver, 2021, S. 563).

2.2.2 Vier Grundvorstellungen zur Ableitung

In der Literatur wurden Grundvorstellungen zur Ableitung erstmalig von Blum und Kirsch (1979) aufgestellt (vgl. vom Hofe, 1992, S. 346). Hahn (2008, S. 33) baut auf dieser Arbeit auf und schlussfolgert schließlich die folgenden drei Grundvorstellungen zur Ableitung an einer Stelle x_0: Momentane oder lokale Änderungsrate (Grenzwert von Differenzenquotienten an der Stelle x_0), Steigung des Funktionsgraphen[2] (Funktionsgraphensteigung an der Stelle x_0) und Lineare Approximierbarkeit (Steigungsfaktor einer affin-linearen Funktion, die f in einer Umgebung von x_0 am besten approximiert). Neuere Arbeiten zu diesem Thema gehen auf Greefrath et al. (2016b) zurück, die zusätzlich eine Unterscheidung zwischen (fachlichen) Aspekten und (fachdidaktischen) Grundvorstellungen vornehmen. Die in Abbildung 2.6 dargestellten Grundvorstellungen zur Ableitung in Anlehnung an Greefrath et al. (2016b, 2016a, 2022) gehen allerdings zum Großteil auch auf Blum und Kirsch (1979), Blum und Törner (1983) sowie Hahn (2008) zurück und lauten:

- Ableitung als Lokale Änderungsrate
- Ableitung als Tangentensteigung
- Ableitung als Lokale Linearität
- Ableitung als Verstärkungsfaktor kleiner Änderungen

[2] Hahn (2008) versteht unter der Steigung des Funktionsgraphen an einer konkreten Stelle x_0 die Steigung der Tangente am Funktionsgraphen an x_0.

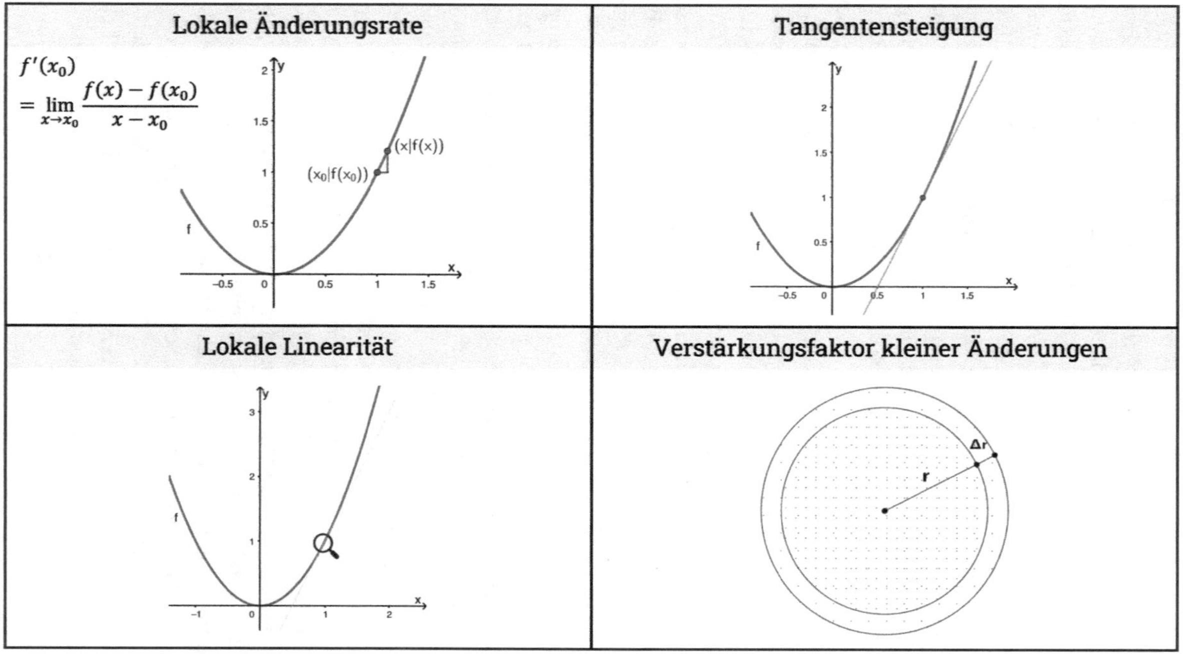

Abbildung 2.6 Darstellungen der vier Grundvorstellungen zur Ableitung an einer Stelle (in Anlehnung an Greefrath et al., 2016b)

Nachfolgend werden diese Grundvorstellungen mit dem Verfahrensrahmen nach Salle und Clüver (2021) in knapper Form hergeleitet: (1) Als erstes gilt es den Gültigkeitsbereich der Ableitung festzulegen. Im schulischen Kontext ist dieser eingeschränkt auf reellwertige Funktionen. Demnach sind Kenntnisse, Darstellungen und Grundvorstellungen von Funktionen, reellen Zahlen (insbesondere Brüchen), Variablen sowie dem Grenzwert erforderlich – ebenso wie die Fähigkeit, mit diesen Konzepten angemessen umzugehen (Byerley, 2019; Carlson et al., 2015; Kidron, 2020; Litteck et al., 2023; Orhun, 2005). Damit wird deutlich, dass Grundvorstellungen zu komplexen Begriffen aus der Mathematik, wie im Fall der Ableitung, stets eine Fülle an Wissen über andere Begriffe voraussetzen „und [...] sich sowohl nach unten als auch nach oben in mehrere Richtungen [verzweigen]" (Katter, 2023, S. 34). (2) Im nächsten Schritt werden geeignete mathematische Definition des Ableitungsbegriffs identifiziert. Hier eignen sich die bereits im Vorfeld beschriebenen (fachlichen) Aspekte der Ableitung als Grenzwert des Differenzenquotienten und der Ableitung als Lokale Linearisierung (vgl. Abschnitt 2.1). Zusätzlich können inner- sowie außermathematische Phänomene der Ableitung identifiziert werden: In innermathematischen Kontexten besteht eine zentrale Anforderung darin, Funktionswerte einer Funktion f von denen ihrer Ableitungsfunktion f' zu unterscheiden und grundlegende Zusammenhänge zwischen f und f' zu erkennen (Büchter & Henn, 2010, S. 90–91). Zu den außermathematischen Kontexten gehört u. a. die Anwendung der Ableitung in weiteren (verwandten) Gebieten wie der Physik im Kontext von beispielsweise Geschwindigkeits- oder Beschleunigungsvorgängen, aber auch der Chemie, Biologie, Geologie oder Wirtschaft (für konkrete Beispiele siehe z. B. Haghjoo et al., 2023). Ebenso gilt es, eine Begriffsgenese vorzunehmen und die historische Entwicklung nachzuzeichnen. Wie zu Beginn des Kapitels bereits beschrieben, entwickelten Leibniz und Newton unabhängig voneinander grundlegende Ideen zur Ableitung. Nach einer formalen Grenzwertdefinition wurden, u. a. durch Cauchy und Weierstraß, formale Definitionen des heutigen Ableitungsbegriff formuliert. Zu den Darstellungsformen der Ableitung an einer Stelle (vgl. Abschnitt 2.3) zählen beispielsweise graphische Darstellungen anhand von Tangenten und ihren Steigungen, symbolische Darstellungen, die auf dem Grenzwert des Differenzenquotienten basieren, sowie verbale Darstellungen, die sich auf lokale Änderungsraten beziehen (z. B. Zandieh, 2000). Auch existiert eine Reihe empirischer Studien, die sich mit verschiedenen Schwierigkeiten Lernender beim Umgang mit dem Ableitungsbegriff beschäftigen, die teilweise auch auf unzureichendes Vorwissen (vgl. (1)) zurückzuführen sind (z. B. Christensen & Thompson, 2012; Feudel & Biehler, 2020; Hitt & Dufour, 2021; Orhun,

2012; Orton, 1983; Rojas Suárez et al., 2019; Thompson & Harel, 2021; Winsløw, 2020; Zandieh, 2000). All jene Informationen können genutzt werden, um zunächst Klassen zu bilden. Dabei werden „sowohl die mathematischen Objekte als auch die Phänomene unter Berücksichtigung empirischer Ergebnisse gemeinsam betrachtet" (Salle & Clüver, 2021, S. 567). (3) Daraus können dann Grundvorstellungen formuliert werden, die den bereits beschriebenen drei zentralen Merkmalen Sinnkonstituierung, Repräsentation und Anwendung nach vom Hofe und Blum (2016) genügen. Ebenso ist zentral, Zusammenhänge zwischen verschiedenen Grundvorstellungen herauszustellen. In den letzten beiden Schritten des Verfahrensrahmens kann (4) der Bezugsrahmen im ersten Schritt präzisiert und schließlich (5) die didaktische Relevanz der normativen Grundvorstellungen festgestellt und bewertet werden.

Nachfolgend werden die Grundvorstellungen unter Einbezug des oben beschriebenen Bezugsrahmens, der Definitionen, der Phänomene, der historischen Begriffsentwicklung, der zentralen Darstellungen und der empirischen Ergebnisse dargestellt. Dabei wird der Fokus auf die Grundvorstellungen *Lokale Änderungsrate* und *Tangentensteigung* gelegt, da diese im schulischen Kontext sowie in der vorliegende Studie eine zentrale Rolle einnehmen (Blum & Kirsch, 1979; Greefrath et al., 2016b).

Grundvorstellung der Ableitung als Lokale Änderungsrate

Im Rahmen dieser Grundvorstellung wird die Ableitung an einer Stelle als Grenzwert eines Quotienten bzw. Grenzwert mittlerer Änderungsraten verstanden. Dabei ist offensichtlich, dass die *Lokale Änderungsrate* aus dem (fachlichen) Aspekt der Ableitung als Grenzwert des Differenzenquotienten abgeleitet werden kann und diesen mit inhaltlicher Bedeutung versieht.

In der Literatur wird häufig betont, dass die *Lokale Änderungsrate* als die wichtigste Grundvorstellung der Ableitung zu betrachten ist (z. B. Blum & Kirsch, 1996; Danckwerts & Vogel, 2010). Als prototypisches Beispiel zur Beschreibung der Ableitung als Lokale Änderungsrate im Sinne eines Verstehensankers nach Roth und vom Hofe (2023) soll der funktionale Zusammenhang $f : t \rightarrow s$ zwischen der Zeit (t) und der Strecke (s) über ein gegebenes Zeitintervall $[a; b]$ betrachtet werden (vom Hofe & Blum, 2016, S. 240). In der Literatur wird meist ein vierschrittiges Verfahren zur Entwicklung der lokalen Änderungsrate genannt, welches hier exemplarisch anhand des beschriebenen Kontextes dargestellt wird (Danckwerts & Vogel, 2010): Der Funktionswert $f(x_0)$ spiegelt die zurückgelegte Strecke zum Zeitpunkt x_0 wider. Anschließend kann die Differenz der Funktionswerte $f(x) - f(x_0)$ berechnet werden, welche die zurückgelegte Strecke zwischen den Zeitpunkten x_0

und x beschreibt. In einem nächsten Schritt kann mithilfe des Differenzenquotienten $\frac{f(x)-f(x_0)}{x-x_0}$ eine mittlere bzw. durchschnittliche Geschwindigkeit im Zeitintervall zwischen x_0 und x angegeben werden. Diese Idee von der durchschnittlichen Änderungsrate ist ein Schlüsselkonzept, welches zum Erlernen der Infinitesimalrechnung benötigt wird. Dabei ist wichtig zu verstehen, dass die durchschnittliche Änderungsrate einer Funktion auf einem Intervall die konstante Rate ist „that would achieve the same change in both the input and output quantities as the actual function on the interval of interest" (Carlson et al., 2015, S. 213). Inhaltlich kann von einer mittleren bzw. durchschnittlichen Änderungsrate gesprochen werden, da es sich dabei um den Quotienten zweier Änderungen handelt (Oldenburg, 2016, S. 71–72). Diese Themen werden auch bereits in der Sekundarstufe I behandelt (Greefrath et al., 2016b, S. 147, 2016a, S. 108).

Mit einem Wechsel der algebraischen zur analytischen Sichtweise kann über eine Grenzwertbildung des Differenzenquotienten für x gegen x_0 die Ableitung (an der Stelle x_0) über den Ausdruck $f'(x_0) = \lim\limits_{x \to x_0} \frac{f(x)-f(x_0)}{x-x_0}$ bestimmt werden. Diese beschreibt im angegebenen Kontext die momentane (lokale) Geschwindigkeit zum Zeitpunkt x_0. Eine allgemeine Darstellung dieses Verfahrens kann der **Abbildung 2.7** entnommen werden.

Deskriptive Ebene	Schritt 1	Schritt 2	Schritt 3	Schritt 4
symbolisch	$f(x_0)$	$f(x) - f(x_0)$	$\frac{f(x) - f(x_0)}{x - x_0}$	$f'(x_0) = \lim\limits_{x \to x_0} \frac{f(x) - f(x_0)}{x - x_0}$
inhaltlich	Bestand zum Zeitpunkt x_0	absolute Änderung in der Zeit von x_0 bis x	relative Änderung im Zeitintervall $[x_0; x]$ (mittlere bzw. durchschnittliche Änderungsrate)	momentane (lokale) Änderungsrate zum Zeitpunkt x_0
fachsprachlich	Funktionswert	Differenz der Funktionswerte	Differenzenquotient	Ableitung (an der Stelle x_0)
			algebraisch	→ analytisch

Abbildung 2.7 Schritte bei der Entwicklung der Grundvorstellung der Ableitung als *Lokale Änderungsrate* (in Anlehnung an Danckwerts & Vogel, 2010, S. 57; Hahn & Prediger, 2008, S. 189)

Ein bereits von Orton (1983) empfohlener und im schulischen Kontext klassischer (numerischer) Zugang zur quantitativen Erfassung der lokalen Änderungsrate einer Funktion f an einer Stelle x_0 erfolgt über die Idee, durchschnittliche Änderungsraten auf einem Intervall $[x_0; x]$ für $x > x_0$ bzw. $[x; x_0]$ für $x < x_0$ zu bestimmen. Durch systematische Verkleinerung des Intervalls kommt die durchschnittliche Änderungsrate der lokalen Änderungsrate beliebig nahe. In **Abbildung 2.8** ist ein konkretes Beispiel aus der eigenen Studie aufgeführt, bei dem die Momentangeschwindigkeit zum Zeitpunkt $x_0 = 2$ mit einer rechts- $(x > x_0)$ und einer linksseitigen $(x < x_0)$ Annäherung über Durchschnittsgeschwindigkeiten erfolgt, die beide zur selben Momentangeschwindigkeit führen (Hughes-Hallett et al., 2014; Roth & Siller, 2016).[3] Büchter und Henn (2010, S. 82) beschreiben alternativ einen ähnlichen Zugang zur Ableitung, bei der eine Funktion v die Geschwindigkeit eines ICE in Abhängigkeit der Zeit wiedergibt; die lokale Änderungsrate beschreibt entsprechend die Beschleunigung des Fahrzeugs. Solche Zugänge verdeutlichen, dass die lokale Änderungsrate einer Funktion nicht mit dem Funktionswert an einer Stelle zu bestimmen ist, sondern für ihre Berechnung zusätzlich Kenntnisse über Differenzen, Quotienten und Grenzwerte notwendig sind (Greefrath et al., 2016b; Moormann, 2009).

Insbesondere können Realitätsbezüge dabei helfen, mathematische Themen einerseits zu verstehen und andererseits auch langfristig zu behalten, etwa Änderungsraten beim Ableitungsbegriff (Blum, 2000, S. 9). Diese Auffassung teilen auch Dreyfus et al. (2021, S. 684), die außermathematischen Situationen beim Lernen der Ableitung als Änderungsrate oder dem Integral als Kumulation eine zentrale Bedeutung beimessen.

Wie im einführenden Beispiel können dies Realitätsbezüge in physikalischen Kontexten sein, um die Ableitung als *Lokale Änderungsrate* zu verstehen und die Brücke zwischen Mathematik und Physik zu schlagen. Chau et al. (2021) verwendeten in ihrer Studie mit Schülerinnen und Schülern der 11. Jahrgangsstufe in Vietnam physikalische Kontexte zur Deutung der Ableitung als momentane Änderungsrate von Temperatur oder Beschleunigung. Qualitativ durch Analyse von Schülerarbeitsblättern und Mitschriften von Diskussionen im Unterricht schlussfolgerten die Autoren die Bedeutsamkeit physikalischer Kontexte bei der Anwendung der Ableitung und beim Übergang von durchschnittlichen zur momentanen Änderungsrate durch Verkleinerung des zu betrachtenden Zeitintervalls. Dass sich dieser Verstehensanker der lokalen Änderungsrate als Momentangeschwindigkeit jedoch nicht automatisch auf andere Kontexte übertragen lässt, zeigen unterschiedliche Studien (z. B. Herbert & Pierce, 2011, S. 455). Jones (2017) warnt allerdings auch davor, dass eine Überbetonung der Ableitung in physikalischen Kontexten dazu

[3] Die dargestellten Änderungsraten sind negativ, da es sich um einen freien Fall eines Steins vom Schiefen Turm von Pisa handelt – der Stein also pro Zeiteinheit an Höhe verliert.

Zeitintervall $[x_0;\, x]$	durchschnittliche Geschwindigkeit $\frac{f(x)-f(x_0)}{x-x_0}$ im Zeitintervall $[x_0;\, x]$
[2 ; 3]	$\frac{f(3)-f(2)}{3-2} = -24{,}525$
[2 ; 2,5]	$\frac{f(2{,}5)-f(2)}{2{,}5-2} = -22{,}072$
[2 ; 2,1]	$\frac{f(2{,}1)-f(2)}{2{,}1-2} = -20{,}11$
[2 ; 2,001]	$\frac{f(2{,}001)-f(2)}{2{,}001-2} = -19{,}625$
[2 ; 2,0001]	$\frac{f(2{,}0001)-f(2)}{2{,}0001-2} = -19{,}62$

Rechtsseitige Annäherung an die Lokale Änderungsrate der Funktion $f(x) = -0{,}5 \cdot 9{,}81x^2 + 56$ an der Stelle $x_0 = 2$

Zeitintervall $[x;\, x_0]$	durchschnittliche Geschwindigkeit $\frac{f(x)-f(x_0)}{x-x_0}$ im Zeitintervall $[x;\, x_0]$
[1 ; 2]	$\frac{f(1)-f(2)}{1-2} = -14{,}715$
[1,5 ; 2]	$\frac{f(1{,}5)-f(2)}{1{,}5-2} = -17{,}168$
[1,9 ; 2]	$\frac{f(1{,}9)-f(2)}{1{,}9-2} = -19{,}13$
[1,999 ; 2]	$\frac{f(1{,}999)-f(2)}{1{,}999-2} = -19.615$
[1,9999; 2]	$\frac{f(1{,}9999)-f(2)}{1{,}9999-2} = -19{,}62$

Linksseitige Annäherung an die Lokale Änderungsrate der Funktion $f(x) = -0{,}5 \cdot 9{,}81x^2 + 56$ an der Stelle $x_0 = 2$

Abbildung 2.8 Rechts- und linksseitige Annäherung an die lokale Änderungsrate

führen kann, dass in zeitunabhängigen Sachsituationen die *Lokale Änderungsrate* (selbst von Mathematikstudierenden) nicht erkannt wird. Zu ähnlichen Ergebnissen kamen auch Kertil und Dede (2022), die Schwierigkeiten von Lehramtsstudierenden zur Bedeutung der Ableitung in verschiedenen zeitunabhängigen Kontexten ohne Bezug zu Geschwindigkeiten nachwiesen. Verschiedene realitätsnahe Kontexte, in denen Änderungsprozesse (und damit die Grundvorstellung der Lokalen Änderungsrate) eine Rolle spielen und in denen nicht ausschließlich die Zeit als unabhängige Variable fungiert, können der **Tabelle 2.1** entnommen werden.

Tabelle 2.1 Beispiele für die lokale Änderungsrate (in Anlehnung an Blum & Törner, 1983, S. 92; Greefrath et al., 2016b, S. 148; vom Hofe & Blum, 2016, S. 241)

Bedeutung von x	Bedeutung von $f(x)$	Bedeutung von $f'(x)$ als lokale Änderungsrate
Zeit	Strecke	Momentangeschwindigkeit
Zeit	Momentangeschwindigkeit	Momentanbeschleunigung
Zeit	Populationsgröße	Wachstumsgeschwindigkeit
Kreisradius	Flächeninhalt des Kreises	Umfang des Kreises
Horizontale Distanz	Höhe (der Erdoberfläche über NN)	Punktuelle Steigung

Darüber hinaus gehört zu einer umfassenden Ausprägung der Ableitung als *Lokale Änderungsrate*, dass die Änderung der abhängigen Variable y durch den Zusammenhang $\Delta y \approx f'(x) \cdot \Delta x$ für kleine Änderungen der unabhängigen Variable x gegeben ist (Greefrath et al., 2016a; Hochmuth et al., 2024; Malle, 1999, S. 74 Grundvorstellung 2). Die Ableitung gibt also an, wie schnell eine Veränderung von y in Abhängigkeit von x erfolgt. Durch Umformung folgt daraus unmittelbar, dass $f'(x) \approx \frac{\Delta y}{\Delta x}$ gilt. Graphisch lässt sich die lokale Änderungsrate so über das Ablesen (oder ggf. Berechnen) der Steigung von Steigungsdreiecken bestimmen. In **Abbildung 2.9** kann die Ableitung der Funktion $f(x) = x^2$ an der Stelle $x_0 = 1$ annähernd durch die Steigung des Steigungsdreiecks $\frac{f(1{,}1)-f(1)}{1{,}1-1} = \frac{1{,}21-1}{1{,}1-1} = \frac{0{,}21}{0{,}1} = 2{,}1$ bestimmt werden. Durch Verkleinerung von Δx (in **Abbildung 2.9** ist $\Delta x = 0{,}1$) ließe sich ein genauerer Wert für die $f'(1)$ ermitteln, der sich $\lim\limits_{x \to 1} \frac{f(x)-f(1)}{x-1} = \frac{x^2-1}{x-1} = 2$ annähert. Im Rahmen dieser Grundvorstellung kann über dieses Verfahren die Steigung einer Kurve in einem Punkt bestimmt werden (Greefrath et al., 2016a).

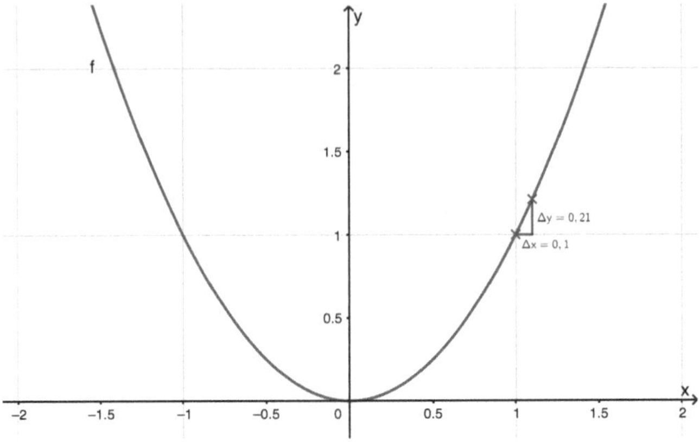

Abbildung 2.9 Annäherung an die lokale Änderungsrate über ein Steigungsdreieck

Zahlreiche Studien befassten sich mit Schwierigkeiten von Schülerinnen und Schülern sowie Studierenden bei der Deutung der Ableitung als *Lokale Änderungsrate* (Bezuidenhout, 1998; Feudel, 2020; Hahn & Prediger, 2008). Orton (1983, S. 238) stellt fest, dass viele Lernende den Unterschied zwischen der durchschnittlichen und der lokalen Änderungsrate besonders an Kurven nicht verstehen; bei Geraden (Graphen linearer Funktionen) ist diese Unterscheidung redundant, da durchschnittliche und lokale Änderungsraten übereinstimmen. Zu ähnlichen Ergebnissen kam auch Thompson (1994, S. 246), in dessen Studie Schülerinnen und Schüler den Differenzenquotienten als die Ableitung betrachteten:

> Those students who experienced difficulty seemed to want to think of the difference quotient as „the derivative“ and interpret it as „how fast it [the function] is changing,“ without interpreting the details of the expression as an amount of change in one quantity in relation to a change in another.

Ferner wurden Schwierigkeiten hinsichtlich der grafischen Bestimmung von Änderungsraten – insbesondere an Kurven – festgestellt. In einer weiteren Untersuchung mit Schülerinnen und Schülern der 10. Jahrgangsstufe wurde herausgefunden, dass insbesondere numerische, aber auch grafische Darstellungen Lernende dabei unterstützen, ein Verständnis von Änderungsraten auszudrücken, wohingegen Schwierigkeiten beim Zusammenhang zwischen symbolischen Repräsentationen sowie Änderungsraten im Rahmen der Studie zu erkennen waren (Herbert & Pierce,

2011). Herbert und Pierce (2012) betonen die Komplexität des Begriffs der Änderungsrate und fanden heraus, dass Schülerinnen und Schüler viele unterschiedliche Sichtweisen auf diesen Begriff haben, die von der Interpretation der Änderungsrate als eine einzelne Größe bis hin zur Interpretation als numerische Beziehung zwischen den Änderungen von zwei beliebigen Größen reichen. Daraus identifizieren Herbert und Pierce (2012, S. 99) vier Stufen bei der Entwicklung des Konzepts der Änderungsrate:

1. Änderungsrate als Beziehung zwischen den Änderungen zweier Größen (und nicht als einzelner Funktionswert),
2. Änderungsrate als Beziehung zwischen den Änderungen zweier Größen, die variieren können (durch Betrachtung konstanter und variabler Raten),
3. Änderungsrate als numerische Beziehung zwischen den Änderungen zweier Größen, die variieren können,
4. Änderungsrate als numerische Beziehung zwischen den Änderungen, die variieren können und auf jeden Kontext anwendbar sind.

In einer Untersuchung mit 251 Mathematiklehramtsstudierenden fanden Byerley und Thompson (2017) heraus, dass nur vier Prozent die zuvor beschriebene dritte Stufe der Interpretation der Änderungsrate erreichten. Viele Schwierigkeiten der Lokalen Änderungsrate gehen auch auf ein mangelndes Verständnis von Grenzwerten zurück (da Fonseca & Henriques, 2023; Ocal, 2017). Auch in den Nachrichten werden Änderungsrateraten teilweise falsch gedeutet: Hahn und Prediger (2008) sowie Picher (2011) gehen dabei auf den Titel *Neuverschuldung soll sinken* eines Zeitungsartikels ein, der selbst von der ehemaligen Bundeskanzlerin Deutschlands falsch in Bezug auf Änderungsraten und Bestand gedeutet wurde. Zur Erklärung dieser Verständnisschwierigkeiten stellt Oldenburg (2016) die Hypothese auf, dass „die algebraische Struktur von Änderungsraten (nämlich Bruchterme) vielen Lernenden nicht hinreichend vertraut ist, um Änderungsraten interpretieren zu können" (S. 56). Außerdem kritisiert Byerley (2019), dass manche Lehrkräfte die Änderungsrate nicht als Verhältnis zweier Veränderungen, sondern als bloßen Betrag der Änderung in der abhängigen Variable interpretieren und dementsprechend auch unterrichten, was zu Verständnisschwierigkeiten bei ihren Lernenden führen kann.

Eine Zusammenfassung der zentralen Merkmale, die zu einer umfassenden Ausprägung der Grundvorstellung der *Lokalen Änderungsrate* gehören, sind in Anlehnung an Greefrath et al. (2016b) in **Abbildung 2.10** dargestellt.

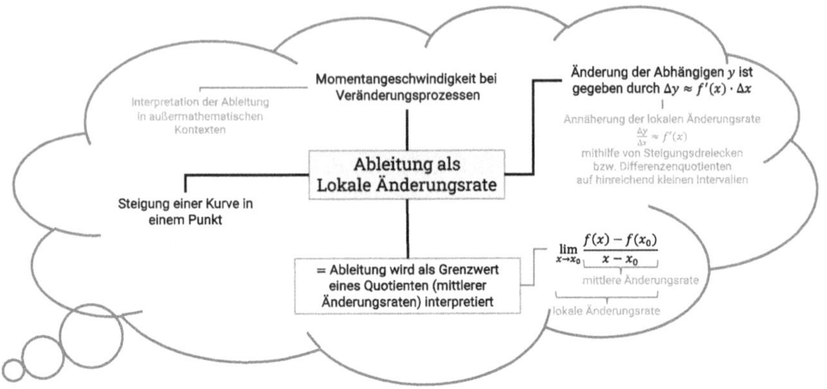

Abbildung 2.10 Zusammenfassung der Grundvorstellung *Lokale Änderungsrate*

Grundvorstellung der Ableitung als Tangentensteigung

Im Rahmen dieser Grundvorstellung wird die Ableitung an einer Stelle als Steigung der Tangente am Funktionsgraphen an dieser Stelle gedeutet. Danckwerts und Vogel (2010) beschreiben einen aus drei Schritten bestehenden innermathematischen Zugang zur Tangentensteigung, welcher als das „geometrische *Tangentenproblem*" (Blum & Kirsch, 1979, S. 10) bezeichnet wird und bis in die 90-er Jahre als klassischer Einstieg zur Ableitung gewählt wurde. Zuerst wird die Steigung einer Kurve in einem Punkt über die Tangente definiert. Geometrisch motiviert durch Sekanten an einem Funktionsgraphen, kann die Tangente in einem Punkt eines Graphen „als Grenzlage benachbarter Sekanten" (Danckwerts & Vogel, 2010, S. 47) aufgefasst werden (vgl. **Abbildung 2.11**, in der die Folge von Sekanten in grün und die Tangente als Grenzlage der Sekanten in blau dargestellt sind). Im letzten Schritt erfolgt die Berechnung der Tangentensteigung als Grenzwert der Sekantensteigungen. Hier kann an das Wissen der Schülerinnen und Schüler aus der Sekundarstufe I zu linearen Funktionen zurückgegriffen werden, bei der die Steigung zwischen den zwei Punkten $P(x_0|f(x_0))$ und $R(x|f(x))$ über Steigungsdreiecke und dem Differenzenquotienten $\frac{f(x)-f(x_0)}{x-x_0}$ bestimmt werden kann. Eine Annäherung von x gegen x_0 „ermöglicht Schülerinnen und Schülern eine intuitive Vorstellung vom Grenzwertprozess, der dann mit der Schreibweise $\lim_{x \to x_0} \frac{f(x)-f(x_0)}{x-x_0}$ knapp dargestellt wird" (Roth & Siller, 2016, S. 6). Dieser Vorgang lässt sich mit einer Mathematiksoftware (z. B. GeoGebra wie in **Abbildung 2.11**) dynamisch darstellen.

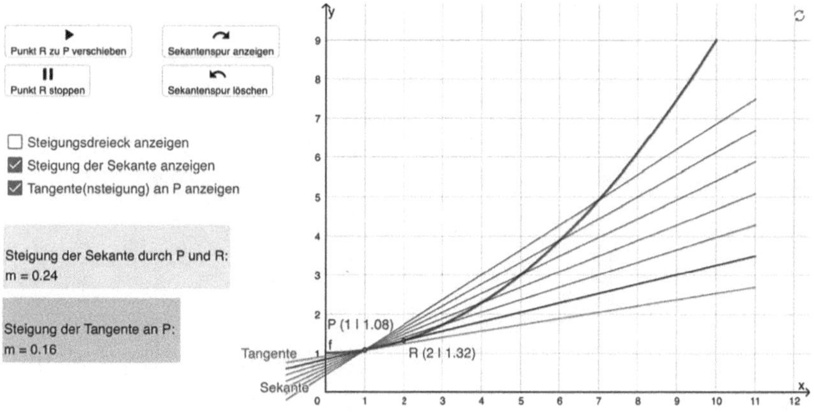

Abbildung 2.11 Übergang von Sekanten zur Tangente

Eine häufig vorherrschende Vorstellung der Tangente stammt aus dem Geometrieunterricht der Sekundarstufe I, in dem die Tangente als Gerade verstanden wird, die einen Kreis in genau einem Punkt berührt. Dies führt schließlich zur Vorstellung der Tangente als (globale) Stützgerade, was bei konvexen Funktionen (z. B. $f(x) = x^2$) noch tragfähig ist (Blum & Kirsch, 1979, S. 11). Am Beispiel der in **Abbildung 2.12** dargestellten Tangente am Graphen f_2 ist die Vorstellung einer Stützgerade nicht mehr tragfähig (in Anlehnung an Greefrath et al., 2016a, S. 109; Hefendehl-Hebeker et al., 2019, S. 49).

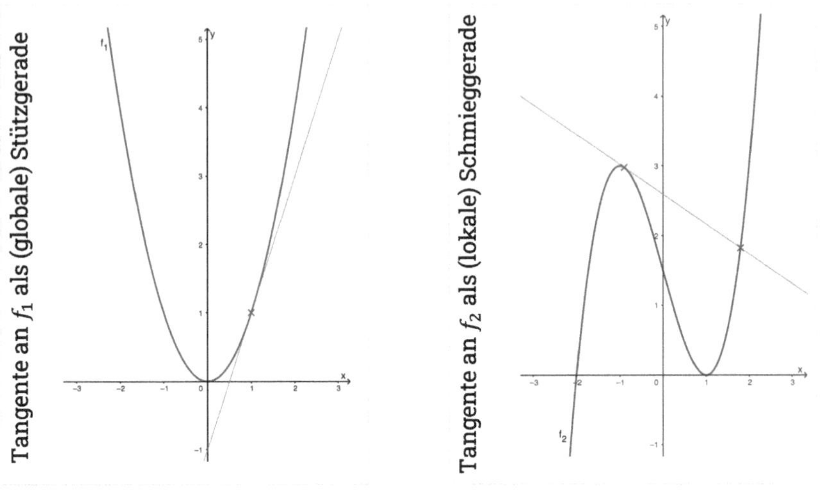

Abbildung 2.12 Tangente als (globale) Stützgerade bzw. als (lokale) Schmieggerade

Lernende sollten daher ihre Vorstellung von der Tangente erweitern und sie an Funktionsgraphen als (lokale) Schmieggerade betrachten, welche sich lokal den Graphen am besten anpasst (Biza, 2011; Blum & Kirsch, 1979). Daraus resultiert auch, dass die Steigung der Tangente (an einer Stelle) mit der Steigung des Graphen an dieser Stelle übereinstimmt. Dabei ist unbedeutend, wie häufig eine Tangente einen Graphen schneidet bzw. berührt (Danckwerts & Vogel, 2010; Greefrath et al., 2016b). Es wird daher die Verwendung kontrastierender Beispiele, wie etwa die Untersuchung von Tangenten an Graphen von Sinus- und Cosinusfunktionen empfohlen (Büchter, 2012; Vincent et al., 2015). Diese können unendlich viele Schnittpunkte aufweisen und somit der Ein-Punkt-Berührvorstellung entgegenwirken. Um die Eigenschaft der Tangente als Schmieggerade erfahrbar zu machen, empfehlen zahlreiche Autorinnen und Autoren den Einsatz dynamischer Mathematiksoftware. Damit können Lernende an eine konkrete Stelle des Graphen heranzoomen und erkennen, dass sich die Tangente in einem kleinen Ausschnitt optimal an den Graphen anschmiegt (z. B. Greefrath et al., 2016b; Gundlach, 2006).[4]

[4] Dass der Funktionsgraph selbst bei starker Vergrößerung (bzw. beim Hereinzoomen) an eine konkrete Stelle im Falle von Differenzierbarkeit lokal linear erscheint, ist Kern der Grundvorstellung der Lokalen Linearität, welche in diesem Kapitel im weiteren Verlauf genauer beschrieben wird.

Sowohl in innermathematischen als auch in außermathematischen Kontexten – etwa bei der Bestimmung der lokalen Steigung eines Wanderwegs oder einer Achterbahn – gibt die Tangentensteigung die lokale Richtung eines Funktionsgraphen an (Greefrath et al., 2016b; Tall, 2012). In **Abbildung 2.13** sind verschiedene Tangenten am Graphen einer Funktion exemplarisch eingezeichnet, mit deren Hilfe sich bestimmen lässt, an welchen Stellen der Graph steigt oder fällt und welche Steigung er dabei aufweist.

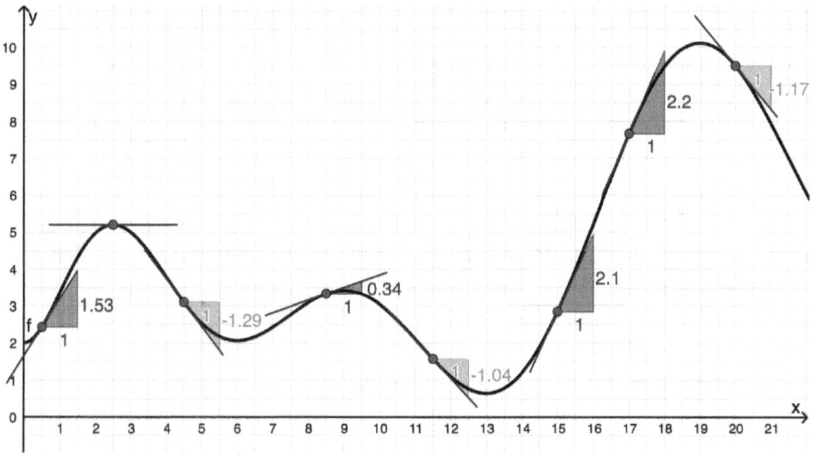

Abbildung 2.13 Angabe der lokalen Richtung eines Graphen anhand der Grundvorstellung *Tangentensteigung* (in Anlehnung an Arens et al., 2022, S. 335)[5]

Es existiert eine Reihe empirischer Studien, die sich mit Vorstellungen und Schwierigkeiten von Lernenden zum Tangentenbegriff beschäftigen (Büchter, 2014). So zeigten beispielsweise Bos et al. (2020), dass Schülerinnen und Schüler Tangenten und die Ableitung ohne Bezug zur Grenzlage von Sekanten auffassen. Hefendehl-Hebeker et al. (2019) berichten von einer Studie zum *concept image* bezüglich der Tangente mit Lernenden, die mindestens einen Einführungskurs zur Differentialrechnung belegt haben. Auf die Frage, was sie unter einer Tangente verstehen, wurden die folgenden typischen Antworten gegeben: Häufig wird bei den Erläuterungen die Tangente in der euklidischen Geometrie am Kreis beschrieben, die diesen nur an einer Stelle berührt. Diese (globale) Eigenschaft der Kreistangente

[5] Der Funktionsgraph entspricht dem aus einer in der eigenen Studie genutzten dynamischen Visualisierung (https://www.geogebra.org/m/jvnbg4cn).

wird auch auf Tangenten an Funktionsgraphen übertragen, die nur einen gemeinsamen Punkt mit dem Graphen aufweisen. In den Ausführungen wird meist auch das Verb *berühren* in Verbindung mit der Tangente verwendet, während die Sekante als eine den Graphen in zwei Punkten schneidende Gerade beschrieben wird. Zu ähnlichen Ergebnissen kamen auch Biza et al. (2008) im Rahmen einer Untersuchung mit 196 Schülerinnen und Schülern der 12. Klasse. Auf Grundlage eines schriftlichen Tests über Tangenten konnten sie einer von drei Gruppen zugeordnet werden: 78 Lernende hatten überwiegend eine analytische lokale Perspektive auf die Tangente, bei dem die Tangente als Grenzlage von Sekanten betrachtet wird und auch mehrere Punkte mit einer Kurve gemeinsam haben kann. 58 Lernende hatten eine geometrische globale Sicht auf die Tangente; die Vorstellung einer Kreistangente dominierte und wurde auf Tangenten an Funktionsgraphen übertragen. Einer Zwischenstufe wurden die übrigen Schülerinnen und Schüler zugeordnet: Diese vertraten die Vorstellung, dass in einer Umgebung des Berührpunktes keine gemeinsamen Punkte zwischen Tangente und Graph bestehen dürfen; ansonsten sind mehrere Schnittpunkte erlaubt. Schwierigkeiten von Lernenden der 12. Jahrgangsstufe bei der Identifikation von Tangenten an Funktionsgraphen wurden auch in Biza (2011, S. 134; 2008) gefunden: Eine besonders hohe Fehlerquote trat bei jener Aufgabe auf, bei der die Tangente mit einem Graphen einer affin-linearen Funktion in jedem Punkt übereinstimmt. Auch bei Studierenden konnten ähnliche Fehlvorstellungen bezüglich des Tangentenbegriffs in der Analysis festgestellt werden (Çekmez & Baki, 2016). Zusätzlich vertraten einige die Auffassung, dass keine Tangente an einem Wendepunkt existieren kann. Trotz der Tatsache, dass die Vorstellung der Ableitung als Tangentensteigung bei vielen Lernenden vorherrschend ist (z. B. Witzke & Spies, 2016), warnt Park (2013) vor einer Übergeneralisierung: In seiner Studie wurde die Tangente von vielen Studierenden synonym für die Ableitung verwendet.

Hefendehl-Hebeker et al. (2019) machen schließlich auch Vorschläge, wie Tangenten an Funktionsgraphen unterrichtet werden sollten. Dabei ist es wichtig, dass Gemeinsamkeiten und Unterschiede in den Eigenschaften von Kreistangenten und Tangenten an Kurven erörtert werden: Was bleibt gleich, was ändert sich, was kommt neu dazu? In Verbindung mit der Ableitung sollte der Zusammenhang zur Tangentensteigung explizit fokussiert werden.

Eine Zusammenfassung der zentralen Merkmale, die zu einer umfassenden Ausprägung der Grundvorstellung *Tangentensteigung* gehören, sind in Anlehnung an Greefrath et al. (2016b) in **Abbildung 2.14** dargestellt.

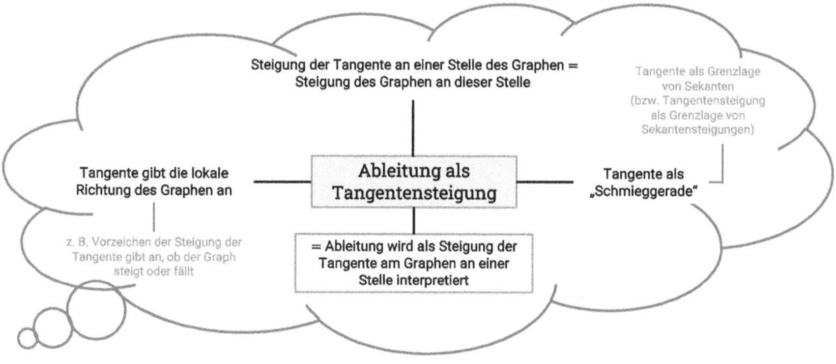

Abbildung 2.14 Zusammenfassung der Grundvorstellung *Tangentensteigung*

Der Vollständigkeit halber werden im Folgenden die übrigen beiden Grundvorstellungen der Ableitung in ihren Grundzügen skizziert, auch wenn sie für die vorliegende Arbeit eine untergeordnete Rolle spielen.

Grundvorstellung der Ableitung als Lokale Linearität

Der Kern dieser Grundvorstellung wurde durch Kirsch (1979) mit dem Begriff des Funktionenmikroskops beschrieben. Bei einem stark vergrößerten Blick auf eine beliebige, aber konkrete Stelle x_0 einer differenzierbaren Funktion f erscheint der Funktionsgraph lokal linear – für kleine Änderungen der unabhängigen Variable kann f durch eine affin-lineare Funktion am besten approximiert werden. In **Abbildung 2.15** ist dieser Vorgang des starken *Heranzoomens* an die lokale Extremstelle $x_0 = 0$ des Graphen einer Funktion f dargestellt, aus dem hervorgeht, dass die Ableitung an dieser Stelle verschwindet, also $f'(0) = 0$ gilt. Die Ableitung $f'(x_0)$ wird dann gedeutet als die Steigung dieses geradlinigen Kurvenstücks (Greefrath et al., 2016b, 2022). Hier lässt sich ein starker Zusammenhang zum (fachlichen) Aspekt der Ableitung als Lokale Linearisierung konstatieren, nach dem eine Funktion f an einer Stelle x_0 differenzierbar (eine Ableitung besitzt), sofern f an x_0 durch eine Gerade angenähert werden kann. Kirsch (1979) schlug dafür eine Sequenz an Bildern vor, bei denen immer ein kleinerer Ausschnitt des Funktionsgraphen

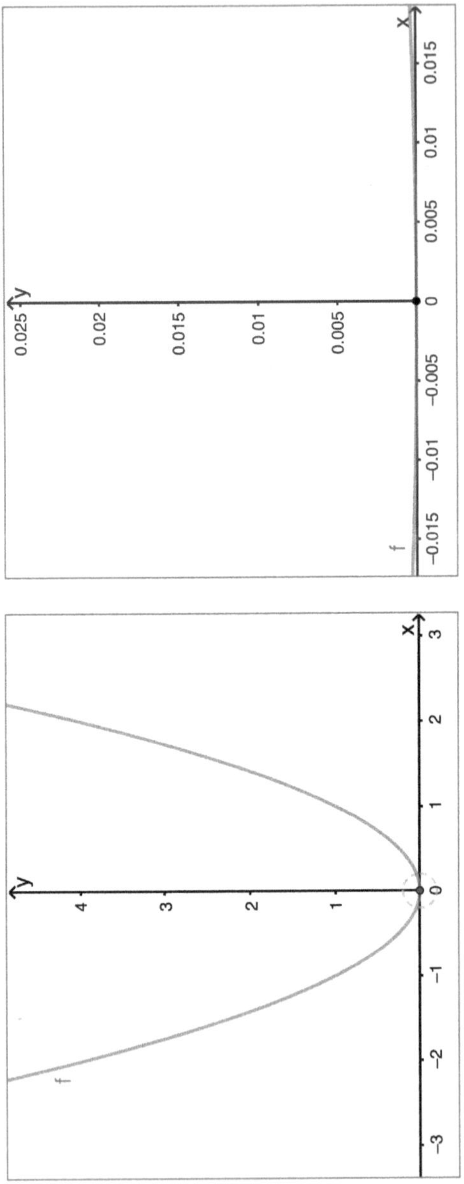

Abbildung 2.15 Funktionenlupe am Graphen einer Funktion f an einer konkreten Stelle zur Verdeutlichung der Grundvorstellung *Lokale Linearität*

durch entsprechende Skalierung der Koordinatenachsen dargestellt wird. In neueren Arbeiten wird auf die Hilfe von digitalen Medien verwiesen (z. B. Tall, 1985)[6]. Tall et al. (2008, S. 222–223) heben hervor, dass die *Lokale Linearität* dazu genutzt werden kann, Nichtdifferenzierbarkeit anschaulich zu machen. Ein exemplarisches Beispiel stellt die Betragsfunktion mit $f(x) = |x|$ dar, die an der Stelle $x_0 = 0$ nicht differenzierbar ist, da sich bei einem stark vergrößerten Blick des Graphen an der entsprechenden Stelle die Geradlinigkeit nicht beobachten lässt.

Grundvorstellung der Ableitung als Verstärkungsfaktor kleiner Änderungen
Diese Grundvorstellung findet sich explizit lediglich in den Arbeiten von Greefrath et al. (2016a, 2016b, 2016a, 2022) wieder und wird auch von den Autoren als untergeordnet betrachtet, da diese bei Studierenden in ihren empirischen Studien sehr schwach im Vergleich zu den übrigen Grundvorstellungen ausgeprägt ist. Bei der Deutung als Verstärkungsfaktor wird die Ableitung als eine Art „Änderungsdetektor" (Greefrath et al., 2016b, S. 152) verstanden, der die Auswirkungen kleiner Änderungen der unabhängigen auf die abhängige Variable ausdrückt (Bos & Brinks, 2024, S. 114). Damit geht einher, dass hohe Werte der Ableitung f' eine starke Änderung der Funktionswerte von f implizieren. Lax und Terrell (2014) bezeichnen dies als eine Anwendung der Ableitung im Sinne einer „Sensitivity to Change" (S. 125). Ebenso gilt für kleine Änderungen der unabhängigen Variablen (Δx) ein proportionaler Zusammenhang zwischen Δx und Δy, wobei Δy die Änderungen der abhängigen Variable darstellt (Greefrath et al., 2016a, S. 112; Lax & Terrell, 2014, S. 125). Empirische Studien zur Grundvorstellung der Ableitung als Verstärkungsfaktor kleiner Änderungen sind kaum zu finden. Als ein Beispiel nehmen Greefrath et al. (2016a) Bezug zu einer Studie von Mamolo und Zazkis (2012), in der der Verstärkungsfaktor zwar nicht explizit genannt wird, allerdings implizit Schwierigkeiten von Studierenden mit dieser Grundvorstellung festgestellt werden konnten. Die Studierenden waren beispielsweise nicht in der Lage, die Ableitung des Flächeninhalts eines Quadrats nach einer Seitenlänge mit dem halben Umfang in Verbindung zu bringen. Neben der Mathematik kann der Verstärkungsfaktor auch in anderen Bereichen Anwendung finden, so z. B. in der Physik bei Messungenauigkeiten oder in der Informatik.

---

[6] Eine mögliche Umsetzung über GeoGebra durch Elschenbroich und dem GeoGebra Institut NRW ist unter dem Link https://www.geogebra.org/m/VNbhnUtq zu finden.

2.2.3 Relevanz und Zusammenhänge der Grundvorstellungen *Lokale Änderungsrate* und *Tangentensteigung*

Relevanz der Grundvorstellungen *Lokale Änderungsrate* und *Tangentensteigung*

Eine Reihe von Autorinnen und Autoren betont mit theoretischen Überlegungen sowie empirischen Untersuchungen, dass die *Lokale Änderungsrate* und die *Tangentensteigung* die beiden wichtigsten Grundvorstellungen der Ableitung seien (z. B. Greefrath et al., 2022; Habre & Abboud, 2006; Hochmuth et al., 2024). Klinger (2018, S. 102–103) untersucht im Rahmen seiner Dissertation, wie der Ableitungsbegriff in gängigen deutschen Schulbüchern (u. a. Elemente der Mathematik oder Lambacher Schweizer) eingeführt wird und stellt die Grundvorstellungen *Lokale Änderungsrate* sowie *Tangentensteigung* als die vorherrschenden heraus, was sich auch mit den curricularen Vorgaben deckt (vgl. Abschnitt 2.5). Die anderen beiden Grundvorstellungen *Lokale Linearität* sowie *Verstärkungsfaktor kleiner Änderungen* werden im Kontext der Schulmathematik kaum bzw. gar nicht thematisiert. Blum und Kirsch (1996) heben allerdings hervor, dass die Ableitung als *Lokale Änderungsrate* die wichtigste Grundvorstellung sei; nichtsdestotrotz schreiben sie der geometrischen Grundvorstellung der Ableitung als Steigung des Funktionsgraphen (dabei wird nicht explizit die Tangente erwähnt) eine große Bedeutung zu.

Zur Beurteilung der Relevanz der beiden zentralen Grundvorstellungen *Lokale Änderungsrate* und *Tangentensteigung* sollte sich auch die Frage gestellt werden, inwiefern sich in empirischen Studien „die normativ formulierten Leitlinien auch bei Lernenden als individuelle Vorstellungen identifizieren lassen" (Salle & Clüver, 2021, S. 569). Klinger (2018, S. 427) stellt fest, dass die Vorstellung der Ableitung sowohl als *Tangentensteigung* als auch als *Lokale Änderungsrate* bei Schülerinnen und Schülern der gymnasialen Oberstufe durchaus verbreitet zu sein scheint. Dafür setzte er Aufgaben ein, die vorrangig eine oder beide Grundvorstellungen zur Bearbeitung benötigen.

Neuere Studien zum Verständnis des Ableitungsbegriff berücksichtigen zunehmend sozioökonomische Perspektiven (Larsen et al., 2017, S. 535). Bingolbali et al. (2007) fanden heraus, dass Mathematikstudierende die Ableitung häufiger mit der *Tangentensteigung* assoziieren, während Maschinenbaustudierende eher die *Lokale Änderungsrate* als zentrale Vorstellung präferieren. So lösten diese Ingenieursstudierende Aufgaben zur *Lokalen Änderungsrate* signifikant besser als

Mathematikstudierende, nachdem beide einen Analysiskurs an der Universität abschlossen. Zu Beginn der Veranstaltung konnte in einem Vortest kein Unterschied zwischen den Gruppen festgestellt werden. Dies führen die Autorinnen und Autoren auf die unterschiedliche Schwerpunktsetzung in den Analysiskursen zurück. In anderen Studien zeigte sich eine verstärkte Dominanz der Grundvorstellung der *Tangentensteigung* gegenüber der *Lokalen Änderungsrate.* Dies zeigt sich beispielsweise in einer Studie, in der Studierende der Veranstaltung Calculus I in schriftlichen Tests aufgefordert wurden, die Ableitung (geometrisch) zu definieren: Inmitten des laufenden Semesters konnte festgestellt werden, dass 42 % die Ableitung mit der *Tangentensteigung* und 10.5 % die Ableitung mit der *Lokalen Änderungsrate* in Verbindung brachten; der Rest konnte keine fachlich korrekte Definition geben. Bei der Abschlussprüfung konnte eine Steigerung auf 50 % bei der *Tangentensteigung* und 15 % bei der *Lokalen Änderungsrate* festgestellt werden (Habre & Abboud, 2006). Auch Haghjoo und Reyhani (2021) stellten im Rahmen ihrer Studie den teilnehmenden Studierende die Frage: „What does derivative mean to you? Explain it as you can. If possible, give a tangible example of your surroundings“ (S. 282). 65 % der Studierenden nannten die *Tangentensteigung*, wohingegen die *Lokale Änderungsrate* in unterschiedlichen Kontexten lediglich mit 15 % der gesamten Antworten vertreten war. In einem verstehensorientierten Test zeigten die Studierenden ein besseres Verständnis über das Konzept der Steigung der Tangenten verglichen mit dem der Änderungsrate. Weitere (qualitative) Studien, überwiegend mit Studierenden, kamen zu ähnlichen Ergebnissen (Serhan, 2000, S. 200; Trigueros et al., 2024; Witzke & Spies, 2016). Hervorzuheben ist, dass bei Witzke und Spies (2016, S. 147) lediglich 2 % der Studierenden die Ableitung mit der Änderungsrate und realweltlichen Beispielen wie der Momentangeschwindigkeit assoziierten, während die Interpretation der Ableitung als Tangentensteigung am häufigsten genannt wurde. Weigand et al. (2025) formulieren die Hypothese, dass die Grundvorstellung *Tangentensteigung* bei Lernenden im schulischen Analysisunterricht tendenziell stärker ausgeprägt ist als die *Lokale Änderungsrate.* Diese Annahme begründen sie mit der vorherrschenden Dominanz innermathematischer Aufgaben im Unterricht, während Modellierungsaufgaben, die ein tiefergehendes Verständnis der lokalen Änderungsrate fördern könnten, noch nicht in ausreichendem Maße integriert wurden.

Zusammenhänge der Grundvorstellungen *Lokale Änderungsrate* und *Tangentensteigung*

> The instantaneous rate of change (IRC) of a function is a central concept in the Calculus' learning because it constitutes a basis for the construction of the concept of derivative, whose geometric interpretation corresponds to the slope of the tangent to the graph of a function f at point $(x_0, f(x_0))$. (da Fonseca & Henriques, 2023, S. 534)

Mit diesem Zitat wird deutlich, dass durchaus diskutiert werden kann, ob die *Tangentensteigung* eine eigenständige Grundvorstellung oder lediglich eine grafische Repräsentation der *Lokalen Änderungsrate* ist. Die umgekehrte Diskussion, dass die *Lokale Änderungsrate* der *Tangentensteigung* untergeordnet wird und als keine eigene Grundvorstellung aufgefasst werden sollte, wird hingegen nicht geführt. Büchter und Henn (2010) heben die Bedeutung der *Lokalen Änderungsrate* hervor, um bei verschiedenen Größen x und $f(x)$ die Bedeutung von $f'(x)$ wiedergeben zu können; die „innermathematisch-geometrische Vorstellung von Abszisse, Ordinate und Tangentensteigung allein reicht [dafür] nicht aus" (S. 290). Bei Malle (1999, S. 75) tritt die Tangentensteigung als Teil der Grundvorstellungen zum Differentialquotienten (zur Änderungsrate) und ist der Änderungsrate somit untergeordnet bzw. ein Teil von ihr; in Grundvorstellung 4 heißt es:

> Der Differentialquotient (die Änderungsrate) $f'(x)$ ist gleich der Steigung von f an der Stelle x bzw. gleich der Steigung der Tangente an den Graphen von f im Punkt $(x|f(x))$.

Trotz der Tatsache, dass die Tangentensteigung als geometrische Interpretation der lokalen Änderungsrate fungiert, betonen Blum und Törner (1983, S. 94), dass explizit zur Tangente (eigene) Vorstellungen entwickelt werden müssen, z. B. die Vorstellung der Tangente als Schmieggerade und plädieren somit für zwei unterschiedliche Grundvorstellungen der Ableitung, die selbstverständlich miteinander verwoben sind. Auch Hahn und Prediger (2008, S. 168) plädieren für eine klare Unterscheidung beider Grundvorstellungen:

> Sind die Interpretationen strukturell gleich, so spricht man von derselben Grundvorstellung, etwa wenn Wachstums- und Bewegungsvorgänge beide auch durch die Ableitungsfunktion beschrieben werden, denn dann liegt beiden Beschreibungen die Grundvorstellung der Ableitung als lokale Änderungsrate zugrunde. Wird die Ableitungsfunktion dagegen zur Lösung eines Tangentenproblems genutzt, so wird eine andere Grundvorstellung aktiviert.

Litteck et al. (2024, S. 16) fanden in einer Interviewstudie mit $N = 26$ Schülerinnen und Schülern der 12. und 13. Jahrgangsstufe heraus, dass in Aufgaben die (eindeutig) intendierten Grundvorstellungen *Lokale Änderungsrate* bzw. *Tangentensteigung* von den Lernenden nicht oder nur in Kombination mit der jeweils anderen Grundvorstellung zur Bearbeitung genutzt wurden, um schlussendlich zu einer korrekten Lösung zu gelangen. Die Autorinnen und Autoren stellen die Hypothese auf, dass Lernende persönliche Präferenzen bezüglich einer konkreten Grundvorstellungen aufweisen, was sich mit den Ergebnissen aus den Studien von Bingolbali et al. (2007) sowie Greefrath et al. (2022) decken würde, in der Mathematikstudierende eher die Tangentensteigung und Ingenieursstudierende die *Lokale Änderungsrate* bevorzugen.

Ein zentrales Argument, weshalb innerhalb dieser Arbeit die beiden Grundvorstellungen allerdings separat betrachtet werden, liefert die nachfolgend dargestellte quantitative Studie von Greefrath et al. (2022), in der sich u. a. die *Lokale Änderungsrate* und die *Tangentensteigung* empirisch voneinander trennen lassen.

2.2.4 Empirische Untersuchungen zu den Grundvorstellungen zur Ableitung

Bislang gibt es nur wenig Forschung explizit zu Grundvorstellungen von Lernenden zum Ableitungsbegriff, was auf die Schwierigkeit zurückzuführen ist, Grundvorstellungen empirisch zu erfassen (vom Hofe et al., 2005, S. 144). Greefrath et al. (2021b) nahmen sich diesem Forschungsdesiderat an und entwickelten zum Ableitungs- und Integralbegriff einen Fragebogen, mit dem die Ausprägung der normativen Grundvorstellungen von Studierenden zu diesen beiden Begriffen untersucht werden sollte. Dadurch werden Grundvorstellungen quantifizierbar gemacht, sodass neben qualitativen Studien (z. B. Hahn & Prediger, 2008; Jetses et al., 2024; Witzke & Spies, 2016) auch eine Grundlage für quantitative Untersuchungen geboten werden kann. Im Folgenden werden die Ergebnisse aus dem Artikel von Greefrath et al. (2022) hinsichtlich des Ableitungsbegriffs dargestellt: An dieser Studie nahmen 266 Mathematikstudierende teil. Das Messinstrument besteht aus insgesamt 13 Aufgaben, die eine inner- oder außermathematische Situation schildern und in 10 von 13 Fällen zusätzlich mit einer grafischen Repräsentation einer zur Situation gehörenden Funktion untermauert wurden. Innerhalb jeder Aufgabe gibt es vier Erklärungen zur Ableitung an einer Stelle, die jeweils eindeutig eine der vier normativen Grundvorstellungen zur Ableitung adressieren. Die Studierenden wurden dazu aufgefordert, auf einer fünfstufigen Likert-Skala von „–" bis „++" zu bewerten, inwieweit die Erläuterungen ihrer eigenen Denkweise entspricht. Die Ergebnisse zeigen zum einen, dass die vier im Fragebogen abgebildeten Grundvorstellungen mittels Faktorenanalyse empirisch als voneinander abgrenzbare Dimensionen identifiziert werden konnten. Zum anderen stellte sich heraus, dass die Grundvorstellung *Tangentensteigung* ($M = 4.35$ von 5) die größten Übereinstimmungswerte aufwies, gefolgt von der *Lokalen Änderungsrate* ($M = 3.79$ von 5), der *Lokalen Linearität* ($M = 3.63$ von 5) und schließlich dem *Verstärkungsfaktor* ($M = 2.77$ von 5). Eine weitere interessante Feststellung bezieht sich darauf, dass Aufgaben mit grafischen Repräsentationen im Mittel bei jeder Grundvorstellung höhere Übereinstimmungswerte zeigten als jene ohne einen Funktionsgraphen; mit Ausnahme der *Lokalen Änderungsrate* waren die Unterschiede bezogen auf die übrigen drei Grundvorstellungen signifikant (Greefrath et al., 2022).

Es herrscht allgemein Konsens darüber, dass Grundvorstellungen als Grundlage für die Entwicklung von Verständnis dienen. Nichtsdestotrotz gehört zum Verständnis eines Begriffs weitaus mehr als die Kenntnis einiger Grundvorstellungen (Weigand et al., 2025). Daher wird im nachfolgenden Kapitel ein Rahmenmodell für das Verständnis der Ableitung, das in seinen Ursprüngen von Zandieh (2000) beschrieben wurde, vorgestellt.

2.3 Rahmenmodell zum Verständnis der Ableitung

Lankeit und Biehler (2024) stellen heraus, dass eine Vielzahl an Rahmenmodellen (engl. *frameworks*) zum Verständnis der Ableitung (im Eindimensionalen über den reellen Zahlen) existiert. Dazu kann laut den Autorinnen und Autoren das im vorherigen Kapitel dargestellte Grundvorstellungskonzept und ihre Anwendung auf den Ableitungsbegriff nach Greefrath et al. (2016b) gezählt werden. Ein anderes Modell fokussiert unterschiedliche Denkstile von Lernenden zur Ableitung; konkret wären dies „6 mathematical thinking aspects, enactive, iconic, algorithmic, algebraic, formal, and axiomatic thinking" (Aydın & Ubuz, 2015, S. 1279). Auch Thurston (1994) beschreibt, dass es verschiedene Arten des Verständnisses der Ableitung gibt, die darauf basieren, wie über diesen mathematischen Begriff gedacht wird, nämlich infinitesimal, symbolisch, logisch, geometrisch, mikroskopisch sowie über Änderungsraten oder Approximationen. Ein weiteres Modell wiederum setzt seinen Schwerpunkt auf numerische, graphische und symbolische Repräsentationen der Ableitung, die in einer Concept Map aufgelistet sind. Im Zentrum steht die Frage, inwieweit Lernende in der Lage sind, mit diesen unterschiedlichen Darstellungsformen umzugehen. Dabei wird das Verständnis der Ableitung anhand von (Problemlöse-)Aufgaben untersucht, die jeweils eine dieser Repräsentationen als Input und ebenfalls eine der drei Formen als Output aufweisen, sodass auf diese Weise eine 3 × 3-Matrix möglicher Aufgabenformate entsteht (Kendal & Stacey, 2003).

Alle dargestellten Frameworks weisen die Gemeinsamkeit auf, dass das Verständnis des Ableitungsbegriffs nicht dichotom im Sinne einer Unterscheidung zwischen *verstanden* und *nicht verstanden* erfasst werden kann, sondern graduell ausgeprägt ist. Ein angemessener Zugang zur Analyse des Verständnisses der Ableitung besteht darin, die unterschiedlichen Facetten dieses komplexen Konzepts sowohl isoliert als auch in ihrer wechselseitigen Beziehung zu betrachten und ihre individuelle Ausprägung bei Lernenden zu beschreiben (Zandieh, 1997, S. 63). Ein noch heutzutage vielfach verwendetes (theoretisches) Rahmenmodell zur Beschreibung eines *Verständnisses des Ableitungsbegriffs* wurde von Zandieh (2000) auf Grundlage von Schulbuchanalysen und Diskursen über das Konzept der Ableitung mit Mathematikdidaktikerinnen und Mathematikdidaktikern, Fachmathematikerinnen und Fachmathematikern, Studierenden und Schülerinnen und Schülern entwickelt (2000, S. 104). Als theoretische Grundlage des Rahmenmodells baut Zandieh (2000) auf den Arbeiten von Tall und Vinner (1981) sowie Hiebert und Carpenter (1992) zum *concept image* auf, in dessen Rahmen ein Lernender mit einem mathematischen Begriff mentale Bilder, damit verbundene Eigenschaften und Prozeduren verbindet (vgl. Abschnitt 2.2). Zandieh (2000) geht in ihrem Modell noch eine Stufe weiter und spricht erst von einem hinreichenden Verständnis der Ableitung, wenn dieser Begriff in ein Begriffsnetz integriert wird. Anzahl und Intensität der Verknüpfung mit anderen mathematischen Begriffen entscheiden darüber, wie das Verständnis zur Ableitung bei Lernenden ausgeprägt ist (Hiebert & Carpenter, 1992). Das vordergründige Ziel des Modells liegt in seiner Funktion als Werkzeug, mit dem Lehrende und Forschende ihre Überlegungen zum Lehren und Lernen des Ableitungsbegriffs strukturieren können. Darüber hinaus besteht die Möglichkeit, das Rahmenmodell von Zandieh (2000) dazu zu verwenden, Unterrichtsmaterialien hinsichtlich ihres Potentials zu evaluieren, inwiefern sie die vielfältigen Facetten des Ableitungsbegriff – die nachfolgend erläutert werden – adressieren (Lankeit & Biehler, 2024, S. 2).

Zandieh (2000) unterscheidet zwischen *graphischen, verbalen, physikalischen, symbolischen* und *anderen*[7] Repräsentationsformen bzw. Kontexten (engl. *contexts*) sowie den drei Ebenen (engl. *layers*) *ratio, limit* und *function,* die den Übergang von einer Funktion f zu ihrer Ableitungsfunktion f' beschreiben. Der **Abbildung 2.16** ist zu entnehmen, dass dabei jeder Kontext auf jeder einzelnen Ebene der Prozess-Objekt-Paare (engl. *process-object-pairs*) nach Sfard (1992) im Sinne einer Matrix interpretiert werden kann.

	Kontexte / Repräsentationen				
Ebenen	**Graphisch**	**Verbal**	**Symbolisch**	**Numerisch**	**Physikalisch**
Verhältnis (Ratio)	Sekanten-steigung	Durchschnittliche Änderungsrate	$\frac{f(x+h)-f(x)}{h}$	z. B. $\frac{f(2)-f(1)}{2-1}$	Durchschnittliche Geschwindigkeit
Grenzwert (Limit)	Tangentensteigung / Graphensteigung durch Hineinzoomen	Lokale Änderungsrate	$f'(x_0) = \lim_{h \to 0} \frac{f(x_0+h)-f(x_0)}{h}$	z. B. $f'(1) \approx \frac{f(1{,}001)-f(1)}{0{,}001}$	Momentane Geschwindigkeit
Funktion (Function)	Tangentensteigung / Graphensteigung durch Hineinzoomen an jeder Stelle	Lokale Änderungsrate an jeder Stelle	$f'(x) = \lim_{h \to 0} \frac{f(x+h)-f(x)}{h}$	$\frac{f(x+\Delta x)-f(x)}{\Delta x}$ mit $\Delta x \approx 0$ an jeder Stelle	Momentane Geschwindigkeit zu jedem Zeitpunkt

Abbildung 2.16 Zusammengeführtes Framework zum Verständnis der Ableitung (in Anlehnung an Roundy et al., 2015; Zandieh, 2000)

Die Herleitung der Ebenen erfolgt durch Zandieh (2000, S. 106) auf Grundlage einer formalen Definition der Ableitungsfunktion unter Verwendung des Aspekts der Ableitung als Grenzwert des Differenzenquotienten (vgl. Abschnitt 2.1):

> The derivative of f, f', is a function whose values at any point is defined as the limit of a ratio.

Im Folgenden werden die einzelnen Zellen in **Abbildung 2.16** näher erläutert, die jeweils einen Teil des Konzepts der Ableitung repräsentieren. Graphisch lässt sich die Ableitung auf der Ebene *ratio* als Sekantensteigung interpretieren. Auf der Ebene *limit* lässt Zandieh (2000, S. 111) zwei Interpretationen zu, wozu einerseits

[7] Zandieh (2000, S. 106) betont selbst, dass das Rahmenmodell als ein Outline fungiert und verwendet daher den Ausdruck *Other* für weitere Kontexte bzw. Repräsentationen, in denen das Konzept der Ableitung diskutiert werden kann. Das im Rahmen dieser Arbeit genutzte Modell enthält zusätzlich noch einen numerischen Kontext in Anlehnung an Roundy et al. (2015).

die Ableitung als Tangentensteigung und andererseits als Steigung des Graphen bei starken Hineinzoomen in den Funktionsgraphen an die interessierende Stelle zählt. Durch Anwendung dieses Vorgehens an jeder Stelle des Graphen im Definitionsbereich wird die Ebene *function* erreicht. Im verbalen (bzw. physikalischen) Kontext wird der Übergang von der durchschnittlichen Änderungsrate (bzw. durchschnittlichen Geschwindigkeit) über die lokale Änderungsrate (bzw. momentane Geschwindigkeit) bis zur Funktion der lokalen Änderungsrate (bzw. Funktion des Momentangeschwindigkeit) vollzogen. Besonders im physikalischen Kontext sind auch andere Kontexte zur Dichte, Beschleunigung oder Temperatur(änderung) denkbar (Haghjoo et al., 2023, S. 84).

Grundsätzlich weist jede Zelle überdies einen Prozess- oder Objektcharakter auf (Zandieh & Knapp, 2006, S. 4). So kann durch die Anwendung der Prozess-Objekt-Theorie nach Sfard (1991) auf das Rahmenmodell nach Zandieh (2000) jede Ebene der Ableitung operational als ein dynamischer Prozess oder strukturell als ein statisches Objekt interpretiert werden. Sfard (1991) hebt hervor, dass sowohl die operationale als auch die strukturelle Sichtweise unverzichtbar für *tiefes Verständnis von Mathematik* sind, ohne konkret *Verständnis* zu definieren. Der Übergang vom operationalen zum strukturellen Verständnis erfolgt über die Schritte *interization*, *condensation* und *reification*, also dem Vertrautmachen mit den zugrundeliegenden Prozessen bis hin zur Betrachtung des mathematischen Begriffs als eigenständiges Objekt (Sfard, 1991, 1992). Dies lässt sich folgendermaßen auf die drei Ebenen zum Ableitungsbegriff im symbolischen Kontext übertragen (Park, 2015; Zandieh, 2000):

- Auf der Ebene *ratio* kann der Quotient $\frac{f(x)-f(x_0)}{x-x_0}$ als Division (operational als Prozess) oder aber auch als Zahlenpaar bestehend aus Nenner und Zähler (strukturell als Objekt) aufgefasst werden.
- Auf der Ebene *limit* kann der Grenzwert $\lim\limits_{x \to x_0} \frac{f(x)-f(x_0)}{x-x_0}$ über einen dynamischen Grenzwertprozess (operational als Prozess) oder aber auch mithilfe der ε-δ-Definition (strukturell als Objekt) interpretiert werden.
- Auf der Ebene *function* lässt sich die zu betrachtende (Ableitungs-)Funktion $f'(x)$ so verstehen, dass durch Einsetzen eines Wertes in die Funktion ein neuer Wert erzeugt wird (operational als Prozess) oder aber auch als eine Menge von geordneten Paaren (strukturell als Objekt) (Zandieh, 2000, S. 107).

Auf ähnliche Weise lässt sich dieses Vorgehen auf die übrigen Kontexte übertragen (vgl. Zandieh, 2000). Aufgrund des hierarchischen Aufbaus des Modells nach Sfard (1991) ist es unabdingbar, alle zugrundeliegende Prozesse auf den drei Ebenen *ratio*, *limit* und *function* zu verstehen, um überhaupt die Ableitungsfunktion als mathematisches Objekt interpretieren zu können. Um diese strenge Hierarchie aufzubrechen, führt Sfard in ihrem Modell außerdem das Pseudo-Objekt-Verständnis ein. Dieses besagt, dass Lernende mit einem mathematischen Objekt arbeiten können, ohne weder den zugrundeliegenden Prozess noch die statische Struktur des Objekts verinnerlicht zu haben. Bezogen auf die Ableitung lässt sich dies eindrücklich auf der Ebene *limit* im symbolischen bzw. graphischen erläutern: Der Grenzwert des Differenzenquotienten wird als ein Wert erkannt und der dynamische Prozess der Grenzwertbildung über Intervallverkleinerung (symbolisch). Hähkiöniemi (2006, S. 174) spricht von einem Pseudo-Objekt-Verständnis, wenn die Ableitung als Tangentensteigung gedeutet wird, ohne den zugrundeliegenden Grenzwertprozess mithilfe einer Folge von Sekantensteigungen zu verinnerlichen (graphisch). Solch ein Pseudo-Objekt-Verständnis führt erst dann zu Schwierigkeiten, wenn in Aufgaben „der hinter dem Objekt liegende Prozess wieder ins Bewusstsein rücken muss, z. B. bei der Verwendung der numerischen Approximation der Ableitung durch einen Differenzenquotienten" (Feudel, 2020, S. 39). Auch konnte empirisch im Rahmen einer quantitativen Studie zwischen operationalem und strukturellem Verständnis psychometrisch getrennt werden, wobei die meisten Lernenden eher ein Pseudo-Objekt-Verständnis zeigten (Litteck et al., 2024, S. 1).

Zandieh (2000) nutzt ihr Modell zur Beschreibung des Verständnisses der Ableitung von einzelnen individuellen Schülerinnen und Schülern. In **Abbildung 2.17** ist ein mögliches Ergebnis dargestellt, wobei ausgefüllte Kreise auf ein Prozess-Objekt-Verständnis hindeuten, wohingegen offene Kreise das operationale Verständnis als Prozess nicht beinhalten; kein Kreis in einer Zelle spiegelt mangelndes Verständnis wider.

	Graphical	Verbal	(Paradigmatic) Physical	Symbolic	Other
Process-object-layer	Slope	Rate	Velocity	Difference Quotient	
Ratio	●	○	○	●	
Limit	●	○	○	●	
Function	●			●	

Abbildung 2.17 Beispielauswertung zum Verständnis der Ableitung (in Anlehnung an Zandieh, 2000, S. 117)

Grundsätzlich dient das Rahmenmodell von Zandieh (2000) vielen Arbeiten als Grundlage zur Beschreibung der verschiedenen Facetten des Verständnisses der Ableitung von Schülerinnen und Schülern (Likwambe & Christiansen, 2008). Es lässt sich allerdings auch auf das Verständnis von Studierenden auf Universitätsniveau anwenden. In der Arbeit von Feudel und Biehler (2020) wird das Modell beispielsweise um wirtschaftswissenschaftliche Komponenten erweitert. Das Modell von Zandieh (2000) dient auch als Orientierung für den Aufbau von Rahmenmodellen zum Verständnis anderer mathematischer Begriffe, etwa des Integrals (Sealey, 2014). Eine ausdifferenzierte und zugleich bislang aktuellste Erweiterung erfuhr Zandiehs Modell durch Radmehr und Turgut (2024), welche einen ausführlichen *realization tree* für die Ableitung entwickelten, der in allen drei Ebenen die vier ursprünglichen Kontexte und deren konkrete Umsetzung beinhaltet und um einen numerischen Kontext ergänzt wurde. Eine Erweiterung durch eine numerische Repräsentationsform wurde auch bereits von Roundy et al. (2015) vorgenommen und spielt in dem im Rahmen dieser Studie verwendeten Framework eine zentrale Rolle. Der numerische Kontext weist einige Parallelen zu der symbolischen Repräsentationsform auf, aber unterscheidet sich in seiner praktischen Umsetzung. Auf der Ebene *ratio* wird im numerischen Kontext ebenfalls der Differenzenquotient verwendet, um einen konkreten numerischen Wert zu bestimmen. Auf der Ebene *limit* wird der Grenzwert numerisch angenähert ohne die formale Schreibweise im Sinne der symbolischen Repräsentation $\lim_{x \to x_0} \frac{f(x)-f(x_0)}{x-x_0}$ zu verwenden. Stattdessen wird die Ableitung an der Stelle x_0 über den Differenzenquotienten der Form $\frac{f(x_0+\Delta x)-f(x_0)}{\Delta x}$ gebildet, wobei Δx sehr klein ist ($\Delta x \approx 0$). Der Vorteil dieses Vorgehens besteht darin, dass der Grenzwert numerisch ohne die Infinitesimalrechnung ($\Delta x \to 0$) angenähert werden kann (Haghjoo et al., 2023). Auf der Ebene *function* bedeutet dies das Folgende: „Finally, the derivative as function is understood as a sequence of numerical ratios of differences, just as a function can be understood numerically as an array of numbers or set of ordered pairs“ (Roundy et al., 2015, S. 923). Auch in der Literaturrecherche von Haghjoo et al. (2023) werden die fünf dargestellten Repräsentationen (graphisch, verbal, symbolisch, numerisch und physikalisch) als zentral eingestuft, wobei sich ebenfalls auf Zandieh (2000) und Roundy et al. (2015) bezogen wird. In anderen Werken werden ebenfalls ähnliche „Meanings and Levels of Understanding of the Derivative“ (z. B. Pizarro-Ayavire et al., 2024, S. 3) genannt, wobei Pizarro-Ayavire et al. (2024) die Ableitung an einer Stelle betrachten. Diese kann analytisch als Grenzwert des Differenzenquotienten, analytisch-numerisch über numerische Approximationsmethoden oder graphisch über die Tangentensteigung gedeutet werden.

Das in **Abbildung 2.16** dargestellte Rahmenmodell ist in den vier Repräsentationsformen graphisch, verbal, symbolisch und physikalisch angelehnt an Zandieh (2000) und beinhaltet kein technisches (prozedurales) Arbeiten mit Ableitungen, also beispielsweise das Ableiten von Funktionen nach der Ketten- oder Produktregal (Tall et al., 2008). Zandieh (2000, S. 113) und Roundy et al. (2015, S. 923) stellen heraus, dass das Wissen bzw. die Anwendung solcher Ableitungsregeln auch unabhängig von einem Verständnis der Ableitung in den drei Ebenen und in verschiedenen Repräsentationen erfolgen kann.[8] Diese Feststellung wurde auch in anderen Untersuchungen empirisch belegt: In einer qualitativen Fallstudie mit Lernenden der 12. Jahrgangsstufe in Südafrika konnte gezeigt werden, dass die meisten Schülerinnen und Schüler die Ableitungsfunktion zu einer gegebenen Funktion bilden konnten, dabei allerdings keine adäquaten *concept images* zeigten (Likwambe & Christiansen, 2008). Insgesamt kann also festgehalten werden, dass das im Rahmen dieser Studie verwendete Rahmenmodell (**Abbildung 2.16**) konzeptuelles Verständnis (engl. *conceptual understanding*) fokussiert (Likwambe & Christiansen, 2008).

Die Fragestellung nach (konzeptuellem) Verständnis mathematischer Inhalte stellt ein seit langem in der Fachdidaktik diskutiertes Thema dar (Dreyfus, 2002). Eine einheitliche Definition konnte bisher nicht verzeichnet werden. Thurston (1994) schreibt dazu: „Understanding is an individual and internal matter that is hard to be fully aware of, hard to understand and often hard to communicate" (S. 163). Aus diesem Grund kann im Rahmen dieser Arbeit der Diskurs nicht vollumfänglich abgebildet werden. Stattdessen wird das Ziel verfolgt, das *conceptual understanding* für den Ableitungsbegriff zu konkretisieren wie er in dieser Arbeit verwendet wird. Eine allgemeine Definition liefern beispielsweise Kilpatrick et al. (2001, S. 118):

> Conceptual understanding refers to an integrated and functional grasp of mathematical ideas. Students with conceptual understanding know more than isolated facts and methods. They understand why a mathematical idea is important and the kinds of contexts in which is it useful. They have organized their knowledge into a coherent whole, which enables them to learn new ideas by connecting those ideas to what they already know.

[8] Im erweiterten Rahmenmodell nach Roundy et al. (2015) unterhalb der drei Ebenen – als separate Kategorie – Instrumental Understanding aufgenommen, worunter das Kennen von Ableitungsregeln sowie das Anwenden dieser auf symbolisch dargestellte Funktionen verstanden wird.

Dieses funktionale und integrierte Verständnis äußert sich in der Fähigkeit, das Konzept in verschiedene Repräsentationen (z. B. verbal, graphisch oder symbolisch) zu übersetzen und den Zusammenhang zwischen diesen Repräsentationen zu erläutern (Hankeln et al., 2025; Hitt, 1998). Diese Beschreibung zeigt auch eine Übereinstimmung mit der Auffassung von Hiebert und Carpenter (1992, S. 67), wonach ein mathematisches Konzept dann als verstanden betrachtet werden kann, wenn es Teil eines internen Netzwerkes ist. Idealerweise ist es mit anderen bestehenden Netzwerken, die über zahlreiche starke Verknüpfungen verfügen, verbunden. Der Grad des Verständnisses kann darüber bestimmt werden, wie diese Verknüpfungen in verschiedenen Repräsentationen erkannt, koordiniert, artikuliert und mit ihnen gearbeitet wird (Duval, 2006; García-García & Dolores-Flores, 2021, S. 3; Günster & Weigand, 2020, S. 1261; Hitt & Dufour, 2021, S. 638). Auch Weigand et al. (2022, S. 56) teilen diese Auffassung von mathematischem Verstehen, welches das Vernetzen unterschiedlicher Darstellungen – wie etwa Tabellen, Diagrammen, Graphen, Alltagskontexten, verbale Beschreibungen, Formeln und Materialien – beinhaltet. Hier lassen sich auch bereits Überschneidungen mit dem Rahmenmodell zum Verständnis der Ableitung nach Zandieh (2000) wiederfinden.

Die Förderung von *conceptual understanding* hat verschiedene Vorteile. Besonders unterstützt es die Erinnerungsfähigkeit und das Lösen von (neuen) Transferaufgaben: Lernende ohne konzeptuelles Verständnis können ihre Fähigkeiten häufig nicht anwenden, um Probleme zu lösen, die nicht ausdrücklich in einer ähnlichen Form im Unterricht bereits behandelt wurden (Carpenter & Lehrer, 1999, S. 19; Hiebert & Carpenter, 1992; Kilpatrick et al., 2001, S. 118). Die Forschung zeigt, dass Schülerinnen und Schüler, die zuerst konzeptuell und dann prozedural unterrichtet werden, bessere Leistungen erzielen als Lernende, die umgekehrt unterrichtet werden. Das vorzeitige Erlernen von technischen Fertigkeiten (Prozeduren) kann das spätere Erlernen von Konzepten beeinträchtigen, was in der Literatur als kognitive Interferenz bezeichnet wird (vgl. Hurrell, 2021). Die Bewertung konzeptuellen Verständnisses stellt ebenfalls eine große Schwierigkeit dar, denn es geht darum, das Verständnis in mathematischen Problemlösesituationen zu beurteilen. Es werden mündliche Tests, Interviews oder Projektarbeiten als Erhebungsinstrumente vorgeschlagen (Weigand et al., 2024, S. 534–535), allerdings existieren auch quantitative Messinstrumente, z. B. zu reellen Funktionen (Hrnjičić & Alihodžić, 2024).

Conceptual understanding zur Ableitung in der vorliegenden Studie

Im Folgenden soll dargelegt werden, wie *conceptual understanding* in der vorliegenden Studie konkretisiert wird (vgl. **Abbildung 2.18**). Es herrscht Konsens darüber, dass ein *vollständiges* Verständnis der Ableitung Kenntnisse und Interpretationen des Konzepts in unterschiedlichen Repräsentationen auf den drei Ebenen *ratio, limit* und *function* – zunächst isoliert sowohl als Prozess als auch als Objekt im Sinne von Sfard (1991) – einschließt (Berry & Nyman, 2003; Roundy et al., 2015; Ryberg, 2018; Zandieh, 2000). Es wird betont, dass die Ebenen nicht ohne einen Kontext existieren können, in dem über die Ableitung nachgedacht wird (z. B. Thompson, 1994). Daher ist es notwendig, mindestens eine Repräsentation zu berücksichtigen. Jones und Watson (2018) formulieren ein *target understanding* der Ableitung und geben darin an, dass die Ebenen *ratio, limit* und *function* in mindestens drei Kontexten verstanden werden sollten, um das Wissen auf andere Aufgaben übertragen zu können, also Analogien zu neuen Kontexten herzustellen. Empirisch zeigte sich in deren Studie, dass Lernende, die den Ableitungsbegriff in weniger als drei Kontexten erklären konnten, Schwierigkeiten bei der Bearbeitung von verstehensorientierten Aufgaben hatten. Herbert und Pierce (2011) sowie Zandieh (2000, S. 125) schlussfolgern, dass das Verständnis eines Kontextes nicht ohne Weiteres auf einen anderen Kontext übertragbar ist. Darüber hinaus gehört zum Verständnis der Ableitung auch die Fähigkeit, die Beziehungen zwischen den einzelnen Zellen des Rahmenmodells zu interpretieren (Orhun, 2013, S. 146). Diese Beziehungen lassen sich sowohl in vertikaler als auch in horizontaler Richtung ausdifferenzieren: In vertikaler Richtung bedeutet dies, dass Lernende den Übergang von der Prozess-Objekt-Ebene *ratio* über *limit* hin zu *function* in verschiedenen Repräsentationsformen nachvollziehen können, z. B. den Übergang von der durchschnittlichen Änderungsrate zur lokalen Änderungsrate bis hin zur Funktion der lokalen Änderungsrate (Sahin et al., 2015, S. 179). In horizontaler Richtung geht es darum, innerhalb einer Ebene unterschiedliche Repräsentationen miteinander zu verknüpfen. Konkret bedeutet dies exemplarisch auf der Ebene *limit*, dass die Tangentensteigung bzw. Graphensteigung durch starkes Hineinzoomen an eine Stelle x_0 mit der lokalen Änderungsrate (bzw. der Momentangeschwindigkeit in einem entsprechenden physikalischen Kontext) an x_0 verknüpft wird. Diese Verbindung sollte auch zum symbolischen Ausdruck $\lim\limits_{x \to x_0} \frac{f(x)-f(x_0)}{x-x_0}$ sowie zum numerischen Term $\frac{f(x_0+\Delta x)-f(x_0)}{\Delta x}$ mit $\Delta x \approx 0$ hergestellt werden können.

Dabei sind nicht nur die isolierten und verknüpften Kenntnisse im Rahmenmodell in **Abbildung 2.16** entscheidend, sondern auch die Fähigkeit, diese in Problemlöseaufgaben anwenden zu können, worin sich schlussendlich das Verständnis zeigt (Hitt, 1998; Hrnjičić & Alihodžić, 2024; Weigand, 2015, S. 267). Darüber hinaus spielt beim Verständnis der Ableitung das Vorwissen eine zentrale Rolle (Monaghan et al., 2024). Das bereits in der Sekundarstufe I thematisierte funktionale Denken kann als Vorbereitung zur Differenzialrechnung bzw. Ableitung angesehen werden

(Tall, 1996). Litteck et al. (2023) identifizierten das Vorwissen über Funktionen (am relevantesten), über Steigungen sowie über mathematische Symbole als signifikante Prädiktoren für das Verständnis des Ableitungsbegriffs. Diese empirischen Befunde decken sich auch mit theoretischen und teilweise auch empirisch bestätigten Überlegungen anderer Autorinnen und Autoren (z. B. Carlson et al., 2015; Monaghan et al., 2024; Thompson & Harel, 2021).

Schließlich wurde das Rahmenmodell nach Zandieh (2000) und Roundy et al. (2015) für die Ziele der vorliegenden Studie modifiziert, indem die Verknüpfung zwischen den *layers* und *contexts* explizit gekennzeichnet wurde. Zusätzlich wurden einige Aspekte des Vorwissens als Fundament zum Verständnis des Ableitungsbegriffs integriert. Dazu gehört der Funktionsbegriff als eindeutige Zuordnung zweier Mengen inklusive der symbolischen Schreibweise $f(x_0)$ als Funktionswert an der Stelle x_0. Auch der Umgang mit Funktionen, der noch nicht der Ebene *ratio* zugeordnet werden konnte, zählt zum relevanten Vorwissen, z. B. die Bestimmung der Differenz von Funktionswerten (zur Vorbereitung auf den Differenzenquotienten bzw. der durchschnittlichen Änderungsrate) sowie die Ermittlung der Steigung linearer Funktionen, was für das Verständnis der Tangentensteigung zentral ist. Diese Überlegungen wurden in **Abbildung 2.18** zu einem ausdifferenzierten Rahmenmodell zum Verständnis der Ableitung, wie es in der vorliegenden Studie ausgelegt wird, zusammengetragen.

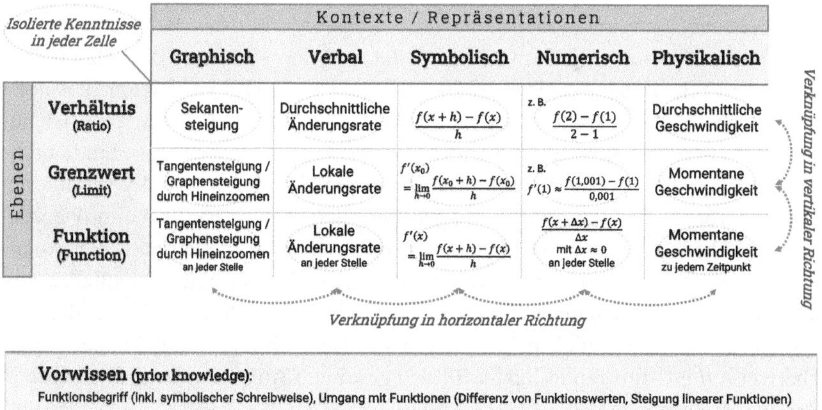

Abbildung 2.18 Ausdifferenziertes Rahmenmodell zum Verständnis der Ableitung in der vorliegenden Studie

Nach Hiebert und Carpenter (1992) umfasst *conceptual understanding* (der Ableitung) ebenfalls, dass dieses in ein größeres Bedeutungsnetzwerk eingebettet ist. Hier bestünde eine mögliche Verknüpfung etwa im Bezug zum Integralbegriff. Da dieser jedoch nicht Gegenstand der vorliegenden Studie ist, bleibt er im Rahmen der hier zugrunde gelegten Beschreibung von konzeptuellem Verständnis der Ableitung unberücksichtigt. Sofern im weiteren Verlauf dieser Arbeit vom Verständnis der Ableitung die Rede ist, bezieht sich dies auf das in **Abbildung 2.18** dargestellte, ausdifferenzierte Rahmenmodell. Auch wenn dieses Modell keine allgemeingültige Definition von *conceptual understanding* zum Ableitungsbegriff darstellt, bietet es eine tragfähige Grundlage, um verschiedene Facetten der Ableitung im Anfangsunterricht adressieren zu können.

In der Literatur wurden auf schulischem und universitärem Niveau eine Reihe von **Verständnisschwierigkeiten** empirisch festgestellt, die sich dem ausdifferenzierten Rahmenmodell zuordnen lassen (Kidron, 2014, S. 70; Radmehr & Turgut, 2024). Diese Schwierigkeiten können auf allen Ebenen des Modells auftreten – so etwa auf der Ebene *ratio* beim Verständnis des Differenzenquotienten bzw. der durchschnittlichen Änderungsrate (z. B. Carlson et al., 2002, 2015), der Ebene *limit* bei der Bestimmung lokaler Änderungsraten aus einem Graphen (z. B. Orton, 1983; Zandieh, 1997, S. 37) oder bei der fehlerhaften Interpretation lokaler Änderungsraten bzw. der Verwechslung mit Funktionswerten (vgl. Hahn & Prediger, 2008; Ossimitz, 2003; Stroup, 2002), sowie der Ebene *function* (z. B. García-García & Dolores-Flores, 2021; Orhun, 2013; Ubuz, 2007). Auch das Verknüpfen verschiedener Repräsentationen stellt eine Herausforderung dar (B. L. Chang et al., 2016; Feudel & Biehler, 2021; García-García & Dolores-Flores, 2021; Haghjoo & Reyhani, 2021; Kendal & Stacey, 2003; Zandieh, 2000). So zeigten beispielsweise Hashemi et al. (2014) in einer Untersuchung, dass Studierende teilweise nur isolierte Kenntnisse von Repräsentationen besitzen und nur sehr wenige Studienteilnehmende symbolische und graphische Repräsentationen miteinander verknüpfen konnten. Verständnisschwierigkeiten ergeben sich zudem häufig beim Wechsel zwischen Ebenen, etwa beim Übergang von der Ableitung an einer Stelle zur Ableitungsfunktion (Park, 2013, 2015; Ubuz, 2007, S. 619) oder beim Erschließen von Zusammenhängen zwischen einer Funktion und ihrer Ableitungsfunktion (Berry & Nyman, 2003). Schließlich neigen Lernende dazu, eine einzelne Ebene – typischerweise *limit* – als repräsentativ für den gesamten Ableitungsbegriff anzusehen (Zandieh & Knapp, 2006).

2.4 Zusammenhänge zwischen Grundvorstellungen und dem Verständnis der Ableitung

In den vorherigen Abschnitten 2.2 und 2.3 wurden Grundvorstellungen und ein Rahmenmodell zum Verständnis der Ableitung dargestellt. In diesem Kapitel sollen Zusammenhänge dieser beiden Konzepte – zunächst kurz allgemein und anschließend konkret auf Ableitungen bezogen – herausgearbeitet werden. Zandieh (1997, S. 64) erwähnt bei der Verwendung ihres Frameworks, dass sie die beiden Ausdrücke „a student's concept image of derivative“ und „a student's understanding of derivative“ synonym verwendet. Daraus wird direkt ersichtlich, dass Grundvorstellungen, die eben den Kern eines *concept image* widerspiegeln (Weigand et al., 2025), eng mit der Auslegung von Verständnis nach Zandieh (2000) verbunden sind. Damit könnten Grundvorstellungen als eine zentrale Teilmenge des Verständnisses (der Ableitung) interpretiert werden. Bender (1991) hebt ebenfalls die enge Beziehung zwischen Grundvorstellungen und Verständnis hervor: „Verständnis ist nicht ohne Vorstellungen und Vorstellungen sind nicht ohne Verständnis möglich“ (Bender, 1991, S. 55). Auch wird in der modernen Denkpsychologie häufig davon ausgegangen, dass kognitive Denkleistungen – also Fähigkeiten wie logisches Denken oder Problemlösen – nicht isoliert ablaufen, sondern stets mit vorhandenen (Grund-)Vorstellungen verbunden sind (Lenz et al., 2019; Weber, 2007, S. 105). Dieser Umstand ist auch aus vielen Untersuchungen bekannt: Verschiedene Grundvorstellungen sind im Langzeitgedächtnis gespeichert und miteinander verknüpft, denn zur Bearbeitung von Aufgaben gilt es oftmals mehrere Grundvorstellungen zu aktivieren (vom Hofe & Roth, 2023, S. 2). Der Aufbau eines dynamischen Netzwerks aus Grundvorstellungen ist also eine wichtige Voraussetzung, um (Problemlöse-) Aufgaben erfolgreich zu bearbeiten (Blum et al., 2004, S. 156; vom Hofe et al., 2005, S. 143). Auch in einer Studie von Ableitinger et al. (2022) mit Lehramtsstudierenden konnte festgestellt werden, dass gutes Fachwissen mit passenden Vorstellungen zum Grenzwertbegriff einhergehen. Die Korrelation weist eine mittlere Effektstärke auf.

In Anlehnung an vom Hofe und Blum (2016) sowie Weigand et al. (2025) können Grundvorstellungen und *conceptual understanding* als unterschiedliche Kategorien betrachtet werden, die allerdings eng miteinander verbunden und nicht unabhängig voneinander sind. Besonders wichtig sind Grundvorstellungen, wenn zwischen Realsituationen und Mathematik übersetzt werden soll. Allerdings benötigt dies mehr als *nur* Vorstellungen, sondern „unter anderem die Fähigkeit, den gegebenen Text sinnentnehmend zu lesen, sowie natürlich die Fähigkeit die Vorstellungen gezielt zu aktivieren und im gegebenen Kontext zum Übersetzen zu benutzen“ (Blum et al., 2004, S. 146). Vom Hofe et al. (2005, S. 149) zufolge lassen sich mangelhafte Modellierungsaktivitäten von Lernenden auf unzureichend entwickelte Grundvorstellungen zurückführen. Beispielsweise können Textaufgaben ohne die Grundvorstellungen Abtrennen oder Wegnehmen der Subtraktion nicht erfolgreich bearbeitet werden (vom Hofe, 2003, S. 5). Grundvorstellungen stellen also eine notwendige Voraussetzung zur Entwicklung von *conceptual understanding* dar, wobei es noch viel Forschung insbesondere in Bezug auf Diagnostik von Verständnis und Grundvorstellungen bedarf (vom Hofe & Blum, 2016, S. 231; Weigand et al., 2024, S. 535). Auch die Kultusministerkonferenz schreibt in den Bildungsstandards, dass Grundvorstellungen „ein Verständnis dieser Inhalte [für das Zentralabitur in Mathematik] erst konstituieren“ (KMK, 2012, S. 18) und unterstreicht damit, dass ohne Grundvorstellungen kein Verständnis aufgebaut werden kann.

Die Analyse der Resultate von Schülerinnen und Schülern in PISA kann Aufschluss über das (Nicht-)Vorhandensein bestimmter Grundvorstellungen geben. Es wird jedoch vor voreiligen Schlussfolgerungen gewarnt, da bei der Bearbeitung von Aufgaben neben Vorstellungen auch Wissen, Fertigkeiten und Fähigkeiten erforderlich sind. Die Untersuchung des Zusammenhangs zwischen Grundvorstellungen und der Erfolgsquote bei Aufgaben gilt als eine in der Forschung noch zu beantwortende Fragestellung (Blum et al., 2004; vom Hofe & Blum, 2016, S. 247). Dennoch hat sich bereits in PISA empirisch gezeigt, dass die Grundvorstellungsintensität ein Prädiktor für die Aufgabenschwierigkeit ist (Jordan et al., 2008, S. 90). Wartha (2009, S. 73) stellt allerdings im Rahmen einer Untersuchung fest, dass kein Zusammenhang zwischen der Fähigkeit zur Ausführung von Algorithmen (prozedurale Aufgaben) und dem Aufbau tragfähiger Grundvorstellungen festgestellt werden. Anders verhält sich dieses bei Modellierungsaufgaben: Hier konnte eine signifikante Korrelation zwischen Grundvorstellungen und der erfolgreichen Bearbeitung identifiziert werden.

Im Folgenden wird der konkrete Zusammenhang zwischen den beiden zentralen Grundvorstellungen *Lokale Änderungsrate* und *Tangentensteigung* mit dem Verständnis der Ableitung – wie in **Abbildung 2.18** dargelegt – erläutert: Die beschriebenen Grundvorstellungen zur Ableitung wurden so konzipiert, dass sie die Ableitung an einer konkreten Stelle fokussieren. Aus diesem Grund lassen sich die Grundvorstellungen vorrangig in der Ebene *limit* wiederfinden. Daran anschließend ergibt sich die Frage, inwiefern die unterschiedlichen Kontexte durch die Grundvorstellungen zur Ableitung abgedeckt werden. Bezüglich des Funktionsbegriffs kann beispielsweise jede Grundvorstellung in verschiedenen

Repräsentationen interpretiert werden (Laakmann, 2013, S. 86;88). Oberflächlich – aufgrund desselben Wortlauts – würde eine Zuordnung der Grundvorstellung *Lokale Änderungsrate* zur verbalen Repräsentationsform erfolgen; die Grundvorstellung *Tangentensteigung* (und auch die *Lokale Linearität*) lässt sich in den graphischen Kontext einordnen (Zandieh, 2000, S. 111; Zandieh & Knapp, 2006, S. 4). Da die lokale Änderungsrate als Grenzwert mittlerer Änderungsraten interpretiert und in verschiedenen Kontexten – u. a. auch physikalischen – zur Deutung der Ableitung eine zentrale Rolle einnimmt, ist diese Grundvorstellung auch in den symbolischen/numerischen sowie physikalischen Kontext integriert. Da zu einer ausgeprägten Grundvorstellung der Lokalen Änderungsrate auch zählt, dass $\Delta y \approx f'(x) \cdot \Delta x \Leftrightarrow f'(x) = \frac{\Delta y}{\Delta x}$ für kleine Änderungen von der unabhängigen Variablen x, also Δx, gilt, lässt sich die Ableitung graphisch auch durch kleinste Steigungsdreiecke darstellen lässt. Etwas schwieriger ist die Einordung der Grundvorstellung Tangentensteigung in das Rahmenmodell: Symbolisch und numerisch lässt sich die Steigung der Tangente allerdings auch über die entsprechenden Ausdrücke bestimmen, da die Tangentensteigung als Grenzwert einer Folge von Sekantensteigung aufgefasst werden kann, die sich wiederum mit dem Differenzenquotienten berechnen lassen. Physikalisch könnte die Tangentensteigung im Kontext von Höhen- und Steigungsprofilen von Achterbahnen oder Wanderrouten genutzt werden. Die Tangentensteigung im verbalen Kontext kann Anwendung in innermathematischen Situationen finden, z. B. indem Ausdrücke der Form „Die Tangentensteigung beträgt an der Stelle $x_0 = [\ldots]$ genau [. . .]“ verwendet werden – wie dies auch im Rahmen der vorliegenden Studie zutrifft.

Explizit zum Zusammenhang von Verständnis und Grundvorstellungen lassen sich einige empirische Studien exemplarisch anführen: Orhun (2013) fand heraus, dass vielen Studienanfängerinnen und -anfängern verschiedene inhaltliche Deutungen der Ableitung bekannt sind, u. a. die Ableitung als Tangentensteigung, sie jedoch Schwierigkeiten haben, diese Kenntnisse auf Aufgaben anzuwenden, welche verstehensorientiert ausgerichtet sind. So konnte beispielsweise der Zusammenhang der Tangentensteigung mit einer symbolischen Repräsentation nicht in Verbindung gebracht werden. Jetses et al. (2024) führten eine qualitative Studie mit Lernenden der gymnasialen Oberstufe in Deutschland durch. Mittels Interviews wurde der Zusammenhang zwischen Kenntnissen bezüglich Grundvorstellungen zur Ableitung (z. B. der Tangentensteigung) und der erfolgreichen Anwendung in Aufgabenbearbeitungen untersucht. Dabei wurden Diskrepanzen festgestellt: Die Kenntnis einer Grundvorstellung bedingt nicht zwangsläufig das Verständnis, welches sich in nicht erfolgreichen Aufgabenbearbeitungen manifestiert. Als mögliche Ursachen sind insbesondere unzureichende Kenntnisse des Funktionsbegriffs sowie Schwierigkeiten beim Wechsel zwischen unterschiedlichen Repräsentationsformen zu nennen. Zusammenfassend lässt sich also festhalten: *Aus Grundvorstellungen zur Ableitung folgt nicht automatisch Verständnis der Ableitung.*

Eine weitere Studie, die inhaltlich starke Ähnlichkeiten zur vorliegenden Untersuchung aufweist, wurde von Weigand et al. (2025) mit Studienanfängerinnen und -anfängern durchgeführt. Im Rahmen dieser Studie wurden sowohl ein *Capability-Test*, der konzeptuell an das Rahmenmodell zum Verständnis der Ableitung von Zandieh (2000) angelehnt war, als auch ein Grundvorstellungsfragebogen (Greefrath et al., 2021a) eingesetzt. Die Ergebnisse zeigten, dass die Grundvorstellung *Tangentensteigung* am stärksten signifikant mit dem verständnisorientierten Test korrelierte ($r = 0.32$), gefolgt von der *Lokalen Änderungsrate* mit einem Pearsons Korrelationskoeffizienten von $r = 0.17$. Die *Lokale Linearität* wies hingegen keine signifikante Korrelation mit dem *Capability-Test* auf. Insgesamt zeigten sich also statistisch signifikante – wenn auch schwache – Zusammenhänge zwischen der Ausprägung der Grundvorstellungen und der Fähigkeit zur Lösung konzeptueller bzw. verständnisorientierter Aufgaben.

2.5 Curriculare Vorgaben zum Ableitungsbegriff

Die Einführung der Analysis in den schulischen Mathematikunterricht lässt sich in Deutschland auf die Meraner Reform initiiert durch Felix Klein im Jahr 1905 zurückführen (Hoffkamp, 2011, S. 359).[9] Seither hat sich die schulische Analysis, die sich mit der Differential- und Integralrechnung befasst, als ein zentrales Themengebiet etabliert und nimmt einen erheblichen Teil des Mathematikunterrichts in der gymnasialen Oberstufe in Deutschland ein (Bressoud et al., 2016, S. 16; KMK, 2012). Nicht nur in Deutschland, sondern auch in vielen anderen Ländern in Europa und Asien, wird Analysis in der Oberstufe (häufig in den Klassen 11 und 12) als Pflichtfach gelehrt (Rasmussen et al., 2014) und gilt als wichtige Grundlage für den Studienerfolg in der universitären Analysis (Frank & Thompson, 2021; Sadler & Sonnert, 2018).

In der gymnasialen Oberstufe wird derzeit in den meisten Ländern versucht, einen ersten Zugang zu zentralen Konzepten der Analysis – insbesondere zur Ableitung und zum Integral – zu schaffen. Dabei wird in der Regel auf formale Definitionen wie etwa die des Grenzwerts sowie auf Beweise verzichtet. Im

[9] Für eine übersichtliche Darstellung der Entwicklung des Analysisunterrichts in Europa seit Beginn des 20. Jahrhunderts – unterteilt in drei Perioden – sei an dieser Stelle auf Törner et al. (2014) verwiesen.

Vordergrund steht dabei ein praxisorientierter, aber dennoch konzeptuell geprägter Zugang zur Analysis (z. B. unter Einbindung physikalischer Kontexte), der sich von dem an Universitäten üblichen Zugang unterscheidet (Hitt & Dufour, 2021, S. 636; Kidron, 2014, S. 69). Dieser Vorschlag geht u. a. auch auf Blum und Kirsch (1979) zurück, und dieses informelle Arbeiten wird heutzutage in der Schule noch so praktiziert (Oldenburg, 2016, S. 56). Allerdings zeigt sich häufig in der Realität, dass der schulische Analysisunterricht vielerorts größtenteils durch einen traditionellen kalkülorientierten Zugang geprägt ist, der auf die Durchführung standardisierter Prozeduren fokussiert, wobei die Verwendung von technologischen Hilfsmitteln zwischen den Ländern stark variiert (Bressoud et al., 2016; Toh, 2021; Törner et al., 2014, S. 547). Insgesamt lässt sich konstatieren, dass viele Schülerinnen und Schüler zwar meist fähig sind, Ableitungsfunktionen symbolisch zu bilden, das konzeptuelle Verständnis der Ableitung allerdings schwach ausgeprägt ist. Larsen et al. (2017) begründen dies folgendermaßen: „Students' fragility of conceptual understanding of the derivative can be traced to the cognitive roots of function, rate of change, ratio, slope, and quantitative reasoning" (S. 535).

Vor dem Hintergrund, dass die vorliegende empirische Studie in Nordrhein-Westfalen und Bremen durchgeführt wurde, sollen im Folgenden zentrale curricularen Vorgaben (Lehrpläne) beider Bundesländer hinsichtlich des Ableitungsbegriffs analysiert werden. Ergänzend wird auf die bundesweiten Bildungsstandards Bezug genommen.

Im Bremer Bildungsplan werden Grundvorstellungen bereits in den einleitenden Aufgaben und Zielen des Mathematikunterrichts aufgegriffen. Demnach soll Mathematiklernen vorstellungsorientiert erfolgen und den Aufbau von Grundvorstellungen, wie z. B. zur Ableitung, unterstützen. Bei der Beschreibung der inhaltsbezogenen Kompetenzen im Modul *Analysis 1: Einführung in die Differentialrechnung* für Lerngruppen in der Einführungsphase werden drei Grundvorstellung der Differentialrechnung konkret aufgeführt und beschrieben, darunter (1) die Ableitung als lokale Änderungsrate, die über einen propädeutischen Grenzwertbegriff als Grenzwert durchschnittlicher Änderungsraten aufgefasst wird, (2) die Ableitung als Tangentensteigung und der damit verbundenen Vorstellung der Tangente als Schmieggerade und (3) die Ableitung als lokale Linearität und dem Erkennen der „lokale[n] Geradlinigkeit von Kurven […] [b]ei vergrößertem Blick auf die Umgebung eines Punktes des Graphen einer differenzierbaren Funktion" (S. 22). Im Anschluss daran werden die inhaltsbezogene Kompetenzen *Ermitteln bzw. Berechnen sowie Deuten lokaler Änderungsraten und Tangentensteigungen* aufgeführt. Überdies wird neben dem analytischen Arbeiten mit dem Ableitungsbegriff (z. B. analytische Bestimmung von Extrem- und Wendestellen) ebenfalls grafisches Arbeiten zum Verständnis der Zusammenhänge zwischen Graphen von Funktionen und ihren Ableitungen betont, wozu u. a. das Skizzieren von Graphen der Ableitungsfunktion zählt (Die Senatorin für Kinder und Bildung, 2022, S. 22).

Auch im Kernlehrplan in Nordrhein-Westfalen wird eine Verständnisorientierung im Mathematikunterricht gefordert, die den „Erwerb tragfähiger fachlicher Grundvorstellungen" (MSB NRW, 2014, S. 12) als zentrale Aufgaben und Ziele des Fachs identifiziert. Zum Ende der Einführungsphase wird im Inhaltsfeld *Funktionen und Analysis (A)* unter den inhaltlichen Schwerpunkten ein *Grundverständnis des Ableitungsbegriffs* gefordert. Im Unterschied zum Bremer Bildungsplan werden hier unter den Kompetenzerwartungen die Grundvorstellungen zum Ableitungsbegriff nicht explizit thematisiert. Neben den kalkülhaften Rechenfähigkeiten mit Ableitungen (z. B. Anwenden von Ableitungsregeln) werden die nachfolgenden Kompetenzen zur Ableitung unterschieden (MSB NRW, 2014, S. 25). Die Schülerinnen und Schüler

- berechnen durchschnittliche und lokale Änderungsraten und interpretieren sie im Kontext,
- erläutern qualitativ auf der Grundlage eines propädeutischen Grenzwertbegriffs an Beispielen den Übergang von der durchschnittlichen zur lokalen Änderungsrate,
- deuten die Tangente als Grenzlage einer Folge von Sekanten,
- deuten die Ableitung an einer Stelle als lokale Änderungsrate/Tangentensteigung,
- beschreiben und interpretieren Änderungsraten funktional (Ableitungsfunktion),
- leiten Funktionen graphisch ab,
- begründen Eigenschaften von Funktionsgraphen (Monotonie, Extrempunkte) mithilfe der Graphen der Ableitungsfunktionen.

Es fällt auf, dass die intendierten Kompetenzen zur Ableitung in beiden Lehrplänen große Überschneidungen aufweisen. Als zentraler Unterschied lässt sich jedoch die stärkere Betonung von Grundvorstellungen im Bremer Bildungsplan feststellen – insbesondere durch die explizite Nennung der *Lokalen Linearität* als eine Grundvorstellung der Ableitung.

Allerdings überrascht die große Schnittmenge zwischen dem Bremer und dem nordrhein-westfälischen Lehrplan kaum, da beide auf den Bildungsstandards der Kultusministerkonferenz basieren. Die explizite Erwähnung von Grundvorstellungen erfolgt auch hier, denn „[u]nter „Inhalten" werden dabei insbesondere auch adäquate Grundvorstellungen verstanden, die ein Verständnis dieser Inhalte erst konstituieren" (KMK, 2012, S. 18). Die inhaltsbezogenen Kompetenzen zur Ableitung finden sich in den mathematischen Leitideen *Algorithmus und Zahl (L1)* sowie Funktionaler *Zusammenhang (L4)* wieder. Innerhalb der Leitidee *L1* sollen

Schülerinnen und Schüler „Grenzwerte auf der Grundlage eines propädeutischen Grenzwertbegriffs insbesondere bei der Bestimmung von Ableitung und Integral nutzen" (KMK, 2012, S. 18). Dass der Grenzwert fundamental zum konzeptuellen Verständnis der Ableitung und anderen Konzepten der Analysis beiträgt, ist unumstritten. Diskutiert wird in diesem Zusammenhang häufiger, bis zu welchem Grad an Formalismus der Grenzwert bei Behandlung der Differenzialrechnung thematisiert werden soll (Larsen et al., 2017, S. 528; Oldenburg, 2016). Ferner heißt es neben prozeduralen bzw. analytischen Fähigkeiten in der Leitidee *L4* (KMK, 2012, S. 20): Die Schülerinnen und Schüler können

- die Ableitung insbesondere als lokale Änderungsrate deuten,
- Änderungsraten funktional beschreiben (Ableitungsfunktion) und interpretieren,
- den Ableitungsgraphen aus dem Funktionsgraphen und umgekehrt entwickeln.

In den der Lehrpläne der Bundesländer übergeordneten Bildungsstandards wird die Deutung der Ableitung als Tangentensteigung nicht explizit genannt; stattdessen liegt hier der Fokus auf der Interpretation der Ableitung als lokale Änderungsrate. Allerdings findet sich dort zumindest die Erwartung, dass Schülerinnen und Schüler Tangentensteigungen an Funktionsgraphen bestimmen können (KMK, 2012, S. 19). Dem grafischen Arbeiten mit der Ableitung kommt hingegen sowohl in den Bildungsstandards als auch in den Kernlehrplänen eine große Bedeutung zu.

Repräsentationen und Visualisierungen

3

„Representation and visualization are at the core of understanding in mathematics" (Duval, 1999, S. 3).

Der Terminus *Repräsentationen* wurde bereits im Rahmen des zugrundeliegenden Frameworks (vgl. **Abbildung 2.16**) verwendet, wie er in den Arbeiten von Roundy et al. (2015) und Zandieh (2000) auslegt wurde. In diesem Kapitel werden einige Grundlagen zu Repräsentationen sowie Visualisierungen als Teilmenge von Repräsentationen erörtert, die für diese Arbeit von Relevanz sind.

3.1 Repräsentationen

Eine einfache und zugleich präzise Beschreibung von Repräsentationen findet sich bei Duval (2006), wobei er sich auf Palmer (1978) stützt: „A representation is something that stands for something else" (Duval, 2006, S. 103). Mathematische Repräsentationen, wie sie im Matheunterricht zum Einsatz kommen, sind als sichtbare Produkte zu verstehen. Zu diesen zählen beispielsweise Diagramme, Graphen, geschriebene Worte, mathematische Formeln und Gleichungen, die für mathematische Ideen oder Zusammenhänge stehen – sie also repräsentieren. Dies sind gleichzeitig Beispiele für externe Repräsentationen, da sie vom Individuum losgelöst, physisch existent und dadurch für andere zugänglich sind (Goldin, 2020). Dem gegenüber stehen interne Repräsentationen, die subjektiv sind, in rein kognitiver Form existieren und meist als *mentale Repräsentationen* oder *Schemata* bezeichnet werden (A. Bauer, 2015, S. 23; Klinger, 2018). Zhang (1997, S. 180) beschreibt sie folgendermaßen:

H. Nguyen, *Wirksamkeit dynamischer Visualisierungen bei der Einführung des Ableitungsbegriffs*, Studien zur theoretischen und empirischen Forschung in der Mathematikdidaktik, https://doi.org/10.1007/978-3-658-51845-5_3

> [I]nternal representations are the knowledge and structure in memory, as propositions, productions, schemas, neural networks, or other forms. [...] The internal representations are the meanings of individual symbols (e. g., the numerical value of the arbitrary symbol "7" is seven).

Die Wechselwirkung zwischen internen und externen Repräsentationen ergibt sich daraus, dass Schülerinnen und Schüler aus externen Repräsentationen (z. B. Abbildungen) unter Einbezug ihres Vorwissens sowie ihrer Vorstellungen und Einstellungen interne Repräsentationen konstruieren. Diese können dann im Langzeitgedächtnis gespeichert werden und zum *conceptual understanding* beitragen (Schoenherr & Schukajlow, 2024a, S. 74). Umgekehrt können interne Repräsentationen von Lernenden in externe umgewandelt werden, beispielsweise bei der Verschriftlichung von Gedanken (A. Bauer, 2015; Duval, 2006; Rellensmann, 2019, S. 34; Schoenherr & Schukajlow, 2024a; J. Zhang, 1997, S. 181). Externe Repräsentationen werden im deutschsprachigen Raum auch als Darstellungen bezeichnet, während für interne Repräsentationen der Begriff Vorstellungen gebräuchlich ist (Goldin, 2020, S. 567; Lenz et al., 2019).

Eine weitere Unterscheidung der externen und internen Repräsentationen kann in depiktionale und deskriptionale Repräsentationen (engl. *depictive and descriptive representations*) vorgenommen werden (Schnotz, 2002, 2010, 2021; Schnotz & Bannert, 2003). Diese unterscheiden sich in den verwendeten Zeichen. Depiktionale Repräsentationen bestehen aus ikonischen Zeichen, die mit dem zu repräsentierenden Inhalt gemeinsame strukturelle Merkmale aufweisen: Dies können einerseits Skizzen sein, die Ähnlichkeiten mit einem realistischen Bild haben, andererseits aber auch abstraktere strukturelle Gemeinsamkeiten (z. B. im Falle von Funktionsgraphen) (Schnotz & Wagner, 2018, S. 851). Deskriptionale Repräsentationen verwenden hingegen Symbolzeichen, die durch Konventionen mit dem zu beschreibenden Objekt verbunden sind. Sowohl Texte als auch mathematische Formeln und Gleichungen gehören demnach den deskriptionalen Repräsentationen an (Schnotz, 2002, S. 103; Schnotz & Bannert, 2003, S. 143). Im Rahmen des der vorliegenden Studie zugrunde liegenden Rahmenmodells zum Verständnis der Ableitung (**Abbildung 2.18**) lassen sich beispielsweise die verbale, symbolische und numerische Repräsentationsform den deskriptionalen Repräsentationen zuordnen, während die graphische Repräsentationsform den depiktionalen Repräsentationen entspricht. Diese Klassifizierungen von Repräsentationen sind in **Abbildung 3.1** dargestellt.

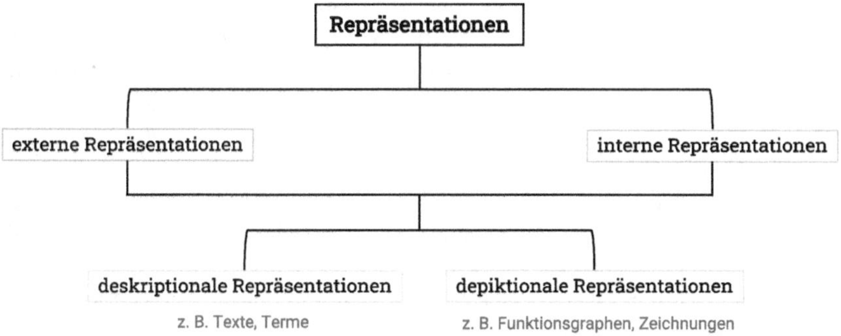

Abbildung 3.1 Mögliche Klassifizierung von Repräsentationen

Werden Repräsentationen im Mathematikunterricht zur Bearbeitung von Aufgaben eingesetzt, so lässt sich noch die Unterscheidung zwischen auxiliär und autonom vornehmen, die im Rahmen der vorliegenden Arbeit besondere Relevanz hat. Dabei sind auxiliäre Repräsentationen zur Bearbeitung einer Problemstellung nicht zwingend notwendig (vgl. Ploetzner et al., 2020, S. 849), jedoch können sie den Lösungsprozess unterstützen. Autonome Repräsentationen sind hingegen essentiell für die Aufgabenbearbeitung, da sie relevante Informationen zur Lösung der Aufgabe enthalten (Duval, 2006; Gagatsis & Elia, 2004, S. 448; Lenz et al., 2019).

3.2 Dynamische und statische Visualisierungen

In Anlehnung an das chinesische Sprichwort *Ein Bild sagt mehr als 1.000 Worte* ist die zentrale Rolle von Visualisierungen beim Mathematiklernen evident (z. B. Larkin & Simon, 1987, S. 65; Turgut & Turgut, 2018). Mathematische Visualisierungen sind „geometrical or graphical representations of mathematical concepts, principles or problems, whether hand drawn or computer generated" (Zimmermann & Cunningham, 1991, S. 1) und können auch als visuelle Repräsentationen bezeichnet werden, da sie visuell-räumliche Informationen enthalten (Presmeg, 2006; Scheiter et al., 2018). Sie finden im Mathematikunterricht besonders häufig im Geometrieunterricht Anwendung. Allerdings können sie auch in anderen Inhaltsbereichen der Mathematik hilfreich sein – etwa in der Arithmetik, Algebra, Funktionenlehre oder Statistik (Gutiérrez, 2018, S. 165).

Visualisierungen können also als Unterbegriff bzw. Teilmenge von Repräsentationen aufgefasst werden (Lenz et al., 2019, S. 107) und werden als „depiktionale Repräsentation eines Sachverhalts verstanden" (Rellensmann, 2019, S. 36). Demnach würde ein Term, wie beispielsweise der Differenzenquotient $\frac{f(x)-f(x_0)}{x-x_0}$, nicht als Visualisierung, sondern als eine deskriptionale (symbolische) Repräsentation klassifiziert werden. Diese Unterscheidung wurde auch im Rahmen eines *scoping review* über Visualisierungen vorgenommen, bei denen Studien in einem ersten Schritt ausgeschlossen wurden, die sich rein mit deskriptionalen Repräsentationen (Texten oder mathematischen Formeln) befassen (Schoenherr & Schukajlow, 2024a, S. 76). Visualisierungen lassen sich analog zu den Repräsentationen grundsätzlich ebenfalls in interne und externe Formen unterteilen (z. B. Schmitz, 2017, S. 47). Im Folgenden wird häufig – sofern nicht anders angegeben – unter dem Begriff *Visualisierung* die externe Form verstanden (Presmeg, 2020; Schoenherr et al., 2024). In der internationalen Literatur findet eine Vielzahl von Begriffen Verwendung, die auf externe Visualisierungen zurückzuführen sind. Zu diesen Ausdrücken zählen beispielsweise *visual images* oder *diagrams* (Schoenherr & Schukajlow, 2024a, S. 74).

Externe Visualisierungen können nach Schnotz (2021) sowie Schoenherr und Schukajlow (2024a) in solche klassifiziert werden, die (1) eine physische oder (2) strukturelle Ähnlichkeit zum repräsentierten Objekt aufweisen (vgl. **Abbildung 3.2**). Physische Ähnlichkeit liegt vor, wenn die räumlichen Merkmale der Visualisierung unmittelbar mit denen des dargestellten Objekts oder Konzepts übereinstimmen. Strukturelle Ähnlichkeit besteht hingegen, wenn die räumlichen Charakteristika der Visualisierung abstrakte, strukturelle Eigenschaften des repräsentierten Objekts oder Konzepts abbilden bzw. widerspiegeln (Schnotz, 2021). Besonders interessant im Rahmen der vorliegenden Studie sind die relationalen Visualisierungen, wozu u. a. Tabellen und Funktionsgraphen zählen, mit denen Beziehungen zwischen einer unabhängigen und einer abhängigen Variablen visuell dargestellt werden können.

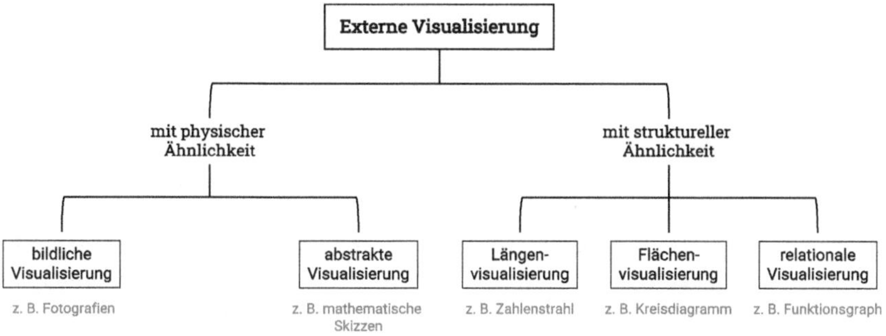

Abbildung 3.2 Klassifikation externer Visualisierungen nach physikalischer und struktureller Ähnlichkeit. (In Anlehnung an Schnotz, 2021, S. 84; Schoenherr & Schukajlow, 2024a, S. 79)

Generell wird der Begriff der Visualisierung in der Literatur auf vielfältige Weise verwendet (Presmeg, 2006). Die folgende Definition von Arcavi (2003, S. 217), die sowohl die Prozess- als auch die Objektkomponente von Visualisierungen vereint und auf den Vorarbeiten von Zimmermann und Cunningham (1991, S. 217) basiert, lautet:

> Visualization is the ability, the process and the product of creation, interpretation, use of and reflection upon pictures, images, diagrams, in our minds, on paper or with technological tools, with the purpose of depicting and communicating information, thinking about and developing previously unknown ideas and advancing understandings.

So beinhaltet die Prozesskomponente nicht nur das Interpretieren gegebener Visualisierungen, sondern eben auch die Auswahl, Erstellung oder Nutzung dieser. Die Produktkomponente bezieht sich auf die resultierende visuelle Repräsentation (Arcavi, 2003; Schoenherr et al., 2024). Eine begriffliche Trennung dieser beiden Komponenten wird beispielsweise von Duval (2014) vorgenommen, der zwischen *visual representations* (den Objekten, wie sie im Mathematikunterricht vorkommen, z. B. Diagramme) und *visualizations* (dem Prozess – also dem Erkennen mathematisch relevanter Informationen in gegebenen oder erstellten visuellen Repräsentationen) unterscheidet.

Visualisierungen können nach Arcavi (2003) im Mathematikunterricht unterschiedliche Funktionen erfüllen. Dazu zählt die Darstellung von Daten als Graph in einem Koordinatensystem, um die Datenstruktur nicht nur abzubilden, sondern auch zu offenbaren (z. B. im Sinne der Objektvorstellung zur Betrachtung der Funktion als Ganzes). Zudem können Visualisierungen symbolische oder verbale Repräsentationen illustrieren bzw. unterstützen, um das Verständnis mathematischer Konzepte zu fördern oder Fehlvorstellungen zu korrigieren. Ebenfalls können sich Visualisierungen in Problemlöse- und Beweisprozessen als nützlich erweisen, da sie als heuristische Hilfsmittel zur Lösung mathematischer Probleme beitragen können (z. B. über einen Darstellungswechsel) oder als Beweis(skizzen) fungieren können (vgl. auch Duval, 2014, S. 160). Dabei kann das Anfertigen von Visualisierungen bzw. das Nutzen vorgegebener Visualisierungen bereits ein Teil der Aufgabenstellungen sein, um das Vorwissen der Lernenden zu aktivieren (Wafi & Wirtz, 2015). Allgemeinere, nicht zwangsläufig auf Mathematik bezogene Funktionen von Visualisierungen als Konkretisierung eines Sachverhalts, Klarstellung einer Beschreibung, Überblick über ein Thema oder Merkhilfe zur Speicherung von Inhalten finden sich beispielsweise in Carney und Levin (2001) sowie Schnotz (2010) wieder.

Eigenschaften statischer und dynamischer Visualisierungen

Im Rahmen der Forschung zur Produktkomponente von Visualisierungen werden die Effekte unterschiedlicher externer Visualisierungsformen auf das Verstehen und Lernen untersucht. Da diese Visualisierungen einen statischen oder dynamischen Charakter aufweisen können, wird an dieser Stelle zunächst eine Begriffsklärung vorgenommen (Schnotz & Lowe, 2003, S. 117).

Das wesentliche Kriterium zur Unterscheidung statischer und dynamischer Visualisierungen liegt in der Veränderlichkeit des Inhalts der jeweiligen Visualisierungen im zeitlichen Verlauf (H.-K. Wu et al., 2015, S. 37). Dynamische Visualisierungen verglichen mit statischen beinhalten demnach nicht nur visuell-räumliche, sondern auch zeitliche Informationen und können die Konstruktion dynamischer (mentaler) Modelle unterstützen (T. Rasch & Schnotz, 2009, S. 412). In der Literatur findet sich häufig keine explizite Definition für statische Visualisierungen, da diese entweder implizit durch allgemeine Beschreibungen von Visualisierungen mitgedacht werden oder als trivial vorausgesetzt gelten. Im Gegensatz dazu liegt für dynamische Visualisierungen ein deutlich höherer Bedarf an begrifflicher Präzisierung vor. Nichtsdestotrotz können nach Preuß und Kauffeld (2019, S. 404) statische Visualisierungen wie folgt definiert werden:

> Unter **statischen Visualisierungen** sind alle Varianten zu verstehen, die keinen zeitlichen Ablauf haben. Das sind z. B. Abbildungen, Fotos, Grafiken, Schema- und Modellzeichnungen, Tabellen, Diagramme sowie 3-D-Modelle.

Die Beispiele können um eine Vielzahl externer Visualisierungen (vgl. **Abbildung 3.2**) erweitert werden (z. B. Castro-Alonso, Wong, et al., 2019; H.-K. Wu et al., 2015). Zur Veranschaulichung dynamischer Prozesse wie des Übergangs von Sekanten zur Tangente kann eine sequenzielle Anordnung von Einzelbildern (statischen Visualisierungen) verwendet werden (z. B. Arguel & Jamet, 2009; Rolfes et al., 2020). Veränderungen können so jedoch nicht explizit dargestellt werden, sondern lediglich angedeutet – etwa durch Pfeile – oder müssen von den Lernenden selbst gedanklich erschlossen werden (Chikha et al., 2021; Ploetzner et al., 2021). Als es noch keine computerbasierten (dynamischen) Visualisierungen gab, wurden beispielsweise dynamische Konstruktionen durch Gelenkvierecke realisiert (A. Bauer, 2015, S. 39). Grundsätzlich können statische Visualisierungen allerdings auch dynamisch gedacht werden, was anhand des folgenden Beispiels deutlich wird: „One may view these [linear functions $\alpha x + 3$] as a set of lines – a static view of the function. Or, one may view this in a dynamic fashion, as one line whose slope changes gradually" (Stylianou & Silver, 2004, S. 378). Statische Visualisierungen (oder Sequenzen davon) finden sich vor allem in gedruckten Schulbüchern wieder (Bremigan, 2005; Thurm et al., 2024).

Dynamische Visualisierungen hingegen eignen sich besonders gut, um dynamische Prozesse sichtbar zu machen (z. B. T. Rasch & Schnotz, 2009; Rolfes et al., 2020), da sie eben räumliche und zeitliche Veränderungen explizit darstellen können (Ploetzner et al., 2020, S. 838; Ploetzner & Lowe, 2004, S. 200). Als konkrete Beispiele (und teilweise sogar als Synonyme) für dynamische Visualisierungen werden in der Literatur sehr häufig Animationen und Videos genannt (z. B. Ainsworth, 2006, S. 191; Arguel & Jamet, 2009; Kühl et al., 2011, S. 29; Ploetzner et al., 2020).[1] Diese sind zumeist computergestützt und reichen von einfachen Formaten wie animierten *Graphics Interchange Formats* (kurz *GIFs*) über animierte Präsentationen zu komplexeren Lernumgebungen, die dynamische Visualisierungen integrieren (McElhaney et al., 2015, S. 50). Eine vielfach verwendete Definition von Animationen lautet wie folgt:

> [A]ny application, which generates a series of frames, so that each frame appears as an alteration of the previous one, and where the sequence of frames is determined, either by the designer or the user. (Bétrancourt & Tversky, 2000, S. 313)

[1] Videos unterscheiden sich in der Regel von Animation dadurch, dass sie wirklichkeitsgetreue Darstellungen enthalten, während Animationen häufiger Zeichnungen oder schematische Abbildungen zur vereinfachten Darstellung von komplexen Sachverhalten nutzen (Merkt & Schwan, 2018, S. 2).

Der letzte Teil der Definition verdeutlicht, dass die Reihenfolge der Bilder in dynamischen Visualisierungen entweder vorgegeben oder durch den Nutzenden steuerbar sein kann. Genau diese Unterscheidung wird in der Literatur häufig herangezogen, um dynamische Visualisierungen im Hinblick auf ihre Möglichkeiten der Interaktivität genauer zu klassifizieren (vgl. **Abbildung 3.3**). Dabei meint Interaktivität „die Eigenschaft der Hard-/Softwarekombination, die den Nutzern Eingriffs- und Steuerungsmöglichkeiten bietet" (Wedekind, 2007, S. 58). Im Falle von fehlender Interaktionsmöglichkeit wird von linear-dynamischen Visualisierungen bzw. *non-interactive-dynamic visualisations* gesprochen (Hegarty, 2004; Rolfes et al., 2020). Diese zeichnen sich dadurch aus, dass sie mit vorgegebener Dauer und Geschwindigkeit abgespielt werden und vom Zuschauenden nicht geändert werden kann (Wagner & Schnotz, 2017). Interaktiv-dynamische Visualisierungen bzw. *interactive-dynamic visualisations* hingegen bieten Nutzenden die Option, Veränderungen selbst zu kontrollieren. Mögliche Beispiele umfassen „annotierte und interaktive Videos, Hypervideos, Simulationen, Software und Spiele mit grafischer Benutzeroberfläche" (Preuß & Kauffeld, 2019, S. 404). Die genannte Interaktivität kann sich auf unterschiedliche Weise äußern – etwa durch die Möglichkeit, die Wiedergabegeschwindigkeit anzupassen, eine Animation gezielt zu starten, zu stoppen oder einzelne Bilder bzw. Bestandteile einer dynamischen Visualisierung in beliebiger Reihenfolge, Häufigkeit und Dauer zu betrachten (Hegarty, 2004, S. 347; McElhaney et al., 2015).

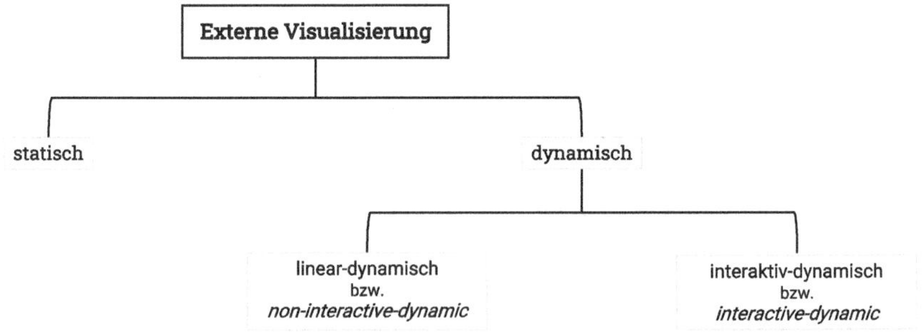

Abbildung 3.3 Klassifikation externer Visualisierungen nach Dynamik und Interaktivität. (In Anlehnung an Hegarty, 2004; Rolfes et al., 2020)

Alle genannten Interaktionsmöglichkeiten lassen sich exemplarisch in dem Screenshot einer interaktiv-dynamischen Visualisierung aus der vorliegenden Studie wiederfinden (vgl. **Abbildung 3.4**). Insbesondere können Rezipierende mithilfe von Kontrollkästchen gezielt bestimmte Elemente der Darstellung ein- bzw. ausblenden, etwa Steigungsdreiecke, Sekanten oder Tangenten. Auf diese Weise lässt sich der Fokus individuell auf ausgewählte Inhalte richten.

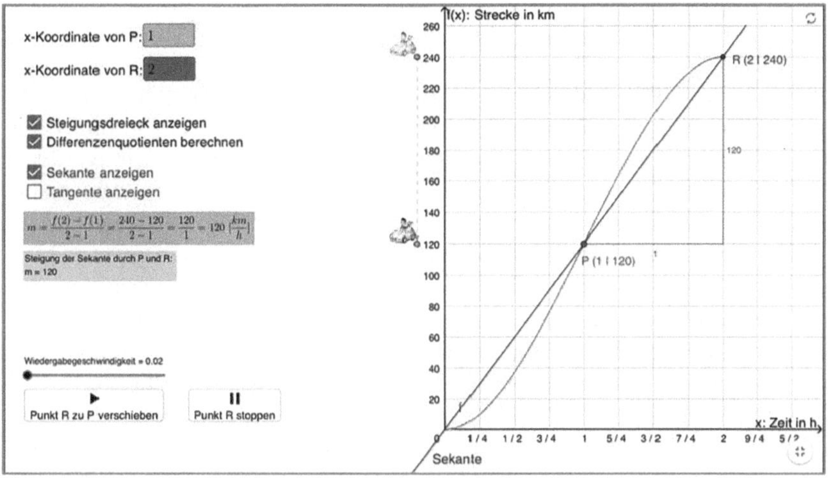

Abbildung 3.4 Screenshot aus einer interaktiv-dynamischen Visualisierung über *Zusammenhänge zwischen Änderungsraten und Steigungen* aus der vorliegenden Studie

Viele Lernplattformen bieten heutzutage geeignete Umgebungen für die Integration dynamischer Visualisierungen, insbesondere auch mit der Möglichkeit, auditive Elemente einzubinden. Dennoch zeigt sich, dass diese Potenziale von interaktiv-dynamischen Visualisierungen in sehr wenigen Lernplattformen ausgeschöpft werden, auch wenn die Umsetzung technisch möglich wäre (Thurm et al., 2024).

Beim Einsatz von Visualisierungen sollten stets die Lernziele, Inhalte, Merkmale der Lernenden sowie Lehrpläne berücksichtigt werden und darauf aufbauend eine Entscheidung getroffen werden, ob Inhalte statisch oder dynamisch präsentiert werden sollten (Plass et al., 2009, S. 33). Scheiter et al. (2022) empfehlen daher, dass dynamische Visualisierungen nur dann Anwendung finden sollten, wenn der dargestellte Prozess einen zentralen Stellenwert für das definierte Lernziel einnimmt.

3.3 Zur Rolle von Repräsentationen und Visualisierungen beim Mathematiklernen

Insbesondere in der Mathematik spielen Repräsentationen eine zentrale Rolle, da mathematische Konzepte – anders als in den empirischen Naturwissenschaften wie der Biologie, Physik und Chemie – weder durch direkte Wahrnehmung noch durch instrumentelle Hilfsmittel (z. B. Mikroskope in der Biologie) zugänglich sind (Friesen, 2017, S. 11; Hegedus et al., 2017). Der Zugang zu mathematischen Inhalten erfolgt ausschließlich über Repräsentationen, die sowohl deren Erschließung als auch deren Verarbeitung ermöglichen (Kilpatrick et al., 2001, S. 94). In diesem Zusammenhang spricht Duval (2006, S. 107) davon, dass mathematische Inhalte nicht auf einem doppelten Zugang beruhen, der sowohl nicht-semiotische (direkt wahrnehmbare) als auch semiotische (zeichengebundene) Elemente umfasst. Vielmehr sind sie ausschließlich über semiotische Systeme zugänglich, was die zentrale Bedeutung von Repräsentationen für das Lernen und Verstehen von Mathematik unterstreicht. Aus diesem Grund ist Mathematik die Disziplin, in der die größte Bandbreite semiotischer Repräsentationen vorliegt (Duval, 2006, S. 108).

Es herrscht Konsens darüber, dass zum erfolgreichen Beherrschen mathematischer Inhalte umfangreiche interne (mentale) Repräsentationen von Konzepten unabdingbar sind (Dreyfus, 2002, S. 32; Sedig & Sumner, 2006). Der *National Council of Teachers of Mathematics* (kurz *NCTM*) unterstreicht die Relevanz von Repräsentationen für das Lernen von Mathematik:

> Representation should be treated as an essential element in supporting students' understanding of mathematical concepts and relationships; in communicating mathematical approaches, arguments, and understanding to one's self and to others; in recognizing connections among related mathematical concepts; and in applying mathematics to realistic problem situations through modeling. (NCTM, 2000, S. 67)

Die Bedeutung von Repräsentationen für den Mathematikunterricht ist ebenfalls in den Bildungsstandards für die Allgemeine Hochschulreife verankert – insbesondere durch die prozessbezogene Kompetenz „Mathematische Darstellungen verwenden (K4)" (KMK, 2012, S. 11). Dazu gehört einerseits das Erstellen von geeigneten Darstellungen, aber auch das Auswählen und Nutzen vorgegebener Darstellungen. Das Wechseln zwischen verschiedenen Darstellungen stellt ebenfalls einen zentralen Bestandteil dieser Kompetenz dar.

Visualisierungen als Teilmenge von Repräsentationen nehmen im Mathematikunterricht eine besondere Rolle ein. Es gibt verschiedene Gründe, weshalb der Einsatz von Visualisierungen das Lernen mathematischer Inhalte unterstützen kann. So können sie etwa auch zur Förderung weiterer prozessbezogener Kompetenzen beitragen: Visualisierungen unterstützen Problemlöseprozesse, indem sie als heuristisches Hilfsmittel zur Strukturierung und zum besseren Verständnis von Problemlöseaufgaben dienen (Bremigan, 2005), oder sie fördern Modellierungsprozesse, indem sie die Übersetzung zwischen Realität und Mathematik erleichtern (Rellensmann, 2019). Ferner kann das mathematische Kommunizieren durch Visualisierungen erleichtert werden: Vor allem sprachlich weniger versierte Schülerinnen und Schüler werden dadurch unterstützt, mathematische Texte zu verstehen und selbst eigene sprachliche Beiträge zu formulieren (Prediger & Şahin-Gür, 2019). Auch das mathematische Argumentieren kann durch visuelles Begründen (engl. *visual reasoning* bzw. *graphical reasoning*) gefördert werden. Dieses lässt sich definieren als „using pictures, images or diagrams effectively for solving tasks of higher-order thinking" (Natsheh & Karsenty, 2014, S. 110). Die beiden Autorinnen und Autoren vertreten die Auffassung, dass die Fähigkeit, visuell zu argumentieren und Zusammenhänge zu erkennen, wesentlich zum konzeptuellen Verständnis beiträgt, insbesondere im Bereich der Analysis. Caligaris et al. (2015, S. 1184) gehen sogar so weit, Visualisierungen als notwendig zu erachten, um ein tiefgehendes Verständnis (z. B. *conceptual understanding*) zu ermöglichen. Darüber hinaus wird davon ausgegangen, dass Visualisierungen (im Vergleich zu symbolischen Repräsentationen) das Behalten und Erinnern von Definitionen und Beweisen begünstigen können (Kilpatrick et al., 2001; Wilzek, 2021, S. 112). Zahlreiche empirische Studien belegen, dass Lernende höhere Lernzuwächse erzielen, wenn Visualisierungen im Unterricht eingesetzt werden (z. B. ChanLin, 2001; Stebner et al., 2017). Dennoch lässt sich nach wie vor eine Zurückhaltung von Schülerinnen und Schülern, aber auch von Lehrkräften bei der Verwendung von Visualisierungen im Mathematikunterricht beobachten (Haciomeroglu, 2011, S. 137; Selden et al., 1994).

Visualisierungen in der Funktionenlehre und Differenzialrechnung

Eine häufig genutzte Form der Visualisierung von Funktionen ist der Funktionsgraph. Er wurde jedoch erst Mitte des 19. Jahrhunderts als geeignetes Mittel zur Veranschaulichung funktionaler Zusammenhänge anerkannt, während zuvor hauptsächlich Tabellen verwendet wurden (Rolfes, 2018; Stölting, 2008). Besonders in qualitativen Aufgaben erweist sich der Graph als hilfreich und im Durchschnitt effizienter als Tabellen. Dabei geht es nicht um die Bestimmung konkreter Funktionswerte, sondern um qualitative Aussagen über den Verlauf des Graphen, etwa zur Untersuchung des Steigungsverlaufs. In quantitativen Aufgaben hingegen sind Tabellen oft effizienter, da Wertepaare direkt und präzise abgelesen werden können

(Ainsworth et al., 2002; Rolfes et al., 2018). Die Literatur berichtet von zahlreichen Problemen im Umgang mit Funktionsgraphen: Dazu zählen u. a. Schwierigkeiten beim Übergang vom punktuellen Ablesen hin zum Lesen von Intervallen und dem Erkennen globaler Merkmale einer Funktion, die Verwechslung von Größe und Zuwachs sowie der sogenannte Graph-als-Bild-Fehler, bei dem der Funktionsgraph fälschlicherweise als *Bild* der Realsituation interpretiert wird (Bell & Janvier, 1981; Leuders & Prediger, 2005). Tall und Vinner (1981) vermuten, dass diese Verständnisschwierigkeiten auf den traditionellen Mathematikunterricht zurückzuführen sind, in dem algebraische Formeln und kalkülhaftes Arbeiten dominieren und zu einer eingeschränkten Entwicklung des Funktionsbegriffs beitragen.

Funktionsgraphen bieten gegenüber symbolischen Repräsentationen den Vorteil, dass sie charakteristische Punkte, wie etwa Extrem- oder Wendepunkte einer Funktion, visuell darstellen können (Schoenherr et al., 2024). Dies erweist sich insbesondere im Rahmen der Differenzialrechnung als vorteilhaft. Aus diesem Grund wird beim Erlernen von Grenzwerten, der Ableitung und des Integrals vielfach die Verwendung von Visualisierungen in Form von Funktionsgraphen empfohlen (Habre & Abboud, 2006; Kidron & Tall, 2015; Ubuz, 2007). Diese Empfehlung gilt sowohl für leistungsschwache als auch für leistungsstarke Schülerinnen und Schüler (Selden et al., 1994). Bereits Orton (1983) betonte die Wichtigkeit der Arbeit mit Funktionsgraphen zum Verständnis des Konzepts der Änderungsrate und dem Zusammenhang zur Tangentensteigung. Aus diesem Grund wird vielfach hervorgehoben, dass ein erster Zugang zur Ableitung zunächst informal und intuitiv erfolgen soll (Kidron & Tall, 2015, S. 188). Dabei kann die Arbeit mit Funktionsgraphen eine zentrale Rolle einnehmen und zur Entwicklung eines konzeptuellen Verständnisses beitragen (Orhun, 2012, S. 679).

Die von Asiala et al. (1997) durchgeführte Studie zählt zu den ersten Untersuchungen, die sich mit dem graphischen Verständnis von Funktionen und deren Ableitungen befassten (Swidan, 2019, S. 204). Darunter wird die Fähigkeit verstanden, die Beziehung zwischen einer Funktion (bzw. ihrer Tangentensteigungen) und ihrer Ableitung graphisch, und nicht auf Grundlage von symbolischen Repräsentationen, zu erfassen. Die Mehrheit der an der Studie teilgenommenen Studierenden zeigte ein angemessenes graphisches Verständnis der Ableitung. In anderen Studien wurden hingegen vielfach Schwierigkeiten im graphischen Verständnis nachgewiesen, insbesondere bei fehlenden symbolischen Repräsentationen (Ariza et al., 2015; Aspinwall et al., 1997; Berry & Nyman, 2003; Kendal & Stacey, 2003). Die Bedeutsamkeit dieses graphischen Verständnisses wird in einer Vielzahl von Forschungsarbeiten unterstrichen, denn dieses führt ebenfalls zu einem besseren Verständnis des Konzepts der Funktionen (Berry & Nyman, 2003; Y. Y. Hong &

Thomas, 2015, S. 184) oder des Konzepts der Ableitung im Gesamten (Çetin, 2009; Haciomeroglu et al., 2010; Ryberg, 2018; Swidan, 2019).

Graphisches Verständnis der Ableitung kann sich u. a. beim sogenannten **grafischen Differenzieren** zeigen, was in Kernlehrplänen und in den Bildungsstandards verankert ist (vgl. Abschnitt 2.5). Dabei geht es um die „Konstruktion eines Ableitungsgraphen anhand des lediglich graphisch gegebenen Funktionsgraphen" (Bosse & Klinger, 2020, S. 458). Hier kann die Möglichkeit bestehen, verstehensorientierte Zusammenhänge zwischen einer Funktion f und ihrer Ableitungsfunktion f' zu erwerben, z. B. im Hinblick auf die Monotonie bzw. Tangentensteigungen von f und dem Vorzeichen der Funktionswerte von f' (vgl. **Abbildung 3.5**). Arzarello et al. (2009) zeigten in einer Untersuchung mit Schülerinnen und Schülern der 11. Jahrgangsstufe, dass diese ohne spezifische Kenntnisse über die Ableitung in der Lage waren, den Graphen der Ableitungsfunktion als sogenannten Graphen der Steigung der gegebenen Funktion zu zeichnen. Dabei setzten sie Gesten ein, indem sie mit Fingern und Händen Tangenten mimikrierten oder kleine Tangenten an den gegebenen Graphen einzeichneten. Daher schlagen Salle und vom Hofe (2020) „eine ausführliche Behandlung im Unterricht vor, in der das qualitative Vorgehen – graphisches Differenzieren […] – deutlich ausführlicher thematisiert, geübt und im Sinne eines spiralförmigen Vorgehens mit neuen Herausforderungen und Aspekten wiederholt aufgegriffen wird" (S. 39).

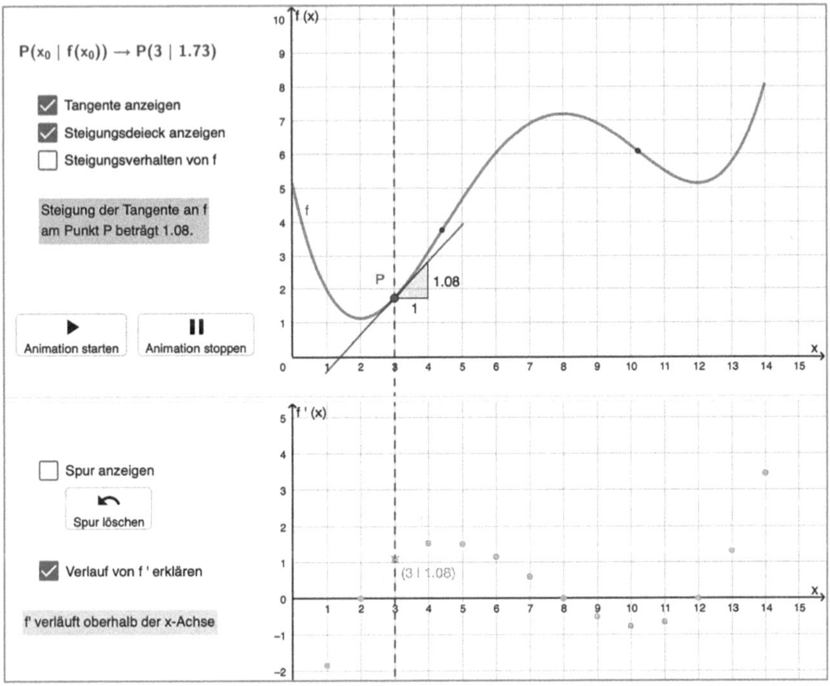

Abbildung 3.5 Zusammenhänge zwischen einer Funktion und ihrer Ableitungsfunktion beim grafischen Differenzieren

Zugleich besteht jedoch die Gefahr der kalkülhaften Ausführung des grafischen Differenzierens. So wird etwa die Regel, dass aus einer lokalen Extremstelle von f eine Nullstelle von f' wird, auswendig gelernt, ohne die zugrundeliegenden Zusammenhänge wirklich zu verstehen. Auch im Rahmen des grafischen Differenzierens wurde eine Reihe von Defiziten empirisch nachgewiesen (Aspinwall et al., 1997; Y. Y. Hong & Thomas, 2015; Klinger, 2018; Takači et al., 2015, S. 425; Ubuz, 2007). Klinger (2018) fand beispielsweise heraus, dass Aufgaben zum graphischen Differenzieren im Durchschnitt deutlich schlechter gelöst wurden als Aufgaben zum symbolischen Differenzieren, was vermutlich auch von den Schwerpunkten des Unterrichts abhing.

Aufgrund der vielfältigen Defizite stieg das Interesse an graphischen Interventionsstudien im Bereich der Differenzialrechnung (Kidron & Tall, 2015; Roh & Lee, 2017). Dabei weist Parr (2023) darauf hin, dass Graphen Lernende nur dann sinnvoll unterstützen können, wenn sie von den Schülerinnen und Schülern in der Weise interpretiert werden, wie es von den Entwicklerinnen und Entwicklern beabsichtigt war. Insbesondere im Kontext des Ableitungsbegriffs ist auch das zuvor beschriebene *visual reasoning* bedeutsam, um die Beziehungen zwischen einer Funktion f und ihrer Ableitungsfunktion f' zu erläutern. In Schulbüchern wird dieser Gesichtspunkt nach wie vor nur in geringem Maße behandelt (Natsheh & Karsenty, 2014, S. 112). Auch Schulbuchanalysen von Analysisbüchern zeigen, dass Wahrnehmungsaufgaben, also Aufgaben zur Interpretation von Visualisierungen mit Fokus auf die Objektkomponente, deutlich häufiger vorkommen als Konstruktionsaufgaben, bei denen Schülerinnen und Schüler selbst Visualisierungen erstellen und dabei die Prozesskomponente in den Vordergrund rückt (B. L. Chang et al., 2016; Thurm et al., 2024). Welcher dieser beiden Aufgabentypen – isoliert betrachtet – als lernförderlicher einzuschätzen ist, wird in der Literatur uneinheitlich beantwortet (Q. Zhang & Fiorella, 2019).

Es zeigt sich allerdings auch, dass insbesondere der häufige Einsatz graphischer Verfahren, also z. B. des graphischen Differenzierens und Integrierens, die Entwicklung und Förderung von Grundvorstellungen zur Ableitung und zum Integral unterstützen kann. Demnach kann ein Verständnis für kalkülhafte Verfahren, etwa der Kurvendiskussionen zur Bestimmung von Extrem- und Wendestellen, entwickelt werden (Salle & vom Hofe, 2020, S. 43).

Dennoch sei an dieser Stelle angemerkt, dass trotz der vielen genannten Vorteile von Visualisierungen für die Differenzialrechnung der Umgang mit ihnen bewusst und durchdacht erfolgen sollte, da diese auch lernhinderlich sein können. So stellen Aspinwall et al. (1997) in einer Fallstudie dar, dass Visualisierungen zu *uncontrollable mental imageries* führen können: Der teilnehmende Student entwickelte durch Verwendung der Visualisierung einer Parabel die mentale Repräsentation (Fehlvorstellung), dass die Parabel für große x-Werte in eine vertikale Gerade übergeht.

Visualisierungen als Unterstützung beim Aufbau von Grundvorstellungen

In der kognitionspsychologischen sowie fachdidaktischen Forschung wird sich schon seit vielen Jahren die Frage gestellt, inwiefern externe Repräsentationen den Aufbau von (Grund-)Vorstellungen unterstützen können (Barzel et al., 2024; Hußmann & Prediger, 2016, S. 57; z. B. Salle et al., 2023, S. 438; Schnotz & Wagner, 2018). Prediger et al. (2011) zufolge „bilden inhaltliche Vorstellungen [Grundvorstellungen] und passende Darstellungen ganz entscheidende Wissensfacetten [...], die ebenfalls systematisiert und gesichert werden müssen“ (S. 4). Dass Visualisierungen eine zentrale Rolle bei der Ausbildung von Grundvorstellungen einnehmen, ist unbestritten (Griesel et al., 2019; Hochmuth et al., 2024; Hußmann & Prediger,

2016; Prediger, 2008). Gretsch und Holzäpfel (2016) zeigen die zentrale Rolle von Visualisierungen für den Aufbau von Grundvorstellungen auf und schlagen vor, eine „durchgängige Darstellung anzulegen, die über mehrere Schuljahre hinweg anschlussfähig ist“ (S. 95).

Das vermutlich prominenteste Beispiel zur Unterstützung des Aufbaus von Grundvorstellungen mithilfe von Visualisierungen bezieht sich auf den Bruchzahlbegriff (z. B. Reinhold, 2019). Dabei haben sich ganz unterschiedliche graphische Repräsentationen etabliert, u. a. das Rechteck- oder Kreismodell zur Veranschaulichung der Grundvorstellung eines Bruchs als Anteil eines Ganzen, die dann zu konzeptuellem Verständnis beitragen können (Lenz et al., 2019; Padberg & Wartha, 2017). Mithilfe von Graphen lässt sich ebenfalls die Ausbildung von Grundvorstellungen zum Funktionsbegriff, insbesondere die der Kovariation, unterstützen. Sofern kein Funktionsterm angegeben und nicht nach konkreten Werten im Sinne der Zuordnungsvorstellung gefragt wird, können beispielsweise Aussagen darüber getroffen werden, wie sich Änderungen der Argumente auf die Funktionswerte auswirken (Güster & Weigand, 2022; Klinger, 2018). Bezüglich der Grundvorstellungen zu den rationalen Zahlen schlagen Schürmann und Greefrath (2021) die Verwendung von Zahlenstrahlen oder Venn-Diagrammen als Visualisierungen vor. Zur Ausbildung von Grundvorstellungen zum Integral empfehlen Greefrath und Ulm (2021) den Einsatz statischer, insbesondere aber dynamischer Visualisierungen. Anhand konkreter Beispiele veranschaulichen sie deren Potenzial zur Förderung der Flächeninhaltsvorstellung, der Kumulationsvorstellung, der Mittelwertvorstellung sowie der Rekonstruktionsvorstellung. Visualisierungen eignen sich dabei nach Ansicht der Autoren besonders gut, um solche Grundvorstellungen nachhaltig im Gedächtnis der Lernenden zu verankern. Aber auch bereits in der Primarstufe haben sich zu den Grundrechenarten Darstellungen etabliert, denen eine grundvorstellungsfördernde Wirkung zugeschrieben wird, z. B. das Arbeiten mit bzw. Zeichnen von Plättchen zur Subtraktion (Salle et al., 2023, S. 439). Ebenso eignen sich besonders graphische Repräsentationen in Form von Rechteckdarstellungen, um Grundvorstellungen zur Multiplikation auszubilden (Hefendehl-Hebeker et al., 2019, S. 41–42).

Der Verwendung von Visualisierungen wird auch im Bereich der Differenzialrechnung eine zentrale Bedeutung für die Ausbildung von Grundvorstellungen zum Ableitungsbegriff beigemessen. Bereits Kirsch (1979) schlug eine (statische) Bildserie vor, mit der die Steigung des Funktionsgraphen mithilfe eines sogenannten *Funktionenmikroskops* bestimmt werden sollte. Aus diesem Ansatz entwickelte sich die Grundvorstellung *Lokale Linearität* nach Greefrath et al. (2016b). Weitere Beispiele zur Visualisierung von Grundvorstellungen in der Differenzial- und Integralrechnung finden sich bei Greefrath und Ulm (2021) sowie Roth und Siller (2016).

Dazu gehören beispielsweise die Darstellung der Tangente am Graphen einer Funktion als lokale Schmieggerade zur geometrischen Veranschaulichung der Ableitung sowie die Visualisierung von Produktsummen kleiner Breiten zur Illustration des Integrals als Kumulation.

Kognitive Denkstile als Einflussfaktor beim Lernen mit Visualisierungen
Es ist zu beachten, dass die genannten Vorteile des Lernens mit Visualisierungen nicht für alle Lernenden gleichermaßen gelten. In diesem Zusammenhang lassen sich Theorien zu unterschiedlichen Präferenzen bzw. mathematischen Denkstilen anführen, die häufig in visuelle und analytische Denktypen (oder deren Kombination) unterteilt werden können (Ariza et al., 2015; Borromeo Ferri, 2010; Haciomeroglu et al., 2013; Hernández et al., 2025; Latifi et al., 2021; Sevimli, 2016). Dabei zeichnen sich visuell Denkende dadurch aus, dass sie bevorzugt visuelle Strategien einsetzen, etwa indem sie zur Bearbeitung einer Aufgabe zunächst eine Skizze anfertigen. Analytisch Denkende greifen schnell zu symbolischen Repräsentationen und vermeiden – sofern möglich – die Verwendung oder Erstellung von Visualisierungen (Haciomeroglu et al., 2010). Beim grafischen Differenzieren können Lernende beispielsweise analytisch vorgehen, indem sie zunächst den Funktionsterm der gegebenen Funktion bestimmen, diesen analytisch ableiten und anschließend den Graphen der Ableitung auf Basis der ermittelten Funktionsgleichung zeichnen. Visuelle Methoden hingegen stützen sich auf grafisch zu bestimmende Tangentensteigungen, aus denen der Verlauf der Ableitungsfunktion konstruiert wird (Haciomeroglu et al., 2013, S. 181–182). In der Studie von Haciomeroglu et al. (2013) zeigte sich, dass Schülerinnen und Schüler mit visuellem oder visuell-analytischem (also kombiniertem) Denkstil sowohl im Test zum grafischen Differenzieren und Integrieren als auch im standardisierten *AP Calculus Exam* – dessen Aufgaben zu Ableitungen und Integralen ohne Visualisierungen präsentiert wurden – signifikant bessere Leistungen erzielten als die analytisch Denkenden. Dieser Befund deckt sich mit den Ergebnissen einer Studie von Bremigan (2005). Haciomeroglu et al. (2013, S. 184) erklären diese Beobachtungen wie folgt:

> Visual processing plays an important role in students' learning of calculus because many concepts of calculus are introduced through graphic representations. We think that analytic students, who prefer not to use visual processing to support their analytic processing or do not attempt to construct visual representations of calculus concepts, might not perform well due to incomplete understanding of calculus and the relevant visual images.

3.4 Multiple Repräsentationen

In den vorherigen Kapiteln wurden unterschiedliche Arten externer Repräsentationen beschrieben, die sich u. a. im Rahmenmodell zum Verständnis der Ableitung wiederfinden. Zu mathematischen Begriffen sollen verschiedene Grundvorstellungen sowie dazu passende (graphische) Repräsentationen aufgebaut werden, sodass im Umgang mit dem Begriff flexibel zwischen unterschiedlichen Grundvorstellungen und Repräsentationen gewechselt werden kann (Hußmann & Prediger, 2016, S. 56–57). In diesem Kapitel werden die theoretischen Grundlagen dafür gelegt, wie Lernende mit mehreren Repräsentationen und Visualisierungen umgehen. Diese können auch simultan präsentiert werden und sowohl statisch als auch dynamisch sein. Ein solcher Umgang gilt als zentral für das Verständnis der Beziehung zwischen einer Funktion und ihrer Ableitung (vgl. Ariza et al., 2015).

Die theoretische Fundierung multipler (externer) Repräsentationen (MERs) geht maßgeblich auf die Arbeiten von Ainsworth (1999, 2006) zurück. Dabei werden nach Ainsworth (1999) sowie Ainsworth und VanLabeke (2004) im Wesentlichen drei Hauptfunktionen multipler Repräsentationen unterschieden: MERs können komplementäre Rollen (engl. *complementary roles*) einnehmen und enthalten somit unterschiedliche Informationen zum selben Bezugsobjekt; eine direkte Übersetzung der Repräsentationen ineinander ist nicht möglich. Eine weitere Funktion von MERs bezieht sich auf die Einschränkung von Interpretationen (engl. *constrain interpretation*). Dabei dient eine vertraute Repräsentation dazu, die Interpretation einer weniger vertrauten oder abstrakten Darstellung einzuschränken, um Fehlinterpretationen vorzubeugen. Des Weiteren kann eine Repräsentation die Mehrdeutigkeit einer anderen aufheben. Die häufig als wichtigste bezeichnete Funktion von MERs liegt darin, tiefes Verständnis aufzubauen (engl. *construct deeper understanding*). Dies geschieht insbesondere, wenn Lernende die Gemeinsamkeiten und Unterschiede zwischen den Merkmalen einzelner Repräsentationen erkennen, etwa dass der Wert des Differentialquotienten der Steigung der Tangente entspricht. Diese drei Funktionen multipler Repräsentationen schließen sich nicht gegenseitig aus, sondern können auch gleichzeitig wirken (A. Bauer, 2015, S. 35).

Ein mathematisches Objekt kann nicht allein durch eine Repräsentation beschrieben werden; ebenso haben unterschiedliche Repräsentationen Vorteile in verschiedenen Situationen (Elia et al., 2007, S. 659). Der Einsatz von MERs bietet daher nicht nur das Potenzial zur Förderung von *conceptual understanding* insbesondere in der Differenzialrechnung durch Ergänzung symbolischer und numerischer Repräsentationen um beispielsweise graphische Darstellungen

(Berry & Nyman, 2003; Biza, 2011, S. 128; B. L. Chang et al., 2016; Kendal & Stacey, 2003; Kilpatrick et al., 2001; Zimmermann & Cunningham, 1991) – sondern kann auch motivationale Vorteile mit sich bringen (Ainsworth, 1999, S. 131). Durch den Einsatz multipler Repräsentationen kann also ein eingeschränktes oder kontextgebundenes Verständnis in ein flexibles Verständnis überführt werden, das sich in unterschiedlichen Situationen anwenden lässt (Dreyfus, 2002, S. 39). Aus diesen Gründen ist der Umgang mit multiplen Repräsentationen Teil der prozessbezogenen Standards (engl. *process standards*) des *National Council of Teachers of Mathematics* NCTM (2000) und wie bereits im vorangegangen Unterkapitel beschrieben auch in den Bildungsstandards verankert (Samuels, 2017, S. 50).

Renkl et al. (2013) betonen jedoch, dass Lernende nicht automatisch die Zusammenhänge zwischen den verschiedenen Repräsentationen erkennen und es nicht ausreicht, einzelne Repräsentationen in MERs isoliert zu verstehen. Um diesem Problem entgegenzuwirken, schlagen die Autorinnen und Autoren zwei Maßnahmen vor: Erstens den Einsatz von *self-explanation prompts,* also den Aufforderungen, das Bearbeitete aktiv zu erklären, und zweitens die Bereitstellung von Informationen zum konkreten Umgang mit multiplen Repräsentationen (engl. *instruction for use*). Auch Zentgraf und Prediger (2024) heben in einer Studie zur Zuordnung von Füllgefäßen und Füllgraphen hervor, wie zentral es ist, dass Lernende Zusammenhänge zwischen verschiedenen Repräsentationen explizit erklären können und zu den MERs gehörende Arbeitsaufträge dies einfordern sollten.

Multiple Repräsentationen wurden bereits vor dem Aufkommen moderner Technologien beim Mathematiklernen verwendet (Ainsworth, 1999). Mit dem Einsatz digitaler Medien eröffnen sich jedoch neue Möglichkeiten: Repräsentationen können nicht nur gleichzeitig statisch dargestellt, sondern auch dynamisch miteinander verknüpft werden. Verändert sich eine Repräsentation, kann sich eine andere automatisch anpassen – entweder interaktiv-dynamisch durch die Interaktion der Nutzenden oder linear-dynamisch basierend auf einer vorgefertigten Verknüpfung (Kaput, 1986, S. 18). Dieses Phänomen wird häufig als *dynamic linking* (oft auch kurz: *Dyna-Linking*) bezeichnet (Ainsworth, 1999, S. 133; Rey, 2011, S. 13; Zimmermann & Cunningham, 1991, S. 5). In **Abbildung 3.6** sind diese dynamischen Verknüpfungen zwischen unterschiedlichen Repräsentationen an einem Beispiel aus der Differenzialrechnung erkennbar. So kann ein Lernender beispielsweise den Punkt P verschieben oder eine x-Koordinate für den Punkt P über das Eingabefeld eingeben. Daraufhin verändern sich synchron – hier im unteren Bild dargestellt – der Differenzenquotient, die Koordinaten des Punktes P, das Steigungsdreieck sowie die Sekante durch die Punkte P und R. . Dabei kann die (dynamische) Verknüpfung innerhalb einer Repräsentation (*treatment*) oder zwischen verschiedenen Repräsentationen (*conversion*) erfolgen (Duval, 2006).

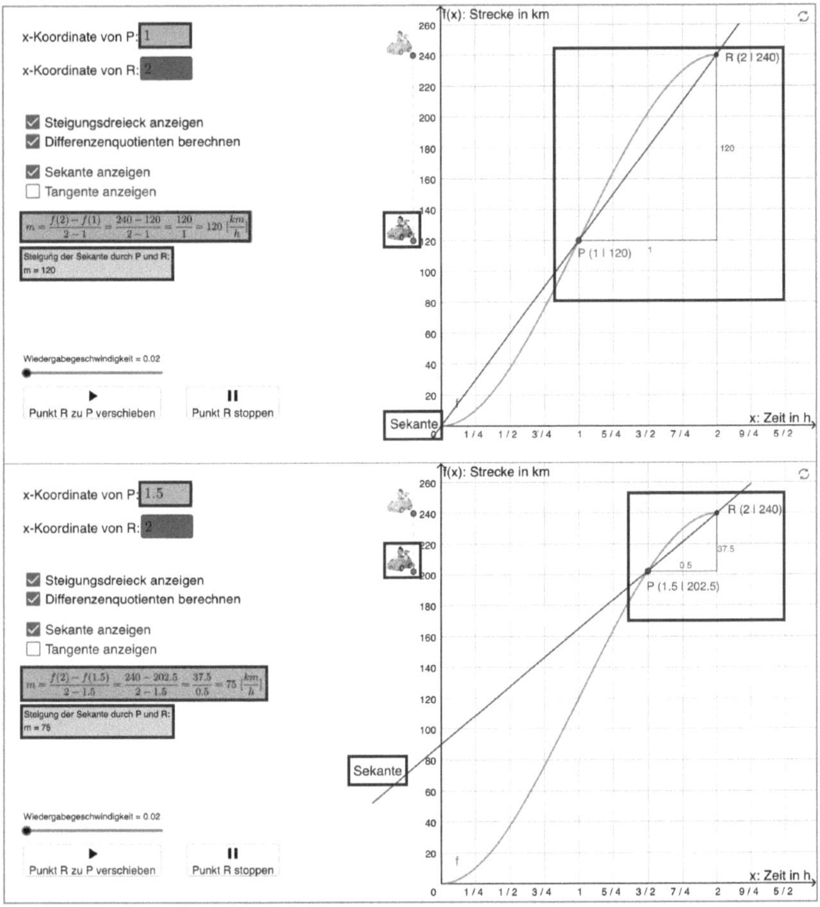

Abbildung 3.6 *Dyna-Linking* verschiedener Repräsentationen in der vorliegenden Studie

In der Literatur finden sich bereits seit mehreren Jahrzehnten zahlreiche Beispiele für den Einsatz von *Dyna-Linking* (Noble et al., 2001; Rey, 2011; Yerushalmy & Schwartz, 1999). Im Mathematikunterricht könnte dies etwa die Veränderung eines Parameters in einer Funktionsgleichung sein, die gleichzeitig

Änderungen in einer zugehörigen Wertetabelle und im Funktionsgraphen bewirkt (Weinhandl et al., 2024, S. 41). In einer empirischen Untersuchung wiesen BoŽić et al. (2021) nach, dass Lernende in Testaufgaben besser abschnitten, falls sie während der Intervention dynamisch verknüpfte symbolische und graphische Repräsentationen nutzen konnten. Auch in anderen Naturwissenschaften wird von dynamischen Verknüpfungen Gebrauch gemacht, etwa zur Verknüpfung von Diagrammen, chemischen Reaktionen, zellulären Prozessen oder beobachtbaren Phänomenen (McElhaney et al., 2015, S. 50–51). So bieten dynamische MERs gegenüber statischen den möglichen Vorteil, Zusammenhänge zwischen Repräsentationen explizit sichtbar zu machen, anstatt diese wie in statischen MERs nur implizit darzustellen (Dreyfus, 2002, S. 30). Generell wird dem *Dyna-Linking* auch das Potenzial zugeschrieben, das Mathematiklernen zu erleichtern, indem es Übersetzungsprozesse zwischen Repräsentationen reduziert. In der Folge sind „students […] freed to concentrate upon their actions on representations and their consequences in other representations" (Ainsworth, 2006, S. 194). Besonders hilfreich ist dies für Lernende, die ansonsten diese Übersetzungsprozesse nicht eigenständig vollziehen könnten (Rolfes et al., 2020). Auf der anderen Seite gibt es auch allgemeine Schwierigkeiten, die mit *Dyna-Linking* einhergehen. Lernende könnten eine zu passive Haltung einnehmen, da die Verknüpfung zwischen den Repräsentationen nicht mehr eigenständig vollzogen werden muss. Dies kann dazu führen, dass nicht mehr über die Zusammenhänge nachgedacht und somit *conceptual understanding* nicht aufgebaut wird (Ainsworth, 1999, S. 147; Preuß & Kauffeld, 2019). Daher sollte „das Arbeiten mit dynamischen – und multiplen – Darstellungen frühzeitig im Unterricht geübt werden" (Güster & Weigand, 2022, S. 172).

Vor dem Hintergrund dieser Chancen und Herausforderungen ist es hilfreich, zwischen verschiedenen Formen von Repräsentationen hinsichtlich der Merkmale Multiplizität und Dynamik zu unterscheiden. Eine solche Taxonomie der Repräsentationen stellt Bauer (2015, S. 32) zur Verfügung (vgl. **Abbildung 3.7**). Erfolgt die Darstellung einer einzelnen Repräsentation statisch, wird von einer *isolierten statischen Repräsentation* gesprochen. Durch Hinzufügen weiterer statischer Repräsentationen werden daraus *multiple statische Repräsentation.* Gleichzeitig kann isolierten bzw. multiplen Repräsentationen Dynamik hinzugefügt werden: Entsprechend werden diese dann *isolierte dynamische Repräsentationen* bzw. *multiple dynamische Repräsentationen* genannt. Im internationalen Diskurs werden zur Betonung der Dynamik in Repräsentationen die Begriffe *intra-representational dynamism* für eine einzelne Repräsentation, die sich über die Zeit verändert, sowie *inter-representational dynamism* für mehrere durch Technologie simultane koordinierte und über die Zeit veränderte Repräsentationen verwendet (Vahey et al., 2020, S. 1276).

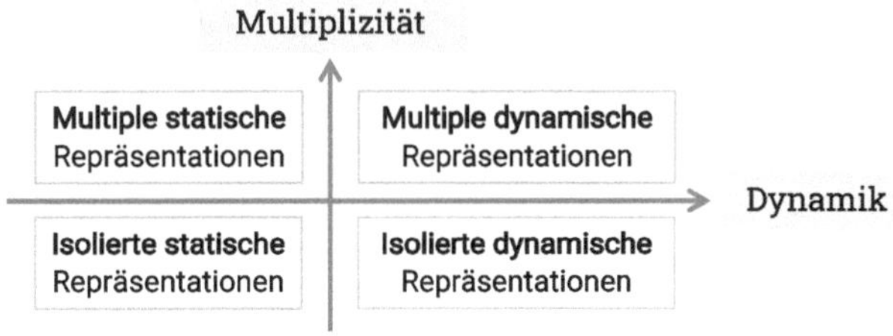

Abbildung 3.7 Taxonomie der Repräsentationen nach Multiplizität und Dynamik

Im Rahmen der vorliegenden Studie werden multiple statische Repräsentationen mit multiplen dynamischen Repräsentationen verglichen. Da der Fokus jedoch auf den Visualisierungen liegt – also auf der Darstellung von Graphen von Funktionen, deren Ableitung, Tangenten sowie Steigungsdreiecken – wird im Folgenden der verkürzte Ausdruck *dynamische Visualisierung* verwendet. Die Möglichkeit der Interaktivität durch die Nutzenden sowie die damit verbundenen multiplen Repräsentationen werden dabei implizit mitgedacht, wobei symbolische (Terme) und verbale Darstellungen (erklärende Texte) innerhalb dieser Visualisierungen eine untergeordnete Rolle spielen.

Wie genau *Dyna-Linking* in dynamischen Visualisierungen das Verständnis des Ableitungsbegriffs beeinflusst und welche empirischen Studien hierzu vorliegen, wird im folgenden Kapitel 4 thematisiert, das sich vertiefend mit dem Lernen mit dynamischen Visualisierungen befasst.

4 Lernen mit dynamischen Visualisierungen

In den vergangenen zehn Jahren ist der Einsatz digitaler Technologien beim Lernen mit multiplen Repräsentationen zunehmend in den Fokus der Forschung gerückt (BoŽić et al., 2021, S. 3). Es bestehen unterschiedliche Sichtweisen darüber, ob die Integration von Technologien in den Mathematikunterricht bislang eher schnell oder langsam verlaufen ist (Törner et al., 2014; Weigand, 2014), jedoch herrscht Einigkeit darüber, dass ihr Einsatz als essentiell für das Mathematiklernen angesehen wird (z. B. Barzel et al., 2024; Weinhandl et al., 2024, S. 39). Dadurch besteht im Vergleich zu herkömmlichen Schulbüchern insbesondere die Möglichkeit, Inhalte „nicht nur mit statischen Bildern, sondern auch mit dynamischen Visualisierungen wie Videos oder Animationen anzureichern“ (Hoch et al., 2019, S. 428).

Um dynamische Visualisierungen im Mathematikunterricht nutzen zu können, sind digitale Medien notwendig, welche als „Träger oder Übermittler von Informationen“ (Heintz et al., 2017, S. 13) dienen. Dazu gehören nach Weigand et al. (2024) sowohl greifbare Hardware (z. B. Computer, Laptop, Tablet oder Smartphone) als auch immaterielle Software (z. B. digitale Programme und Anwendungen). Digitale Werkzeuge (engl. *digital tools*) können dabei als Teilmenge der digitalen Medien aufgefasst werden, die universell zur Bearbeitung von Problemstellungen genutzt werden können. Digitale Werkzeuge lassen sich in zwei Kategorien unterteilen: allgemeine digitale Werkzeuge, die nicht speziell für mathematische Tätigkeiten konzipiert wurden, und digitale Mathematikwerkzeuge, die eigens für mathematische Zwecke entwickelt wurden (vgl. **Abbildung 4.1**). Zudem ließen sich digitale Mathematikwerkzeuge theoretisch in solche unterscheiden, die speziell für den Mathematikunterricht (z. B. GeoGebra) entwickelt wurden, und solche, die für allgemeine mathematische Tätigkeiten (z. B. Excel) konzipiert sind.

H. Nguyen, *Wirksamkeit dynamischer Visualisierungen bei der Einführung des Ableitungsbegriffs*, Studien zur theoretischen und empirischen Forschung in der Mathematikdidaktik, https://doi.org/10.1007/978-3-658-51845-5_4

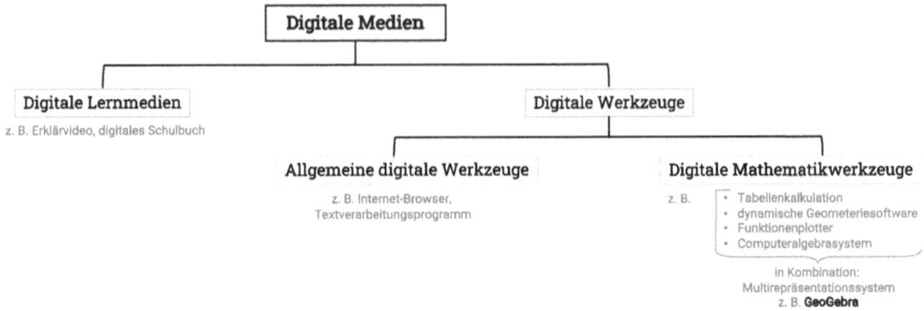

Abbildung 4.1 Arten digitaler Medien (in Anlehnung an Greefrath et al., 2024, S. 2)

Zu den digitalen Mathematikwerkzeugen zählen beispielsweise Tabellenkalkulationen (TK) wie Microsoft Excel, mit denen große Datenmengen systematisiert dargestellt und analysiert werden können (Barzel & Klinger, 2022, S. 95). Weitere Beispiele sind dynamische Geometriesoftwares (DGS) wie *Cabri* und *Sketchpad* zur Konstruktion und Bewegung geometrischer Objekte, Funktionenplotter (FP) zur Visualisierung und Manipulation reeller Funktionen sowie Computeralgebrasysteme (CAS) wie *Derive* und *Maple*, die der Berechnung algebraischer Ausdrücke dienen (Barzel & Greefrath, 2015; Greefrath et al., 2024; Heintz et al., 2017; Hohenwarter & Jones, 2007). Buteau et al. (2010) fanden in einem systematischen Literatur-Review mit 326 inkludierten Artikeln heraus, dass in der tertiären Mathematikausbildung Computeralgebrasysteme am häufigsten für das Experimentieren und Entdecken sowie Visualisierungen genutzt wurden.

Heutzutage werden die vorgestellten digitalen Mathematikwerkzeuge nicht isoliert voneinander verwendet. Stattdessen gibt es sogenannte Multirepräsentationssysteme, welche die Funktionen von TK, DGS, FP und CAS – vollständig oder in Teilen – vereinen (Greefrath et al., 2024). Ein im schulischen Kontext – und insbesondere in Deutschland – weit verbreitetes Multirepräsentationssystem ist GeoGebra (Quarder, 2024, S. 53). Aufgrund seiner Bekanntheit und der vielfältigen Einsatzmöglichkeiten wurde die Software GeoGebra in der vorliegenden Studie verwendet, um dynamische Visualisierungen für Schülerinnen und Schüler zu erstellen, die dynamische Verknüpfungen verschiedener Repräsentationen ermöglichen (Bu & Schoen, 2011, S. 171).

4.1 GeoGebra zur Erstellung dynamischer Visualisierungen

Das Multirepräsentationssystem GeoGebra wurde im Jahr 2001 von Markus Hohenwarter im Rahmen eines Projekts für seine Masterarbeit an der Universität Salzburg entwickelt. Es ist eine benutzerfreundliche Open-Source-Software, die prinzipiell für alle Jahrgangsstufe in der Schule sowie in der Hochschule geeignet, frei zugänglich sowie kostenlos nutzbar ist (Hohenwarter et al., 2009; Sangwin, 2007; Weinhandl et al., 2024).[1] Die Anwendung kann sowohl auf einem digitalen Endgerät heruntergeladen und dann offline ausgeführt als auch direkt über die offizielle Website (www.geogebra.org) in einem Internetbrowser verwendet werden (Chytas et al., 2024, S. 234; Hohenwarter et al., 2008; Y. Zhang et al., 2023). Durch die Unterstützung von Freiwilligen ist GeoGebra mittlerweile in mehr als 50 Sprachen verfügbar und verzeichnet weltweit eine stetig wachsende Anzahl an Nutzenden in einer internationalen Community, die etwa 180 Länder umfasst (Hohenwarter et al., 2008, S. 1; Yohannes & Chen, 2023). In einem systematischen Review stellen Yohannes und Chen (2023) allerdings heraus, dass im Zeitraum von 2010 bis 2020 lediglich eine begrenzte Anzahl an Journalartikeln zum Einsatz von GeoGebra im Mathematikunterricht im *Web of Science* erfasst wurde ($N = 25$). Dabei konzentrierte sich der Großteil dieser Studien auf die Bereiche Geometrie und Analysis.

Dynamische Visualisierungen, die mit verschiedenen Repräsentationen verknüpft sind und Interaktivität der Nutzenden erlauben, können über GeoGebra in Form von sogenannten GeoGebra-Applets erzeugt werden (Rolfes, 2018; Yorganci & Subasi, 2024). GeoGebra-Applets lassen sich von Lehrpersonen gezielt so gestalten, dass durch eine für die intendierten Lernziele eingeschränkte Benutzeroberfläche und den Einsatz ausgewählter interaktiver Elemente spezifische Lernprozesse wie das entdeckende Lernen unterstützt werden können: „Thus, the applets can be noted as a cognitive tool as they support the development of mathematical ideas, while at the same time evoking mathematical concepts“ (Radović et al., 2020, S. 7).

Am Beispiel einer dynamischen Visualisierung in der vorliegenden Studie, in welcher der Fokus auf dem graphischen Arbeiten liegt, wurde den Lernenden lediglich die Grafik-Ansicht im GeoGebra-Applet zur Verfügung gestellt; die Algebra-Ansicht, aus der beispielsweise Funktionsgleichungen hervorgehen, blieb verborgen (vgl. **Abbildung 4.2**).

[1] Offiziell wurde GeoGebra im Jahr 2002 im Internet veröffentlicht (Hohenwarter et al., 2009, S. 84).

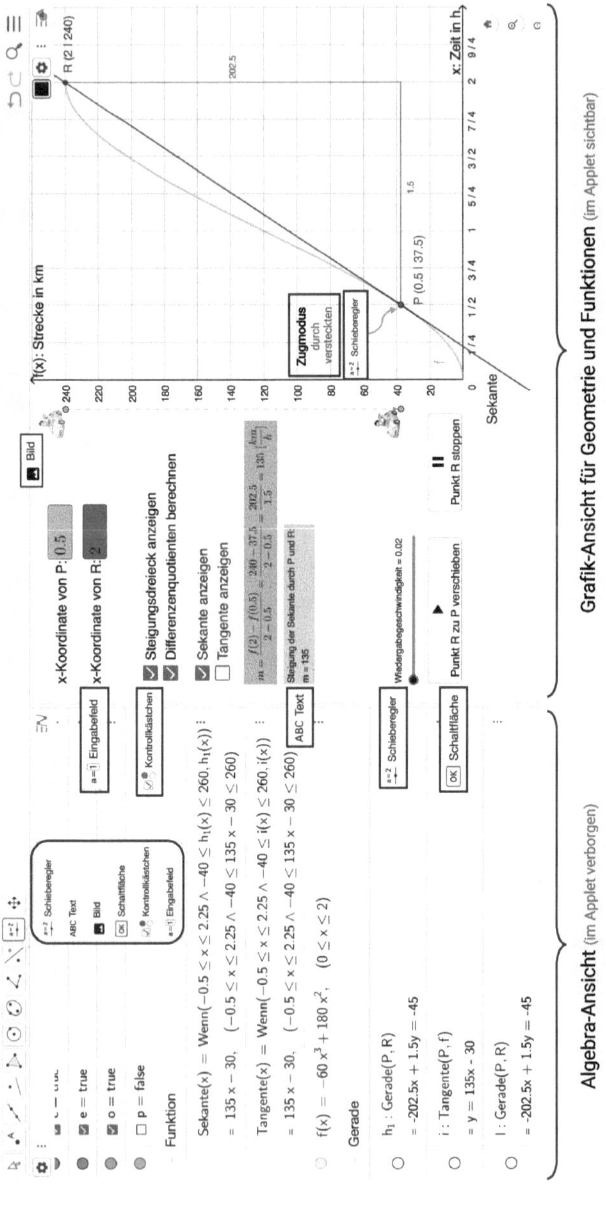

Abbildung 4.2 Erstellung einer dynamischen Visualisierung über GeoGebra mithilfe interaktiver Bedienelemente (z. B. Schieberegler, Kontrollkästchen, Eingabefelder)

Im Wesentlichen wurden die Möglichkeiten der Interaktivität durch die in GeoGebra implementierten Funktionen Schieberegler, Text, Bild, Schaltfläche, Kontrollkästchen und Eingabefeld realisiert (vgl. **Tabelle 4.1**), die entsprechend dem *Dyna-Linking* passend miteinander verknüpft sind. Beispielsweise können über den Zugmodus Punkte entlang des Graphen verschoben werden (Arzarello et al., 2002; Hoffkamp, 2011); Textfelder, Differenzenquotienten, Sekanten und Tangenten ändern sich entsprechend (Hohenwarter et al., 2008, S. 2). Somit konnten schematische Abläufe, etwa das Berechnen vieler einzelner Differenzenquotienten, reduziert werden. Dies gilt als eine wichtige Chance digitaler Werkzeuge (Barzel & Greefrath, 2015). Diese Entlastung von Kalkülen schafft Raum für die Ausbildung von Grundvorstellungen (Hahn, 2008, S. 24).

Tabelle 4.1 Interaktive Bedienelemente in einer dynamischen Visualisierung über GeoGebra und deren konkrete Umsetzung

Interaktives Element	Konkrete Verwendung in der dynamischen Visualisierung in Abbildung 4.2
Schieberegler	– Regulierung der Wiedergabegeschwindigkeit der Animation – x-Koordinate der Punkte P und R, ermöglicht Zugmodus der Punkte und Animation (nicht sichtbare Schieberregler)
Text	– Text zur Steigung der Sekante bzw. Tangente – Differenzenquotient
Bild	– Auto
Schaltfläche	– Beginnen und Stoppen der Animation
Kontrollkästchen	– Anzeige von Steigungsdreieck, Differenzenquotienten, Sekante und Tangente
Eingabefeld	– Exakte Eingabe der x-Koordinate der Punkte P und R

Speziell bei der Erstellung dynamischer Visualisierungen zur Ableitung können zusätzlich Kontrollkästchen oder Schaltflächen dazu genutzt werden, um eine Spur (meist den Graphen der Ableitungsfunktion) zeichnen zu lassen (Caligaris et al., 2015).

Empirische Untersuchungen zum Einfluss von GeoGebra als digitales Mathematikwerkzeug zur (interaktiv-)dynamischen Visualisierung mathematischer Inhalte wurden in einer Meta-Analyse von Zhang et al. (2023) systematisch zusammengefasst. In die Analyse gingen 19 Effektgrößen aus 14 Primärstudien ein, die zwischen 2002 und 2022 publiziert wurden. Diese lassen sich thematisch überwiegend den Bereichen *Calculus*, Funktionen und Geometrie zuordnen. Die Ergebnisse zeigen insgesamt, dass der Einsatz von GeoGebra einen signifikant positiven Effekt auf die Mathematikleistungen von Schülerinnen und Schülern hatte (Hedges‘ $g = 0.653$), verglichen mit Kontrollgruppen, die ohne GeoGebra arbeiteten. Besonders hohe Effektstärken wurden in den Inhaltsbereichen *Calculus* (Hedges‘ $g = 0.930$) und Geometrie (Hedges‘ $g = 0.805$) berichtet. Darüber hinaus identifizierten Zhang et al. (2023) weitere moderierende Faktoren, die die Wirksamkeit von Interventionsstudien mit GeoGebra erhöhen können. So waren die Effekte insbesondere in kleineren Lerngruppen (weniger als 50 Lernende) und bei einer kurzen Interventionsdauer von weniger als vier Wochen am stärksten ausgeprägt. Keine signifikanten moderierenden Effekte zeigten sich hingegen für die Klassenstufe oder den geographischen Standort der an den Studien teilnehmenden Schulen. Lichti und Roth (2018) verglichen im Rahmen einer Interventionsstudie im Prä-Post-Design mit Schülerinnen und Schülern der 6. Jahrgangsstufe dynamische Visualisierungen[2] über GeoGebra mit Experimenten mit realen Gegenständen zum funktionalen Denken. Beide Gruppen verzeichneten einen signifikanten Zuwachs bei der Bearbeitung von Aufgaben zum funktionalen Denken vom Prä- zum Posttest. Eine Varianzanalyse ergab, dass dynamische Visualisierungen das funktionale Denken stärker fördern als reale Gegenstände. Ohne den Fokus explizit auf dynamische Visualisierungen zu legen, zeigen Hillmayr et al. (2020) in einer Meta-Analyse zum Einfluss digitaler Mathematikwerkzeuge – u. a. auch GeoGebra – dass der Einsatz solcher Werkzeuge einen signifikant positiven Effekt auf die Lernergebnisse von Schülerinnen und Schülern hat. Im fächerbezogenen Vergleich fällt die Effektstärke im Fach Mathematik jedoch geringer aus als in anderen Naturwissenschaften wie Biologie, Chemie oder Physik (Hillmayr et al., 2020, S. 16).

Für einen sinnvollen Einsatz von GeoGebra-Applets bzw. dynamischen Visualisierungen über GeoGebra müssen bestimmte Voraussetzungen erfüllt sein. Zunächst sind die technischen Rahmenbedingungen sicherzustellen, insbesondere ein funktionsfähiges digitales Endgerät und eine stabile Internetverbindung. Außerdem sollten die GeoGebra-Applets fehlerfrei laufen, da nach Chytas et al. (2024, S. 251) unterwartete Ergebnisse, lange Ladezeiten oder technische Störungen zu negativen Einstellungen gegenüber der Nutzung von GeoGebra führen können (vgl. Abschnitt 4.2).

Darüber hinaus ist es entscheidend, dass zu den Applets durchdachte, problemorientierte Aufgabenstellungen gestellt werden. Zudem sollten Schülerinnen und Schüler eine kurze und einfache Einführung in Bedienung der Applets erhalten, etwa wie Punkte im Zugmodus gezogen werden können oder eine Spur zielgerichtet eingesetzt werden kann. Solche in Heintz et al. (2017) beschriebenen

[2] Lichti und Roth (2018) verwendeten dafür den Ausdruck *Simulationen.*

Bedienkompetenzen werden von vielen Schülerinnen und Schülern als nützlich wahrgenommen werden (Chytas et al., 2024, S. 250). Schließlich sollten Lehrkräfte auch kompetent und motiviert sein, über eine sinnvolle Einbindung von Applets in den Unterricht nachzudenken (Krauthausen, 2012, S. 141).

4.2 Einstellungen gegenüber GeoGebra

Damit dynamische Visualisierungen über GeoGebra eine lernförderliche Wirkung auf Schülerinnen und Schüler entfalten können, kann die Betrachtung ihrer Einstellungen gegenüber dem Einsatz von GeoGebra(-Applets) von besonderer Bedeutung sein. Affektive Merkmale – wie eben die Einstellungen gegenüber dem Einsatz digitaler Werkzeuge wie GeoGebra – können neben kognitiven Faktoren positiv mit der Mathematikleistung zusammenhängen (Aquilina et al., 2024; Hillmayr et al., 2020; Radović et al., 2020). Negative Einstellungen können dazu führen, dass digitale Werkzeuge von Lernenden gemieden oder nicht in dem Maße und der Tiefe genutzt werden, wie es für das Erreichen der Lernziele erforderlich wäre (Greefrath et al., 2018; Mohammad, 2019; Pierce & Stacey, 2004; Torkzadeh & Van Dyke, 2002).

In der Literatur existiert keine einheitliche Definition von Einstellungen. Viele Studien zur Rolle von Einstellungen beim Lehren und Lernen von Mathematik basieren auf keinem theoretisch fundierten Rahmenmodell und geben auch keine explizite Definition an. Stattdessen werden Einstellungen häufig implizit über die in einem Messinstrument verwendeten Items beschrieben (vgl. Aquilina et al., 2024). Da der Ausdruck „jemand ist positiv bzw. negativ gegenüber etwas eingestellt" auch im alltäglichen Sprachgebrauch verwendet wird, lässt sich dennoch intuitiv nachvollziehen, was unter dem Begriff *Einstellungen* gemeint ist. Pierce und Stacey (2004, S. 71) geben eine kurze und simple Beschreibung von Einstellungen gegenüber CAS, die grob zwei Ausprägungen annehmen können:

> **This can be seen when students value the availability of CAS as a tool for both doing and learning mathematics.** Students with a positive attitude can be expected to be more persistent with CAS use to overcome initial technical difficulties. Students with a negative attitude towards the use of CAS may be less persistent, and more likely to avoid its use.

Neben dieser einfachen Definition gibt es zwei differenziertere Auffassungen von Einstellungen gegenüber einer bestimmten Sache, die jeweils zwei oder drei

Dimensionen umfassen. In diesen Modellen setzen sich Einstellungen aus *emotional dispositions* (kurz *emotions*), *beliefs* (z. B. nach Cameron et al., 2024) sowie – im dreidimensionalen Modell – *behavioral components* zusammen. Diese Verhaltenskomponente bezieht sich darauf, wie sich eine Person in der Interaktion mit einer bestimmten Sache – beispielsweise mit GeoGebra – verhält. Auch der Begriff der *beliefs* ist schwer eindeutig zu fassen. In Anlehnung an Philipp (2007, S. 259) werden sie im Rahmen dieser Arbeit verstanden als „'lenses through which one looks in interpreting the world', which are 'psychologically held understandings, premises, or propositions that are thought to be true'" (Cameron et al., 2024). Es handelt sich also um subjektive, kognitiv geprägte Vorstellungen einer Person, die nicht notwendigerweise konsensfähig sein müssen. *Emotions* hingegen beschreiben Gefühle oder Bewusstseinszustände wie Freude, Angst, Panik oder Interesse (Aquilina et al., 2024; Cameron et al., 2024; Philipp, 2007).

In dieser Arbeit werden speziell Einstellungen gegenüber GeoGebra in den Blick genommen, zu denen bereits verschiedene empirische Untersuchungen vorliegen. Im Kontext der Analysis zeigt sich, dass viele Studierende positive Einstellungen gegenüber dem Einsatz von GeoGebra haben – etwa beim Arbeiten mit dem Integral (Nobre et al., 2016; Sevimli, 2016; Tatar & Zengin, 2016). Auch Hohenwarter et al. (2008, S. 7) fanden heraus, dass australische Schülerinnen und Schüler der Highschool im Durchschnitt positive Einstellungen gegenüber GeoGebra aufwiesen. In einer qualitativen Untersuchung mit Lernenden unterschiedlicher Leistungsniveaus zeigte sich zudem, dass alle Befragten GeoGebra als hilfreich zur Veranschaulichung von Funktionsgraphen empfanden (Zulnaidi et al., 2020, S. 58).

Im universitären Kontext berichteten Yimer und Feza (2019) von einer signifikanten Verbesserung der Einstellungen gegenüber Analysis und GeoGebra infolge einer Intervention mit GeoGebra zu Grenzwerten, Ableitungen und Integralen. Auch im schulischen Kontext kann der Einsatz von GeoGebra zu einer positiveren Einstellung gegenüber diesem Multirepräsentationssystem führen (vgl. Turk & Akyuz, 2016). In anderen Studien hingegen ließen sich keine signifikanten Veränderungen feststellen (Hankeln, 2019; Torkzadeh & Van Dyke, 2002). Auch der eingangs beschriebene positive Zusammenhang zwischen Einstellungen und Mathematikleistungen lässt sich nicht in allen empirischen Untersuchungen wiederfinden; teilweise wurden auch negative – allerdings nicht signifikante – Korrelationen entdeckt (Greefrath et al., 2018; Rolfes, 2018, S. 200). Aufgrund dieser uneinheitlichen Studienlage und der Tatsache, dass bislang nur wenig über die Einstellungen von Lernenden gegenüber digitalen Mathematikwerkzeugen (z. B. GeoGebra) sowie über deren Veränderbarkeit bekannt ist (Cameron et al., 2024), besteht weiterer Forschungsbedarf, dem sich die vorliegende Arbeit widmet.

4.3 *Cognitive Load Theory* und *Cognitive Theory of Multimedia Learning*

Ein effektiver Einsatz von Visualisierungen im Mathematikunterricht erfordert die Berücksichtigung psychologischer Forschungsergebnisse (Holzäpfel et al., 2016). Theorien zum Lernen mit (dynamischen) Visualisierungen haben ihren Ursprung in der Kognitionspsychologie, die sich mit grundlegenden mentalen Erlebnis- und Verhaltensprozessen befasst. Sie untersucht, wie Informationen aufgenommen (Input), verarbeitet und gespeichert werden und wie diese Prozesse zukünftiges Verhalten und kognitive Reaktionen (Output) beeinflussen (Strobach, 2020, S. 7). Diese Mechanismen spielen vor allem beim Lernen mit interaktiv-dynamischen Visualisierungen eine zentrale Rolle, da visuelle und interaktive Elemente kognitive Prozesse wie Aufmerksamkeit und Wissenskonstruktion steuern (Höffler & Leutner, 2007).

Besonders relevant ist in diesem Zusammenhang die ***Cognitive Load Theory*** (kurz ***CLT***), mit der beschrieben werden kann, wie die begrenzte Kapazität des Arbeitsgedächtnisses die Informationsverarbeitung beeinflusst (Chandler & Sweller, 1991; Sweller et al., 1998).[3] Zur Beschreibung des Arbeitsgedächtnisses wird in der Literatur maßgeblich auf die Arbeiten von Baddeley (1992) zurückgegriffen. Seinem Modell zufolge umfasst das Arbeitsgedächtnis zwei empirisch nachweisbar voneinander unabhängige Kurzzeitspeicher: den visuell-räumlichen Notizblock (engl. *visuospatial sketch pad*) und die phonologische Schleife (engl. *phonological loop*), die in separaten Systemen gespeichert und verarbeitet werden (Baddeley, 1992, S. 557; Strobach, 2020, S. 87). Der visuell-räumliche Notizblock dient der Speicherung und Manipulation visueller Bilder und räumlicher Informationen, während die phonologische Schleife sprachbasierte Informationen speichert und aufrechterhält. Eine weitere essentielle Komponente des Arbeitsgedächtnisses ist die zentrale Exekutive. Sie steuert die beiden Kurzzeitspeicher, indem sie Informationen hinzufügt oder löscht und somit die Aufmerksamkeit lenkt. Zudem verbindet die zentrale Exekutive das Arbeitsgedächtnis mit dem kapazitätsmäßig unbegrenzten Langzeitgedächtnis (in beide Richtungen), indem

[3] Die *Cognitive Load Theory* stellt zunächst ein technologieunabhängiges theoretisches Konzept dar, das in zahlreichen Studien der pädagogischen Psychologie und *instructional design* Anwendung findet (Camp et al., 2021, S. 20; Frenken, 2022, S. 60).

sie Informationen sowohl abruft als auch speichert (Baddeley, 1992; Strobach, 2020). Im Langzeitgedächtnis liegt das Wissen in Form von Schemata vor, d. h. „cognitive constructs that incorporate multiple elements of information into a single element with a specific function“ (Paas et al., 2003, S. 2). Neben dieser Organisation und Speicherung haben Schemata die Funktion, die Belastung des Arbeitsgedächtnisses zu reduzieren, was das Bilden von Schemata zu einem zentralen Bestandteil des Lernens macht (Sweller et al., 1998). Im Rahmen der *Cognitive Load Theory* werden im Wesentlichen drei Arten kognitiver Belastung unterschieden, die Teile der Arbeitsgedächtniskapazität während der Informationsverarbeitung beanspruchen.

Die intrinsische kognitive Belastung (engl. *intrinsic cognitive load*) bezieht sich sowohl auf die Komplexität des Lerninhalts als auch auf das Wissen der Person, die diesen Inhalt verarbeitet (Sweller et al., 2019, S. 264). Der Grad der Komplexität lässt sich durch die Elementinteraktivität (engl. *element interactivity*) beschreiben (Sweller et al., 1998): Das Verständnis des Differenzenquotienten erfordert beispielsweise eine hohe Elementinteraktivität, da die Subtraktion, die Division und der Funktionsbegriff in einem Zusammenhang erfasst werden müssen. Dies beansprucht das Arbeitsgedächtnis deutlich stärker als beispielsweise die isolierte Durchführung einer Subtraktion. Diese Art der kognitiven Belastung lässt sich grundsätzlich nicht direkt beeinflussen – sie kann lediglich durch eine Anpassung des zu lernenden Inhalts (z. B. Vereinfachung der Lernaufgabe) oder durch den Ausbau des fachlichen Vorwissens der Lernenden verringert werden (Paas et al., 2003, S. 1; Sweller, 2012, S. 603; Sweller et al., 2019, S. 264).

Die extrinsische – bzw. irrelevante oder überflüssige – kognitive Belastung (engl. *extraneous cognitive load*) entsteht durch die Gestaltung des Lernmaterials oder durch die gewählten unterrichtlichen Zugängen, über die der Lerninhalt vermittelt wird (de Jong, 2010). Sweller (1998) erläutert hierzu: „The load is extraneous because it is caused entirely by the format of the instruction rather than by the intrinsic characteristics of the material" (S. 263). Als Beispiel ließe sich die suboptimale Anordnung von Bildern und zugehörigen Texten anführen, bei der der inhaltliche Zusammenhang nicht unmittelbar erkennbar ist (Reinhold, 2019, S. 95). Im Gegensatz zur intrinsischen kognitiven Belastung lässt sich die extrinsische kognitive Belastung in der Regel durch alternative Unterrichtsdesigns und -methoden reduzieren (Paas et al., 2003, S. 2). Ayres und Paas (2007) weisen darauf hin, dass der Einsatz dynamischer Visualisierungen mitunter weniger effektiv ist als erwartet, weil er eine hohe extrinsische kognitive Belastung verursachen kann.

Die lernbezogene kognitive Belastung (engl. *germane cognitive load*) resultiert aus der aktiven Verarbeitung des Lernmaterials durch die Lernenden und unterstützt deren Wissenserwerb bzw. den Aufbau von Schemata im Langzeitgedächtnis (Chandler, 2004; de Jong, 2010; Paas et al., 2003). Sie wird, ebenso wie die extrinsische kognitive Belastung, maßgeblich vom *instructional designer* beeinflusst (Paas et al., 2003, S. 2). Freie Arbeitsgedächtniskapazität, die nicht bereits durch die intrinsische und extrinsische kognitive Belastung beansprucht wird, sollte für die lernbezogene kognitive Belastung genutzt werden. So lässt sich die Aufmerksamkeit gezielt auf relevante Lernprozesse lenken (Sweller et al., 1998). Dies lässt sich beispielsweise durch (zusätzliche) Fragen zur Elaboration der Lerninhalte, durch die Variation von Anwendungskontexten – etwa Situationen, in denen Ableitungen eine zentrale Rolle spielen – oder durch den „beständigen und angeleiteten Wechsel zwischen unterschiedlichen Repräsentationen" (Reinhold, 2019, S. 96) erreichen.[4] Eine zu starke Reduktion der lernbezogenen kognitiven Belastung kann auch zu schlechteren Lernergebnissen führen: Wenn Lernende in der Lage sind, die in dynamischen Visualisierungen dargestellten Animationen selbstständig durchzuführen, kann dies zu einer unnötigen Reduktion der kognitiven Belastung führen. Dies trägt möglicherweise dazu bei, dass Lernende weniger Aufwand in den Lernprozess investieren, was letztlich zu weniger tiefgehendem Verständnis und schlechteren Ergebnissen führen kann (Schnotz & Rasch, 2005).

Dem gegenüber wird das Lernen allerdings beeinträchtigt, wenn die begrenzte Arbeitsgedächtniskapazität, etwa bei der Bearbeitung einer Aufgabe überschritten wird – es kommt dann zu einer kognitiven Überlastung (engl. *cognitive overload*). Ein exemplarischer Fall ist in **Abbildung 4.3** dargestellt, in der die intrinsische, extrinsische und lernbezogene Belastung in Summe diese Überlastung verursacht, wobei deren jeweiliger Anteil abhängig von einem Lernenden und der jeweiligen Lernaufgabe variieren kann (de Jong, 2010; Paas et al., 2003).

[4] Es ist anzumerken, dass in neueren Publikationen zur *Cognitive Load Theory* die *germane cognitive load* nicht mehr als eigenständige kognitive Belastung betrachtet wird. Sweller et al. (2019) führen dafür folgende Begründung an: „Currently, we assume that rather than contributing to the total load, germane cognitive load redistributes working memory resources from extraneous activities to activities directly relevant to learning by dealing with information intrinsic to the learning task" (S. 264).

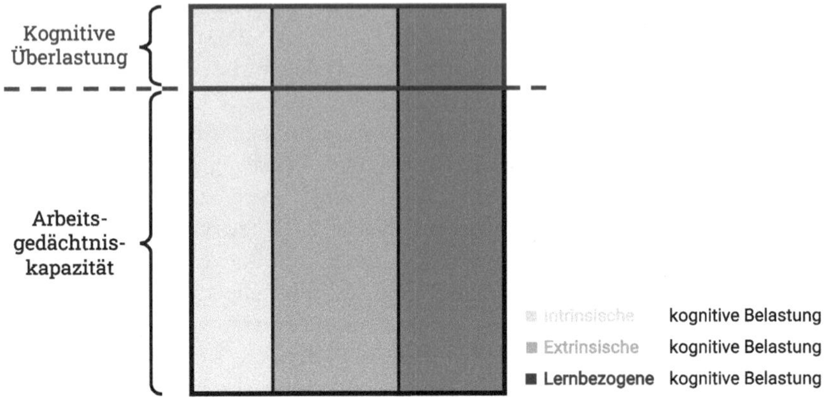

Abbildung 4.3 Visualisierung einer möglichen kognitiven Überlastung eines Individuums bei der Bearbeitung einer Lernaufgabe

Zusammenfassend weist de Jong (2010) darauf hin, dass die lernbezogene Belastung als *gut*, die extrinsische Belastung als *schlecht* sowie die intrinsische Belastung als *unvermeidbar* beschrieben werden kann. Er kritisiert, dass viele Studienergebnisse spekulativ auf die kognitive Belastung zurückgeführt werden, z. B. „[i]f learners perform better, a higher cognitive load must have been composed of germane processes; if they perform poorly, a higher cognitive load must have been extraneous" (de Jong, 2010, S. 125). Dabei wird – falls überhaupt *Cognitive Load* gemessen wird – keine Unterscheidung zwischen den Arten kognitiver Belastung gemacht (de Jong, 2010, S. 119).

Aufbauend auf der *Cognitive Load Theory* entwickelte Mayer im Jahr 2001 die Kognitive Theorie des multimedialen Lernens (engl. ***Cognitive Theory of Multimedia Learning*** oder kurz ***CTML***), wobei beide Theorien zahlreiche Überschneidungen aufweisen (Mayer, 2014; Reinhold et al., 2023). Das Ziel der *CTML* ist es, die Verarbeitung multimedialer Informationen zu erklären und aufzuzeigen, wie Menschen am effektivsten mit multimedialen Materialien lernen, also einer Kombination aus Texten (gesprochen oder geschrieben) und Bildern (statisch oder (interaktiv)-dynamisch). Dabei liegen der *CTML* drei Annahmen zugrunde, die im Folgenden knapp dargelegt werden: Die *Dual Channel Assumption* besagt, dass Informationen entweder über einen visuell-räumlichen oder einen auditiv-verbalen Kanal verarbeitet werden. Die *Limited Capacity Assumption* beschreibt, dass die Verarbeitungskapazität dieser beiden Kanäle begrenzt ist. Daher sollten Lernmaterialien beide Kanäle adressieren. Die *Active Processing Assumption* geht davon aus, dass Lernen ein aktiver Prozess ist, bei dem sich Lernende aktiv mit den multimedialen Inhalten auseinandersetzen und versuchen, diese sinnvoll in ihr bestehendes Wissen zu integrieren (Hillmayr et al., 2020; Mayer, 2014, 2017, 2021; Scheiter et al., 2018; Schnotz & Lowe, 2003). Lowe und Ploetzner (2017, S. xv) betonen, dass die pädagogische Wirksamkeit dynamischer Visualisierungen davon abhängt, wie gut sie gestaltet, eingesetzt und unterstützt werden. Vor diesem Hintergrund wurden auf Grundlage der *CLT* und der *CTML* Designkriterien/-prinzipien[5] entwickelt, die die Gestaltung multimedialer Lernmaterialien im Allgemeinen und (interaktiv-)dynamischer Visualisierungen im Speziellen leiten (McElhaney et al., 2015, S. 51).

Primär sind diese Designkriterien aus beiden Theorien daraus entstanden, dass „kognitive Ressourcen für die Informationsverarbeitung im Arbeitsgedächtnis stark beschränkt sind“ (Scheiter et al., 2022, S. 42). In der Sprache der *Cognitive Load Theory* geht es um die Reduzierung der extrinsischen kognitiven Belastung. In **Tabelle 4.2** findet sich eine Auswahl an zentralen Designkriterien (Fiorella & Mayer, 2021; Mayer, 2014; Preuß & Kauffeld, 2019; Sweller, 2020; Sweller et al., 1998). Alle diese Prinzipien – bis auf Teile des *redundancy principle,* welches sich u. a. auf auditive Elemente bezieht – sollten und können ebenfalls bei Arbeitsblättern bzw. dynamischen Visualisierungen über GeoGebra berücksichtigt werden (Hohenwarter & Preiner, 2008).

[5] Der Begriff *instructional effects* wird im Rahmen der *Cognitive Load Theory* verwendet (Sweller, 2020), während im Kontext der *Cognitive Theory of Multimedia Learning* von *principles* die Rede ist (Mayer, 2017, S. 406).

Tabelle 4.2 Auswahl von Designkriterien zur Erstellung dynamischer Visualisierungen aus der *Cognitive Load Theory* und der *Cognitive Theory of Multimedia Learning*

Designprinzip	Es wird nach der *CTML* empfohlen, dass...
Coherence principle (*CTML*) *Redundancy effect* (*CLT*)	...auf irrelevante Informationen bzw. zusätzliches Lernmaterial verzichtet wird, das für das Verständnis des Inhalts nicht zwingend erforderlich ist.
Signaling principle (*CTML*)	...wichtige Elemente des Lernmaterials besonders hervorgehoben werden.
Redundancy principle (*CTML*) *Redundancy effect* (*CLT*)	...multimediale Lernmaterialien Visualisierungen und gesprochenen Text enthalten, jedoch auf zusätzlichen geschrieben Text verzichten. Redundante (bzw. visuell identische) Informationen sollen demnach vermieden werden.
Spatial contiguity principle (*CTML*) *Split-attention effect* (*CLT*)	...der zu einer Visualisierung korrespondierende Text in der Nähe platziert wird, um die Beziehung der Repräsentationen leichter erkennbar zu machen.
Temporal contiguity principle (*CTML*) *Split-attention effect* (*CLT*)	...Visualisierungen und korrespondierende Texte (gesprochen oder geschrieben) gleichzeitig und nicht nacheinander präsentiert werden sollten, um die Beziehung der Repräsentationen leichter erkennbar zu machen.

Mayer (2017, S. 406) fasst in einem Beitrag zu diesen fünf Designkriterien Studien zusammen, die experimentelle Vergleiche zwischen den Leistungen einer Basisgruppe und einer Gruppe mit einem zusätzlichen *instructional feature* – also der ergänzenden Berücksichtigung eines Designprinzips – durchführten. In nahezu allen inkludierten Untersuchungen lassen sich signifikante Effekte zugunsten der Designkriterien feststellen mit Effektstärken nach Cohen in Höhe von $d = 0.70$ für das *coherence principle*, $d = 0.46$ für das *signaling principle*, $d = 0.87$ für das *redundancy principle*, $d = 0.79$ für das *spatial contiguity principle* sowie $d = 1.30$ für das *temporal contiguity principle*.

Zum *signaling principle* lässt sich noch zusätzlich hinzufügen, dass Alpizar et al. (2020) eine Metasstudie mit dem Ergebnis durchgeführt haben, dass die

Berücksichtigung dieses Designkriteriums überwiegend vorteilhaft ist[6]– besonders für Lernende mit niedrigem Vorwissen (vgl. Kalyuga, 2021). Hervorhebungen (sogenannte *signals* oder *cues*) können die kognitive Belastung reduzieren, indem sie die Aufmerksamkeit der Lernenden auf die relevantesten Informationen lenken (*selection*), die Struktur der Informationen betonen (*organization*) oder die Beziehung zwischen Elementen innerhalb oder zwischen verschiedenen Repräsentationen (*integration*) hervorheben (de Koning et al., 2009). *Cues* können in vielfältigen Formen auftreten, wie beispielsweise durch Pfeile oder farbliche Hervorhebungen in Texten sowie die Verwendung gleicher Farben, um inhaltlich zusammengehörige Darstellungen zu kennzeichnen. Letzteres ist besonders relevant, wenn graphische Repräsentationen durch verbale Erklärungen ergänzt werden (Alpizar et al., 2020; de Koning et al., 2009; Schneider et al., 2018).

Insbesondere im Rahmen der *CTML* gibt es eine Vielzahl weiterer Designprinzipien. Ein zentrales Beispiel ist das *multimedia principle*, mit dem das Kernanliegen der Theorie unterstrichen wird: „People learn more deeply from words and pictures than from words alone" (Mayer, 2021, S. 57). Andere Designprinzipien beziehen verstärkt auch den auditiven Kanal ein, wie etwa das *modality principle (modality effect* in der *CLT*), welches besagt, dass Menschen besser lernen, wenn Informationen als gesprochener statt als geschriebener Text präsentiert werden. Diese Prinzipien spielen in der vorliegenden Studie allerdings eine untergeordnete Rolle und werden daher nicht ausführlich thematisiert (Mayer & Fiorella, 2021; Sweller, 2020).

4.4 Einflussfaktoren auf das Lernen mit dynamischen Visualisierungen

In den 1990er Jahren richtete sich der Forschungsschwerpunkt auf die Frage, ob und inwiefern sich statische und dynamische Visualisierungen in ihrer Wirksamkeit unterscheiden. Reinhold et al. (2024) betonen, dass ein bloßer Vergleich der Lernergebnisse durch einen Unterricht mit digitalen Medien im Allgemeinen bzw. dynamischen Visualisierungen im Speziellen mit traditionellem Unterricht nicht ausreicht, um die zugrunde liegenden Lernmechanismen theoretisch fundiert zu erklären. Seit nun mehr als einem Jahrzehnt steht nun die Frage im Vordergrund, unter welchen Bedingungen dynamische Visualisierungen Lernprozesse wirksam unterstützen können (Berney & Bétrancourt, 2016, S. 151; Gerjets et al., 2010,

[6] In 18 von 20 Studien war die Berücksichtigung des *signaling principle* allerdings auch lernhinderlich (Mayer, 2017, S. 406).

S. 166). Nach Findeisen et al. (2022, S. 227) lassen sich aus der bestehenden Literatur nur begrenzt konkrete Bedingungen ableiten, unter denen (interaktiv-) dynamische Visualisierungen lernwirksam sind.

Dass einige Schülerinnen und Schüler beim Lernen mit dynamischen Visualisierungen stärker profitieren als andere, lässt sich auf verschiedene Einflussfaktoren zurückführen. Diese Faktoren können sowohl individuelle Merkmale der Lernenden als auch die Gestaltung und Interaktivitätsmöglichkeiten der eingesetzten dynamischen Visualisierungen betreffen (Schnotz, 2010, S. 931). Höffler und Leutner (2007, S. 724) betonen in ihrer Metaanalyse zum Vergleich der Wirksamkeit dynamischer und statischer Visualisierungen insbesondere die Bedeutung des räumlichen Vorstellungsvermögens (engl. *spatial ability*) sowie des Vorwissens (engl. *prior knowledge*). Auf die Erfassung des räumlichen Vorstellungsvermögens wurde allerdings in der vorliegenden Studie verzichtet, da ausschließlich zweidimensionale Graphen betrachtet wurden. Darüber hinaus wird in der Literatur häufig auch die Interaktivität als bedeutsamer Einflussfaktor diskutiert (z. B. Schnotz & Rasch, 2005), die daher gezielt in den entwickelten dynamischen Visualisierungen berücksichtigt wurde.

4.4.1 Vorwissen

Die generelle Relevanz des Vorwissens beim Lernen neuer Inhalte ist vielfach untersucht und bestätigt worden (z. B. ChanLin, 2001; Dochy et al., 1999; Krawitz, 2020; Ryberg, 2018). Auch Hattie (2009, S. 41) fand heraus, dass *prior achievement* mit einer nach Cohen (1988) berechneten Effektstärke von $d = 0.67$ ein signifikanter Prädiktor für den späteren Lernerfolg darstellt. Er schreibt:

> What a child brings to the classroom each year is very much related to their achievement in previous years—brighter children tend to achieve more and not so bright children achieve less. This should not be surprising given that the correlation between ability and achievement is very high.

Auch beim Lernen mit Visualisierungen im Allgemeinen wirkt das Vorwissen potenziell als moderierender Faktor: Der Nutzen von Visualisierungen kann davon abhängen, wie sicher und zielführend Schülerinnen und Schüler mit ihnen umgehen – was wiederum stark vom jeweiligen Vorwissen beeinflusst wird (Schoenherr et al., 2024; van Garderen et al., 2014). Der Lernerfolg durch das Arbeiten mit dynamischen Visualisierungen im Speziellen kann in besonderem Maße vom vorhandenen Vorwissen abhängig sein: Im Gegensatz zu statischen Visualisierungen ermöglichen dynamische Visualisierungen eine explizite und anschauliche Darstellung zeitlicher Abläufe. Dadurch werden kognitive Prozesse wie Imagination und Interpretation entlastet, was insbesondere für leistungsschwächere Lernende vorteilhaft sein kann (Lowe & Boucheix, 2017, S. 19; Wilzek, 2021, S. 169). Allerdings gibt es auch gegenteilige Argumente: Demnach könnten dynamische Visualisierungen vor allem für leistungsstarke Lernende vorteilhaft sein. Diese benötigen weniger Arbeitsgedächtniskapazität, um die dargestellten Inhalte und Veränderungen effizient zu verarbeiten – in der vorliegenden Studie etwa den Grenzwertprozess vom Differenzen- zum Differentialquotienten oder den Übergang von Sekanten zur Tangente. Die dadurch freiwerdende Arbeitsgedächtniskapazität ermöglicht es ihnen, auch feine Details wahrzunehmen. Bei leistungsschwächeren Lernenden besteht hingegen die Gefahr, dass die Vielzahl an Informationen in dynamischen Visualisierungen zu einer kognitiven Überlastung führen kann (ChanLin, 2001; Höffler, 2007; Höffler & Leutner, 2007).

Empirisch lässt sich auch hier eine uneinheitliche Studienlage beobachten: In einigen Untersuchungen in verschiedenen naturwissenschaftlichen Fächern konnte gezeigt werden, dass Schülerinnen und Schüler oder auch Studierende mit geringem Vorwissen (*novice learners*) größere Lernerfolge bei der Verwendung statischer Visualisierungen erzielten, während für Lernende mit hohem Vorwissen (*expert learners*) dynamische und statische Visualisierungen ähnlich lernwirksam sein können, wobei häufig – zumindest deskriptiv und mitunter auch statistisch signifikant – dynamische Visualisierungen etwas hilfreicher sein können (ChanLin, 2001; Kalyuga, 2008; Ryberg, 2018; Schnotz & Rasch, 2005; Ubuz, 2007). *Experts learners* können sich die in dynamischen Visualisierungen dargestellten Veränderungen auch mental vorstellen, weshalb grundsätzlich auch statische Visualisierungen ausreichen würden, während *novice learners* mit den schnellen Änderungen überfordert sind (Ainsworth, 2006; Wilzek, 2021). Andere Studien hingegen berichten gegenteilige Ergebnisse: Lernende mit niedrigem Vorwissen profitierten hier besonders stark von dynamischen Visualisierungen, während für leistungsstärkere Schülerinnen und Schüler keine signifikanten Vorteile beobachtet wurden (Kohen et al., 2022; Kühl, 2021). Auch die Studie von Reinhold (2019) zur Entwicklung des Bruchzahlbegriffs reiht sich hier ein: Besonders Schülerinnen und Schüler der Mittelschule profitierten von der eingesetzten digitalen Lernumgebung mit interaktiven Elementen, während Gymnasiastinnen und Gymnasiasten dieselben Inhalte genauso gut statisch erlernen konnten. Diese Untersuchungen weisen auf den sogenannten *Expertise Reversal Effect* hin, da präsentierte Informationen in dynamischen Visualisierungen für *novice learners* vorteilhaft sind, während sie für *expert learners* redundant erscheinen und dadurch sogar gegebenenfalls lernhinderlich im Sinne des Redundancy princple (vgl. **Tabelle 4.2**) wirken können (Kalyuga, 2007, 2021; Paas et al., 2003). Weitere Untersuchungen konnten wiederum keinen signifikanten Interaktionseffekt zwischen Visualisierungsform und dem Vorwissen nachweisen, d. h. dass statische und dynamische Visualisierungen nicht unterschiedlich auf Lernende mit differentem Vorwissen wirken (z. B. Wagner & Schnotz, 2017).

Andere Studien fokussieren den Einfluss der Interaktion zwischen Vorwissen und Visualisierungsform auf andere Variablen. Kohen et al. (2022) zeigten beispielsweise, dass besonders Schülerinnen und Schüler mit geringem Vorwissen ihre mathematische Selbstwirksamkeit durch das Arbeiten mit dynamischen Visualisierungen steigern konnten. Gegenfurtner et al. (2011, S. 536) fanden in einer Metaanalyse von Blickbewegungsstudien heraus, dass *expert learners* beim Betrachten dynamischer Visualisierungen tendenziell mehr, aber kürzeren Fixationen zeigten. Dieses Blickverhalten deutet auf eine gezielte Verarbeitung der sich verändernden Inhalte hin. Sie erkennen relevante Bereiche, können Veränderungen antizipieren und passen ihren Blick kontinuierlich an. *Novice learners* hingegen zeigten ein vergleichbares Muster eher bei statischen Visualisierungen, wobei ihre Blickbewegungen auf eine geringere Effizienz und Tiefe der Informationsverarbeitung schließen lassen.

Neben dem Vorwissen stellen auch Möglichkeiten der Interaktivität in dynamischen Visualisierungen einen bedeutsamen Einflussfaktor dar. Allerdings hängt der Mehrwert interaktiver Funktionen bzw. Tools auch davon ab, wie gezielt und kompetent Lernende mit ihnen umgehen (vgl. Abschnitt 4.4.2) – was wiederum eng mit dem Vorwissen verknüpft ist (Ploetzner, 2022, S. 1608–1609).

4.4.2 Interaktivität

Im deutschsprachigen Raum wird für die Beschreibung des Austauschs zwischen Menschen üblicherweise der Begriff *Interaktion* verwendet, während für die Beziehung zwischen Mensch und Artefakt, wie beispielsweise einem GeoGebra-Applet, der Begriff *Interaktivität* bevorzugt wird. Im Englischen hingegen wird der Begriff *interaction* oft für beide Bedeutungen verwendet (Chi & Wylie, 2014, S. 223; Zumbach, 2008, S. 45). Der Interaktivität liegt die Idee einer „two-way action (between learner and instructor) as opposed to a one-way action (i. e., from instructor to learner)“ (Moreno & Mayer, 2007, S. 310–311) zugrunde. Betrancourt (2005, S. 288) unterscheidet dabei zwischen zwei Arten der Interaktivität: *control* und *interactive behavior*. Unter *control* versteht sie die Möglichkeit von

Lernenden, die Geschwindigkeit und Richtung einer Animation zu steuern, beispielsweise durch Starten, Stoppen, Vor- oder Zurückspulen. *Interactive behavior* bezieht sich hingegen auf die Fähigkeit, aktiv auf die Inhalte der Animation einzuwirken – etwa durch die Änderung von Parametern mittels Eingabefeldern. Dabei wird allgemein angenommen, dass Interaktivität die Lernbereitschaft von Schülerinnen und Schülern steigern und Passivität vermeiden kann (Feldon et al., 2021, S. 30; Hegarty, 2004, S. 347; Preuß & Kauffeld, 2019, S. 407). Sedig und Sumner (2006) fassen mögliche Vorteile von Interaktivität aus verschiedenen Forschungsarbeiten zusammen, betonen jedoch, dass Interaktivität zusätzliche kognitive Prozesse wie Entscheidungsfindung erfordert und sich in die bestehenden Lerngewohnheiten der Schülerinnen und Schüler einfügen sollte (Hegarty, 2004; Mayer & Chandler, 2001, S. 396; Ploetzner & Lowe, 2004):

> [I]nteraction can mediate dialectic, formative, and emergent reasoning and understanding by providing opportunities for experimentation (e.g., by redoing, reformatting, rearranging, and adapting the information); interaction can support exploratory, discovery-based investigation of ideas by facilitating the qualitative and intuitive understanding of ideas before grasping formal concepts; interaction can guide and transform the path of reasoning and understanding; interaction can help an evolutionary, iterative process of sense making by allowing construction and reconstruction of the visual information; interaction, by distributing the information processing load of the visual information, can allow users to think in partnership with the information; and, finally, interaction can serve as the coordinator between the internal mental model of learners and the external visual representation. (Sedig & Sumner, 2006, S. 4)

Um unterschiedlich große Lernzuwächse durch das Lernen mit interaktiv-dynamischen Visualisierungen erklären zu können, bietet das von Chi und Wylie (2014) entwickelte **ICAP-Rahmenmodell** eine mögliche theoretische Grundlage (Findeisen et al., 2022, S. 222). Das Akronym ICAP steht für *interactive, constructive, active* und *passive* und beschreibt verschiedene Stufen der Auseinandersetzung Lernender mit Lernmaterialien.[7] Die unterschiedlichen *modes of engagement* werden im Folgenden am Beispiel einer dynamischen Visualisierung erläutert:

[7] Es ist wichtig zu betonen, dass das ICAP-Rahmenmodell (Chi & Wylie, 2014) nicht ausschließlich auf die Arbeit mit digitalen Werkzeugen beschränkt ist, auch wenn in dieser Arbeit der Fokus darauf liegt. So können theoretisch alle vier Stufen des Modells auch beim Zuhören eines Vortrags oder beim Lesen eines Textes erreicht werden, abhängig von den zusätzlich ausgeführten Aktivitäten.

- ***Passive*** *mode of engagement*: Lernende nehmen die Informationen einer dynamischen Visualisierung lediglich auf, ohne selbst aktiv einzugreifen.
- ***Active*** *mode of engagement:* Hier wird die dynamische Visualisierung aktiv manipuliert, indem pausiert, zurückgespult oder Teile der dargestellten Inhalte aktiv verändert werden. Diese motorischen Handlungen können aufmerksamkeitsfördernd sein, aber nicht zwangsläufig zu tiefem Verständnis führen.
- ***Constructive*** *mode of engagement:* Hier konstruieren Lernende eigenes Wissen, indem sie die gezeigten Inhalte mit ihren eigenen Vorstellungen und bestehendem Vorwissen verknüpfen und diese Zusammenhänge erklären.
- ***Interactive*** *mode of engagement:* Die höchste Form der kognitiven Auseinandersetzung beinhaltet den Dialog mit anderen Lernenden oder auch Lehrpersonen, bei dem durch Diskussionen und gegenseitiges Feedback neue Perspektiven und tieferes Verständnis entstehen können.

Die ICAP-Hypothese besagt, dass die Tiefe des Verständnisses eines mathematischen Inhalts mit zunehmender Stufe von *passive* zu *interactive* steigt (Chi & Wylie, 2014).

Durch verschiedene Funktionalitäten in (interaktiv-)dynamischen Visualisierungen, wie z. B. Animationen, Zugmodus oder Eingabefelder, können sowohl passive als auch aktive Lernaktivitäten angeregt werden.[8] Dies hängt allerdings entscheidend davon ab, ob Lernende diese Möglichkeiten tatsächlich wahrnehmen und aktiv nutzen (Reinhold et al., 2024, S. 2). Ein solches Angebot-Nutzungs-Modell (allgemein für die Unterrichtspsychologie siehe Seidel, 2014) für digital angereicherte Lernumgebungen wurde von Reinhold et al. (2024) entwickelt und als ***CoDiL framework*** (*Cognitive process framework on the Learning mechanisms of Digital tools in educational settings*) bezeichnet. In einer verkürzten und an die vorliegende Studie angepassten Form ist das *CoDiL framework* in **Abbildung 4.4** dargestellt.

[8] Je nach Art der zu den dynamischen Visualisierungen gestellten Aufgaben sowie dem konkreten Unterrichtssetting kann beim Arbeiten mit diesen durchaus der *constructive* bzw. *interactive mode of engagement* erreicht werden. Eine voreilige Zuordnung der Möglichkeiten in den dynamischen Visualisierungen zu diesen höheren Modi ist jedoch nicht zulässig, da *constructive* und *interactive* keine Eigenschaften des Lernmaterials selbst darstellen, sondern Merkmale der Lernaktivitäten sind, die ein Lernender beim Arbeiten mit dem Material entfaltet.

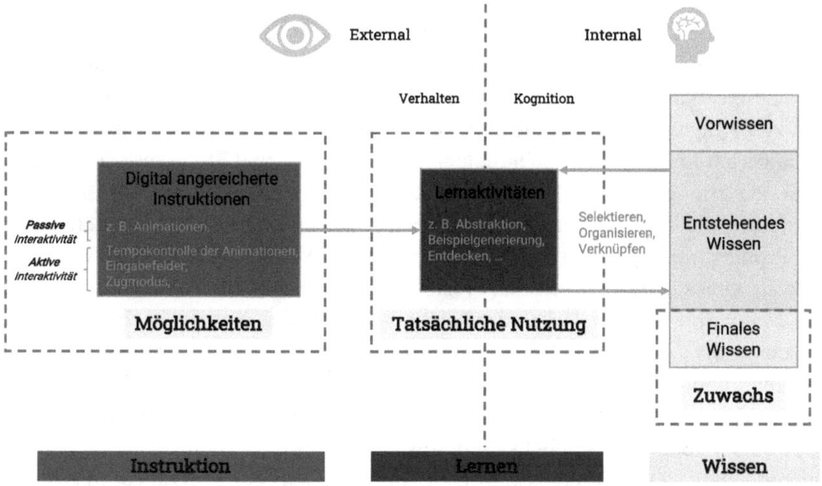

Abbildung 4.4 Für die vorliegende Studie modifiziertes und ins Deutsche übersetztes *CoDiL*-Rahmenmodell (in Anlehnung an Reinhold et al., 2024)

Dabei werden die in den GeoGebra-Applets enthaltenen Funktionalitäten in passive und aktive Möglichkeiten im Sinne der ICAP-Taxonomie unterteilt: Als passiv gilt etwa das reine Betrachten von Animationen, während interaktive Elemente wie der Zugmodus oder Eingabefelder als aktiv klassifiziert werden können. Bei einer tatsächlichen Nutzung können Lernaktivitäten wie Abstrahieren (das Erkennen allgemeiner Zusammenhänge), entdeckendes Lernen oder das Generieren von Beispielen ausgeführt werden, die dann ebenfalls verschiedenen *modes of engagement* im ICAP-Rahmenmodell zugeordnet werden können. Durch kognitive Prozesse, wie z. B. das Verknüpfen neuer Informationen mit dem Vorwissen, entsteht neues Wissen, das am Ende des Lernprozesses zu finalem Wissen führt.

Es wurde in verschiedenen Studien nachgewiesen, dass einige Formen der Interaktivität einen positiven Einfluss auf das Lernen haben, andere sind neutral oder sogar hinderlich (Feldon et al., 2021, S. 30). Im Folgenden werden die in der vorliegenden Studie genutzten Formen der Interaktivität genauer betrachtet: Dazu zählen der Einsatz vorgefertigter Animationen, die Möglichkeit zur Steuerung ihrer Wiedergabegeschwindigkeit, die Verwendung eines Zugmodus (bzw. von Schiebereglern) sowie die Nutzung von Eingabefeldern.

Eine passive Form der Lernaktivität besteht darin, eine Animation anzuschauen, ohne direkten Einfluss darauf nehmen zu können. Scheiter et al. (2006) zeigten in einer Studie mit Studierenden zur Wahrscheinlichkeitsrechnung, dass die häufige Nutzung von Animationen, also linear-dynamischen Visualisierungen, zu geringeren Lernleistungen bei isomorphen Problemen sowie einer deutlich verlängerten Lernzeit führte. Die Integration von Start- und Stop-Optionen in Animationen ermöglicht den Lernenden eine eigenständige Steuerung des Ablaufs. Beispielsweise Hasler et al. (2007) untersuchten in einer Studie mit Lernenden der Primarstufe, ob lernergesteuerte dynamische Visualisierungen im Vergleich zu systemgesteuerten zu besseren Testergebnissen beim Thema *Wechsel von Tag und Nacht* führen. Die lernergesteuerten Animationen wurden in zwei Varianten unterteilt: vorgefertigte Segmente, die mit Play-Buttons fortgesetzt werden konnten, und frei steuerbare Animationen mit Stop- und Play-Buttons. Die systemgesteuerten Varianten umfassten eine kontinuierlich ablaufende Animation ohne Interaktionsmöglichkeiten sowie eine reine Audiodatei ohne visuelle Unterstützung. Die Ergebnisse zeigen, dass es nur bei Aufgaben mit hoher Elementinteraktivität (mehrstufige Aufgaben) signifikante Leistungsunterschiede zwischen den Gruppen gab. Beide lernergesteuerten Gruppen erzielten dabei höhere Testergebnisse als die systemgesteuerten Gruppen, während bei Aufgaben mit niedriger Elementinteraktivität keine signifikanten Unterschiede festgestellt werden konnten. Zwischen den beiden lernergesteuerten Gruppen ließen sich keine signifikanten Leistungsunterschiede nachweisen.

Das Potenzial von Kontrollmechanismen wie Pausentasten entfaltete sich häufig erst dann vollständig, wenn Lernende gezielte strategische Anweisungen erhalten. Ohne eine solche Unterstützung wurden diese Optionen in der Regel deutlich seltener genutzt. In einer Studie von Lin et al. (2022) erzielten Lernende, die keine strategischen Hinweise zur effektiven Nutzung der Pausenfunktion erhielten, in Verständnistests tendenziell schlechtere Ergebnisse. Insgesamt ergeben sich somit gemischte Befunde hinsichtlich der Effektivität der Möglichkeit, Animationen selbstständig zu pausieren. Für eine weiterführende Übersicht einschlägiger Studien zur Verfügbarkeit von Stop- und Play-Buttons sei auf Merkt und Bodemer (2024) verwiesen.

Um auf Animationen – neben der Möglichkeit des Pausierens – verstärkt Einfluss zu nehmen, kann in interaktiv-dynamischen Visualisierungen Lernenden die Kontrolle über die Wiedergabegeschwindigkeit einer ablaufenden Animation gegeben werden, sodass sie sich genauer auf bestimmte Abschnitte konzentrieren können (Tversky et al., 2002, S. 256). In einer Studie von Schwan und Riempp (2004) zum Erlernen nautischer Knoten wurden zwei Versuchsgruppen verglichen. Die erste Gruppe sah die Lehrvideos in einer nicht-interaktiven Version, bei der die Animationen mit einer festgelegten Geschwindigkeit von Anfang bis Ende abgespielt wurden, ohne die Möglichkeit, die Wiedergabe zu unterbrechen oder die Geschwindigkeit anzupassen. Die zweite, interaktive Gruppe konnte hingegen die Abspielgeschwindigkeit flexibel verändern, die Wiedergabe anhalten und sogar die Richtung des Videos umkehren. Am Ende der Lernphase waren alle Teilnehmenden in der Lage, die gelernten Knoten korrekt zu binden, was auf den erfolgreichen Erwerb der grundlegenden motorischen Fertigkeiten in beiden Bedingungen hinweist. Allerdings zeigten sich deutliche Unterschiede in den benötigten Lernzeiten, insbesondere bei komplexeren Knoten. Die Autoren argumentieren, dass die Lernenden in der interaktiven Bedingung ihre Aufmerksamkeit gezielt auf anspruchsvollere Passagen lenken konnten, beispielsweise indem sie schwierige Teile der Anleitung in Zeitlupe wiederholten. Ähnliche positive Effekte der Kontrolle der Wiedergabegeschwindigkeit wurden beispielsweise in Mayer und Chandler (2001) bei Transferaufgaben nachgewiesen, nicht aber hinsichtlich der Behaltensleistung. In einer Studie von Boucheix und Guignard (2005) profitierten besonders leistungsschwächere Lernende von der Möglichkeit, die Wiedergabegeschwindigkeit selbst zu regulieren. Stiller et al. (2009) konnten ebenfalls einen positiven Effekt der Kontrolle der Wiedergabegeschwindigkeit feststellen. Sie weisen jedoch darauf hin, dass diese Funktion vor allem dann von Bedeutung ist, wenn Lernende mit komplexen Inhalten konfrontiert sind und eine hohe kognitive Verarbeitung notwendig ist, um die kognitive Belastung angemessen zu regulieren (vgl. Castro-Alonso, Ayres, et al., 2019, S. 131). Interessant ist auch, dass solche *self-paced conditions* das *modality principle* umkehren können. Das heißt, dass visuell dargebotene Texte unter solchen Bedingungen lernförderlicher sein können als gesprochene Texte (Schmidt-Weigand et al., 2010, S. 101; Stiller et al., 2009). Allerdings ist der positive Einfluss dieser Kontrolle umstritten, da empirische Studien in diesem Bereich auch gegenteilige Befunde liefern (Betrancourt, 2005; Hasler et al., 2007, S. 717; Moreno & Valdez, 2005). So berichteten beispielsweise Rey und Diehl (2010) von einer Studie, in der Schieberegler zur Anpassung der Wiedergabegeschwindigkeit nur selten genutzt wurden und nicht zu besseren Leistungen führten. Zudem kritisieren sie andere Studien (u. a. die oben genannten), welche nicht den isolierten Effekt dieser Kontrollmöglichkeit untersuchten.

Die Kontrolle über die Wiedergabegeschwindigkeit stellt eine oberflächliche Form der Interaktivität dar und wird nach Betrancourt (2005) noch nicht dem *interactive behavior* zugerechnet. Die Forschung zeigt jedoch, dass insbesondere das aktive Manipulieren von dargestellten Objekten oder Bewegungen das Lernen deutlich effektiver unterstützen und das Verständnis der Lernenden verbessern kann (de Koning & Tabbers, 2011, S. 511; Ploetzner, 2022). Dazu kann die Verwendung eines Zugmodus gezählt werden, durch den Lernende beispielsweise an geometrischen Objekten (Punkte, Geraden, Flächen, Körper) in einer dynamischen Geometriesoftware ziehen und sie damit verändern können (Wei et al., 2023). Dabei kann er für entdeckende Zwecke durch beispielsweise zufälliges Ziehen an Punkten, aber auch zur Kontrolle einer Vermutung oder eines Ergebnisses verwendet werden (Arzarello et al., 2002). Besonders hilfreich ist der Zugmodus, wenn Lernende mathematische Abhängigkeiten durch das Erkennen von Veränderungen und Invarianzen erfassen müssen (Hegedus et al., 2017; Monaghan & Trouche, 2016). Canogullari und Erbas (2024) zeigten in einer Untersuchung mit Schülerinnen und Schülern der 6. und 7. Klasse, dass die Verwendung des Zugmodus in interaktiv-dynamischen Visualisierungen über GeoGebra das proportionale Denken fördern kann. Auch Göbel (2021) fand heraus, dass der Einsatz von Schiebereglern oder des Zugmodus Schülerinnen und Schüler dabei unterstützen kann, die Einflüsse von Parametern auf quadratische Funktionen zu verstehen. In einer Studie von Chien und Chang (2012) zeigte sich jedoch kein signifikanter Vorteil einfacher Steuerungselemente in Animationen (wie Pausieren, Fortsetzen oder Zurückspulen) gegenüber rein statischen Bildern. Erst durch die Einführung einer vollständig interaktiven Animation, die den Lernenden erweiterte Möglichkeiten der Interaktivität boten – wie die direkte Manipulation von Objekten mittels eines Zugmodus (z. B. Drehen und Neigen eines virtuellen Messgeräts) – konnte ein signifikanter Vorteil bezogen auf die Lernleistung festgestellt werden. Diese interaktive Form der dynamischen Visualisierung führte zu einer signifikant geringeren kognitiven Belastung und höheren Leistungseffizienz im Vergleich zu den anderen beiden Bedingungen (mit statischen und linear-dynamischen Visualisierungen). Insbesondere zum Erschließen von Zusammenhängen zwischen dynamisch verknüpften Graphen einer Funktion f und ihrer Ableitungsfunktion f' bzw. Stammfunktion F in mehreren Grafikfenstern erweist sich der Zugmodus als besonders hilfreich (Swidan, 2019; Swidan & Yerushalmy, 2014). Ng (2019) betont dabei die Bedeutung des Zugmodus für das Erkunden, Verifizieren von Vermutungen sowie Kommunizieren von Beobachtungen und Begründungen im Rahmen der Differenzial- und Integralrechnung.

Zum isolierten Einfluss von Eingabefeldern in dynamischen Visualisierungen existieren – soweit bekannt – nur wenige Studien. Dabei erlauben Eingabefelder, welche z. B. mit den Koordinaten eines Punktes verknüpft sind, eine gezielte numerische Eingabe, durch die sich die Position des Punktes dynamisch anpasst. Rey (2011) zeigte jedoch in einer Studie, dass Studierende in der Bedingung mit Eingabefeldern bei Transferaufgaben schlechter abschnitten als jene in den Bedingungen mit Schieberegler oder Zugmodus (bei Rey (2011) als *drag and drop* bezeichnet). Alle drei Varianten bezogen sich auf denselben mathematischen Inhalt und wären theoretisch gleichermaßen zur Bearbeitung geeignet gewesen. Generell werden Eingabefelder häufig in einer dynamischen Geometriesoftware eingesetzt, sodass Lernende Parameter, beispielsweise von Funktionsscharen, verändern können oder um ganze Funktionsgleichungen einzugeben (BoŽić et al., 2021; Göbel, 2021; Moreno & Mayer, 2007). Während entdeckendes Lernen durch zufälliges Ziehen – wie beim Zugmodus – mit Eingabefeldern nur begrenzt und wenig komfortabel umzusetzen ist, eigenen sich diese besonders für eine gezielte und präzise Steuerung mathematischer Objekte.

Zusammenfassend lässt sich festhalten, dass aktive Möglichkeiten mit dynamischen Visualisierungen zu interagieren überwiegend lernförderlich sind, wobei auch Studien existieren, die Gegenteiliges feststellten: In Rolfes et al. (2020) zeigten sich keine signifikanten Unterschiede zwischen linear-dynamischen und interaktiv-dynamischen Visualisierungen hinsichtlich des Posttest-Ergebnisses zum funktionalen Denken. Ein Vorteil der Interaktivität konnte somit in diesem Kontext nicht nachgewiesen werden. Zhang et al. (2023) fanden in ihrer Meta-Analyse zum Einfluss dynamischer Visualisierungen über GeoGebra auf die mathematische Leistung heraus, dass Interaktivität (in der Studie als *student operation* bezeichnet) kein signifikanter Moderator ist. Dieses Ergebnis widerspricht der ICAP-Hypothese nach Chi und Wylie (2014), die einen positiven Zusammenhang zwischen dem Grad der Interaktivität und der Mathematikleistung postuliert. Auch in Lowe (2004) konnten keine Unterschiede zwischen linear-dynamischen und interaktiv-dynamischen Visualisierungen festgestellt werden. Besonders Lernende ohne Vorwissen bezüglich des dargestellten Inhalts haben Schwierigkeiten, relevante Informationen den Visualisierungen zu entnehmen. Das Bereitstellen von interaktiven Funktionen kann diesen Prozess nicht ausreichend unterstützen. Wang et al. (2011) untersuchten den Einfluss verschiedener Visualisierungsformen auf das Verständnis von Hypothesentests: (1) statische Visualisierungen, (2) dynamische Visualisierungen mit Start- und Stop-Buttons und Geschwindigkeitsregulierung, (3) dynamische Visualisierungen mit zusätzlichen Eingabefeldern zur Änderung von Parametern sowie (4) dynamische Visualisierungen mit ergänzendem direktem Feedback. Die Ergebnisse zeigen, dass die statische Gruppe bei Verständnisfragen signifikant schlechter abschnitt. Zwischen den drei interaktiven Gruppen konnten hingegen keine signifikanten Unterschiede festgestellt werden. Explorativ fand Frenken (2022, S. 236) in einer Studie zum mathematischen Modellieren anhand von Prozessdaten heraus, dass sich in der Teilkompetenz Vereinfachen eine häufige Verwendung der in GeoGebra-Applets zur Verfügung stehenden Werkzeuge signifikant negativ auf die Kompetenzentwicklung auswirkte. Auch wenn sich diese Studie nicht direkt auf dynamische Visualisierungen bezieht, liefert sie dennoch aufschlussreiche Hinweise für diese Arbeit, da hier eine häufige Verwendung von Interaktivitätsmöglichkeiten sogar mit negativen Effekten verbunden war.

Die bisherigen Abschnitte haben empirische Studien und theoretische Überlegungen zu Einflussfaktoren auf das Lernen mit dynamischen Visualisierungen vorgestellt. Im nächsten Abschnitt wird der Fokus gezielt auf empirische Befunde zum Lernen der Ableitung gelegt, um aufzuzeigen, wie über GeoGebra erzeugte dynamische Visualisierungen das Verständnis der Ableitung fördern können.

4.5 Lernen der Ableitung mit dynamischen Visualisierungen

Theoretische Überlegungen und empirische Studien zum digitalgestützten Lernen der Ableitung beziehen sich nur selten explizit auf den Begriff der *dynamischen Visualisierungen*, sondern verwenden stattdessen allgemeinere Bezeichnungen wie *Lernen mit Technologien* oder *digitalen Werkzeugen*. Dabei kommen jedoch in den meisten dieser Untersuchungen tatsächlich dynamische Visualisierungen zum Einsatz. Es sei an dieser Stelle zunächst angemerkt, dass explizite Vergleichsstudien mit statischen Visualisierungen zur Ableitung erst im Abschnitt 5.2 thematisiert werden.

Dem Einsatz digitaler (Mathematik-)Werkzeuge im Analysisunterricht in der Schule und der Universität wird seit Jahren eine große Bedeutung beigemessen. So leiten Tall et al. (2008) ihren Beitrag über Technologie und Analysis mit den Worten „Of all the areas in collegiate mathematics, calculus has received the most interest and investment in the use of technology" (S. 207) ein. Anfang der 1980er Jahre sollten mit dem Einsatz grafikfähiger Rechner mathematische Konzepte der Differenzialrechnung für Schülerinnen und Schüler visualisiert werden. Symbolisches Differenzieren wurde um Unterrichtsansätze ergänzt, die vorher nicht umzusetzen wären, z. B. das Darstellen der lokalen Geradlinigkeit durch starke Vergrößerung einer differenzierbaren Stelle eines Funktionsgraphen (Tall et al., 2008, S. 212–215). Auch de Almeida und da Silva (2018, S. 890) sowie Kidron (2020, S. 89) heben die Bedeutung digitaler Mathematikwerkzeuge, wie z. B. grafikfähigen Taschenrechnern, hervor: Da sich die Analysis mit veränderlichen Größen beschäftigt, können dynamische Visualisierungen wesentlich zur Einwicklung eines intuitiven Verständnisses beitragen. Sie können dabei helfen, die häufig bestehende Kluft zwischen einem rein formalen Umgang mit symbolischen Darstellungen und *conceptual understanding* der Ableitung zu schließen.

In der Literatur finden sich heutzutage einige konkrete Vorschläge zur Verwendung digitaler Mathematikwerkzeuge beim Lernen der Ableitung. Bereits Blum (2000) plädiert für einen Computereinsatz zum Entdecken der lokalen Änderungsrate, bei dem der Computer „die anfallenden numerischen Berechnungen durchführt und für allerlei Visualisierungen sorgt" (Blum, 2000, S. 11). Speziell bezogen auf den Ableitungsbegriff hebt er die Bedeutung des Computers für einen simultanen Wechsel graphischer, symbolischer und numerischer Repräsentationen hervor. Zusätzlich wird das Potenzial von Technologien bei der Verdeutlichung des Tangentenproblems hervorgehoben: „Neue Werkzeuge, speziell Funktionenplotter, ersparen das lästige Zeichnen von Funktionsgraphen per Hand, wenn man im Unterricht vorgefertigte Ausdrucke der Graphen verwendet" (Gundlach, 2006, S. 12). Engelhardt et al. (2023) stellen in ihrem Beitrag einen digitalen Lernpfad zu Ableitungen unter Berücksichtigung der Ausbildung von Grundvorstellungen vor. Auch existiert im Internet eine Vielzahl an Erklärvideos zum Thema Ableitungen, die in ihrem didaktischen Mehrwert stark variieren: Radmehr und Turgut (2024) analysierten ein YouTube-Video von *3Blue1Brown* zur Ableitung. Dabei zeigte sich, dass im Video sämtliche Repräsentationsebenen des Rahmenmodells abgedeckt werden. Zudem werden die Zusammenhänge zwischen diesen Repräsentationen durch den gezielten Einsatz digitaler Technologien effektiv vermittelt – ein Ansatz, der in traditionellen Lehrbüchern oft nur unzureichend umgesetzt wird. Auch in der universitären Lehre wird im Rahmen von Veranstaltungen der Analysis digitalen Mathematikwerkzeugen zur dynamischen Visualisierung eine große Bedeutung beigemessen. Nahezu alle der zehn befragten Lehrenden (*experts*) gaben an, dass sie Desmos oder GeoGebra beim Lehren der Ableitung nutzen und als wirksame Unterstützung betrachten (Mkhatshwa, 2024). In einem Beitrag von Ferrara et al. (2006) wurde die Rolle von Technologien für das Lehren und Lernen von *calculus* auf der PME (*Conference of the International Group for Psychology of Mathematics Education*) der vergangenen 30 Jahre beschrieben. Besonders werden die vielseitigen Repräsentationsmöglichkeiten sowie das Lernen des graphischen Differenzierens mit dynamischen Visualisierungen mithilfe des Zitats eines Lernenden hervorgehoben: „I never understood what it meant to say that the derivative of sin x was cos x until I saw it grow on the computer" (Ferrara et al., 2006, S. 261; Tall & Sheath, 1983).

Aber auch zu Themen, die eng mit dem Ableitungsbegriff verwandt sind, liegen theoretische sowie empirische Untersuchungen vor, die den Mehrwert dynamischer Visualisierungen – etwa im Hinblick auf *conceptual understanding* – belegen, beispielsweise bei Grenzwertprozessen (Kidron & Tall, 2015; Verzosa et al., 2014), im Kontext des bestimmten Integrals (Swidan & Fried,

2021; Tatar & Zengin, 2016) oder des Hauptsatzes der Differential- und Integralrechnung (Swidan, 2020).

Im Folgenden werden empirische Studien zum Einfluss dynamischer Visualisierungen beim Lernen des Ableitungsbegriffs vorgestellt, die keine Kontrollgruppen beinhalten. Im Hochschulkontext führten Hong und Thomas (2015) eine Studie zur Differenzial- und Integralrechnung mit digitalen Mathematikwerkzeugen (GSP, Autograph, TI-Nspire) durch, bei der der Fokus der Intervention auf dem grafischen Arbeiten lag. Sie stellten fest, dass beim graphischen Differenzieren und Integrieren entweder algebraische Methoden zum Einsatz kamen – also die Modellierung der Funktionsgleichung des vorgegebenen Graphen und anschließend das symbolische Differenzieren bzw. Integrieren der Funktion – oder dass die entsprechenden Graphen auf visueller Grundlage anhand von Steigungen bzw. Flächen gezeichnet wurden. Durch die technologiegestützte Intervention wechselte ein Teil der Studierenden von der algebraischen zur sinnvolleren graphischen Vorgehensweise bei solchen Aufgaben. Zengin (2018) fand in seiner Studie heraus, dass das Erkunden von Sekanten bzw. Tangenten an Funktionsgraphen den Studierenden half, Beziehungen zwischen Differentialen und Ableitungen sowie das Tangentenkonzept mit dem Grenzwertbegriff in Zusammenhang zu bringen. In anderen Untersuchungen konnten Studierende mithilfe verschiedener GeoGebra-Applets, die multiple Repräsentationen und Möglichkeiten der Interaktivität bereitstellten, Zusammenhänge zwischen der *Lokalen Änderungsrate* und der *Tangentensteigung* sowie deren Herleitungen nachvollziehen und ihr Wissen auf Problemlöseaufgaben anwenden (da Fonseca & Henriques, 2023; Sari et al., 2018).

Auch im schulischen Kontext erweisen sich digitale Mathematikwerkzeuge bzw. dynamische Visualisierungen als hilfreich. Hoffkamp (2011) führte eine qualitative Studie mit Lernenden der 10. Klasse durch, in der mit (interaktiv-) dynamischen Visualisierungen über die DGS *Cinderella* zu funktionalen Abhängigkeiten gearbeitet wurde. Die Ergebnisse zeigen, dass Schülerinnen und Schüler Präkonzepte zur Ableitung ausbilden konnten, darunter die Unterscheidung von Änderung und Bestand sowie die Idee der Steigung eines Graphen in einem Punkt. In einer Fallstudie zum graphischen Differenzieren ohne Vorkenntnisse über Ableitungen fand Swidan (2019) heraus, dass mithilfe der DGS *Calculus Derivative Sketcher* Zusammenhänge zwischen einer Funktion und ihrer Ableitungsfunktion erkannt sowie gezeichnet werden konnten. Zusätzlich konnte dies mit der Grundvorstellung *Tangentensteigung* erklärt werden. Biza (2011) untersuchte im Rahmen einer Studie, wie sich die Bedeutung bzw. Vorstellung von Tangenten an Funktionsgraphen bei Schülerinnen und Schülern der 12. Jahrgangsstufe nach einer dreistündigen Intervention entwickelte, in der sie mit der dynamischen Geometriesoftware *EucliDraw* arbeiteten. Die Lernenden konnten dabei Graphen, Sekanten, Tangenten und Punkte verändern sowie sich Steigungen anzeigen lassen. Auch das Zoomen im Sinne der Grundvorstellung *Lokale Linearität* wurde durch die Software unterstützt. Die Ergebnisse der schriftlichen Vor- und Nachtests zeigen, dass sich die Fehlerquote bei allen Aufgaben zur Verifizierung bzw. Falsifizierung von Tangenten an verschiedenen Funktionsgraphen vom ersten zum zweiten Messzeitpunkt verringerte. Eine Unterrichtseinheit mit GeoGebra, in der Lernende der 11. Klasse in Kleingruppen mit dynamischen Visualisierungen (mit Schiebereglern, *Dyna-Linking* sowie Tabellen- und Graphenansichten) arbeiteten, zeigte, dass der Wechsel zwischen numerischer, grafischer und algebraischer Repräsentation das Verständnis des Ableitungsbegriffs fördert. Zudem unterstützt GeoGebra die Entwicklung mathematischer Kompetenzen wie argumentatives Begründen, Problemlösen und Kommunizieren (Nam, 2022). Auch für Lehrkräfte selbst wurde in einer *Lesson Study* deutlich, welche Potenziale GeoGebra für das Verständnis der Ableitung bietet. Verhoef et al. (2015) zeigten, dass die beteiligten Lehrkräfte durch den Einsatz dynamischer Visualisierungen wie z. B. das Hineinzoomen in Graphen die Grundvorstellung der *Lokalen Linearität* entwickelten und diese gewinnbringend in ihren eigenen Unterricht übernahmen.

Einige Studien, die ausschließlich den Einsatz statischer Visualisierungen untersuchten, zeigen, dass Lernende beim Verständnis des Ableitungsbegriffs auf Schwierigkeiten stoßen (z. B. Sahin et al., 2015). Vor diesem Hintergrund wird deutlich, warum GeoGebra bzw. dynamische Visualisierungen in der Forschung große Aufmerksamkeit erfahren haben. Offen bleibt jedoch die Frage, ob dynamische Visualisierungen im direkten Vergleich tatsächlich Vorteile gegenüber statischen bieten. Im folgenden Kapitel werden daher Studien vorgestellt, die diese Frage systematisch untersucht haben.

Vergleich der Wirksamkeit dynamischer und statischer Visualisierungen 5

5.1 Überblick über zentrale Vergleichsstudien

Die empirische Forschungslandschaft zum Vergleich dynamischer und statischer Visualisierungen ist äußerst umfangreich und erstreckt sich über verschiedene Fachbereiche. Um einen umfassenderen Einblick in diese Studienlage zu ermöglichen, werden im Folgenden relevante Meta-Analysen dargestellt, welche nicht ausschließlich das Fach Mathematik und das Multirepräsentationssystem GeoGebra fokussieren. Daraus resultieren einige gängigen Potenziale und Gefahren dynamischer Visualisierungen, die in der Literatur beschrieben werden.

Eine Meta-Analyse zum Vergleich von *instructional animations* (linear-dynamischen Visualisierungen) mit statischen Visualisierungen wurde von Höffler und Leutner (2007) veröffentlicht. Sie schlossen 26 Primärstudien mit 76 paarweisen Vergleichen aus dem Zeitraum zwischen 1973 und 2003 ein und kamen zu dem Ergebnis, dass linear-dynamische Visualisierungen einen signifikant positiveren Einfluss auf Lernergebnisse von Lernende haben als statischen Visualisierungen (gewichteter mittler Effekt: $d = 0.37$). Davon stammen nur fünf der 76 paarweisen Vergleiche aus der Domäne *Mathematik*. Wichtig ist hervorzuheben, dass ausschließlich dynamische Visualisierungen ohne Interaktivitätsmöglichkeiten in die Meta-Analyse einbezogen wurden (Höffler & Leutner, 2007, S. 730). Moderatoranalysen ergaben zudem, dass der positive Effekt linear-dynamischer Visualisierungen insbesondere dann verstärkt auftritt, wenn diese inhaltlich repräsentational statt dekorativ sind, einen hohen Grad an Realitätsnähe aufweisen (z. B. videobasiert) und dem Erwerb von *procedural-motor knowledge*, also motorischer Handlungsabläufe, dienen.

H. Nguyen, *Wirksamkeit dynamischer Visualisierungen bei der Einführung des Ableitungsbegriffs*, Studien zur theoretischen und empirischen Forschung in der Mathematikdidaktik, https://doi.org/10.1007/978-3-658-51845-5_5

In einer neueren Meta-Analyse von Berney und Bétrancourt (2016) wurden 61 Primärstudien mit insgesamt 140 paarweisen Vergleichen zwischen statischen und dynamischen Visualisierungen berücksichtigt. Eingeschlossen wurden Studien, die bis Dezember 2013 publiziert wurden, wobei interaktive Elemente kein Ausschlusskriterium darstellten. Insgesamt zeigte sich auch hier ein positiver Effekt zugunsten dynamischer Visualisierungen mit einer Effektstärke nach Hedges' g von 0.226. Dabei waren dynamische Visualisierungen insbesondere in naturwissenschaftlichen Fächern wie Physik oder Chemie effektiv, während sie im Fach Mathematik weniger effektiv waren. Ebenso fanden Berney und Bétrancourt (2016) heraus, dass dynamische Visualisierungen insbesondere bei Lernzielen, die auf das Verstehen oder Anwenden abzielen, signifikant bessere Lernleistungen fördern als statische Visualisierungen. Für prozedurales Wissen zeigten sich tendenziell positive Effekte zugunsten dynamischer Visualisierungen, diese erreichten jedoch keine statistische Signifikanz im Vergleich zu Faktenwissen oder konzeptuellem Wissen.

Eine Re-Analyse der Meta-Studie von Berney und Bétrancourt (2016) wurde von Ploetzner et al. (2020) durchgeführt und ergänzte die vorherige Meta-Studie um Artikel bis einschließlich 2018. Insgesamt wurden 194 Studien inkludiert, elf aus der Domäne Mathematik. Auch hier zeigte sich ein mittlerer Effekt dynamischer Visualisierungen über alle Studien hinweg ($g = 0.287$, $p < 0.01$). Darüber hinaus wurden sogenannte *features of change* als eine relevante Moderatorvariable identifiziert. Die Ergebnisse zeigen, dass bei fehlender Relevanz der dargestellten Veränderungen kein signifikanter Unterschied zwischen dynamischen und statischen Visualisierungen besteht. Wenn einfache Merkmale wie Bewegungsrichtungen oder Richtungswechsel relevant waren, zeigte sich ein kleiner positiver Effekt zugunsten dynamischer Visualisierungen ($g = 0.340$, $p < 0.01$). Bei komplexen Merkmalen von Bewegungen, etwa Geschwindigkeit oder Beschleunigung, ergab sich ein mittlerer positiver Effekt ($g = 0.647$, $p < 0.01$). Diese Ergebnisse verdeutlichen, dass dynamische Visualisierungen insbesondere dann lernwirksam sind, wenn sie inhaltlich relevante, sich mit der Zeit oder einer Bewegung verändernde Aspekte sichtbar machen, die über die Möglichkeiten statischer Visualisierungen hinausgehen.

Aus den vorgestellten Meta-Analysen sowie zahlreichen weiteren empirischen und theoretischen Studien ergeben sich Chancen und Risiken dynamischer Visualisierungen. Einige in der Literatur häufig genannte sind in **Tabelle 5.1** kurz zusammengefasst.

Tabelle 5.1 Ausgewählte Chancen und Risiken beim Lernen mit dynamischen Visualisierungen

Chancen	Risiken
Im Zusammenhang mit den Potenzialen dynamischer Visualisierungen wird häufig übergeordnet von einer Ermöglichungs- und einer Erleichterungsfunktion (engl. ***enabling and facilitating effect***) gesprochen. Für Lernende (insbesondere *novice learners*) können bestimmte – real schwer beobachtbare – Inhalte (z. B. Veränderungs- oder Bewegungsabläufe) ohne dynamische Visualisierungen nicht zugänglich sein (*enabling effect*[1]) oder es wäre kognitiv sehr belastend, wenn sie sich diese Veränderungen ausschließlich mit einer statischen Visualisierung vorstellen müssten. In letzterem Fall haben dynamische Visualisierungen eine erleichternde Funktion (Berney & Bétrancourt, 2016, S. 152; Gerjets et al., 2010, S. 156; T. Rasch & Schnotz, 2009; Schnotz, 2002; van Gog et al., 2009).	Lernende empfinden einen Inhalt als leichter, wenn dieser über eine dynamische Visualisierung repräsentiert wird. Sie überschätzen ihr Verständnis, da sie die präsentierten Inhalte nicht aktiv durchdenken. Dieses Phänomen wird ***Illusion of Understanding*** genannt (A. Bauer, 2015; Betrancourt, 2005; Paik & Schraw, 2013).
Dynamische Visualisierungen können die **Komplexität eines Inhalts reduzieren**, da sie Interpretationsvorgänge der Lernenden entlasten und Veränderungen explizit darstellen können. Dadurch kann es zur **Reduktion der extrinsischen Belastung** kommen, was freie Arbeitsgedächtniskapazität für lernrelevante Aktivitäten freisetzt (Kühl et al., 2011; Mayer et al., 2005; Wilzek, 2021). Außerdem wurde häufiger festgestellt, dass Lernende mit statischen Visualisierungen eine höhere extrinsische kognitive Belastung wahrnahmen als beim Lernen mit dynamischen Visualisierungen (Kühl et al., 2011)	Dynamische Visualisierungen sind **transienter Natur**, d. h. Informationen verschwinden vom Bildschirm bzw. verändern sich schnell. Das kann zu extrinsischer Belastung führen, da Lernende versuchen müssen, sich an vergangenen Informationen zu erinnern, während sie gleichzeitig neue Informationen verarbeiten. Dies kann zu einem ***cognitive overload*** führen. Diese Informationsüberflutung tritt bei statischen Visualisierungen nicht auf, da die Informationen dauerhaft erhalten bleiben. Haben dynamische Visualisierungen Interaktivitätsmöglichkeiten, so fällt der Effekt der Transienz geringer aus (Ainsworth & Van-Labeke, 2004; Ayres et al., 2009; Berney & Bétrancourt, 2016; Hegarty, 2004).
Dynamische Visualisierungen können zu mehr **Interesse, Motivation und Aufmerksamkeit** bei Lernenden führen und dadurch eine größere Anstrengungsbereitschaft hervorrufen (Mayer et al., 2005; Roth & Siller, 2016).	Das Arbeiten mit dynamischen Visualisierungen kann zu einer **oberflächlichen Nutzung** und Verarbeitung der Inhalte und einer **geringen Anstrengungsbereitschaft** führen (Betrancourt, 2005; Rey, 2011).

[1] Der *enabling effect* nach Schnotz und Rasch (2005) ähnelt stark dem *supplantation effect* nach Salamon (1994), der besagt, dass dynamische Visualisierungen die fehlende Fähigkeit der Lernenden kompensieren kann, sich bestimmte dynamische Vorgänge mental vorzustellen.

Ob das Potenzial dynamischer Visualisierungen ausgeschöpft wird oder ob deren Einsatz möglicherweise hinderlich ist, hängt wesentlich von Merkmalen der Lernenden, der Gestaltung der Visualisierungen sowie vom präsentierten Inhalt ab (Schnotz, 2010, S. 931). Wie bereits in dieser Arbeit betont, können insbesondere Konzepte der Analysis – darunter Grenzwerte, Ableitungen und Integrale – von dynamischen Visualisierungen profitieren, da sie dynamische Prozesse und Veränderungen thematisieren (Ferrara et al., 2006, S. 238). Die dargestellten Meta-Studien zeigen, dass bislang nur eine vergleichsweise geringe Anzahl an Journalartikeln existiert, die systematisch dynamische und statische Visualisierungen im Fach Mathematik gegenüberstellen. Zudem bleibt offen, inwiefern die insgesamt positiven mittleren Effektstärken zugunsten dynamischer Visualisierungen auch auf das Verständnis und die Grundvorstellungen zur Ableitung übertragbar sind. Die vorliegende Arbeit adressiert diese Forschungslücke und verweist auf einige wenige existierende Vergleichsstudien in diesem Bereich, die im folgenden Kapitel näher dargestellt werden.

5.2 Vergleichsstudien zur Ableitung

Während in den bisher dargestellten Studien die Effektivität dynamischer und statischer Visualisierungen allgemein verglichen wurde, soll nun ein besonderer Fokus auf den Einfluss dieser Visualisierungen auf das Verständnis der Ableitung sowie Grundvorstellungen zur Ableitung gelegt werden. In einem theoretischen Beitrag wird die Bedeutung dynamischer Visualisierungen im Vergleich zu statischen Visualisierungen hervorgehoben: „Calculus, which deals with quantities approaching other quantities, is a dynamic subject. Teaching and learning Calculus is even more difficult when only static images are used, no matter how good they are" (Caligaris et al., 2015, S. 1183–1184). Zur Ableitung entwickelten Caligaris et al. (2015) GeoGebra-Applets zum Übergang von Sekantensteigungen zur Tangentensteigung sowie zum graphischen Differenzieren unter Einbezug der *Tangentensteigung*, die für einen *Calculus I* Kurs an einer Universität entwickelt wurden.

Eine Reihe empirischer Studien untersucht den Einsatz digitaler Mathematikwerkzeuge beim Lernen des Ableitungsbegriffs, häufig im Vergleich zu traditionellem Unterricht ohne solche Hilfsmittel. Auch wenn in vielen dieser Arbeiten nicht explizit zwischen statischen und dynamischen Visualisierungen unterschieden wird, liefern sie dennoch wichtige Hinweise für die vorliegende

Untersuchung.[2] Es gilt jedoch zu beachten, dass zumeist kein kontrollierter bzw. fairer Vergleich zwischen beiden Zugängen erfolgte (vgl. Abschnitt 5.3).

Palmiter (1991) führte eine der ersten Studien zur Rolle digitaler Werkzeuge beim Lernen von Grenzwerten, Ableitungen und Integralen mit Studierenden durch. Dabei zeigte sich, dass Studierende, die mit einem CAS arbeiteten und somit verschiedene Repräsentationen nutzen konnten (darunter eben auch graphische Darstellungen), sowohl bei Aufgaben zum konzeptuellen Verständnis als auch bei prozeduralen Rechenaufgaben bessere Leistungen erzielten als jene, die ausschließlich *paper-pencil*-basiert lernten. Tall et al. (2008) nehmen auch Bezug zu qualitativen Studien, in denen Lernende in technologiegestützten Settings besser in der Lage waren, Beziehungen zwischen verschiedenen Repräsentationen eines mathematischen Konzepts zu diskutieren und diese in Problemlöseaufgaben zu nutzen. Diese Beziehungen konnten u. a. in Bezug auf den Ableitungsbegriff herausgestellt werden, indem Lernende in Interviews die Ableitung mit der lokalen Änderungsrate, der Steigung des Funktionsgraphen sowie der Tangente in Verbindung bringen konnten. In den Hochschulkontext reiht sich außerdem eine Studie von Sekulic et al. (2020) ein. In der Experimentalgruppe wurden Studierende mit vorgefertigten GeoGebra-Applets, die Interaktivität etwa durch Verwendung des Zugmodus oder von Schiebereglern ermöglichten, in den Ableitungsbegriff unter Einbezug multipler dynamischer Repräsentationen eingeführt. Die Kontrollgruppe bearbeitete dieselben Aufgaben, musste jedoch beispielsweise Sekanten- oder Tangentensteigungen manuell berechnen. In einem verständnisorientierten Post- sowie einem *Follow-up*-Test schnitten Studierende der Experimentalgruppe signifikant besser ab. Besonders bei rein graphischen Aufgaben zeigte sich, dass Studierende der Kontrollgruppe häufiger versuchten, algebraische Ausdrücke zu konstruieren, was oft zu falschen oder nicht zielführenden Lösungen führte. Zudem wurde beobachtet, dass die Studierenden der Experimentalgruppe verschiedene Repräsentationsformen flexibel zur Lösung der Aufgaben nutzten. Ferner zeigen unterschiedliche Studien, dass dynamische Visualisierungen über GeoGebra oder Maple einen signifikant positiven Einfluss auf das konzeptuelle Verständnis Studierender über Sekanten, Tangenten, Änderungsraten sowie Anwendungen des Ableitungsbegriffs haben – verglichen mit traditionellem Unterricht, in dem u. a. statische Visualisierungen verwendet werden (Altıparmak, 2014; Bekene Bedada & Machaba, 2022; Borji et al., 2018; Heid, 1988; Kossivi, 2020; Ocal, 2017; Takači et al., 2015; Ubuz, 2007; Yimer & Feza, 2019). Takači et al. (2015, S. 424) begründen dieses Ergebnis u. a.

[2] Dies erklärt mitunter auch, weshalb diese Studien in den zuvor dargestellten Meta-Analysen nicht berücksichtigt wurden.

damit, dass das Lernen von Konzepten der Analysis mit GeoGebra konstruktivistisch ausgerichtet ist, da Studierende die Möglichkeit haben, Wissen eigenständig zu entdecken und zu überprüfen. Unterschiede im prozeduralen Wissen zwischen den beiden Vergleichsgruppen konnten in den Studien von Heid (1988) und Ocal (2017) nicht festgestellt werden. In der Untersuchung von Altıparmak (2014) hingegen zeigten sich zugunsten der Technologiegruppe mit dynamischen Visualisierungen Unterschiede bezüglich der Anwendung von Ableitungsregeln zu Bestimmung von Ableitungsfunktionen. Zudem stellte Ubuz (2007) fest, dass es keine signifikante Interaktion zwischen mathematischem Vorwissen und der Gruppenzugehörigkeit gibt. In der quantitativen Studie von Yorganci und Subasi (2024) wurde mit Studierenden der Einfluss eines E-Books mit integrierten GeoGebra-Applets im Vergleich zu einer PDF-Version mit statischen Visualisierungen untersucht. Der Schwerpunkt lag auf dem Thema Ableitungen und deren Anwendungen. Die Ergebnisse verdeutlichen, dass das E-Book mit GeoGebra-Applets den Lernerfolg sowie die Motivation der Studierenden signifikant stärker förderte als das statische PDF-E-Book.

Es existieren nach derzeitigem Kenntnisstand nur wenige systematische Studien zum Vergleich dynamischer und statischer Visualisierungen zur Ableitung im schulischen Kontext. In einer qualitativen Untersuchung wurden zwei Paaren von Lernenden aus der 12. Jahrgangsstufe zu Themen der Analysis – u. a. Definition der Ableitung, Ableitungsfunktionen, Änderungsraten, Lineare Approximation – Visualisierungen auf einem iPad vorgelegt. Sieben davon waren statisch und fünf wurden interaktiv-dynamisch über *SketchExplorer* gestaltet, die Schaltflächen zum Aus- und Einblenden von Inhalten sowie den Zugmodus integrierten und verschiedene Repräsentationen dynamisch verknüpften. Die Lernenden sollten darüber diskutieren, was sie sehen und welche Konzepte dargestellt werden.

Während bei statischen Visualisierungen überwiegend deiktische (Zeige-) Gesten verwendet und geometrische Objekte statisch beschrieben werden (z. B. „die Linie ist die Tangente“), zeigt sich im Umgang mit dynamischen Visualisierungen eine Kommunikation, die stärker auf den dargestellten Prozess fokussiert ist (z. B. „die Tangentensteigung nimmt zu“). Dies erfolgt simultan mit der Nutzung des Zugmodus, bei dem der Graph mit dem Finger entlanggefahren wird. Darüber hinaus lassen sich mithilfe dynamischer Visualisierungen Varianzen und Invarianzen kommunizieren, etwa die Beobachtung, dass sich die Tangentensteigung bei linearen Funktionen nicht verändert, wenn die Tangente entlang des Graphen verschoben wird. Zudem fördern dynamische Visualisierungen exploratives Lernen sowie visuelles Argumentieren. Lernende begründen verstärkt mit Formulierungen wie „Wir sehen, dass...“, während beim Arbeiten mit statischen Visualisierungen eher deduktiv im Sinne von „Wir wissen, dass…"argumentiert wird. In einer quasi-experimentellen Studie mit kolumbianischen Lernenden der 11. Jahrgangsstufe zeigte sich, dass eine Unterrichtssequenz mit GeoGebra das Verständnis des Ableitungsbegriffs signifikant verbesserte. Während die Kontrollgruppe mit traditionellem Unterricht überwiegend auf niedrigen Kompetenzniveaus verblieb, erreichte die Experimentalgruppe u. a. durch interaktiv-dynamische Visualisierungen in den GeoGebra-Applets deutlich höhere Verständnisniveaus (Rojas Suárez et al., 2019).

Konkrete Interventionsstudien, die systematisch den Einfluss statischer und dynamischer Visualisierungen auf die Ausprägung von Grundvorstellungen zur Ableitung vergleichen, wurden nach aktuellem Kenntnisstand bislang nicht durchgeführt. Dies liegt vermutlich auch darin begründet, dass die Erfassung von Grundvorstellungen methodisch schwierig umzusetzen ist (Jordan et al., 2008; Litteck et al., 2024) – insbesondere auch im Rahmen quantitativer Studien.

5.3 Verzerrungen in Vergleichsstudien

Mit dem Ausdruck *Comparing apples with oranges* kritisieren Castro-Alonso et al. (2016) Studien, die dynamische und statische Visualisierungen miteinander vergleichen. Die Autoren identifizieren sieben Verzerrungen (engl. *bias*), die in der **Tabelle 5.2** dargestellt sind. Dabei ist zu beachten, dass jede Verzerrung sowohl positive als auch negative oder neutrale Effekte haben kann, was jeweils unterschiedliche Interpretationen nahelegt (Castro-Alonso et al., 2016, S. 236). Demnach kann beispielsweise nicht einfach davon ausgegangen werden, dass mehrfarbige Visualisierungen grundsätzlich immer besser sind als einfarbige. Bereits Anfang der 2000er hatten bereits Tversky et al. (2002) festgestellt, dass in vielen derartigen Vergleichsstudien Moderatorvariablen unberücksichtigt blieben. So gibt es Studien, die keine informationsgleichen dynamischen und statischen Visualisierungen verwendeten, obwohl dies möglich gewesen wäre. Die Autorinnen und Autoren räumen allerdings ein, dass es Fälle gibt, in denen ein angemessener Vergleich schwierig umzusetzen ist, z. B. im Falle einer „animation that shows a complex manner of motion where both spatial position and timing are of the essence" (Tversky et al., 2002, S. 251).

Zudem heben Tversky et al. (2002) hervor, dass sich die beim Arbeiten mit dynamischen und statischen Visualisierungen ausgeführten Tätigkeiten unterscheiden können, was eine Herausforderung für Vergleichsstudien darstellt: Eine potenzielle Verzerrung entsteht, wenn in der dynamischen Gruppe verstärkt das Treffen von Vorhersagen bzw. das Formulieren von Vermutungen und deren anschließende Überprüfung mithilfe einer dynamischen Visualisierung gefordert wird, während entsprechende Aktivitäten in der statischen Gruppe ausbleiben. Da dies grundsätzlich als lernförderlich gilt, könnte ein gefundener Unterschied nicht ausschließlich auf die Art der Visualisierung, sondern ebenfalls auf die Moderatorvariable der unterschiedlichen Tätigkeiten zurückzuführen sein. Darüber hinaus ist es wichtig, verschiedene weitere Arten von Verzerrungen zu berücksichtigen bzw. sich ihrer bewusst zu sein (vgl. **Tabelle 5.2**).

Tabelle 5.2 Beispiele von Verzerrungen beim Vergleich dynamischer und statischer Visualisierungen (in Anlehnung an Castro-Alonso et al., 2016)

Art der Verzerrung	Statische Visualisierungen	Dynamische Visualisierungen
Appeal	einfarbig	mehrfarbig
Variety	mit hinzugefügten Pfeilen	keine hinzugefügten Pfeile
Media	Papier	Tablet oder Laptop
Realism	abstrakt	realistisch
Number	viele	wenige (oder eins)
Size	groß	klein
Interaction		
– *Secondary* – *Primary*	– keine Play- & Pause-Buttons – keine veränderbaren bzw. verschiebbaren Elemente	– mit Play- & Pause-Buttons – mit veränderbaren bzw. verschiebbaren Elementen

Castro-Alonso et al. (2016, S. 240) kritisieren auch die in dem Abschnitt 5.1 beschriebenen Metaanalysen von Berney und Bétrancourt (2016) sowie Höffler und Leutner (2007), die eine Reihe von Studien aufnahmen, die nicht für die in der **Tabelle 5.2** beschriebenen Verzerrungen kontrollierten, was eine Einschränkung der Validität zur Folge habe.

Neben Merkmalen, die auf der Ebene der Gestaltung dynamischer und statischer Visualisierungen liegen, können Verzerrungen beim Vergleich beider Visualisierungsarten auch durch Personenmerkmale entstehen (Wong et al., 2018). So führten Castro-Alonso et al. (2019) eine Meta-Analyse durch, in der mögliche Verzerrungen in Vergleichsstudien zwischen dynamischen und statischen Visualisierungen – überwiegend auf universitärem Niveau – durch das Geschlecht der teilnehmenden Personen untersucht wurden. Das Hauptergebnis zeigt, dass dynamische Visualisierungen eine signifikant positivere Wirkung ($g^+ = 0.36$) in Studien mit einem Anteil von 59 % oder weniger weiblichen Teilnehmenden, während in Untersuchungen mit 60 % oder mehr weiblichen Versuchspersonen der Effekt gering und statistisch nicht signifikant war ($g^+ = 0.07$).

Die Autorinnen und Autoren stellen folgende Hypothese auf: „males may benefit more from dynamic visualizations than females“ (Castro-Alonso, Wong, et al., 2019, S. 375).[3]

Zur Erklärung des unterschiedlichen Einflusses statischer bzw. dynamischer Visualisierungen lässt sich zudem die Theorie prädikativer und funktionaler Denkstile nach Schwank (2003) bzw. Schwank et al. (2003) heranziehen. In einer qualitativen Untersuchung wurde den Testpersonen eine Aufgabe vorgelegt, bei der eine 3×3-Matrix mit acht vorgegebenen Figuren um eine neunte Figur ergänzt werden sollte. Auf Basis der Lösungsstrategien wurden die Versuchspersonen einem der beiden Denkstile zugeordnet. Prädikativ denkende Personen neigen dazu, in der Aufgabenstellung feste, statische Strukturen bzw. Gleichheiten zwischen den Figuren zu identifizieren und diese systematisch in Beziehung zueinander zu setzen. Funktionales Denken hingegen ist dadurch gekennzeichnet, dass Veränderungen als Resultat von dynamischen Konstruktionsprozessen wahrgenommen werden. Im Mittelpunkt steht das gedankliche Nachvollziehen der Veränderungen von Figuren in aufeinanderfolgenden Schritten und der dabei entstehenden Unterschiede. Es liegt die Vermutung nahe, dass prädikativ Denkende eher von statischen, funktional Denkende hingegen stärker von dynamischen Visualisierungen profitieren. Interessanterweise zeigte sich in der Studie von Schwank (2003), dass die Mädchen häufiger dem prädikativen Denkstil zuzuordnen sind, während die Jungen tendenziell Aufgaben erfolgreicher bearbeiten, die ein funktionales, dynamisches Denken erfordern. Dieser Befund kann zur Erklärung des Hauptergebnisses der Metaanalyse von Castro-Alonso et al. (2019) zu Geschlechterunterschieden beim Lernen mit dynamischen und statischen Visualisierungen herangezogen werden.

[3] Darüber hinaus konnten weitere moderierende Variablen identifiziert werden, etwa das räumliche Vorstellungsvermögen (Castro-Alonso, Wong, et al., 2019; Wong et al., 2018). Da in der vorliegenden Studie ausschließlich zweidimensionale dynamische Visualisierungen genutzt wurden, erscheint ein Einfluss dieser Variable unwahrscheinlich.

Herleitung der Forschungsfragen 6

Im theoretischen Teil dieser Arbeit erfolgte zunächst die Darstellung des Ableitungsbegriffs, indem die ihm zugrundeliegenden Grundvorstellungen sowie ein auf den Arbeiten von Roundy et al. (2015) und Zandieh (2000) aufbauendes Rahmenmodell zum Verständnis (vgl. **Abbildung 2.18**) erläutert wurden (Kapitel 2). Danach folgten Grundlagen zu Repräsentationen und Visualisierungen (Kapitel 3) und daran anschließend eine vertiefende Betrachtung des Lernens mit dynamischen Visualisierungen über GeoGebra unter Einbezug der Einstellungen gegenüber GeoGebra und relevanten Einflussfaktoren wie das Vorwissen oder Möglichkeiten der Interaktivität (Kapitel 4). Schließlich wurde der Vergleich dynamischer und statischer Visualisierungen – insbesondere im Themenbereich der Ableitung – thematisiert (Kapitel 5). Die Theorie zeigt wechselseitige Zusammenhänge zwischen dem Verständnis und den Grundvorstellungen zur Ableitung, den Einstellungen sowie der Nutzung dynamischer und statischer Visualisierungen auf. Zugleich werden punktuell Forschungslücken sichtbar, die eine empirische Untersuchung erforderlich machen, die gezielt auf das Lernen des Ableitungsbegriffs fokussiert. Zu diesem Zweck wurde eine Interventionsstudie konzipiert und durchgeführt, in der Schülerinnen und Schüler entweder mit statischen oder mit über GeoGebra erzeugten dynamischen Visualisierungen gearbeitet haben. Vor diesem Hintergrund ergeben sich die folgenden drei Fragenkomplexe: **Fragenkomplex I** bezieht sich auf die Auswirkungen der Intervention zur Einführung des Ableitungsbegriffs mit dynamischen bzw. statischen Visualisierungen auf das Verständnis (Kapitel 2.3), die ausgebildeten Grundvorstellungen (Kapitel 2.2) sowie die Einstellungen gegenüber GeoGebra (Kapitel 4.2). **Fragenkomplex II** widmet sich den Zusammenhängen zwischen Verständnis und Grundvorstellungen zur Ableitung (Kapitel 2.4). Die Analyse erfolgt zunächst für die Gesamtstichprobe und wird anschließend auch getrennt

H. Nguyen, *Wirksamkeit dynamischer Visualisierungen bei der Einführung des Ableitungsbegriffs*, Studien zur theoretischen und empirischen Forschung in der Mathematikdidaktik, https://doi.org/10.1007/978-3-658-51845-5_6

nach den Lernenden betrachtet, die mit dynamischen bzw. mit statischen Visualisierungen gearbeitet haben. Der letzte **Fragenkomplex III** richtet den Fokus ausschließlich auf die Schülerinnen und Schüler, die beim Lernen dynamische Visualisierungen verwendet haben. Untersucht werden mögliche Einflussfaktoren, etwa die Häufigkeit der Nutzung verschiedener Interaktivitätsmöglichkeiten (Kapitel 4.4.2) oder Einstellungen gegenüber GeoGebra (Kapitel 4.2), auf das Verständnis und Grundvorstellungen zur Ableitung, um zukünftiges Lernen mit dynamischen Visualisierungen effektiv gestalten zu können.

Fragenkomplex I: Auswirkungen des Treatments
Angelehnt an einen der vier Forschungstrends (Rasmussen et al., 2014; Thompson & Harel, 2021) bezüglich des Lehrens und Lernens von Themen der Analysis, nämlich die Durchführung von Interventionsstudien im schulischen oder universitären Kontext zur Verbesserung von Lehr- und Lernprozessen, verfolgt die vorliegende Studie das Ziel, das Verständnis des Ableitungsbegriffs sowie der beiden zentralen Grundvorstellungen *Lokale Änderungsrate* und *Tangentensteigung* zu fördern und zusätzlich die Einstellungen gegenüber GeoGebra mithilfe von statischen bzw. dynamischen Visualisierungen zu untersuchen. Zugleich greift die vorliegende Studie eine von Rasmussen et al. (2014) formulierte Kritik auf, wonach es bislang nur sehr wenige empirische –und insbesondere quantitative Untersuchungen im Bereich der Analysis und demnach auch der Ableitung gibt, die mit großen Stichproben durchgeführt wurden.

Dass Visualisierungen im Allgemeinen das Verständnis mathematischer Inhalte fördern können, gilt in der Forschung als weitgehend unbestritten (Kapitel 3.3). Ob dynamische Visualisierungen mit Interaktivitätsmöglichkeiten gegenüber statischen Visualisierungen tatsächlich lernwirksamer sind, ließ sich jedoch in einigen empirischen Studien nicht feststellen (Stebner et al., 2017, S. 35). Möglicherweise hängt dies auch vom zu vermittelnden Inhalt ab, weshalb sich diese Frage hier konkret für den Ableitungsbegriff stellt (H.-K. Wu et al., 2015, S. 37).

Die Relevanz des Vergleichs von Visualisierungsformen ergibt sich zudem daraus, dass dynamische Visualisierungen in ihrer Erstellung deutlich mehr Ressourcen beanspruchen als statische, die häufig bereits in Schulbüchern vorliegen (Brucker et al., 2014, S. 331; Ploetzner et al., 2020, S. 838–839). Zwar existiert auch eine Vielzahl von Studien, die das Potenzial dynamischer Visualisierungen auch beim Lernen der Ableitung betonen (Kapitel 4.5), jedoch gibt es nur sehr wenige Untersuchungen, die einen systematischen und fairen Vergleich zwischen statischen und dynamischen Visualisierungen im Kontext der Ableitung vornehmen. Hinzu kommt, dass viele dieser Studien im Hochschulkontext und nicht im schulischen Bereich angesiedelt sind (Kapitel 5.2). Dementsprechend liegt der Fokus dort meist nicht – wie in der vorliegenden Studie – auf der Einführung des Ableitungsbegriffs. Der Fragenkomplex I widmet sich daher den folgenden Forschungsfragen zu den Auswirkungen des Treatments auf…

…das Verständnis der Ableitung:

Ia. Inwiefern lässt sich eine Entwicklung des Verständnisses der Ableitung bei Lernenden feststellen, die im Rahmen einer Unterrichtssequenz mit Visualisierungen in das Thema eingeführt wurden?

Ib. (1) Inwiefern unterscheidet sich die Entwicklung des Verständnisses der Ableitung bei Lernenden, die im Rahmen einer Unterrichtssequenz mit dynamischen bzw. statischen Visualisierungen in das Thema eingeführt wurden?
Ib. (2) Inwiefern unterscheidet sich die Wirkung dynamischer bzw. statischer Visualisierungen auf die Entwicklung des Verständnisses der Ableitung in Abhängigkeit vom Vorwissen der Lernenden?

…die Ausprägung der Grundvorstellungen zur Ableitung:

Ic. Inwiefern unterscheidet sich die Ausprägung der Grundvorstellungen *Lokale Änderungsrate* und *Tangentensteigung* bei Lernenden, die im Rahmen einer Unterrichtssequenz mit Visualisierungen in das Thema Ableitungen eingeführt wurden?

Id. (1) Inwiefern unterscheidet sich die Ausprägung der Grundvorstellung *Lokale Änderungsrate* zwischen Lernenden, die im Rahmen einer Unterrichtssequenz mit dynamischen bzw. statischen Visualisierungen in das Thema Ableitungen eingeführt wurden?
Id. (2) Inwiefern unterscheidet sich die Ausprägung der Grundvorstellung *Tangentensteigung* zwischen Lernenden, die im Rahmen einer Unterrichtssequenz mit dynamischen bzw. statischen Visualisierungen in das Thema Ableitungen eingeführt wurden?

...die Einstellungen gegenüber GeoGebra:

Ie. Inwiefern unterscheidet sich die Entwicklung der Einstellungen gegenüber GeoGebra bei Lernenden, die im Rahmen einer Unterrichtssequenz mit dynamischen Visualisierungen über GeoGebra bzw. statischen Visualisierungen in das Thema Ableitungen eingeführt wurden?

Zu den Forschungsfragen lassen sich vereinzelt theoriegeleitete Hypothesen ableiten. Durch die sechsstündige Intervention, in deren Rahmen die Schülerinnen und Schüler in den Ableitungsbegriff eingeführt werden, liegt die Annahme nahe, dass sich ihr Verständnis der Ableitung unabhängig von der Gruppenzugehörigkeit weiterentwickeln wird. Auch wenn dies zunächst naheliegend erscheint, ist ein solcher Lernfortschritt bei einem komplexeren Thema wie dem Konzept der Ableitung, insbesondere unter Einsatz von Visualisierungen und dem Verzicht händischer Berechnungen, nicht selbstverständlich. Dennoch wird davon ausgegangen, dass sowohl in der dynamischen Gruppe als auch in der statischen Gruppe sowie in der Gesamtstichprobe ein Zuwachs im Verständnis zu verzeichnen ist, was sich auf die vielfach in der Literatur nachgewiesenen Potenziale von Visualisierungen stützt (vgl. Habre & Abboud, 2006; Kidron & Tall, 2015; Ubuz, 2007) (**Ia.**).

Aufgrund der vielfältigen Studien, die das Potenzial dynamischer Visualisierungen beim Umgang mit Ableitungen herausgestellt haben (z. B. Borji et al., 2018; da Fonseca & Henriques, 2023; Sari et al., 2018; Takači et al., 2015), werden Unterschiede in der Entwicklung des Verständnisses der Ableitung zugunsten der dynamischen Gruppe erwartet (**Ib. (1)**). Auch theoretische Überlegungen legen nahe, dass dynamische Visualisierungen besonders beim Lernen dynamischer Inhalte förderlich sind (Bétrancourt & Tversky, 2000; Ploetzner et al., 2021; Tversky et al., 2002). Dies stützt die zuvor formulierte Annahme eines Vorteils dynamischer gegenüber statischen Visualisierungen, da der zu vermittelnde Inhalt – der Ableitungsbegriff – selbst dynamischer Natur ist. Dies zeigt sich beispielsweise im Übergang von Sekantensteigungen zur Tangentensteigung oder von durchschnittlichen zur lokalen Änderungsrate. Auch die Ergebnisse der Pilotierungsstudie von Nguyen (2024) stützen diese Vermutung. Ob dieser Unterschied durch das Vorwissen moderiert wird, ist aus der Theorie nicht eindeutig herzuleiten, da dynamische Visualisierungen nach dem *Expertise Reversal Effect* (Kalyuga, 2021) unvorteilhaft für *experts learners* sein könnten, während andere Studien Gegenteiliges zeigten (ChanLin, 2001; Kalyuga, 2008; Ryberg, 2018; Schnotz & Rasch, 2005; Ubuz, 2007). Deshalb wird für die Forschungsfrage **Ib.** **(2)** keine Hypothese formuliert wird.

Zur Forschungsfrage **Ic.** wird angenommen, dass die Grundvorstellung *Tangentensteigung* in beiden Gruppen stärker ausgeprägt ist als die lokale Änderungsrate. Dies liegt vermutlich daran, dass die Tangente in den Visualisierungen stärker unterstützt wird, da sie direkt am Graphen sichtbar ist und die *Tangentensteigung* im Allgemeinen die dominierende Grundvorstellung ist (Greefrath et al., 2022; Vargas González et al., 2023; Weigand et al., 2025; Witzke & Spies, 2016). Unterschiede in der Ausprägung der jeweiligen Grundvorstellungen zwischen den beiden Versuchsgruppen (dynamisch vs. statisch) werden explorativ aufgrund fehlender empirischer Befunde untersucht, wobei aus theoretischen Überlegungen zunächst keine großen Unterschiede erwartbar wären (**Id.**). Beide Grundvorstellungen lassen sich sowohl aus einer dynamischen als auch aus einer statischen Perspektive betrachten: Die Grundvorstellung *Lokale Änderungsrate* kann statisch über den formalen Ausdruck des Differentialquotienten ausgedrückt werden oder dynamisch über die Vorstellung einer sich zunehmend verkleinernden Distanz zwischen zwei Punkten, die zur Berechnung der durchschnittlichen Änderungsrate herangezogen werden. Auch die Grundvorstellung *Tangentensteigung* kann statisch durch ein Hineinzoomen in den Graphen veranschaulicht werden, bei dem Graph und Tangente nahezu übereinstimmen, oder dynamisch als bewegliche Tangente entlang des Graphen (Nagle et al., 2019, S. 12), die die jeweilige lokale Richtung repräsentiert (Greefrath et al., 2016b; Nguyen & Greefrath, 2024a).

Bezüglich der Entwicklung der Einstellungen gegenüber GeoGebra wird die Hypothese aufgestellt, dass diese durch die Arbeit mit dynamischen Visualisierungen in GeoGebra positiv beeinflusst werden kann (Liburd & Jen, 2021; Radović et al., 2020; vgl. Turk & Akyuz, 2016; Yimer & Feza, 2019) (**Ie.**). Dies könnte auf die neuartige Nutzung der Software, etwa durch den Einsatz vorgefertigter Applets und möglicherweise ungewohnter Funktionen wie dem Zugmodus oder Animationen, zurückgeführt werden (Nguyen & Greefrath, 2024b). In der statischen Kontrollgruppe wird hingegen nicht mit einer Veränderung der Einstellungen gerechnet, da diese Gruppe während der Intervention nicht mit GeoGebra gearbeitet hat.

Fragenkomplex II: Zusammenhang zwischen Verständnis und Grundvorstellungen der Ableitung

Der zweite Fragenkomplex hat eher einen theoretischen und explorativen Charakter, da der Zusammenhang zwischen Verständnis und Grundvorstellungen in der Literatur bislang insgesamt nur wenig empirisch untersucht wurde und dies insbesondere für den Ableitungsbegriff gilt (mit Ausnahme von Weigand et al., 2025). Häufig wird argumentiert, dass Grundvorstellungen eine notwendige Voraussetzung zur Entwicklung von (konzeptuellem) Verständnis darstellen (Bender, 1991; Blum et al., 2004; vom Hofe et al., 2005; vom Hofe & Blum, 2016, S. 231; Weigand et al., 2024, S. 535). Um Erkenntnisse zu diesem Zusammenhang bezüglich des Ableitungsbegriffs zu erhalten, wird den folgenden Forschungsfragen nachgegangen:

> **IIa.** Welche Zusammenhänge bestehen zwischen dem Verständnis der Ableitung nach der Intervention sowie den beiden Grundvorstellungen *Lokale Änderungsrate* und *Tangentensteigung*?

> **IIb. (1)** Inwiefern lässt sich die Entwicklung des Verständnisses der Ableitung durch die Ausprägung der Grundvorstellungen *Lokale Änderungsrate* und *Tangentensteigung* erklären?
> **IIb. (2)** Und inwiefern unterscheidet sich dieser Einfluss der beiden Grundvorstellungen in Abhängigkeit von der Intervention mit dynamischen bzw. statischen Visualisierungen?

Auf Grundlage der Studienergebnisse von Weigand et al. (2025), in der Studierende einen Fragebogen zu Grundvorstellungen sowie einen Test zum konzeptuellen Umgang mit dem Ableitungsbegriff (ähnlich zum *conceptual understanding* in der vorliegenden Studie) bearbeitet haben, kann die Hypothese formuliert werden, dass die *Lokale Änderungsrate* und die *Tangentensteigung* mit dem Verständnis der

Ableitung positiv korrelieren. Diese Korrelation wird vermutlich zwischen der *Tangentensteigung* und dem Verständnis der Ableitung höher ausfallen (**IIa.**). Auch die Studie von Ableitinger et al. (2022) unterstützt diese Hypothese: Teilnehmende mit gutem Fachwissen haben auch passende Vorstellungen zum Grenzwert angegeben.

Die Forschungsfragen **IIb. (1)** und **(2)** sind explorativ angelegt und bedürfen keiner im Vorfeld aufgestellten Hypothesen. Aufgrund ihrer didaktischen Relevanz erscheint es besonders interessant zu untersuchen, inwiefern die Ausprägung einer Grundvorstellung das Verständnis des Ableitungsbegriffs, unter Kontrolle der anderen Grundvorstellung sowie des Vorwissens, vorhersagen kann (**IIb. (1)**). Weist eine einzelne Grundvorstellung eine hohe, isolierte Vorhersagekraft für das konzeptuelle Verständnis auf, sollte sie im Unterricht gezielt und besonders gefördert werden. Dies wäre eine bedeutsame praktische Implikation. Auch die Frage nach einer möglichen Moderation durch die Visualisierungsart (dynamisch oder statisch) besitzt praxisrelevanten Wert: Je nach verwendeter Visualisierung könnten verschiedene Grundvorstellungen in unterschiedlichem Maße zum konzeptuellen Verständnis beitragen. Dies hat Einfluss darauf, welche Grundvorstellungen im Unterricht etwas gezielter gefördert werden sollten (**IIb. (2)**).

Fragenkomplex III: Einflussfaktoren auf das Verständnis und die Grundvorstellungen der Ableitung in der dynamischen Gruppe

Der letzte Fragenkomplex fokussiert ausschließlich die dynamische Gruppe und widmet sich der Identifizierung relevanter Einflussfaktoren beim Lernen mit dynamischen Visualisierungen. Konkret werden dabei die Möglichkeiten der Interaktivität in den GeoGebra-Applets untersucht: Abspielen und Betrachten von Animationen, die Regulierung der Wiedergabegeschwindigkeit von Animationen, die Verwendung von Eingabefeldern und die Nutzung des Zugmodus. In Kapitel 4.4.2 wurden ambivalente empirische Befunde solcher Interaktivitätsmöglichkeiten dargestellt, wobei ein Großteil der Studien die ICAP-Hypothese (Chi & Wylie, 2014) bestätigen konnte. Daraus ergeben sich die folgenden Forschungsfragen:

> **IIIa.** Inwiefern lässt sich das Verständnis der Ableitung bei Lernenden durch die Häufigkeit der Nutzung verschiedener Interaktivitätsmöglichkeiten innerhalb dynamischer Visualisierungen erklären – sowohl ohne als auch unter Kontrolle des Vorwissens?

IIIb. (1) Inwiefern lässt sich die Ausprägung der Grundvorstellung *Lokale Änderungsrate* bei Lernenden durch die Häufigkeit der Nutzung verschiedener Interaktivitätsmöglichkeiten innerhalb der dynamischen Visualisierungen über GeoGebra erklären?
IIIb. (2) Inwiefern lässt sich die Ausprägung der Grundvorstellung *Tangentensteigung* bei Lernenden durch die Häufigkeit der Nutzung verschiedener Interaktivitätsmöglichkeiten innerhalb der dynamischen Visualisierungen über GeoGebra erklären?

Auf Grundlage des ICAP-Rahmenmodells (Chi & Wylie, 2014) sowie des Angebot-Nutzungs-Modells in digital angereicherten Lernumgebungen (Reinhold et al., 2024) lässt sich annehmen, dass rein passive Nutzungsmöglichkeiten, wie das bloße Abspielen von Animationen, keinen Einfluss auf das Verständnis haben oder bei häufiger Nutzung sogar zu negativen Effekten führen können (Scheiter et al., 2006). Demgegenüber besitzen die übrigen drei aktiven Nutzungsmöglichkeiten bei tatsächlicher Verwendung ein deutlich größeres Potenzial, das Verständnis der Schülerinnen und Schüler zu fördern (vgl. Boucheix & Guignard, 2005; Canogullari & Erbas, 2024).

Da Lernende nur dann von dynamischen Visualisierungen profitieren, wenn sie tatsächlich und gezielt damit umgehen, wird auf dieser Grundlage die folgende Hypothese formuliert (Wedekind, 2007, S. 73): Eine häufige Regulierung der Wiedergabegeschwindigkeit von Animationen, die Nutzung von Eingabefeldern sowie der Einsatz des Zugmodus haben einen positiven Einfluss auf die Entwicklung des Verständnisses der Ableitung (**IIIa.**) sowie auf den Ausprägungsgrad der beiden Grundvorstellungen *Lokale Änderungsrate* und *Tangentensteigung* (**IIIb.**). Ferner wird angenommen, dass die bloße Häufigkeit der Verwendung von Animationen hingegen keinen Einfluss zeigt (**IIIa. & IIIb.**).

Schließlich soll mit nachfolgender Fragestellung zusätzlich untersucht werden, ob die eingangs erhobenen Einstellungen gegenüber GeoGebra die Entwicklung des Verständnisses der Ableitung vorhersagen können:

IIIc. Inwiefern lässt sich **(1)** die Entwicklung des Verständnisses der Ableitung, **(2)** die Ausprägung der *Lokalen Änderungsrate* und **(3)** die Ausprägung der *Tangentensteigung* jeweils durch die Einstellungen der Lernenden gegenüber GeoGebra vor Beginn der Unterrichtssequenz vorhersagen?

In verschiedenen Studien konnte häufig gezeigt werden, dass ein hohes Maß an Einstellungen gegenüber einer DGS positiv mit der Leistung zusammenhängt (Mohammad, 2019; Pierce & Stacey, 2004; Torkzadeh & Van Dyke, 2002). Lernende, die eine positive Einstellung gegenüber GeoGebra haben, arbeiten möglicherweise effektiver und akkurater mit den dynamischen Visualisierungen als jene, die dem Arbeiten mit GeoGebra kritisch gegenüberstehen. Allerdings zeigt sich in einer Studie von Greefrath et al. (2018) zum mathematischen Modellieren mit digitalen Werkzeugen, dass Einstellungen gegenüber GeoGebra kein signifikanter Prädiktor für den Kompetenzzuwachs darstellen. Da in der vorliegenden Studie die GeoGebra-Applets auf eine für die Schülerinnen und Schüler vermutlich neue Weise interaktiv genutzt werden (z. B. durch Verwendung des Zugmodus oder Animationen), wird dennoch die Hypothese aufgestellt, dass die Einstellungen gegenüber GeoGebra die Entwicklung des Verständnisses der Ableitung vorhersagen können (**IIIc. (1)**). Für die Grundvorstellungen *Lokale Änderungsrate* und *Tangentensteigung* werden hingegen keine expliziten Hypothesen formuliert, da sich bislang keine theoretischen und empirischen Erwartungen hinsichtlich eines Zusammenhangs mit den Einstellungen gegenüber GeoGebra ableiten lassen (**IIIc. (2) und (3)**).

Teil II
Empirischer Teil

Methodischer Rahmen 7

7.1 Das Projekt AdVise – Ableitung (dynamisch) über Visualisierungen entdecken

Die Idee für das Projekt *AdVise – Ableitung (dynamisch) über Visualisierungen entdecken* entstand im Jahr 2022 am Institut für Didaktik der Mathematik und der Informatik an der Universität Münster (Nguyen, 2023; Nguyen & Greefrath, 2023). Das Hauptziel des Projekts ist es, den Einfluss dynamischer gegenüber statischen Visualisierungen bei der Einführung des Ableitungsbegriffs bei Schülerinnen und Schülern zu untersuchen.

Pilotphase

Zur Vorbereitung auf die Hauptstudie, die von Oktober 2023 bis Februar 2024 stattfand, wurden mehrere Erprobungs- und Evaluationsschritte umgesetzt (vgl. de Vries, 2021). Das eigens entwickelte Testinstrument zur Messung des Verständnisses der Ableitung (wie es in dieser Studie ausgelegt wird) sowie die beiden Fragenbögen zu den Grundvorstellungen zur Ableitung und zu den Einstellungen gegenüber GeoGebra wurden im Rahmen von Masterarbeiten an der Universität Münster pilotiert, zuletzt im finalen Durchgang von Renardy (2023). Dabei wurden zahlreiche offene Aufgaben in ein geschlossenes oder halb-offenes Format überführt. Zwecks Vereinfachung der Durchführung und Auswertung wurde das Testformat für die Hauptthebung von analog auf digital umgestellt. Zudem wurde Anfang 2023 eine quantitative Pilotierungsstudie mit Schülerinnen und Schülern durchgeführt, deren Ergebnisse bereits in einem Beitrag veröffentlicht wurden (Nguyen, 2024). Es konnten keine signifikanten Unterschiede zwischen den beiden Gruppen, die während der Intervention entweder mit dynamischen

H. Nguyen, *Wirksamkeit dynamischer Visualisierungen bei der Einführung des Ableitungsbegriffs*, Studien zur theoretischen und empirischen Forschung in der Mathematikdidaktik, https://doi.org/10.1007/978-3-658-51845-5_7

oder statischen Visualisierungen arbeiteten, im Verständnis der Ableitung sowie im Ausprägungsgrad der Grundvorstellungen *Lokale Änderungsrate* und *Tangentensteigung* festgestellt werden. Deskriptiv zeigte sich jedoch, dass die dynamische Gruppe durchschnittlich einen stärkeren Zuwachs im Verständnis der Ableitung sowie höhere Ausprägungen der beiden Grundvorstellungen aufwies. Dabei gilt zu berücksichtigen, dass die Stichprobengröße im Rahmen der Pilotstudie mit $N = 110$ relativ gering war, was möglicherweise zur ausbleibenden Signifikanz beigetragen hat.

Aufbauend auf den persönlichen Eindrücken während der Unterrichtsstunden der Pilotierungsstudie sowie auf Gesprächen und schriftlichem Feedback von Lehrkräften, Schülerinnen und Schülern sowie den die Studie begleitenden Forschenden wurden die Unterrichtsmaterialien, einschließlich der GeoGebra-Applets und Unterrichtsverlaufspläne, überarbeitet und optimiert. Insbesondere wurden technische Fehler in den Applets behoben sowie (Pflicht-)Aufgaben gekürzt, um den zeitlichen Ablauf der Unterrichtsstunden zu entlasten. Da die Leistungsstärke in unterschiedlichen Klassen und Schulformen, wie auch in der Pilotierungsstudie, stark variieren kann, wurden zusätzliche Sprinteraufgaben integriert. Dadurch entstand letztlich eine zeitlich und inhaltlich verbesserte Version der Unterrichtssequenz, die im Folgenden genauer dargestellt wird. Die vollständigen Materialien der Unterrichtssequenz mit dynamischen Visualisierungen wurden in Nguyen und Greefrath (2025a) veröffentlicht.

Materialien der Intervention

Diese sechsstündige Unterrichtssequenz wurde – wie bereits die Pilotierungsstudie – in zwei Varianten konzipiert: einer dynamischen mit dynamischen Visualisierungen (vgl. Nguyen & Greefrath, 2025a) und einer statischen mit statischen Visualisierungen (vgl. Nguyen, 2025a). Beide Varianten ähneln sich inhaltlich stark; die Aufgabenstellungen sind identisch bzw. parallel aufgebaut und unterscheiden sich lediglich vereinzelt durch unterschiedliche Instruktionen zur Nutzung der jeweiligen Visualisierungen. Bei der dynamischen Variante handelt es sich um einen Arbeitsblatt-basierten Lernpfad, deren Charakteristika nach Roth (2015, S. 14) wie folgt beschrieben werden können:

> Bei Arbeitsblatt-basierten Lernpfaden werden die interaktiven, computerbasieren [sic] Lernobjekte über ein Papierarbeitsblatt angesprochen und miteinander vernetzt. Für Arbeitsblattbasierte Lernpfade spricht, dass sie bzgl. der Organisationsform nahe am „üblichen" Unterricht liegen und diese Arbeitsblätter gleichzeitig der Protokollierung der Prozesse und Ergebnisse dienen können.

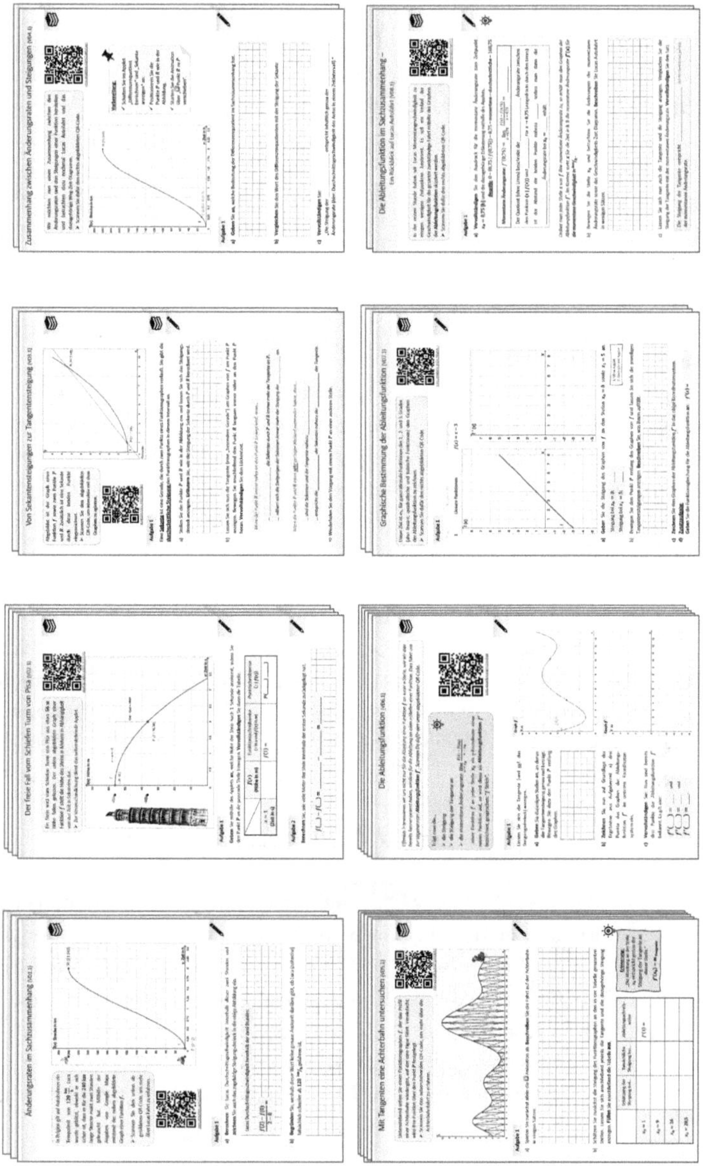

Abbildung 7.1 Übersicht über die Arbeitsblätter der dynamischen Variante (Nguyen & Greefrath, 2025a)

Im Falle der vorliegenden Studie enthalten die Arbeitsblätter QR-Codes bzw. Links zu insgesamt acht GeoGebra-Applets (vgl. **Abbildung 7.1**).

Roth (2022, S. 122) weist kritisch darauf hin, dass bei diesem Typ von Lernpfaden QR-Codes zunächst noch gescannt werden müssen und die Gesamtstruktur für die Lernenden nicht konstant sichtbar ist. Neben der Nähe zum regulären Unterricht sprach auch die technische Ausstattung der Lernenden für die Entscheidung zugunsten eines Arbeitsblatt-basierten Lernpfades: Nicht alle an der Studie teilnehmenden Schülerinnen und Schüler verfügten über ein eigenes Tablet. So war es bei unzureichender Geräteausstattung möglich, dass zwei Lernende gemeinsam ein Tablet nutzen. Da die Arbeitsergebnisse schriftlich festgehalten und den Lernenden auch im Nachhinein zum Wiederholen und Nacharbeiten zur Verfügung stehen sollten, erwies sich die analoge Form als praktikabler. Darüber hinaus wäre das Arbeiten auf einem vergleichsweise kleinen digitalen Endgerät potenziell unübersichtlich gewesen, da sowohl die Aufgabenbearbeitung als auch die zugehörige dynamische Visualisierung gleichzeitig auf einem geteilten Bildschirm hätten dargestellt werden müssen.[1] Für die statische Variante wurde ergänzend zu den Arbeitsblättern (ohne QR-Codes zu den dynamischen Visualisierungen) eine digitale Datei mit statischen Visualisierungen im PDF-Format erstellt, die von den Schülerinnen und Schülern zur Bearbeitung der Aufgaben verwendet werden musste.

Die Gestaltung der Arbeitsblätter in beiden Varianten folgt einem einheitlichen Stil: Ein einleitender Text und der zu untersuchende Funktionsgraph stehen jeweils am Anfang und werden durch darauf aufbauende Aufgaben ergänzt. Zur besseren Strukturierung wurden Icons eingesetzt, mit deren Hilfe unterschiedliche Formate – wie das Lesen von Informationen (Buch-Icon), schriftliche Bearbeitungen (Stift-Icon) sowie Definitionen oder Zusammenfassungen (Glühbirne-Icon) – für die Schülerinnen und Schüler kenntlich gemacht wurden (vgl. de Koning et al., 2009, S. 125). Im Sinne des *spatial contiguity principle* (Mayer, 2017) wurde unter den Aufgabenstellungen ausreichend Raum für die Bearbeitung auf dem Arbeitsblatt vorgesehen.

Im Folgenden werden die Inhalte der Unterrichtssequenz kurz beschrieben (vgl. **Tabelle 7.1**). Diese orientieren sich an den beiden zentralen Grundvorstellungen *Lokale Änderungsrate* und *Tangentensteigung*, sodass Schülerinnen und Schüler ein adäquates konzeptuelles Verständnis zum Ableitungsbegriff erlangen können (Hahn & Prediger, 2008; Roth & Siller, 2016, S. 3; vom Hofe & Blum, 2016, S. 231). In diesem Zusammenhang plädieren Blum und vom Hofe (2003, S. 18) dafür, dass Lehrkräfte die Entwicklung von Grundvorstellungen ihrer Lernenden

[1] Entgegen einer Empfehlung war es den Lernenden jedoch grundsätzlich freigestellt, die Arbeitsblätter in digitaler Form auf ihrem eigenen Endgerät zu bearbeiten.

bewusst begleiten und konkret fördern sollen – ein Anspruch, dem die vorliegende Unterrichtssequenz nachzukommen versucht. Darüber hinaus werden die verschiedenen Ebenen im ausdifferenzierten Framework (vgl. **Abbildung 2.18**) im Rahmen der Unterrichtssequenz angesprochen, wobei der Fokus klar auf der Ebene *limit* und ab der zweiten Hälfte auch auf der Ebene *function* liegt. Die Ebene *ratio* spielt eine untergeordnete Rolle, da sie nur als Wiederholung bzw. Aktivierung von Vorwissen in den ersten Stunden fungiert und bereits vor Beginn der Studie im Mathematikunterricht thematisiert wurde.

Tabelle 7.1 Übersicht über Themen der Unterrichtsstunden, vorrangig intendierten Grundvorstellungen und Ebenen des Rahmenmodells zum Verständnis der Ableitung

Stunde	Themen	GV	Ebenen
1	Von der durchschnittlichen zur lokalen Änderungsrate am Beispiel eines Geschwindigkeitskontextes	LÄ	*ratio* *limit*
2	Vertiefung der lokalen Änderungsrate am Beispiel des freien Falls vom Schiefen Turm von Pisa	LÄ	*ratio* *limit*
3	Übergang von Sekanten zur Tangente und der Zusammenhang zu durchschnittlichen & lokalen Änderungsraten	TS; LÄ	*ratio* *limit*
4	Mit Tangenten das Steigungsprofil einer Achterbahn untersuchen	TS	*limit* *function*
5	Zusammenhänge zwischen einer Funktion und ihrer Ableitung und grafische Bestimmung einer Ableitungsfunktion	TS	*limit* *function*
6	Übungen zur grafischen Bestimmung der Ableitungsfunktion und zur Ableitungsfunktion im Sachzusammenhang	TS; LÄ	*limit* *function*

(GV = *vorrangig intendierte Grundvorstellung(en)*; LÄ = *Lokale Änderungsrate*; TS = *Tangentensteigung*)

In der vorliegenden Studie steht die Arbeit mit Funktionsgraphen als Visualisierungen in Verknüpfung mit dynamischen bzw. statischen Repräsentationen im Mittelpunkt (Orhun, 2012; Orton, 1983; Swidan, 2019). In **Tabelle 7.2** sind Screenshots aus den acht verwendeten GeoGebra-Applets in der vorliegenden Studie abgebildet, aus denen auch die statischen Visualisierungen entstanden sind (vgl. Nguyen, 2025a; Nguyen & Greefrath, 2025a).

Tabelle 7.2 Übersicht über die eingesetzten dynamischen Visualisierungen

Appletnummer	Titel, Link und Screenshot der dynamischen Visualisierungen
1	**Änderungsraten im Sachzusammenhang** https://www.geogebra.org/m/jukzeq7j 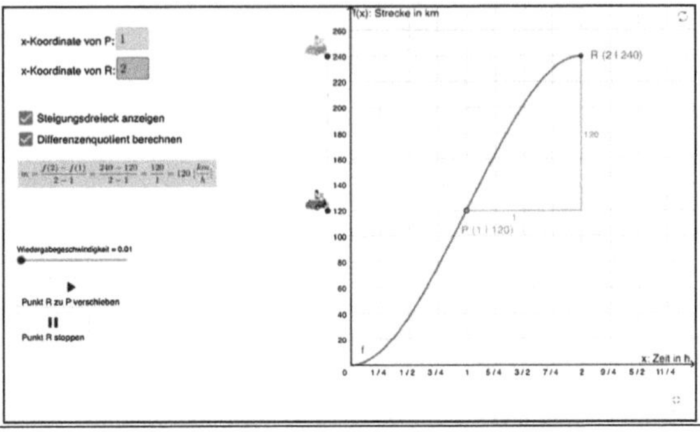
2	**Der freie Fall vom Schiefen Turm von Pisa** https://www.geogebra.org/m/kvz7sv8z 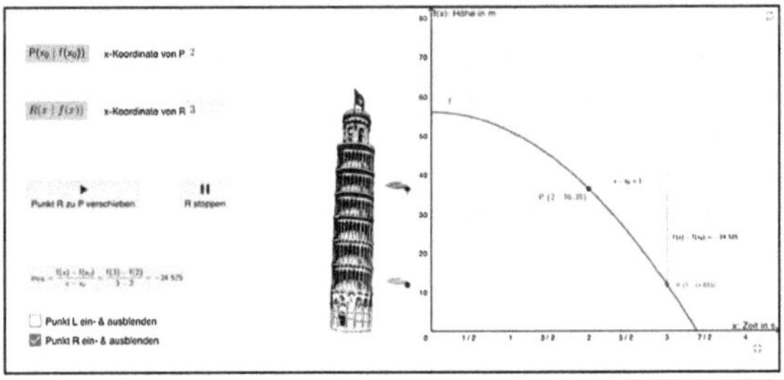
3	**Von Sekantensteigungen zur Tangentensteigung** https://www.geogebra.org/m/sdjmxjgs 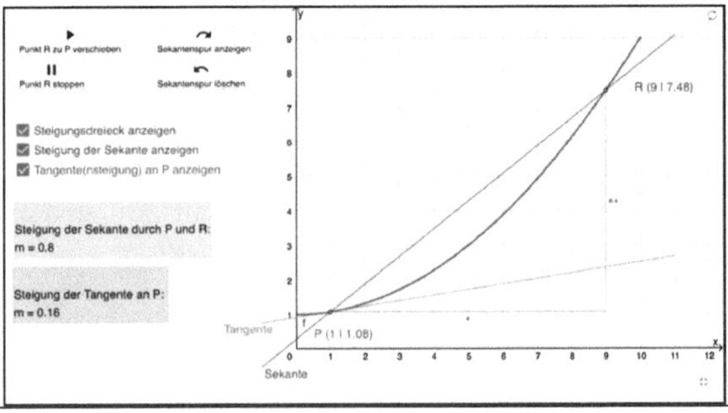

(Fortsetzung)

Tabelle 7.2 (Fortsetzung)

4	**Zusammenhang zwischen Änderungsraten und Steigungen** https://www.geogebra.org/m/mgdvn6e4 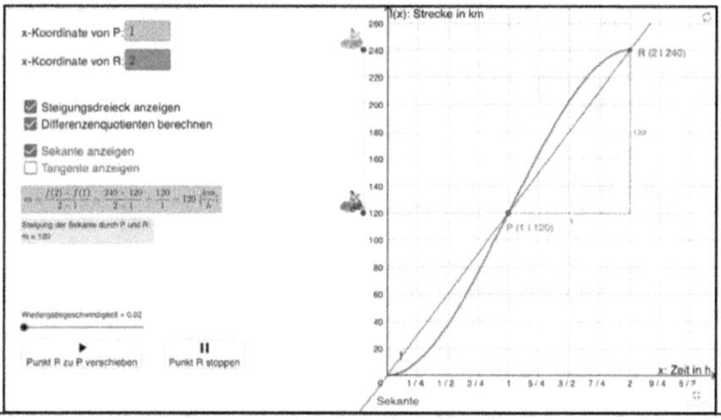
5	**Mit Tangenten eine Achterbahn untersuchen** https://www.geogebra.org/m/jvnbg4cn 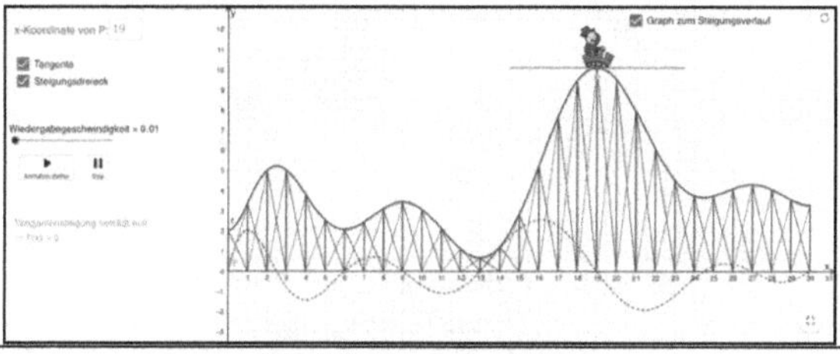
6	**Die Ableitungsfunktion** https://www.geogebra.org/m/bnxafvag 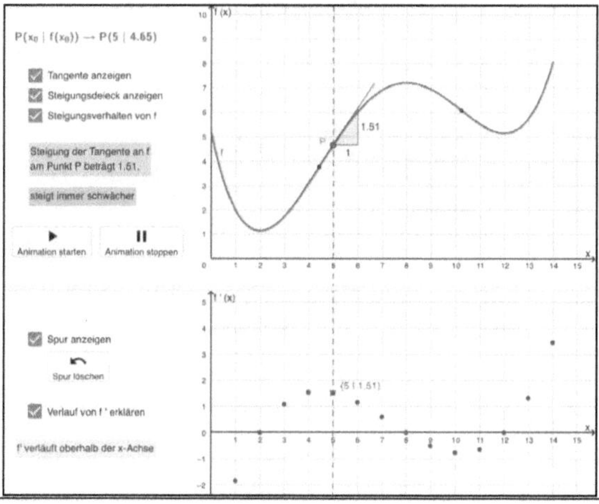

(Fortsetzung)

Tabelle 7.2 (Fortsetzung)

Graphische Bestimmung der Ableitungsfunktion
https://www.geogebra.org/m/hkgeza5x

7

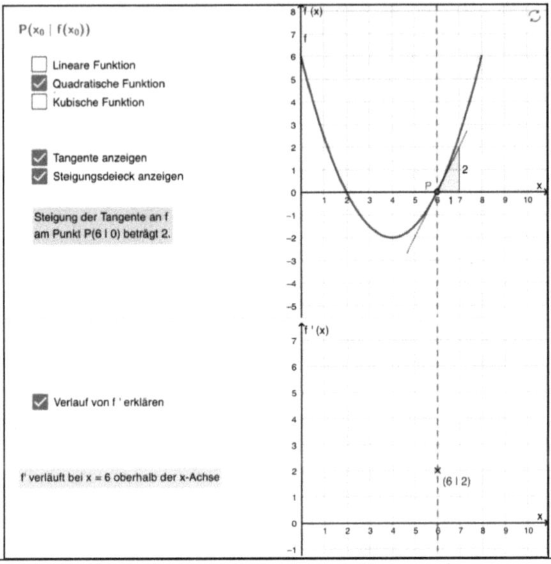

Die Ableitungsfunktion im Sachzusammenhang
https://www.geogebra.org/m/xye5rf7r

8

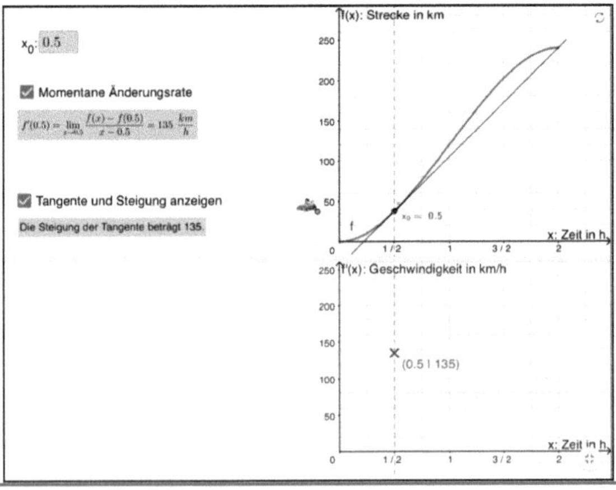

Dabei werden sowohl die Produkt- als auch die Prozesskomponente von Visualisierungen berücksichtigt (Arcavi, 2003; Schoenherr & Schukajlow, 2024a). Die Schülerinnen und Schüler nutzen die statischen bzw. dynamischen Visualisierungen als fertige Objekte im Sinne der Produktkomponente (vgl. Elia et al., 2007; Schoenherr et al., 2024). Eine aktive Auseinandersetzung im Sinne der Prozesskomponente erfolgt jedoch nicht ausschließlich durch das eigenständige Erstellen, sondern ebenso durch das Interpretieren und gezielte Verändern – etwa durch den Einsatz des Zugmodus zur Betrachtung unterschiedlicher Tangenten am Funktionsgraphen. Dabei sollen die Lernenden gezielt mit den multiplen dynamischen bzw. statischen Repräsentationen (vgl. **Tabelle 7.3**) arbeiten, indem sie Zusammenhänge zwischen einzelnen Darstellungen herstellen.

Tabelle 7.3 Multiple dynamische (bzw. statische) Repräsentationen in der vorliegenden Studie

Nr.	Graphische Repräsentationen	Symbolische Repräsentationen	Verbale Repräsentationen	Physikalischer Kontext
1	* Graph von *f* * Punkte am Graphen von *f* * Steigungsdreieck	* Differenzenquotient * Koordinaten von Punkten des Graphen von *f*	–	X
2	* Graph von *f* * Punkte am Graphen von *f* * Steigungsdreieck	* Differenzenquotienten * Koordinaten von Punkten des Graphen von *f*	–	X
3	* Graph von *f* * Punkte am Graphen von *f* * Steigungsdreieck	* Koordinaten von Punkten des Graphen von *f* * „m =…“ für Steigung von Sekanten bzw. Tangenten	* „Steigung der Sekante durch P und R: …“ * „Steigung der Tangente an P: …“	–
4	* Graph von *f* * Punkte am Graphen von *f* * Steigungsdreieck * Sekante * Tangente	* Differenzenquotienten * Koordinaten von Punkten des Graphen von *f* * „m =…“ für Steigung von Sekanten bzw. Tangenten	* „Steigung der Sekante durch P und R: …“ * „Steigung der Tangente an P: …“	X

(Fortsetzung)

Tabelle 7.3 (Fortsetzung)

Nr.	Graphische Repräsentationen	Symbolische Repräsentationen	Verbale Repräsentationen	Physikalischer Kontext
5	* Graph von f * Graph von f' * Punkt am Graphen von f * Steigungsdreieck * Tangente	* x-Koordinate eines Punktes des Graphen von f * „$\rightarrow f'(x) = 0$ bzw. $f'(x) \gtrless 0$“	* „Tangentensteigung beträgt null bzw. ist positiv oder negativ“	–
6	* Graph von f * Graph von f' * Punkt am Graphen von f bzw. f' * Steigungsdreieck	* Koordinaten von Punkten des Graphen von f bzw. f' * „$m = \ldots$“ für Tangentensteigung	* Steigungsverhalten von f (z. B. „steigt immer schwächer“) * Verlauf von f' (z. B. „f' verläuft oberhalb der x-Achse“)	–
7	* Graph von f * Graph von f' * Punkt am Graphen von f bzw. f' * Steigungsdreieck	* Koordinaten von Punkten des Graphen von f bzw. f' * „$m = \ldots$“ für Tangentensteigung	* „Steigung der Tangente an f am Punkt P …“ * Verlauf von f' (z. B. „f' verläuft bei $x = 6$ oberhalb der x-Achse“)	–
8	* Graph von f * Graph von f' * Punkt am Graphen f bzw. f' * Tangente	* Koordinaten von Punkten des Graphen von f bzw. f' * Differentialquotient * „$m = \ldots$“ für Tangentensteigung	* „Die Steigung der Tangente beträgt …“	X

(Nr. = *Appletnummer*; X = *vorhanden*; – = *nicht vorhanden*; „[…]“ = *exakte Formulierung in den dynamischen Visualisierungen*)

Ziel der Unterrichtssequenz ist es, mithilfe von Visualisierungen und anschaulichen, qualitativen Beispielen zunächst Grundvorstellungen aufzubauen, bevor der Ableitungsbegriff kalkülhaft behandelt wird (Büchter & Henn, 2010, S. 80; Hahn & Prediger, 2008). Allerdings wird darauf hingewiesen, dass Lernende beim Umgang mit dynamischen oder statischen Visualisierungen häufig nur eine geringe Anstrengungsbereitschaft zeigen, diese zu interpretieren oder zu reflektieren (Ryoo & Linn,

2012, S. 223; Weigand, 1999, S. 47). Daher wurden auf den Arbeitsblättern Instruktionen zum Umgang mit den Visualisierungen integriert (vgl. Abschnitt 3.4), die insbesondere in der dynamischen Variante eine zielgerichtete Verwendung der GeoGebra-Applets unterstützen sollen (McElhaney et al., 2015, S. 49; Nam, 2022, S. 46). Zusätzlich wurden auch kognitiv aktivierende Aufgaben auf den Arbeitsblättern gestellt, die die Lernenden zum Interpretieren anregen sollten, z. B. im Sinne des in Abschnitt 3.3 beschriebenen *visual reasoning* (Natsheh & Karsenty, 2014; Nguyen & Greefrath, 2025a; Verzosa et al., 2014, S. 198).

Die ersten beiden Stunden thematisieren die *Lokale Änderungsrate* in einem zeitabhängigen Kontext am Beispiel einer fiktiven Autofahrt. Der Graph einer Funktion f stellt dabei die zurückgelegte Strecke in Abhängigkeit der Zeit dar. Mithilfe eines vierstufigen Verfahrens (vgl. **Abbildung 2.7**) wird die lokale Änderungsrate im letzten Schritt durch schrittweise Verkleinerung der Intervalle zur Berechnung der durchschnittlichen Änderungsraten angenähert (Danckwerts & Vogel, 2010; Henn, 2018). Der Übergang von Durchschnittsgeschwindigkeiten zur Momentangeschwindigkeit wird von vielen Schülerinnen und Schülern als intuitiv empfunden, und die Bedeutung des Grenzwerts wird in der Regel nicht hinterfragt (Danckwerts & Vogel, 2010). Hochmuth et al. (2024) heben hervor, dass durch diesen kontextbezogenen Zugang die erste Winter'sche Grunderfahrung besonders angesprochen wird, auf der u. a. die Bildungsstandards für das Fach Mathematik der Kultusministerkonferenz aufbauen. In der zweiten Stunde wird die lokale Änderungsrate anhand eines anderen zeitabhängigen Kontextes vertieft, der im Wesentlichen zwei Neuerungen beinhaltet: Zum einen treten nun negative Änderungsraten auf, zum anderen erfolgt die Annäherung an die lokale Änderungsrate über den rechts- und linksseitigen Grenzwert durchschnittlicher Änderungsraten.

In der dritten Stunde steht der innermathematische Übergang von Sekanten zur Tangente an einem Graphen einer quadratischen Funktion im Mittelpunkt (vgl. Hughes-Hallett et al., 2014, S. 90; Little, 2011, S. 198). Anschließend wird der Kontext der Autofahrt erneut aufgegriffen, um darin den Zusammenhang zwischen durchschnittlicher Änderungsrate und Sekantensteigung sowie lokaler Änderungsrate und Tangentensteigung zu verdeutlichen. Dabei sollen vernetzte Grundvorstellungen nach Roth und vom Hofe (2023) anhand dieses prototypischen Kontextes aufgebaut werden. Die vierte Stunde dient der Vertiefung der Grundvorstellung der *Tangentensteigung*. Dazu wird das Steigungsprofil einer Achterbahn untersucht. Schülerinnen und Schüler sollen dabei Stellen des Graphen identifizieren, an denen die Tangentensteigung negativ, positiv oder gleich null ist. Damit wird an dieser Stelle bereits der Monotoniesatz vorbereitet, der den Zusammenhang zwischen der Monotonie einer Funktion und dem Vorzeichen ihrer ersten Ableitung beschreibt (Gundlach, 2006, S. 12). Außerdem sollen mithilfe der Tangentensteigung Wendestellen gezielt analysiert und erkannt werden, dass an diesen Stellen die Tangentensteigung (lokal betrachtet) minimal bzw. maximal ist (Santos-Trigo et al., 2024). Da beim Arbeiten mit vorgegebenen Visualisierungen – insbesondere mit dynamischen – häufig kritisiert wird, dass das händische Arbeiten vernachlässigt wird, sollen die Schülerinnen und Schüler in beiden Varianten bei bestimmten Aufgaben zunächst selbst Tangenten und Steigungsdreiecke an einen Graphen einzeichnen oder Tangentensteigungen abschätzen, bevor sie die statischen bzw. dynamischen Visualisierungen verwenden (Hillmayr et al., 2017, S. 25; Vincent et al., 2015, S. 656).

In den letzten beiden Stunden rückt die Ebene *function* der Ableitung (Zandieh, 2000) in den Vordergrund, wobei sowohl inner- als auch außermathematische Kontexte Relevanz haben (Büchter & Henn, 2010, S. 90–91). Ausgehend von einem gegebenen innermathematischen Funktionsgraphen f sollen die Schülerinnen und Schüler zunächst allgemeine Zusammenhänge zwischen f und dessen Ableitungsgraphen f' – insbesondere auf Basis der Grundvorstellung *Tangentensteigung* – identifizieren und anschließend den Graphen f' zeichnen. Dies gelingt auch ohne Kenntnisse über das symbolische Differenzieren (vgl. Arzarello et al., 2009). Intuitiv können Lernende hier Grundvorstellungen zu Extrem- und Wendestellen aufbauen (Hahn & Prediger, 2008, S. 22–23).

Anschließend üben sie das graphische Differenzieren von linearen, quadratischen und kubischen Funktionen. Diese Vielfalt wird auch von Herbert und Pierce (2012) empfohlen, da vor allem die Identifikation von Tangenten an affin-linearen Funktionen für viele Lernende eine große Herausforderung darstellt (Biza, 2011). Der Kontext der Autofahrt, der nach vom Hofe und Roth (2023) als Verstehensanker fungiert, zieht sich wie ein roter Faden durch die gesamte Unterrichtssequenz und bildet auch deren Abschluss: Der Graph der Ableitungsfunktion zum gegebenen Weg-Zeit-Diagramm wird gezeichnet und im Sachzusammenhang interpretiert.

Durch das graphische Differenzieren wird ebenfalls die Notwendigkeit eines Kalküls zur Berechnung der Ableitung an jeder Stelle des Definitionsbereichs motiviert, was in den Folgestunden nach dieser Intervention im Mathematikunterricht thematisiert werden kann (Blum & Törner, 1983, S. 109).

Fairer Vergleich zwischen dynamischen und statischen Visualisierungen

Wie bereits für die Pilotierungsstudie in Nguyen (2024) beschrieben, wurde bei der Erstellung der dynamischen und statischen Visualisierungen darauf geachtet, mögliche in Abschnitt 5.3 dargestellte Verzerrungen zu berücksichtigen, um einen fairen Vergleich beider Unterrichtssequenzen zu gewährleisten (Castro-Alonso et al., 2016; Tversky et al., 2002). Sowohl die dynamische als auch die statische

Gruppe erhielt eine Mappe mit Arbeitsblättern, die hinsichtlich der darin enthaltenen Aufgaben identisch waren; lediglich die Instruktionen zum Umgang mit den Visualisierungen waren offensichtlich verschieden. Ebenfalls unterschied sich der Informationsgehalt der dynamischen und statischen Visualisierungen kaum, sodass (prinzipiell) alle Aufgaben auf ähnliche Weise gelöst werden konnten (Tversky et al., 2002). Darüber hinaus gelang es, dass die dynamischen und statischen Visualisierungen in Bezug auf *Appeal*, *Size* und *Realism* nicht voneinander abwichen, da die statischen Visualisierungen aus Screenshots der dynamischen Pendants entstanden sind (vgl. Nguyen, 2025a). Die Verzerrung *Variety* wurde berücksichtigt, indem keine Pfeile den statischen Visualisierungen hinzugefügt wurden, die einen dynamischen Prozess (z. B. Grenzwertprozess) andeuten könnten. Außerdem wurden sowohl dynamische als auch statische Visualisierungen allen Lernenden auf einem Tablet präsentiert, sodass sich das Medium zwischen den Gruppen auch nicht unterschied (Castro-Alonso et al., 2016). Die übrigen beiden Verzerrungen *Number* und *Interaction* (*secondary and primary*) wurden lediglich bedingt berücksichtigt. Castro-Alonso et al. (2016) betonen, dass zur Bearbeitung einer Aufgabe die Anzahl dynamischer und statischer Visualisierungen übereinstimmen sollte. Da eine dynamische Visualisierung grundsätzlich aus unendlich vielen statischen Bildern besteht, machen die Autoren folgenden Vorschlag zur Erstellung der *äquivalenten* statischen Visualisierung: „Alternatively, the many steps could be designed inside one comprehensive static image, instead of many separate statics“ (Castro-Alonso et al., 2016, S. 239). Eine mögliche Umsetzung kann der **Abbildung 7.2** entnommen werden, in der bei der statischen Visualisierung drei Tangenten eingezeichnet wurden und so der Verzerrung *Number* in dem Beispiel Rechnung getragen wird. Wie Tversky et al. (2002) betonen, ist eine solche Umsetzung in einigen Fällen nicht ohne Beeinträchtigung der Übersichtlichkeit möglich – etwa wenn der Übergang von Sekanten zur Tangente statisch dargestellt werden soll. In diesen Fällen wurden zwei oder drei statische Visualisierungen erstellt.

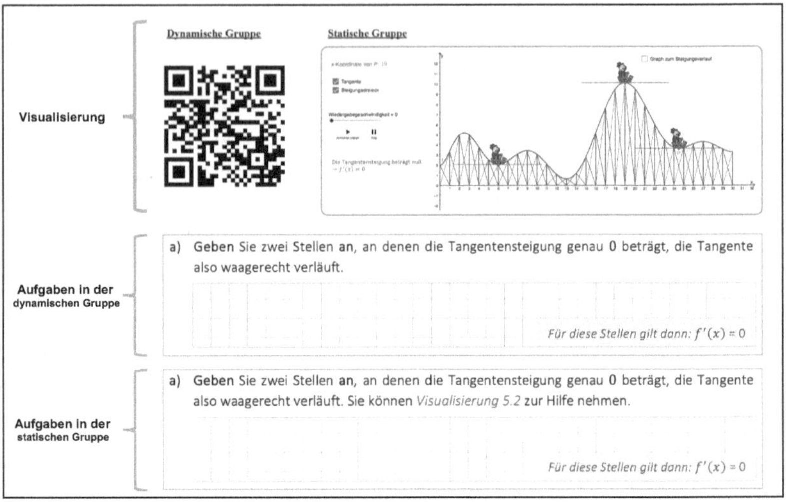

Abbildung 7.2 Dynamische und statische Visualisierungen und eine dazugehörige Aufgabe (Nguyen, 2024, S. 295)

Die Moderatorvariable *Interaction* ist in der hier dargestellten Studie gewissermaßen als immanent zu betrachten, da kein Vergleich zwischen Animationen und statischen Visualisierungen vorgenommen wird, sondern der Fokus auf dem Gegensatz zwischen statischen und (interaktiv-)dynamischen Visualisierungen liegt. In der dynamischen Variante bestanden Interaktionsmöglichkeiten u. a. im Einsatz des Zugmodus, von Eingabefeldern, Animationen, Schiebereglern zur Regulierung der Wiedergabegeschwindigkeit der Animationen, Kontrollkästchen zum Ein- und Ausblenden von Informationen sowie der Anzeige einer Spur – etwa des Graphen der Ableitungsfunktion (vgl. **Tabelle 7.4**). Andere grundsätzlich in GeoGebra verfügbare Interaktionsmöglichkeiten wurden bewusst ausgeblendet, um eine kognitive Überlastung der Lernenden zu vermeiden (Hohenwarter et al., 2008, S. 2–3).

Tabelle 7.4 Dynamische Visualisierungen und deren Möglichkeiten der Interaktion

A	SU	**ZM*	**EF*	**AN*	**RWG*	*KK*	*SP*
1	1	X	X	X	X	X	–
2	2	X	X	X	–	X	–
3	3	X	–	X	–	X	X
4	3	X	X	X	X	X	–
5	4	X	X	X	X	X	–
6	5	X	–	X	–	X	X
7	6	X	–	–	–	X	–
8	6	X	X	–	–	X	–

(A = *Appletnummer*; SU = Einsatz in derjenigen Unterrichtsstunde der sechsstündigen Sequenz; *ZM* = *Zugmodus*; *EF* = *Eingabefeld*; *AN* = *Animation*; *RWG* = *Regulierung der Wiedergabegeschwindigkeit*; *KK* = *Kontrollkästchen*; *SP* = *Spur*; X = *vorhanden*; – = *nicht vorhanden; * = Häufigkeit der Nutzung durch die Lernenden im Posttest erfragt*)

Berücksichtigung von Designprinzipien bei der Erstellung von Visualisierungen

Bei der Erstellung der Visualisierungen wurde darauf geachtet, möglichst viele Designprinzipien (vgl. Abschnitt 4.3) aus der *Cognitive Theory of Multimedia Learning* (z. B. Mayer, 2021) bzw. *Cognitive Load Theory* zu beachten (z. B. Sweller et al., 1998).

Besonders das *signaling principle* fand dabei verstärkt Beachtung: Zur Verknüpfung verschiedener Repräsentationsformen wurden in den GeoGebra-Applets durchgängig dieselben Farben verwendet. In den Applets 3 und 4 (**Tabelle 7.2**) zeigt sich beispielsweise, dass die eingezeichnete Sekante, die Beschriftungen der Kontrollkästchen sowie die verbale Darstellung der Sekantensteigung einheitlich in Grün gehalten sind; analog dazu wird die Tangente durchgehend in Blau dargestellt. Wie von Hohenwarter und Preiner (2008, S. 318) empfohlen, erschienen sowohl das Steigungsdreieck als auch die symbolische Darstellung des Differenzenquotienten konsequent in Grau. Zusätzlich wurde das *spatial contiguity principle* u. a. dadurch berücksichtigt, dass die Koordinaten des Punktes *P* stets in der Nähe des Punktes selbst platziert waren und sich in Animationen mitbewegten. In einigen Fällen wurden diese Koordinaten (z. B. Applet 6 und 8) zwecks Übersichtlichkeit stattdessen oben links in den GeoGebra-Applets platziert. Beim graphischen Differenzieren (Applets 6, 7 und 8) besteht der Unterschied zu den vorherigen darin, dass hier zwei Grafikfenster genutzt werden. Das obere Koordinatensystem zeigt den Graphen einer Funktion f, das untere in gleicher Skalierung der x-Achse den Graphen der zugehörigen Ableitungsfunktion f'. Ergänzend dazu visualisiert eine gestrichelte Verbindungslinie die Korrespondenz zwischen einem Punkt auf f und dem entsprechenden Punkt auf f'. Insgesamt zeigt sich in allen Applets eine konsequente räumliche Nähe zwischen zusammengehörigen Repräsentationen, da diese einem einheitlichen Aufbau folgen: Auf der rechten Seite befindet sich die dynamische Visualisierung, während auf der linken Seite verbale sowie symbolische bzw. numerische Repräsentationen angeordnet sind. Auch das *temporal contiguity principle* wurde bei der Entwicklung der dynamischen Visualisierungen über GeoGebra berücksichtigt. Durch die dynamische Verknüpfung verschiedener Repräsentationen erfolgt die Darstellung der Inhalte ohne zeitliche Verzögerung oder Versetzung. Wird beispielsweise in Applet 5 der Punkt P entlang des Graphen (der Achterbahn) bewegt, so verändert sich die zugehörige Tangente bzw. Steigung simultan mit der Bewegung des Punktes. Gleichzeitig aktualisierten sich die symbolischen und verbalen Repräsentationen auf der linken Seite entsprechend: So wechselt etwa die Beschreibung von „Tangentensteigung beträgt null $\Rightarrow f'(x) = 0$“ zu „Tangentensteigung positiv $\Rightarrow f'(x) > 0$“, wenn ein lokales Minimum passiert wird. Auch das *redundancy principle* wird in der Gestaltung der Applets größtenteils adressiert, da grundsätzlich keine überflüssigen Doppelungen präsentiert werden. Vielmehr ergänzen sich die unterschiedlichen Repräsentationen im Sinne der *complementary roles* nach Ainsworth (1999) – etwa in Applet 1, wo ein grafisch dargestelltes Steigungsdreieck mit der symbolischen Berechnung der Steigung mittels Differenzenquotient kombiniert wird. An einzelnen Stellen lässt sich darüber diskutieren, inwiefern dieses Designprinzip strikt eingehalten wurde, so beispielsweise bei der gleichzeitigen Darstellung des verbalen Ausdrucks „Steigung der Tangente an f am Punkt P beträgt 1.51“ und der Visualisierung derselben Information durch die eingezeichnete Tangente sowie das zugehörige Steigungsdreieck mit identischem Steigungswert. Da die Unterrichtssequenz jedoch der Einführung der Ableitung dient und die Tangentensteigung eine der beiden zentralen Grundvorstellungen darstellt, wurde an dieser Stelle bewusst eine redundante Darstellung gewählt, um den Lernenden den Übergang zwischen den beiden Repräsentationsformen zu erleichtern. Das *coherence principle* wurde insbesondere in außermathematischen Aufgaben nicht durchgängig eingehalten. So weisen Hohenwarter und Preiner (2008) explizit darauf hin, dass die Darstellung eines Surfers auf einer Sinuskurve potentiell lernhemmend wirken kann – ein Argument, das sich auf die Figur in Applet 5 auf der Achterbahn übertragen lässt. Allerdings wurde in der vorangehenden Stunde bereits ein innermathematischer Zugang zum Übergang von Sekanten zur Tangente gewählt, der dem *coherence principle* Rechnung trägt. Die anschließende Verwendung der

Achterbahn soll nun bewusst die Bedeutung der Tangentensteigung in einem alltagsnahen Kontext verdeutlichen. Diese Darstellung kann einerseits motivationale Funktionen erfüllen, andererseits aber auch die Aufmerksamkeit der Lernenden gezielt auf den kontextbezogenen Bedeutungsaspekt der Tangentensteigung lenken. In gewisser Weise spiegelt jedoch auch die Figur auf der Achterbahn eine inhaltliche Bedeutung wider: Sie markiert die aktuelle Höhe der Achterbahn am Punkt P und stellt somit – analog zum Stein in Applet 2 – den jeweiligen Funktionswert dar. Durch diese visuelle Verknüpfung zwischen Kontext und mathematischer Bedeutung erfüllt die Darstellung mehr als eine rein dekorative Funktion – im Gegensatz zum *Surfer auf der Sinuskurve*, der vor allem dekorativen Charakter besitzt (vgl. Hohenwarter & Preiner, 2008).

7.2 Design der Studie

Zur Beschreibung des Studiendesigns können verschiedene Kriterien herangezogen werden, die in **Tabelle 7.5** dargestellt sind.

Tabelle 7.5 Klassifikationskriterien für das Studiendesign der vorliegenden Untersuchung (vgl. Döring, 2023, S. 185)

Kennzeichen des Studiendesigns	Variante in der vorliegenden Studie
Wissenschaftstheoretischer Ansatz	**Quantitative Studie**; statistische Auswertung zum Vergleich zwischen dynamischer und statischer Gruppe.
Erkenntnisziel	**Unabhängige Studie** mit hoher schulpraktischer Relevanz (anwendungswissenschaftlich), da der Ableitungsbegriff zentral für die Differenzialrechnung in der Schule ist; forscherinitiiert.
Gegenstand	**Empirische Originalstudie**; Datenerhebung erfolgte eigenständig, keine Replikation.
Datengrundlage	**Primäranalyse**; Daten wurden neu erhoben und ausgewertet.
Erkenntnisinteresse	**Explanative Studie**; hypothesenüberprüfend (vgl. Kapitel 6).

(Fortsetzung)

Tabelle 7.5 (Fortsetzung)

Kennzeichen des Studiendesigns	Variante in der vorliegenden Studie
Bildung und Behandlung von Gruppen	**Quasi-experimentelle Studie**; es fand keine Randomisierung statt, die Teilnehmenden wurden innerhalb bestehender Kurse systematisch der dynamischen bzw. der statischen Gruppe zugeteilt.
Untersuchungsort	**Feldstudie**; Intervention fand in realen Schulklassen statt.
Anzahl an Untersuchungszeitpunkten	Quasi-experimentelle Studie mit Messwiederholungen; Messzeitpunkte unmittelbar vor und nach der sechsstündigen Intervention (**Prä-Post-Design**).
Anzahl der Untersuchungsobjekte	Gruppenstudie bzw. genauer eine **Stichprobenstudie**; Untersuchung mit insgesamt 20 Mathematikkursen.

Kurz zusammengefasst handelt es sich bei der vorliegenden Studie um eine quantitative, quasi-experimentelle Interventionsstudie im Prä-Posttest-Design mit zwei Experimentalgruppen (dynamische und statische Gruppe), wobei die Entwicklung des Verständnisses zur Ableitung, die Ausprägung der Grundvorstellungen *Lokale Änderungsrate* und *Tangentensteigung* sowie die Einstellungen gegenüber GeoGebra fokussiert werden. Verglichen wurden dabei eine dynamische Gruppe, die während der Intervention mit interaktiv-dynamischen Visualisierungen arbeitete, und eine statische Gruppe, die statische Visualisierungen verwendete. Beide Versuchsgruppen bearbeiteten zum ersten Messzeitpunkt (MZP 1), unmittelbar vor Beginn der Intervention, einen Prätest. In diesem wurden personenbezogene Daten (Alter, Geschlecht, Schulform), die Einstellungen gegenüber GeoGebra, mathematikbezogene Ängstlichkeit sowie das Verständnis der Ableitung mittels eines Tests in der beschriebenen Reihenfolge erfasst. Anschließend folgte die Intervention, in deren Rahmen die Schülerinnen und Schüler entweder mit dynamischen oder statischen Visualisierungen arbeiteten. Zum zweiten Messzeitpunkt (MZP 2), unmittelbar nach Abschluss der Intervention, wurde ein Posttest durchgeführt. Dieser begann erneut mit der Erhebung personenbezogener Daten sowie den Einstellungen gegenüber GeoGebra. Es folgte die Erfassung der Ausprägung der Grundvorstellungen zur Ableitung – *Lokale Änderungsrate* und *Tangentensteigung* – mittels Fragebogen sowie der Test zum Verständnis der Ableitung. Ebenfalls wurden die Stunden, in denen die Schülerinnen und Schüler während der Interventionsphase gefehlt und die Inhalte nicht nachgearbeitet hatten, abgefragt. In der Gruppe mit dynamischen Visualisierungen wurde zusätzlich die Nutzungshäufigkeit spezifischer Interaktionsmöglichkeiten innerhalb der GeoGebra-Applets erhoben (Zugmodus, Eingabefelder, Animationen und Regulierung der Wiedergabegeschwindigkeit von Animationen). Für jedes der vier Tools wurde ein Item formuliert und durch einen Screenshot der eingesetzten dynamischen Visualisierungen zur Erinnerung an die entsprechenden Möglichkeiten der Interaktivität veranschaulicht. Die Beantwortung erfolgte auf einer vierstufigen Likert-Skala, ergänzt um die jeweiligen absoluten Nutzungshäufigkeiten als Orientierung. Zur Gewährleistung eines vergleichbaren Bearbeitungsumfangs wurde in der statischen Gruppe erneut die mathematikbezogene Ängstlichkeit erhoben.

Auf eine Versuchsgruppe mit rein linear-dynamischen Visualisierungen wurde bewusst verzichtet, da Animationen ohne Interaktionsmöglichkeiten im Kontext der vorliegenden Studie nicht zielführend erschienen. Insbesondere Grenzwertprozesse (z. B. von Sekanten zur Tangente) lassen sich erst durch eigenständiges Starten und Stoppen der Animationen oder die Regulierung der Wiedergabegeschwindigkeit adäquat erfassen. Zudem ergaben die Befunde von Rolfes et al. (2020) keinen Vorteil linear-dynamischer gegenüber interaktiv-dynamischen Visualisierungen.

Zudem wurde wie in anderen vergleichbaren quantitativen Studien (z. B. Brnic et al., 2024; de Vries, 2021; Rolfes et al., 2020) auch in der vorliegenden Untersuchung auf eine Kontrollgruppe im klassischen Sinne verzichtet, die ohne Intervention zu den Zeitpunkten des Prä- und Posttests die Messinstrumente bearbeitet hätte. Dies ist insbesondere dadurch begründet, dass das primäre Ziel der Studie im Vergleich der dynamischen mit der statischen Gruppe liegt (vgl. Hankeln, 2019). Zudem wäre es aufgrund des organisatorischen Mehraufwands sowie aus ethischen Gründen nicht vertretbar gewesen, Schülerinnen und Schüler zu zwei Messzeitpunkten Aufgaben bearbeiten zu lassen, auf die sie im Unterricht nicht vorbereitet wurden (de Vries, 2021, S. 223). Durch den spezifischen Aufbau des Messinstruments zum Verständnis der Ableitung – bestehend aus verschiedenen Testvarianten, die über Ankeritems miteinander verknüpft sind (vgl. Abschnitt 7.6.1) – sind Testwiederholungseffekte kaum zu erwarten (vgl. Frenken, 2022, S. 136).

7.3 Beschreibung und Selektion der Stichprobe

An der Hauptstudie nahmen insgesamt 20 Kurse der 11. Jahrgangsstufe aus acht verschiedenen Schulen im Zeitraum von Oktober 2023 bis Februar 2024 teil. Aufgrund der Umstellung von G8 auf G9 in Nordrhein-Westfalen gab es im Schuljahr 2023/2024 an den meisten Gymnasien im Umkreis von Münster in Westfalen keine Einführungsphase, in der der Ableitungsbegriff typischerweise eingeführt wird. Daher war die Anzahl potentieller Schulen für die Hauptstudie stark eingeschränkt. Nichtsdestotrotz konnten drei Gymnasien in Nordrhein-Westfalen mit insgesamt acht Kursen für die Erhebung gewonnen werden. Zusätzlich nahmen vier nordrhein-westfälische Gesamtschulen mit zehn Kursen sowie eine Oberschule in Bremen mit zwei Kursen teil. Bei der Auswahl der Kurse wurde darauf geachtet, dass der Ableitungsbegriff im regulären Mathematikunterricht noch nicht eingeführt wurde. Zugleich war es jedoch wichtig, dass der Einstieg in die Unterrichtssequenz eine angemessene Vorbereitung erfuhr, indem zuvor bereits die durchschnittliche Änderungsrate thematisiert worden war – auch wenn diese zu Beginn der Intervention nochmals aufgegriffen wurde. Darüber hinaus kann in der Jahrgangsstufe 11 davon ausgegangen werden, dass grundlegendes, in Abschnitt 2.3 beschriebenes Vorwissen – insbesondere zu Funktionen, Steigungen und mathematischen Symbolen (Litteck et al., 2023) – bereits vorhanden ist bzw. im Unterricht zumindest behandelt wurde (KMK, 2022). Zudem sollten die Kursgrößen 30 Schülerinnen und Schüler nicht übersteigen. Dieses Kriterium orientiert sich an empirischen Studien, die darauf hinweisen, dass der Einsatz digitaler Werkzeuge wie GeoGebra im Unterricht im Falle moderater Gruppengrößen lernwirksamer ist (Juandi et al., 2021). Diese Bedingungen waren in allen einbezogenen Kursen erfüllt.

Insgesamt handelt es sich bei der Stichprobe in erster Linie um eine nicht-probabilistische (nicht zufallsgesteuerte) Gelegenheitsstichprobe. Diese basiert auf einer willkürlichen Auswahl von Fällen, die gerade verfügbar sind – in diesem Fall Schülerinnen und Schüler aus Mathematikkursen von interessierten Schulen im gut erreichbaren Umkreis von Münster in Westfalen. Die Rekrutierung der Schulen erfolgte entweder über persönliche Kontakte der Forschenden zu Lehrpersonen oder auch durch gezielte Werbung per E-Mail. Um dennoch eine gewisse Repräsentativität der Stichprobe zu gewährleisten, wurde darauf geachtet, dass das Verhältnis zwischen Gymnasien und Gesamtschulen annähernd gleich verteilt ist. Damit erfüllt das Sample auch Charakteristika einer Quotenstichprobe (Döring, 2023, S. 308–309).

Um potenziellen Clustereffekten entgegenzuwirken, erfolgte die Zuweisung einzelner Schülerinnen und Schüler zu den beiden Experimentalbedingungen (dynamische vs. statische Visualisierungen) nicht randomisiert, sondern mittels Matching von Stichproben (Döring, 2023, S. 207; Frenken, 2022, S. 138). Grundlage hierfür bildete das Ergebnis im Prätest zum Verständnis der Ableitung. Innerhalb jedes Kurses wurde für jeden Lernenden eine möglichst vergleichbare Person identifiziert, um zwei Gruppen mit ähnlicher Gruppengröße und Vorwissen zu bilden (vgl. Döring, 2023, S. 207). Durch diese Form der systematischen Zuweisung innerhalb der Kurse konnten relevante Störvariablen – insbesondere klassenbezogene Einflüsse wie die Lehrkraft oder die Schulform – weitgehend kontrolliert werden. Im Gegensatz zur Randomisierung, bei der leistungsbezogene Ungleichgewichte zwischen den Experimentalbedingungen möglich gewesen wäre, da die Gruppenzugehörigkeit vollständig mit den Kursen konfundiert, erlaubt das gewählte Vorgehen eine gezielte Balancierung der Leistung. Dadurch reduziert sich die Notwendigkeit, in den anschließenden statistischen Analysen hierarchische Modelle zu verwenden: Da sowohl die statische als auch die dynamische Gruppe innerhalb derselben Kurse gebildet wurden, sind Clustereffekte auf Klassenebene als vernachlässigbar einzustufen.

Bevor eine detaillierte Beschreibung der finalen, für die statistischen Auswertungen relevanten Stichprobe vorgenommen wird, soll das Verfahren der Stichprobenselektion dargelegt werden: Aus den 20 teilnehmenden Kursen nahmen insgesamt $N = 419$ Schülerinnen und Schüler an mindestens einem der beiden Messzeitpunkte teil. Die Stichprobengröße verringert sich auf $N = 331$ bei alleiniger Betrachtung derjenigen Lernenden, die sowohl den Prä- als auch den Posttest bearbeiteten.[2] Darüber hinaus wurde erfasst, wie viele Stunden der Intervention die Lernenden nicht anwesend waren und die Inhalte nicht eigenständig nachgearbeitet haben. Lernende, auf die dieses Kriterium in mehr als 50 % der Interventionszeit zutraf, wurden von den Analysen ausgeschlossen, sodass die Stichprobe auf $N = 302$ sank. In diesen Fällen lässt sich eine mögliche Veränderung zwischen dem ersten und zweiten Messzeitpunkt nicht eindeutig auf die Art der verwendeten Visualisierungen (dynamisch bzw. statisch) zurückführen.

Zur Sicherstellung der Datenqualität wurden im letzten Schritt der Stichprobenselektion Teilnehmende identifiziert, die den Posttest zum Verständnis der

[2] Der konkrete Umgang mit fehlenden Werten wird in der empirischen Forschung vielfach diskutiert (z. B. Lüdtke et al., 2007). Die fehlenden Daten resultieren ausschließlich daraus, dass Lernende an einem der beiden Messzeitpunkte nicht anwesend waren (z. B. krankheitsbedingt). Es liegen keine Hinweise darauf vor, dass die Abwesenheit systematisch mit der Leistung oder der Gruppenzugehörigkeit zusammenhängt. Daher wird angenommen, dass die fehlenden Werte als MCAR (*Missing Completely at Random*) klassifiziert werden können. Entsprechend wurden sie mittels fallweisen Ausschlusses (engl. *Listwise Deletion*) aus den Analysen ausgeschlossen.

Ableitung in auffällig kurzer Zeit bearbeitet hatten. Dabei handelt es sich um sogenannte *Speeder* (C. Zhang & Conrad, 2014), also Personen, deren Bearbeitungsdauer deutlich unter dem Durchschnitt lag (Gräf, 2010, S. 142). Es wird angenommen, dass diese Teilnehmenden nicht ausreichend über die Testfragen nachdenken, wodurch die Qualität des Datensatzes beeinträchtigt werden kann (Gräf, 2010; Kubinger & Draxler, 2007). Ihr Verbleib könnte zu verzerrten statistischen Ergebnissen führen, da insbesondere Verfahren wie t-Tests oder multiple Regressionsanalysen (vgl. Abschnitt 7.5.2) empfindlich auf Ausreißer reagieren (Backhaus et al., 2021, S. 125; Schendera, 2007, S. 164).

In der methodischen Literatur finden sich jedoch nur selten konkrete Empfehlungen zum Umgang mit solchen Ausreißern (Schendera, 2007, S. 164). Jacob et al. (2019) schlagen vor, bei der Identifikation von Speedern den Median der Bearbeitungsdauer über alle Teilnehmenden hinweg heranzuziehen, da dieser im Gegensatz zum Durchschnittswert weniger anfällig für Ausreißer nach oben ist. Verzerrungen nach unten können ebenfalls auftreten, beispielsweise wenn Teilnehmende den Test erneut starten mussten. Die digitale Durchführung über SoSci Survey (https://www.soscisurvey.de) ermöglichte eine präzise und objektiv nachvollziehbare Erfassung der Bearbeitungszeiten pro Testseite. Die Plattform fand auch bereits in anderen wissenschaftlichen Studien Anwendung, etwa von Knauf (2020), Quarder (2024) oder Skulmowski und Rey (2020). Der Posttest zum Verständnis der Ableitung bestand je nach Testversion (vgl. Abschnitt 7.6.1.1) aus 19 Testseiten in Version A bzw. 23 Testseiten in Version B (vgl. Nguyen, 2025b). Zur Identifikation von Speedern wurde eine Entscheidungsregel angewendet, die sich an Jandura (2018, S. 217) orientiert:

> In der Marktforschung wird auf Branchenrichtlinien verwiesen, die diejenigen Befragten als Speeder definieren und folglich ausschließen, die weniger als die Hälfte des Medians der Antwortzeit für die Beantwortung des Fragebogens benötigt haben.

Übertragen auf den vorliegenden Kontext bedeutet dies Folgendes: Teilnehmende, die weniger als die Hälfte des Medians der Bearbeitungszeit auf mindestens 10 Seiten (bei Version A) bzw. 12 Seiten (bei Version B) aufgewendet haben, wurden als Speeder klassifiziert und aus dem Datensatz entfernt. Ein ähnliches Vorgehen unter Berücksichtigung der Bearbeitungszeiten findet sich beispielsweise in der Studie von Frenken (2022, S. 219–220) wieder. Dieser methodische Schritt trägt wesentlich zur Sicherstellung der Datenqualität bei.[3] Der vollständige Prozess der Stichprobenselektion wird in **Abbildung 7.3** visualisiert.

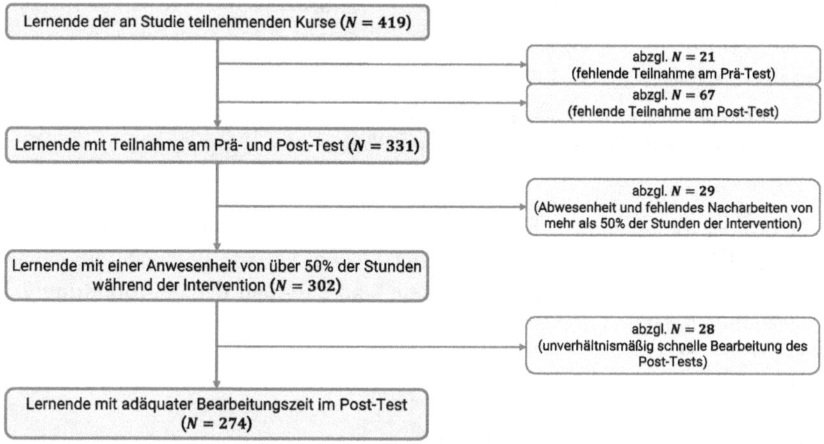

Abbildung 7.3 Selektion der Stichprobe in der vorliegenden Studie

Nach Abschluss aller Selektionsschritte ergibt sich eine finale Stichprobe von $N = 274$ Schülerinnen und Schülern. Eine Übersicht zur Verteilung nach Schulform, Geschlecht und Alter – getrennt nach den beiden Experimentalbedingungen (dynamische und statische Variante der Unterrichtssequenz) – bietet **Tabelle 7.6.**

[3] Eine Reduktion der Stichprobe aufgrund kurzer Bearbeitungszeiten im Prätest wurde bewusst vermieden, da dieser Test teilweise Inhalte enthielt, die erst im Verlauf der Intervention vermittelt wurden. Eine schnelle Bearbeitung ist daher möglicherweise eher auf fehlendes Wissen als auf mangelnde Anstrengungsbereitschaft zurückzuführen. Auch kurze Bearbeitungszeiten beim Grundvorstellungsfragebogen oder beim Fragenbogen zu den Einstellungen gegenüber GeoGebra führten nicht zum Ausschluss, da diese – anders als ein Leistungstest – sehr unterschiedlich schnell bearbeitet werden können. In vielen Fällen ging auch eine übermäßig schnelle Bearbeitung des Posttests zum Verständnis der Ableitung jedoch mit einer schnellen Bearbeitung in allen anderen Teilen des Posttests einher – und umgekehrt, sodass das gewählte Selektionskriterium als Indikator für eine insgesamt geringe Bearbeitungsintensität diente.

Tabelle 7.6 Stichprobenbeschreibung nach Selektion

	Schulform Gym/Ges/OS	Geschlecht m/w/d	Alter M (σ)
Dynamische Gruppe	57/73/11	61/80/0	16.35(0.65)
Statische Gruppe	43/81/9	60/73/0	16.24(0.46)
Gesamtstichprobe	100/154/20	121/153/0	16.30(0.57)

(Gym = *Gymnasium*; Ges = *Gesamtschule*; OS = *Oberschule*; m = *männlich*; w = *weiblich*, d = *divers*, M (σ) = *Mittelwert (Standardabweichung)*)

Trotz der Bemühungen, in der dynamischen und statischen Gruppe jeweils eine vergleichbare Anzahl an Jungen und Mädchen sowie Lernende aus Gymnasien und Gesamtschulen einzuschließen, sind aufgrund der in **Abbildung 7.3** dargestellten Selektion der Stichprobe dennoch kleinere Ungleichgewichte aufgetreten.

7.4 Aufbau und Durchführung der Studie

Eine konkrete Übersicht über den Ablauf der Studie bestehend aus dem Prätest, der anschließenden Intervention sowie dem Posttest, bietet **Abbildung 7.4**, in der sowohl der zeitliche Verlauf als auch die thematische Strukturierung der Unterrichtssequenz sowie des Prä- und Posttests visualisiert sind.

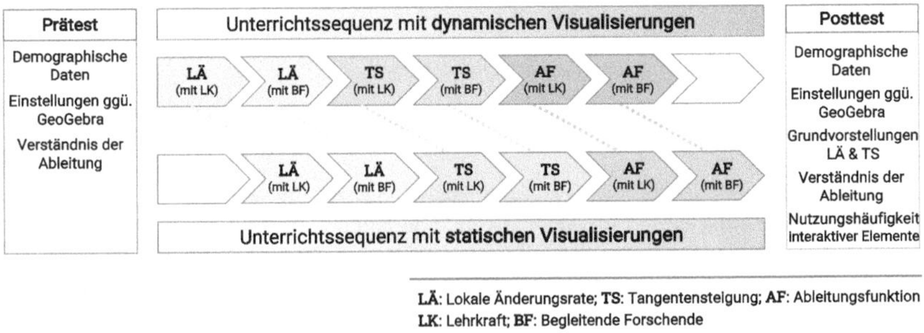

Abbildung 7.4 Überblick über das Studiendesign mit Ablauf und thematischer Strukturierung der Unterrichtssequenz und des Aufbaus der Prä- und Posttests

Einige Wochen vor Beginn der Datenerhebung wurde ein Treffen mit den unterrichtenden Mathematiklehrkräften der teilnehmenden Kurse durchgeführt. In diesem wurden der Ablauf der Studie, die Unterrichtsmaterialien und die Verlaufspläne, die datenschutzrechtlichen Hinweise sowie ein Informationsschreiben für die Erziehungsberichtigten zur Zielsetzung der Untersuchung vorgestellt.

Die eigentliche Untersuchung fand im Zeitraum von Oktober 2023 bis Februar 2024 statt. Sie begann in allen teilnehmenden Kursen mit einem ca. 45-minütigen Prätest, der in zwei digital über SoSci Survey bereitgestellten Versionen durchgeführt wurde. Innerhalb jedes Kurses wurden die Lernenden anhand des Anfangsbuchstabens ihres Nachnamens gleichmäßig einer der beiden Testversionen zugeordnet. Die Erhebung erfolgte anonymisiert; zur späteren Zuordnung von Prä- und Posttest generierten die Schülerinnen und Schüler einen individuellen Code. Vor der Bearbeitung wurden die Lernenden – wie bei Leistungstests üblich – ausdrücklich dazu aufgefordert, ihr Bestes zu geben (vgl. Schmidt-Atzert et al., 2021a, S. 216). Akzeptanzprobleme aufgrund der digitalen Durchführung waren nicht zu erwarten, da computerbasierte Testformate inzwischen weitgehend etabliert sind (Schmidt-Atzert et al., 2021b, S. 495).

Der Prätest zum Verständnis der Ableitung wurde unmittelbar nach der Testdurchführung ausgewertet und die daraus resultierende Gruppenzuteilung – basierend auf einem Matching-Verfahren – den Lehrkräften sowie den Lernenden per E-Mail mitgeteilt. In der darauffolgenden Mathematikstunde begann die Invention, deren Struktur sich im Wesentlichen am Studiendesign von Brnic et al. (2024) sowie an weiteren empirischen Arbeiten orientierte (z. B. Schukajlow & Krug, 2014; Turk & Akyuz, 2016, S. 96). Dabei wurden die dynamische und die statische Gruppe jeweils in getrennten Räumen unterrichtet.

Die Inhalte der sechsstündigen Unterrichtssequenz (vgl. **Tabelle 7.1**) gliederten sich in drei thematische Abschnitte: (i) Ableitung als Lokale Änderungsrate, (ii) Ableitung als Tangentensteigung und (iii) Ableitungsfunktion. Zu jedem Abschnitt fand zunächst eine Einführung durch die reguläre Mathematiklehrkraft des jeweiligen Kurses nach festgelegten Unterrichtsverlaufsplänen statt. Ein zentraler Bestandteil war dabei auch die Sicherung der Inhalte in Plenumsphasen, in denen diese gemeinsam diskutiert wurden (vgl. Borji et al., 2018). In der darauffolgenden Stunde arbeiteten die Schülerinnen und Schüler selbstständig oder in Partnerarbeit an Aufgaben, die direkt an die Inhalte der vorangegangenen Stunde anknüpften. Dabei wurden sie durch wissenschaftliche Mitarbeitenden der Universität Münster betreut, die nach dem Prinzip der minimalen Hilfe die Lernenden unterstützen durften (Zech, 2002). Durch diese organisatorische Umsetzung war es möglich, dass jede Lehrkraft – jeweils mit einer Unterrichtsstunde zeitlichem

Versatz – in beiden Gruppen die Einführung der Abschnitte (i)–(iii) übernehmen konnte. Auf diese Weise wurde gewährleistet, dass die Persönlichkeit der Lehrkraft in beiden Bedingungen denselben Einfluss auf das Lernen der Schülerinnen und Schüler hatte und sich der Einfluss der Lehrkraft nicht zwischen den beiden Experimentalbedingungen unterschied (Schukajlow et al., 2015, S. 402). Chang (2013) hebt hervor, dass „die Bedeutung der Lehrperson und deren Unterrichtsgestaltung für den Lernerfolg der Lernenden im Umgang mit dynamischen, interaktiven Visualisierungen" zentral sei (zitiert nach Findeisen et al., 2022, S. 227). Neuere Studien zeigen zudem, dass das mathematische Wissen von Dozierenden oder deren Präferenzen für bestimmte Lösungsstrategien den Lernerfolg von Studierenden in der Analysis beeinflussen können (Alzaga Elizondo & Larsen, 2024, S. 195; D. S. Hong & Lee, 2022). Dennoch wurde bewusst auf ein vollständiges eigenverantwortliches Arbeiten ohne Einfluss von Lehrkräften verzichtet (wie z. B. in de Vries, 2021), da der Ableitungsbegriff eine zentrale Rolle in der Oberstufenmathematik einnimmt. Zudem berichten Engelhardt et al. (2023), dass Lernende in einer digitalen Lernumgebung zur Förderung von Grundvorstellungen zur Ableitung Schwierigkeiten bei der Bearbeitung hatten und auf Unterstützung angewiesen waren. Ein Mittelweg aus lehrkräftegeführter Einführung und eigenständiger Vertiefung in den Übungsstunden erschien daher für die vorliegende Studie sinnvoll. Die Aufgaben in den Übungsstunden konnten auch in Partnerarbeit bearbeitet werden, da verschiedene Studien einen positiven Einfluss kooperativer Lernformen auf das Lernen mathematischer Inhalte – insbesondere auch mit digitalen Werkzeugen – nahelegen (z. B. Birgin & Uzun Yazıcı, 2021; BoŽić et al., 2021; Takači et al., 2015).

Abbildung 7.4 zeigt exemplarisch den zeitlichen Ablauf der Studie für einen Kurs, bei dem die Intervention mit einer Einführung in die lokale Änderungsrate mit der Mathematiklehrkraft in der dynamischen Variante begann. Da die statische Gruppe zu diesem Zeitpunkt noch nicht durch ihre Lehrkraft in das neue Thema eingeführt worden war, bearbeitete sie Aufgaben zu Termen und Gleichungen, die keinen direkten inhaltlichen Bezug zu den Inhalten der Intervention aufweisen. Eine entsprechende Pufferstunde war in der dynamischen Gruppe am Ende der Intervention vorgesehen. In den 20 Kursen, die an der Hauptstudie teilnahmen, begann die Unterrichtssequenz in zwölf Fällen mit dynamischen (vgl. **Abbildung 7.4**) und in acht Fällen mit statischen Visualisierungen. Es lag somit lediglich ein geringfügiges Ungleichgewicht zwischen den beiden Gruppen in Bezug auf den Startzeitpunkt der inhaltlichen Intervention vor, das auf ein Koordinationsproblem bei den letzten beiden Durchführungen zurückzuführen war. Es besteht die Vermutung, dass die zuerst unterrichtete Gruppe potenziell benachteiligt war, da die Lehrkraft in der zweiten Gruppe bereits auf erste Erfahrungen zurückgreifen konnte, was möglicherweise in einer routinierteren Umsetzung der vorgegebenen Verlaufspläne resultierte.

Umsetzungskonformität

Um eine Aussage über den Einfluss der unabhängigen Variablen in Interventionsstudien treffen zu können, sollte die Durchführung gemäß der intendierten Planung kontrolliert werden – ein Aspekt, der unter dem Begriff Umsetzungskonformität (engl. *compliance*) gefasst wird (Döring, 2023, S. 976). In der vorliegenden Studie wurde dabei das Vorgehen von de Vries (2021, S. 125–128) und Hankeln (2019, S. 146) als Orientierung herangezogen.

Neben dem Einsatz einheitlicher Materialien für alle Schülerinnen und Schüler entsprechend ihrer jeweiligen Experimentalbedingung sowie einheitlichen Instruktionen für die Lehrkräfte zur Durchführung des Prä- und Posttests sowie der Intervention wurden weitere Maßnahmen zur Sicherstellung der Umsetzungskonformität ergriffen.

Während der gesamten Studiendauer standen die Lehrkräfte und die wissenschaftlichen Mitarbeitende in einem kontinuierlichen Austausch. Teilweise fanden auch Hospitationen in Unterrichtsstunden der Lehrkräfte statt, um die Einhaltung der vorab erstellten Verlaufspläne zu überprüfen. Diese ergaben keine besonderen Auffälligkeiten. Die Übungsstunden wurden durch wissenschaftliche Mitarbeitende betreut, die regelmäßig kontrollierten, ob die Schülerinnen und Schüler alle verpflichtenden Aufgaben bearbeiteten. Sowohl die wissenschaftlichen Mitarbeitenden als auch die Lehrkräfte führten über den gesamten Interventionszeitraum hinweg Laufzettel, auf denen sie etwaige Abweichungen vom vorgesehenen Ablauf – beispielsweise im Hinblick auf die Zeit – dokumentieren konnten. Ergänzend wurden die Lehrkräfte nach Abschluss der Intervention gebeten, ein kurzes Feedback zur Durchführung, zu den eingesetzten Materialien (Applets, statische Visualisierungen, Arbeitsblätter) sowie zu den Verlaufsplänen auf dem Laufzettel zu geben. Die Sichtung der durch Lehrkräfte und wissenschaftliche Mitarbeitende ausgefüllten Laufzettel ergab, dass der Großteil der Unterrichtsstunden gemäß den vorgegebenen Verlaufsplänen durchgeführt wurde. Teilweise konnten aus Zeitgründen nicht alle vorgesehenen Inhalte behandelt werden; diese wurden allerdings – entsprechend der Konzeption des Studiendesigns – jeweils in den darauffolgenden Übungsstunden nachgeholt.

7.5 Vorgehen bei der Auswertung

7.5.1 Item-Response-Theorie

Zur Analyse der Daten des Tests zum Verständnis der Ableitung, die zu den beiden Messzeitpunkten erhoben wurden (vgl. Abschnitt 7.6.1), wird in dieser Arbeit ein probabilistisches Modell der Item-Response-Theorie (engl. *item response theory*, kurz IRT) verwendet. Dieses Modell eignet sich besonders für die Skalierung der Daten, insbesondere aufgrund der unterschiedlichen Prä- und Posttests. Die praktische Relevanz dieser Testtheorie zeigt sich darin, dass sie auch in internationalen Studien wie IGLU, TIMMS und PISA zur Datenauswertung eingesetzt wird (Döring, 2023, S. 456). Die folgenden Ausführungen erläutern die theoretischen Grundlagen; die konkrete Anwendung auf den in dieser Studie entwickelten Test wird im anschließenden Kapitel beschrieben.

Die Grundidee der Item-Response-Theorie besteht darin, das Antwortverhalten von Personen auf gegebene Items eines Tests oder Fragebogens (engl. *item response*) durch eine Wahrscheinlichkeitsfunktion zu modellieren (Krumm et al., 2021, S. 55). Diese *item response* hängt u. a. sowohl von Eigenschaften des Items (Itemschwierigkeit bzw. Itemparameter) als auch von der Merkmalsausprägung der Person (Personenfähigkeit bzw. Personenparameter) ab (Kelava & Moosbrugger, 2020b, S. 371). Eines der einfachsten und bekanntesten[4] probabilistischen Testmodelle der IRT ist das von Georg Rasch 1960 entwickelte (eindimensionale) dichotome Rasch-Modell (auch Ein-Parameter-Logistisches Modell oder kurz 1-PL-Modell genannt), das voraussetzt, dass das Antwortverhalten von Probandinnen und Probanden zwei Ausprägungen annehmen kann (Bond & Fox, 2015, S. 345; Eid & Schmidt, 2014, S. 26–27). Dies ist häufig in Wissenstests zur Messung eines Konstrukts der Fall, in denen Items eindeutig mit 1 oder 0 kodiert werden, etwa für Ja/Nein-, Richtig/Falsch- oder Gelöst/Nicht-gelöst-Antworten (Döring, 2023, S. 483).

[4] Zwei besonders prominente Anwendungsbeispiele des Rasch-Modells finden sich in den PISA-Studien der *Organisation for Economic Co-operation and Development* (OECD) sowie in den TIMSS-Studien der *International Association for the Evaluation of Educational Achievement* (IEA) (Klinger, 2018, S. 133; Strobl, 2015, S. 3).

Dem Rasch-Modell liegt die Annahme zugrunde, dass eine latente Personenfähigkeit (z. B. das Verständnis der Ableitung) die Wahrscheinlichkeit bestimmt, ein Item korrekt zu lösen. Konkret gilt: Wenn die Personenfähigkeit θ_ν einer Person ν größer als die Itemschwierigkeit β_i eines Items i ist, so liegt die Lösungswahrscheinlichkeit für das betreffende Item bei über 50 %. Umgekehrt gilt: Wenn $\theta_\nu < \beta_i$, beträgt die Lösungswahrscheinlichkeit weniger als 50 % (Hecht et al., 2013, S. 396; Prenzel et al., 2013, S. 326). Die dem Rasch-Modell zugrunde liegende Modellgleichung lautet:

$$P(X_{\nu i} \,|\, \theta_\nu, \beta_i) = \frac{e^{X_{\nu i} \cdot (\theta_\nu - \beta_i)}}{1 + e^{\theta_\nu - \beta_i}}$$

mit $X_{\nu i} \in \{0; 1\}$, wobei $P(X_{\nu i} = 1)$ die Wahrscheinlichkeit angibt, dass Person ν Item i korrekt löst und $P(X_{\nu i} = 0)$ entsprechend die Wahrscheinlichkeit, dass das Item nicht korrekt gelöst wird (Bühner, 2021; Koller et al., 2012; Krumm et al., 2021; Rost, 2004; Strobl, 2015). Aus dieser Gleichung wird ebenfalls schnell ersichtlich, dass die Lösungswahrscheinlichkeit genau 50 % beträgt, wenn die Personenfähigkeit der Itemschwierigkeit entspricht (Döring, 2023, S. 484). In **Abbildung 7.5** ist eine vereinfachte grafische Darstellung der logistischen Modellgleichung abgebildet, in der auf der Abszisse die Differenz aus Personenfähigkeit und Itemschwierigkeit und auf der Ordinate die Wahrscheinlichkeit $P(X_{\nu i} = 1)$ aufgetragen ist. Die Herleitung basiert darauf, dass die Differenz zwischen dem Personenparameter einer Person ν und der Itemschwierigkeit eines Items i dem logarithmierten Quotienten aus der Wahrscheinlichkeit, dass die Person ν das Item i korrekt löst, und der Gegenwahrscheinlichkeit entspricht (Krumm et al., 2021, S. 61–62).

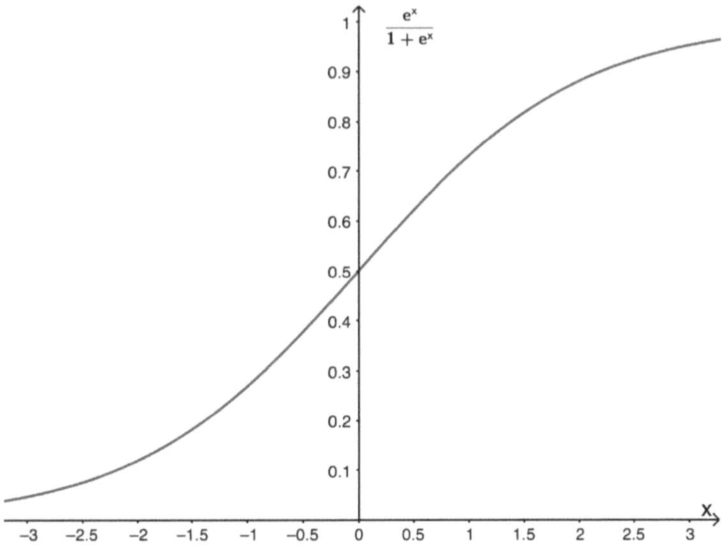

Abbildung 7.5 Vereinfachte grafische Darstellung der Modellgleichung für das Raschmodell mit x als Differenz zwischen Personenfähigkeit und Itemschwierigkeit. (In Anlehnung an Strobl, 2015, S. 9)

Aus dieser Modellgleichung können sogenannte *item characteristic curves* (kurz ICCs) jeweils für Items unterschiedlicher Itemschwierigkeiten hergeleitet werden. Aus einer konkreten *item characteristic curve* eines Items i lässt sich dann unmittelbar ablesen, mit welcher Wahrscheinlichkeit (auf der Ordinate dargestellt) eine Person ν mit Fähigkeit θ_ν (auf der Abszisse darstellt) das Item korrekt löst (Koller et al., 2012). Diese Kurven unterscheiden sich lediglich dahingehend, dass sie entlang der Abszisse verschoben sind (Eid & Schmidt, 2014, S. 28). Daraus wird auch die strenge „Forderung nach gleicher Trennschärfe im Raschmodell“ (Strobl, 2015, S. 53) deutlich, da sich die ICCs nicht schneiden. Im Folgenden werden weitere zentrale Annahmen bzw. Eigenschaften des dichotomen Rasch-Modells dargestellt:

- **Suffiziente Statistik**: Die Anzahl (korrekt) gelöster Items einer Person ν ist eine suffiziente Statistik für die Personenfähigkeit θ_ν: „Somit hängt die Wahrscheinlichkeit der Daten unter Annahme der Modellgeltung nicht davon ab, welche Items von welcher Person gelöst wurden, sondern nur davon, wie viele

Items eine Person gelöst hat bzw. wie oft ein Item gelöst wurde“ (Rost, 2004, S. 124).

- **Lokale stochastische Unabhängigkeit**: Die Lösungswahrscheinlichkeit eines Items i_1 hat für einen Testteilnehmenden ν mit Personenfähigkeit θ_ν keinen Einfluss auf die Lösung eines anderen Items i_2. Die Bearbeitung von Item i_2 darf also nicht von der Lösung des Items i_1 abhängen (Strobl, 2015). *Lokal* bezieht sich darauf, dass diese stochastische Unabhängigkeit nur für Personen mit gleicher Personenfähigkeit gilt (Klinger, 2018; Wess, 2020). Die lokale stochastische Unabhängigkeit stellt eine zentrale Voraussetzung für die **Itemhomogenität** dar, also dafür, dass alle Items dasselbe Merkmal messen (Kelava & Moosbrugger, 2020b, S. 381).
- **Spezifische Objektivität (Stichprobenunabhängigkeit)**: Wenn Person ν_1 einen höheren Personenparameter als Person ν_2 hat, dann ist dies stets unabhängig davon, anhand welcher Items der Vergleich vorgenommen wird. Gleiches gilt bezüglich der Items: Wenn Item i_1 eine höhere Itemschwierigkeit als Item i_2 hat, dann ist dies stets unabhängig davon, anhand welcher Personen der Vergleich vorgenommen wird (Bühner, 2021; Eid & Schmidt, 2014; Strobl, 2015).
- **Eindimensionalität (Rasch-Homogenität)**: Die Personenfähigkeiten und die Itemschwierigkeiten liegen auf einer gemeinsamen Skala mit der sogenannten Logit-Einheit und unterliegen der dem Rasch-Modell zugrundeliegenden Modellgleichung (daher Differenzbildung möglich, vgl. **Abbildung 7.5**). Der Test sollte daher ausschließlich bzw. in besonderem Ausmaß das Konstrukt *Verständnis der Ableitung* prüfen und nicht beispielsweise zusätzlich die Sprachkompetenz, um Homogenität der Items zu gewährleisten (Bühner, 2021, S. 253; Eid & Schmidt, 2014, S. 146; Koller et al., 2012; Krumm et al., 2021; Strobl, 2015).[5]

Parameterschätzung

In der praktischen Anwendung eines dichotomen Rasch-Modells sind entgegen der bisherigen Annahmen sowohl Personenfähigkeiten als auch Itemschwierigkeiten nicht gegeben und müssen aus den empirischen Daten – also dem Antwortverhalten der getesteten Personen auf Items eines Tests – ermittelt werden (Krumm et al., 2021; Quarder, 2024). Zur Schätzung der Personenfähigkeiten und der Itemschwierigkeiten wird eine *Likelihood-Funktion* L verwendet, die auf Grundlage einer gegebenen dichotomen Datenmatrix mit N Personen und k Items folgendermaßen berechnet

[5] Auf mehrdimensionale dichotome Rasch-Modelle wird in dieser Arbeit nicht eingegangen, da das Verständnis der Ableitung eindimensional erfasst werden soll.

wird (Krumm et al., 2021, S. 71; Rost, 2004, S. 123):

$$L = \prod_{\nu=1}^{N} \prod_{i=1}^{k} p(X_{\nu i}) = \prod_{\nu=1}^{N} \prod_{i=1}^{k} \frac{e^{X_{\nu i} \cdot (\theta_\nu - \beta_i)}}{1 + e^{\theta_\nu - \beta_i}}$$

Dieser Term beschreibt das „Aufmultiplizieren über alle Zeilen und Spalten der Datenmatrix, d. h. über alle Items und Personen" (Rost, 2004, S. 123). Personenfähigkeiten und Itemschwierigkeiten werden mithilfe iterativer *Likelihood-Methoden* so geschätzt, dass die Likelihood-Funktion maximal wird (Strobl, 2015). Für die vorliegende Arbeit wird – in Anlehnung an Lichti und Roth (2018) – das in R vordefinierte IRT package TAM (siehe Bond & Fox, 2015, S. 342) genutzt und dabei die „für die Bestimmung der Itemschwierigkeitsparameter die sogenannte *Marginal Maximum Likelihood Estimation* (*MMLE*) und für die Bestimmung der Personenfähigkeitsparameter die sogenannte *Weighted Likelihood Estimation* (*WLE*) verwendet" (Quarder, 2024, S. 168). Item- und Personenparameter werden dabei in der Einheit Logit angegeben und können prinzipiell Werte zwischen $\pm\infty$ annehmen; liegen allerdings meist zwischen -3 und $+3$. Positive Werte repräsentieren dabei Personen mit hohen Fähigkeiten sowie Items mit hohem Schwierigkeitsgrad (Bühner, 2021, S. 253). Hier wird ein weiterer Vorteil von Rasch-Modellen sichtbar, denn durch die Skalierung liegen die Personenparameter nicht mehr auf einer diskreten sondern auf einer kontinuierlichen Skala, was für viele statistische Tests eine Voraussetzung darstellt (Bühner, 2021, S. 246). Zudem liegen alle Personenparameter der Schülerinnen und Schüler über beide Messzeitpunkte auf einer gemeinsamen Skala, was eine direkte Vergleichbarkeit legitimiert (Zöttl, 2009, S. 152). Für eine ausführlichere Darstellung zur Bestimmung von Modellparametern des Rasch-Modells sei beispielsweise auf Koller et al. (2012, Kapitel 3) oder Strobl (2015, Kapitel 3) verwiesen.

Prüfung der Modellpassung

Um zu überprüfen, ob die im Rasch-Modell ermittelten Parameter die Daten auch tatsächlich angemessen beschreiben – die Daten also raschkonform sind –, können verschiedene Modelltests durchgeführt werden. Die Entscheidung über die Passung des Rasch-Modells bleibt dabei jedoch stets in gewissem Maße subjektiv geprägt (Klinger, 2018; Wess, 2020).

Die meisten Tests untersuchen, ob sich die geschätzten Itemschwierigkeiten „systematisch zwischen verschiedenen Gruppen von Personen unterscheiden" (Strobl, 2015, S. 39). Ist dies der Fall, liegt *Differential Item Functioning* (kurz *DIF*) vor. Eine einfache Möglichkeit zur Überprüfung bietet der graphische Modelltest, bei dem die Stichprobe in zwei Teilstichproben (z. B. nach dem Geschlecht) unterteilt und Itemschwierigkeiten miteinander verglichen werden. Die grafische Darstellung der Itemschwierigkeiten – mit den Werten der Teilstichprobe I auf der Abszisse und jenen der Teilstichprobe II auf der Ordinate – wird als „Streudiagramm (bzw. Scatterplot) der Itemparameterschätzungen aus zwei Personengruppen" bezeichnet (Koller et al., 2012, S. 79) Stimmen die Itemschwierigkeiten in beiden Teilstichproben überein, liegen alle Punkte (Items) auf der Winkelhalbierenden des Streudiagramms. Abweichungen von dieser Linie deuten auf Unterschiede in den Itemparametern zwischen den beiden Subgruppen hin (Eid & Schmidt, 2014, S. 184–185; Rost, 2004, S. 348). Geringere Abweichungen von der 45 Grad-Linie sind allerdings tolerierbar, denn „Schätzwerte sind aufgrund der zufälligen Stichprobenziehung immer zufälligen Schwankungen unterworfen" (Strobl, 2015, S. 40). Um eine systematische Abweichung zu identifizieren, lassen sich 95 %-Konfidenz-Regionen als Konfidenz-Ellipsen um die Items im Streudiagramm einzeichnen (Klinger, 2018, S. 223; Koller et al., 2012, S. 80; Strobl, 2015, S. 40–41). Keine Schnittpunkte einer Konfidenz-Region mit der Winkelhalbierenden deuten auf eine Verletzung der spezifischen Objektivität dichotomer Rasch-Modelle hin, da ein entsprechendes Item dann nicht die gleiche Schwierigkeit für unterschiedliche Personen aufweist (Krumm et al., 2021, S. 67; Strobl, 2015, S. 40–42). De Vries (2021) sowie Lichti und Roth (2019) betrachten DIF größer als 1 (Logit) als kritisch.

Ein inferenzstatistischer Test stellt der Likelihood-Quotienten-Test (engl. *Likelihood-Ratio-Test*, kurz LR-Test) nach Andersen (1973) dar. Dieser dient der globalen Modellprüfung, d. h. der gleichzeitigen Prüfung über alle Testitems. Seine Idee gleicht dem graphischen Modelltest: Ein signifikanter Test deutet dabei darauf hin, dass Itemschwierigkeiten in verschiedenen Gruppen ungleich sind (Koller et al., 2012, S. 69; Strobl, 2015, S. 42; Wess, 2020). Die Nullhypothese lautet demnach, dass das Rasch-Modell in der Untersuchungspopulation gilt (Bühner, 2021, S. 302). Für die mathematische Berechnung sei auf Eid und Schmidt (2014, S. 185–187) oder Koller et al. (2012, S. 67–70) verwiesen. Zusätzlich kann noch der Wald-Test – ein weiterer globaler Modellgeltungstest – durchgeführt werden, bei dem die geschätzten Itemparameter in zwei Subgruppen direkt miteinander verglichen werden (Eid & Schmidt, 2014, S. 187–188). Dieser ist somit „itemspezifisch (d. h. für einzelne Items, man sagt auch auf Itemebene)" (Koller et al., 2012, S. 62).

Das wohl etablierteste Verfahren zur Überprüfung der Modellpassung stellt die Betrachtung der Mean-Square-Fit-Statistiken (MNSQ) dar – eine Prüfung des Rasch-Modells auf Itemebene und nicht auf globaler Testebene wie beispielsweise der LR-Test (Bond & Fox, 2015; Klinger, 2018, S. 157; Wess, 2020, S. 183). Konkret können dabei der *Weighted Mean Square* oder der *Unweighted Mean Square* für jedes Testitem i angegeben werden, die kurz auch als Infit-(I_i) und Outfit-Maß

(O_i) bezeichnet werden. Beide adressieren folgende Frage: „How much misfit exists in the data?“ (Bond & Fox, 2015, S. 269).

Zur Berechnung von I_i und O_i für ein konkretes Item i können die folgenden beiden Formeln herangezogen werden (Bühner, 2021, S. 273):

$$O_i = \frac{1}{n} \cdot \sum_{\nu=1}^{n} \frac{\text{Quadriertes Residuum der Itemantwort von Person } \nu \text{ auf Item } i}{\text{Varianz der Itemantworten für Person } \nu \text{ bei Item } i}$$

$$I_i = \frac{1}{n} \cdot \frac{\sum_{\nu=1}^{n} \text{Quadriertes Residuum der Itemantwort von Person } \nu \text{ auf Item } i}{\sum_{\nu=1}^{n} \text{Varianz der Itemantworten für Person } \nu \text{ bei Item } i},$$

wobei n für die Anzahl aller Testpersonen und das Residuum als Abweichung der Itemantwort einer konkreten Person ν von dem durch das Rasch-Modell geschätzten Wert steht. Daraus ergibt sich, dass der Outfit-Wert besonders sensitiv auf Abweichungen reagiert, wenn Personenfähigkeiten deutlich von Itemschwierigkeiten abweichen (Brand, 2014, S. 134). Der Infit-Wert hingegen basiert auf einer gewichteten Berechnung: Residuen, bei denen die Differenz aus Item- und Personenparameter gering ist, werden stärker gewichtet, weil „in diesem Fall die Items zuverlässig zwischen guten und weniger guten Testpersonen trennen und so eine präzise Messung ermöglichen“ (Quarder, 2024, S. 173).

Zur Beurteilung der Modellpassung von Items wird klassischerweise vorrangig das Infit-Maß herangezogen, wie es beispielsweise auch in PISA-Studien üblich ist (Brand, 2014, S. 134; Lichti, 2019, S. 56). Ein Infit-Wert von 1.0 zeigt dabei eine perfekte Übereinstimmung mit dem theoretisch angenommenen Rasch-Modell an (Bond & Fox, 2015). Deutliche Abweichungen nach oben gelten als Underfit; die entsprechende ICC verläuft flacher als erwartet. Infit-Werte deutlich unterhalb von 1.0 werden als Overfit bezeichnet – die ICCs solcher Items hat einen steileren Verlauf als im Rasch-Modell angenommen (Brand, 2014). In vielen Fällen stellt ein Overfit jedoch kein gravierendes Problem dar (Bühner, 2021, S. 293). Als häufig genutzter Richtwert für einen akzeptablen Itemfit gilt das von Bond und Fox (2015) vorgeschlagene Intervall für Infit-Werte zwischen 0.8 und 1.2, an dem sich auch viele High-Stakes Assessments – wie beispielsweise PISA – orientieren. Beim IQB-Ländervergleich 2012 im Fach Mathematik wurden Items ausgeschlossen, deren Weighted Mean Square den Wert von 1.15 überschritten, was einem Underfit entspricht (Hecht et al., 2013). Andere Autorinnen und Autoren, etwa Linacre und Wright (1994), betrachten auch Infit-Werte zwischen 0.5 und 1.5 als akzeptabel (Bühner, 2021, S. 293). Bond und Fox (2015, S. 273–274) betonen in diesem Zusammenhang, dass Items nicht allein aufgrund hoher Infit-Werte ausgeschlossen werden sollten. Stattdessen seien solche Abweichungen als Hinweise auf potenziell problematische Items zu interpretieren, die gegebenenfalls einer inhaltlichen Überprüfung bedürfen. König und Blömeke (2009) betonen bei einer Itemselektion nicht zu starr an dem vorgegebenen Intervall für Infit-Werte festzuhalten, sondern auch stets das inhaltliche Spektrum des gesamten Tests im Blick zu haben.

Neben der Betrachtung der Weighted Mean Squares können zusätzlich klassische Trennschärfen für jedes Item herangezogen werden, um die Passung der Items zum Modell zu beurteilen (vgl. Besser et al., 2021; de Vries, 2021; Zöttl, 2009). Eine Itemtrennschärfe (engl. *item-total correlation*) ist grob ausgedrückt ein Maß dafür, inwieweit es zwischen Testteilnehmenden mit einer starken bzw. schwachen Merkmalsausprägung differenzieren kann (Kelava & Moosbrugger, 2020a, S. 153–154). Häufig wird eine Mindesttrennschärfe von 0.20 in Anlehnung an PISA vorausgesetzt (Duchhardt, 2015, S. 6; Zöttl, 2009, S. 164), wobei gute Trennschärfen erst im Intervall von 0.4 bis 0.7 vorliegen (Kelava & Moosbrugger, 2020a, S. 155; Lienert & Raatz, 1998). Darüber hinaus lässt sich für jedes Item die Lösungsquote – also die mittlere empirische Itemschwierigkeit – angeben (Besser et al., 2021; Kelava & Moosbrugger, 2020a). Items mit einer Lösungsquote von etwa 50 % differenzieren am stärksten zwischen Testteilnehmenden, während sehr leichte oder sehr schwierige Items kaum zur Differenzierung beitragen. Aus diesem Grund schlagen Kelava und Moosbrugger (2020a, S. 155) vor, Items mit Lösungsquoten außerhalb des Intervalls von 5 % bis 95 % aus einem Test zu entfernen. Gleichzeitig sollte jedoch darauf geachtet werden, dass das gesamte Fähigkeitsspektrum der Zielgruppe abgedeckt wird.

Die Zuverlässigkeit bzw. Messgenauigkeit der Schätzung der Personenparameter zur Prüfung der Passung von Rasch-Modellen wird häufig mittels EAP/PV-Reliabilität angegeben, wobei Werte nahe 1 als sehr gut bzw. messgenau interpretiert werden können (de Vries, 2021, S. 165; Lienert & Raatz, 1998). EAP/PV-Reliabilität vergleicht die erwartete Varianz mit der tatsächlichen Varianz und ist das Pendant zu Cronbachs Alpha aus der Klassischen Testtheorie (de Vries, 2021; Kirsten & Greefrath, 2023; Rost, 2004). Allerdings sollte das Rasch-Modell nicht zwangsläufig aufgrund niedriger Werte verworfen werden: Besser et al. (2021, S. 351) geben eine EAP/PV-Reliabilität von 0.68 an, die sie allerdings aufgrund der inhaltlichen Vielfalt ihres Testinstruments als akzeptabel beurteilen.

Im Rahmen dieser Arbeit soll der Test zum Verständnis der Ableitung ebenfalls auf Raschkonformität anhand der oben beschriebenen Möglichkeiten geprüft werden. Allerdings wird auf die globalen Modelltests (u. a. LR-Test sowie Wald-Test) verzichtet, denn für große Stichproben werden selbst kleinere Abweichungen vom Rasch-Modell statistisch signifikant. Dies äußert sich auch im graphischen

Modelltest, in dem die Konfidenz-Ellipsen kleiner werden und die Winkelhalbierende nicht schneiden (Klinger, 2018, S. 157; Strobl, 2015, S. 40–41). In vielen Large-Scale-Assessments, z. B. PISA, NEPS und PIRLS, werden ebenfalls keine Globaltests berichtet: Zur Qualitätsbestimmung des Testinstruments wurden insbesondere die Item-Fit-Statistiken berücksichtigt. Zudem erfolgte eine Bestimmung der EAP/PV-Reliabilität sowie der Itemtrennschärfen zur Überprüfung der Rasch-Modellkonformität. Ergänzend wurden DIF-Analysen (graphische Modellgeltungstests) mit unterschiedlichen Teilungskriterien durchgeführt. Ein ähnliches Vorgehen zur Raschskalierbarkeit der Daten mit dem Fokus auf Betrachtung der Fit-Statistik und Trennschärfen der eingesetzten Items – bei Vernachlässigung von Globaltests – kann auch anderen Arbeiten entnommen werden (z. B. Besser et al., 2021; Friesen, 2017; Klinger, 2018; Lichti & Roth, 2018; Rolfes, 2018). Bei der Überprüfung des Raschmodells zur Skalierung zweier Leistungstests in Klinger (2018) waren globale Modellgeltungstests (Andersen-Test und Wald-Tests) signifikant und deuten auf Modellverletzungen hin; dennoch wurde das Rasch-Modell insgesamt aufgrund der zufriedenstellenden Fit-Werte der Items als brauchbar akzeptiert. Zur Prüfung mehrdimensionaler Rasch-Modelle werden ebenfalls keine Globaltests durchgeführt (Beckschulte, 2019; Frenken, 2022; Hankeln, 2019; Quarder, 2024). Auch im *TAM package* in R sind der LR-Test nach Andersen und der Wald-Test nicht implementiert.

Grundsätzlich können signifikante Globaltests (z. B. LR-Test) auch ein Hinweis auf Mehrdimensionalität sein, was aufgrund der Vielzahl an Aufgaben der Tests in der vorliegenden Arbeit, die unterschiedliche Ebenen der Ableitung in verschiedenen Repräsentationsformen abbilden, nicht verwunderlich ist. Allerdings soll keine detaillierte Unterscheidung zwischen den Ebenen und Repräsentationen vorgenommen werden, sondern das Konstrukt Verständnis der Ableitung (eindimensional) als Ganzes erfasst werden, wie dies in dem Messinstrument von Besser et al. (2021) ebenfalls der Fall ist. Klinger (2018, S. 160) fügt hinzu, dass nicht die Frage im Zentrum steht, ob die Mathematikleistung per se eindimensional ist, sondern vielmehr, ob sie hinreichend genau durch ein eindimensionales Modell abgebildet werden kann.

Datenskalierung

In Anlehnung an Studien mit zwei Messzeitpunkten, in denen dichotome Rasch-Modelle verwendet werden, soll zur möglichst präzisen Skalierung der Daten das Verfahren der *Concurrent Calibration* eingesetzt werden (vgl. de Vries, 2021; Frenken, 2022; Hankeln, 2019; Quarder, 2024; Wess, 2020). Dieses Verfahren wird häufig in Längsschnitt- oder Vergleichsstudien mit mehreren Messzeitpunkten angewendet, da es eine gemeinsame Kalibrierung der Item- und Personenparameter auf einer einheitlichen Skala ermöglicht. Um eine „Gleichsetzung der Schwierigkeiten aller Items über die [Mess-]Zeitpunkte“ (Hartig & Kühnbach, 2006, S. 34) zu gewährleisten, wird ein Ansatz mit virtuellen Personen gewählt. Dabei werden die Antworten jeder Testperson aus dem Prä- und dem Posttest untereinander in einer gemeinsamen Datenmatrix angeordnet, sodass jede Person zweimal – einmal für den Prätest und einmal für den Posttest – als separate Zeile in die Analyse eingeht (vgl. **Abbildung 7.6**).

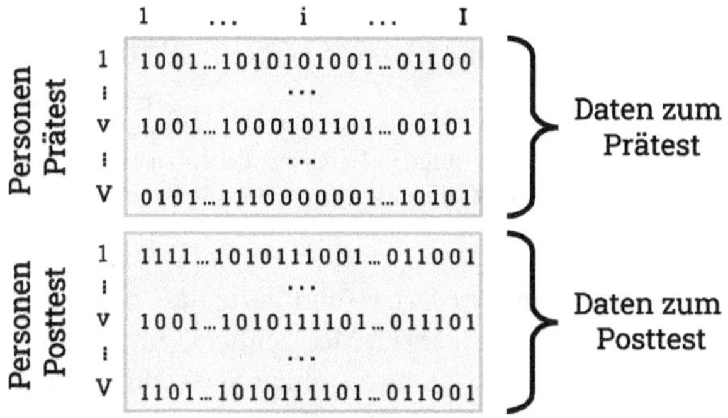

Abbildung 7.6 Datenstruktur mit virtuellen Personen aus Daten zu zwei Messzeitpunkten (in Anlehnung an Hartig & Kühnbach, 2006, S. 34)

Zur Bestimmung der Personenparameter jedes Teilnehmenden beim Prä- sowie Posttest wird ein zweidimensionales Rasch-Modell verwendet, bei dem die erste Dimension die Personenparameter zum 1. Messzeitpunkt und die zweite Dimension die Personenparameter zum 2. Messzeitpunkt widerspiegelt. Dafür werden die Daten gemäß **Abbildung 7.7** nebeneinander angeordnet und der Ansatz mit virtuellen Items verwendet (vgl. auch Hecht et al., 2013; Wright, 2003). Dabei werden die mit dem Verfahren über virtuelle Personen ermittelten Itemschwierigkeiten fixiert, sodass sie zu beiden Messzeitpunkten identisch bleiben (Hartig & Kühnbach, 2006, S. 35).

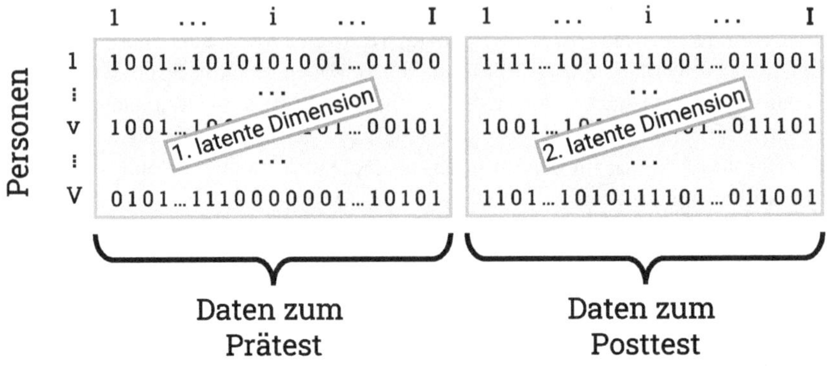

Abbildung 7.7 Datenstruktur mit virtuellen Items aus Daten zu zwei Messzeitpunkten als zwei latente Dimensionen (in Anlehnung an Hartig & Kühnbach, 2006, S. 35)

Eine derartige Verknüpfung der Daten führt dazu, dass die Personenparameter der Schülerinnen und Schüler zum ersten Messzeitpunkt (als Personenfähigkeit in der ersten latenten Dimension) sowie zum zweiten Messzeitpunkt (als Personenfähigkeit in der zweiten latenten Dimension) auf derselben (Logit-)Skala abgebildet werden können und somit direkt vergleichbar sind (Lichti, 2019, S. 184). Dadurch können Fähigkeitszuwächse als Differenz der Personenfähigkeiten zwischen diesen beiden Messzeitpunkten interpretiert werden (Hartig & Kühnbach, 2006, S. 34; Wright, 2003).

Im Rahmen der vorliegenden Studie ist es der Einfachheit halber ausreichend, allein den Ansatz über virtuelle Personen zu verwenden. Aus diesem ergeben sich ebenfalls die Personenfähigkeiten jeder teilnehmenden Person zu beiden Messzeitpunkten, da jede Person in zwei Zeilen der Datenmatrix vertreten ist (vgl. de Vries, 2021, S. 140). Die so ermittelten Personenfähigkeiten unterscheiden sich lediglich minimal von den Ergebnissen des Ansatzes über virtuelle Items.

Grundzüge der Klassischen Testtheorie

Die Daten der beiden Messinstrumente zu den Ausprägungen von Grundvorstellungen zur Ableitung (vgl. Abschnitt 7.6.2) sowie zu den Einstellungen gegenüber GeoGebra (vgl. Abschnitt 7.6.3) werden mithilfe von Verfahren der Klassischen Testtheorie skaliert.

Die Klassische Testtheorie – auch Messfehlertheorie genannt – beruht auf der Annahme, dass ein Testergebnis aus dem wahren Ausprägungsgrad einer Person (bezüglich eines Merkmals) und einem unsystematischen Messfehler besteht (Verknüpfungsaxiom). Dieser wahre Ausprägungsgrad entspricht dem Erwartungswert bzw. dem Mittelwert der Testergebnisse bei hypothetisch häufiger Testwiederholung (Existenzaxiom). Zudem wird angenommen, dass die Messfehler unabhängig vom wahren Ausprägungsgrad einer Person sind (Unabhängigkeitsaxiom) (Bühner, 2021; Döring, 2023; Eid & Schmidt, 2014; Krumm et al., 2021). Das bedeutet, dass die Personenfähigkeit in Bezug auf ein untersuchtes Merkmal – abgesehen vom Messfehler – anhand der erreichten Punktzahl im Test geschätzt werden kann, etwa durch Zählen korrekter Antworten. Auch die Itemschwierigkeit lässt sich als der Prozentsatz korrekt gelöster Aufgaben über alle Testteilnehmenden hinweg definieren (Koller et al., 2012, S. 11). Besondere Relevanz hat im Rahmen der Klassischen Testtheorie die Reliabilität des Messinstruments, mit der die Messgenauigkeit eines Items oder einer gesamten Skala angegeben wird. Zur Schätzung der Reliabilität wird häufig auf *Cronbachs Alpha* zurückgegriffen – ein Maß für die interne Konsistenz, also dafür, ob alle Items dasselbe Konstrukt messen (Bühner, 2021; Döring, 2023).

Aufgrund des gewählten Multi-Matrix-Designs für den Test zum Verständnis der Ableitung bietet sich der Einsatz eines probabilistischen Testmodells (Rasch-Modell) an. Für die zusätzlich mittels Fragebogen erhobenen Grundvorstellungen sowie Einstellungen gegenüber GeoGebra lagen jedoch keine fehlenden Daten durch *Missing by Design* vor. Zudem entfallen viele Vorteile der IRT bei Likert-skalierten Daten, wenn diese vollständig vorliegen. Daher wurden für diese Variablen – auch aus Gründen der Einfachheit und aufgrund der weiten Verbreitung – Verfahren der Klassischen Testtheorie verwendet (Hankeln, 2019; Krumm et al., 2021).

Nachdem nun testtheoretische Grundlagen erläutert wurden, mit deren Hilfe sich Personenparameter mithilfe dichotomer Rasch-Modelle schätzen lassen, folgen im nächsten Kapitel statistische Analysen. Diese dienen der Untersuchung von Gruppenunterschieden sowie Zusammenhängen und damit der Beantwortung der Forschungsfragen.

7.5.2 Eingesetzte statistische Verfahren

Im Folgenden werden die in dieser Arbeit verwendeten inferenzstatistischen Verfahren kurz und prägnant vorgestellt. Diese zielen darauf ab, auf Basis von Stichprobenergebnissen Rückschlüsse auf die zugrunde liegende Grundgesamtheit zu ziehen und die statistische Signifikanz von Effekten zu überprüfen (Bühner & Ziegler, 2017, S. 168; Hussy et al., 2013, S. 179). Die Darstellung erhebt keinen Anspruch auf Vollständigkeit oder tiefgehende mathematische Herleitungen. Für detailliertere Informationen und umfassendere Erläuterungen wird auf einschlägige Statistiklehrbücher verwiesen, auf die in den nachfolgenden Ausführungen referenziert wird.

Die statistischen Analysen wurden mit den Programmen R (Version 4.5.0) und JASP (Version 0.19, Apple Silicon) durchgeführt. In R erfolgte zunächst die Berechnung verschiedener Kennwerte, z. B. Item- oder Personenparameter sowie Mittelwerte der drei Messinstrumente (Verständnis der Ableitung, Grundvorstellungen zur Ableitung und Einstellungen gegenüber GeoGebra). Anschließend wurden sie nach JASP exportiert, wo die weiterführenden inferenzstatistischen Analysen vorgenommen wurden, deren Darstellung in Kapitel 8 erfolgt.

t-Test

Um festzustellen, ob zwei empirisch ermittelte Mittelwerte nicht nur zufällig voneinander abweichen, eignet sich der t-Test (B. Rasch et al., 2014a, S. 33). Als statistischer Signifikanztest findet er in zahlreichen empirischen Studien Anwendung (Krämer, 2015, S. 186; B. Rasch et al., 2014b, S. 33). Zur Überprüfung von Unterschiedshypothesen, wie zum Beispiel der Annahme, dass die Ausprägung der Grundvorstellung *Tangentensteigung* in der dynamischen Gruppe stärker ausgeprägt ist als in der statischen Gruppe, wird ein t-Test für unabhängige Stichproben (**ungepaarter t-Test**) verwendet. Dieser zeichnet sich dadurch aus, dass „zwei unterschiedliche Gruppen von Personen zu einem Messzeitpunkt untersucht werden" (Bühner & Ziegler, 2017, S. 264). Die unabhängige Variable (Gruppierungsvariable) ist hierbei die Zugehörigkeit zu einer der beiden Gruppen. Im Gegensatz dazu wird ein t-Test für abhängige Stichproben (**gepaarter t-Test**) eingesetzt, wenn Veränderungshypothesen überprüft werden sollen, also „Veränderungen von Variablen bei denselben Individuen über die Zeit […] hinweg" (Döring, 2023, S. 151) – die Gruppierungsvariable ist der Messzeitpunkt. Im Kontext der vorliegenden Studie wird beispielsweise untersucht, ob sich die Einstellungen gegenüber GeoGebra (innerhalb der dynamischen Gruppe) vor und nach der Intervention signifikant unterscheiden. Dabei lautet stets die Nullhypothese bei einem t-Test, dass kein systematischer Unterschied zwischen den zu vergleichenden Mittelwerten besteht; deren Differenz also null beträgt (Bühner & Ziegler, 2017; Döring, 2023; B. Rasch et al., 2014a).

Klassischerweise – wie auch in der vorliegenden Studie – wird ein Signifikanzniveau von $\alpha = 5\,\%$ festgelegt, was der Wahrscheinlichkeit entspricht, fälschlicherweise die Nullhypothese abzulehnen, also einen Fehler 1. Art zu begehen[6] (Bühner & Ziegler, 2017, S. 173–176). Erzielt ein t-Test ein signifikantes Ergebnis, wird die Alternativhypothese angenommen. Diese kann entweder ungerichtet formuliert sein (die Mittelwerte der beiden Gruppen unterscheiden sich) oder gerichtet (die Mittelwerte unterscheiden sich in einer vorher festgelegten Richtung, wobei ein höherer Mittelwert in einer bestimmten Gruppe erwartet wird). Dabei sollten gerichtete Hypothesen stets aus der Theorie heraus begründet werden (Bühner & Ziegler, 2017, S. 296; Kuckartz et al., 2013, S. 149–151; B. Rasch et al., 2014a, S. 46).

Bei signifikanten t-Tests ist die Angabe der Effektstärke entscheidend, die in vielen Fällen mithilfe von *Cohens d* angegeben wird. Nach Cohen (1988, S. 25–26) gelten folgende allgemeine Richtwerte: Ein kleiner Effekt liegt vor, wenn $0.20 < |d| < 0.50$, ein mittlerer Effekt bei $0.50 < |d| < 0.80$ und ein großer Effekt bei $d > 0.80$. Bei nicht signifikanten t-Tests wird die Alternativhypothese zwar zugunsten der Nullhypothese verworfen, kann aber dennoch in der Grundgesamtheit korrekt sein. Dies wird als Fehler 2. Art oder β-Fehler bezeichnet. Daher sollte die Nullhypothese nach Rasch et al. (2014a, S. 57) nur dann angenommen werden, wenn die Teststärke (engl. *power*) etwa $1 - \beta = 0{,}9$ beträgt, also die Wahrscheinlichkeit für den Fehler 2. Art bei ca. 10 % liegt.

Bevor ein t-Test für unabhängige Stichproben allerdings durchgeführt werden kann, müssen die folgenden drei Voraussetzungen erfüllt sein: 1) Die abhängige Variable ist intervallskaliert, 2) Die abhängige Variable ist in der Population normalverteilt, 3) Es liegt Varianzhomogenität zwischen den beiden zu vergleichenden Stichproben vor (B. Rasch et al., 2014b, S. 43).[7] Allerdings verhält sich der t-Test robust gegenüber der Verletzung der Voraussetzung der Normalverteilung, sofern die Stichprobengröße N beider Gruppen gilt: $N_{Gruppe1} \approx N_{Gruppe2} > 30$ (B. Rasch et al., 2014b, S. 43). Zur Prüfung der Normalverteilungsannahme eignet sich z. B. der Kolmogorov-Smirnov-Test oder der Shapiro-Wilk-Test und zur Varianzhomogenitätsannahme der Levene-Test, der die Größen der Varianzen beider Gruppen miteinander vergleicht (Backhaus et al., 2021, S. 119; B. Rasch et al., 2014a, S. 44). Die Voraussetzungen sind erfüllt, sofern beide Tests nicht signifikant sind. Bei Verletzung der Varianzhomogenität kann anstelle eines t-Tests entweder ein Welch-Test

[6] Wird ein Signifikanzniveau von $\alpha = 1$ % unterschritten, wird von einem sehr signifikanten bzw. hoch hochsignifikanten Ergebnis gesprochen. In sehr seltenen Fällen – insbesondere bei niedriger Stichprobenanzahl – wird auch mit einem α-Niveau von 10 % gearbeitet (Kuckartz et al., 2013, S. 149).

[7] Bei abhängigen t-Tests ist die Prüfung der Voraussetzungen ähnlich: Die abhängige Variable muss intervallskaliert sein sowie die „Differenzen zwischen beiden Messzeitpunkten müssen sich in der Grundgesamtheit normalverteilen“ (Bühner & Ziegler, 2017, S. 278).

oder ein Brown-Forsythe-Test durchgeführt werden. Liegt zusätzlich eine Verletzung der Normalverteilungsannahme vor, ist der Brown-Forsythe-Test vorzuziehen, da er im Vergleich zum Welch-Test weniger empfindlich auf Abweichungen von der Normalverteilung reagiert (Eid et al., 2017, S. 337).

Werden zur Überprüfung von Unterschiedshypothesen mehr als zwei Gruppen miteinander verglichen oder Veränderungen über mehr als zwei Messzeitpunkte bei Individuen untersucht, bietet sich Varianzanalyse als statistisches Verfahren an. Da dieses Verfahren in der vorliegenden Arbeit nicht angewandt wird, wird an dieser Stelle auf einschlägige Lehrwerke verwiesen (z. B. Bühner & Ziegler, 2017; Döring, 2023). Da Regressionsanalysen in dieser Arbeit vielfach eingesetzt werden, wird auch bei Fragestellungen, die alternativ mittels Varianzanalyse bearbeitet werden könnten, auf Regressionsmodelle zurückgegriffen (Backhaus et al., 2018, S. 61). Dies ermöglicht ein einheitliches Auswertungsvorgehen und bei Bedarf die Integration zusätzlicher Prädiktoren, insbesondere zur Beantwortung des Fragenkomplexes III.

(Bivariate) Korrelation

Korrelationsstudien beschreiben im einfachsten Fall den Zusammenhang zwischen zwei Variablen anhand eines numerischen Maßes – des (Pearson-) Korrelationskoeffizienten r. Dieser ergibt sich aus dem Quotienten aus der Kovarianz der beiden Variablen und dem Produkt der Standardabweichungen und kann Werte zwischen $+1$ und -1 annehmen (Kuckartz et al., 2013, S. 212). Dabei gibt eine Korrelation mit einem Kennwert von $r = +1$ einen positiven Zusammenhang beider Variablen an, d. h. ein hoher Wert der ersten Variable korrespondiert mit einem hohen Wert der zweiten Variable. Beispielsweise kann eine starke Ausprägung der Grundvorstellung *Tangentensteigung* mit einer starken Ausprägung der *Lokalen Änderungsrate* einhergehen (z. B. Greefrath et al., 2022). Eine Korrelation von $r = 0$ deutet auf keinen linearen Zusammenhang hin, während ein negativer Wert auf einen negativen Zusammenhang hinweist. Wichtig ist, dass daraus keine kausalen Schlussfolgerungen gezogen werden dürfen (Bühner & Ziegler, 2017, S. 82; Döring, 2023, S. 666; Eid et al., 2017, S. 538; Hussy et al., 2013, S. 154). Es gilt, dass „Korrelation eine notwendige, aber keine hinreichende Voraussetzung für Kausalität" ist (Kuckartz et al., 2013, S. 223). Nach Kuckartz et al. (2013, S. 213) liegt ein geringer Zusammenhang bei $0.10 \leq |r| < 0.30$, ein mittlerer Zusammenhang bei $0.30 \leq |r| < 0.50$, ein hoher Zusammenhang bei $0.50 \leq |r| < 0.70$ und ein sehr hoher Zusammenhang bei $0.70 \leq |r| < 1.00$ vor. Auch hier sollte eine gefundene Korrelation auf Signifikanz überprüft werden und das gängige Signifikanzniveau von $\alpha = 5\%$ herangezogen werden. Als zentrale Voraussetzung gilt, dass die Daten zu beiden Variablen jeweils normalverteilt sind. Bei Verletzung dieser Annahme, insbesondere bei einer kleinen Datengrundlage ($N < 30$), sollte auf den Rangkorrelationskoeffizienten ρ nach Spearman zurückgegriffen werden (Kuckartz et al., 2013, S. 217–219).

Regression

Die Regressionsanalyse dient – ähnlich wie die Korrelationsanalyse – dazu, Zusammenhänge zwischen Variablen zu beschreiben. Beide Analysen unterscheiden sich dahingehend, dass im Rahmen der Regression auch kausale Aussagen zwischen den Variablen getroffen werden können (Backhaus et al., 2021, S. 62; Eid et al., 2017, S. 589; B. Rasch et al., 2014b, S. 98). Im Falle einer **einfachen linearen Regression** bzw. **bivariaten linearen Regression** wird sich die Frage gestellt, ob und wie stark eine abhängige Variable (Kriterium) durch eine unabhängige Variable (Prädiktor, Kovariable oder Einflussgröße) mithilfe eines linearen Zusammenhangs vorhergesagt werden kann; es gehen also genau zwei Variablen ins Regressionsmodell ein (Bühner & Ziegler, 2017; Eid et al., 2017, S. 589; Hussy et al., 2013, S. 177; Kuckartz et al., 2013; B. Rasch et al., 2014b). Die Daten können aber auch in Form von Wertepaaren, bestehend aus der unabhängigen Variable x und der davon abhängigen Variable y vorliegen, sodass die Regressionsanalyse Verwendung findet, um Zusammenhänge quantitativ zu erklären (Backhaus et al., 2018, S. 58). Dies geschieht mithilfe einer Regressionsgeraden, „die den Gesamttrend der Punkte am besten wiedergibt" (B. Rasch et al., 2014b, S. 99). Dabei kann es zu Abweichungen zwischen den empirischen Werten von y und denen der Regressionsgeraden $\hat{y}$ für jeden Wert der unabhängigen Variablen x, die Residuen genannt werden. Mithilfe der Methode der kleinsten Quadrate soll die Summe der Quadrate der Residuen minimiert werden und somit eine optimale Regressionsgerade bestimmt werden (Bühner & Ziegler, 2017; Eid et al., 2017, S. 592; B. Rasch et al., 2014b).

Ein im Gegensatz zum t-Test und zur einfachen linearen Regression multivariates Verfahren stellt die **multiple lineare Regression** dar, bei dem die abhängige Variable durch mindestens zwei unabhängige Variablen (Prädiktoren) vorhergesagt bzw. erklärt werden soll. Es liegt also keine monokausale Beziehung vor (Backhaus et al., 2018, S. 59). Diese Prädiktoren können einerseits als Kontrollvariablen fungieren, um den Einfluss potenzieller Störgrößen im Regressionsmodell zu berücksichtigen. Andererseits können sie auch inhaltlich relevante oder theoretisch bedeutsame Variablen sein, die zur Erklärung des Kriteriums herangezogen werden. Ein zentraler Vorteil der multiplen linearen Regression besteht darin, dass der relative Einfluss einzelner Prädiktoren unter Berücksichtigung der anderen Prädiktoren im Modell quantifiziert werden kann (B. Rasch et al., 2014b, S. 109). Damit lässt sich der isolierte Effekt eines spezifischen Prädiktors auf die abhängige Variable unter Kontrolle der übrigen Prädiktoren präzise bestimmen (Bühner & Ziegler, 2017; B. Rasch et al., 2014b).

Die lineare Gleichung mit den unabhängigen Variablen x_1 bis x_i zur Vorhersage des Kriteriums y lautet dann: $y = b_1x_1 + b_2x_2 + \cdots + b_ix_i + a$. Dabei sind b_1 bis b_i die unstandardisierten Regressionsgewichte bzw. Regressionskoeffizienten der Prädiktoren x_1 bis x_i und a die Konstante, die den y-Achsenabschnitt (engl. *intercept*) darstellt (B. Rasch et al., 2014b, S. 103–104). Die Regressionsgewichte geben jeweils an, wie stark der Zusammenhang zwischen einer unabhängigen Variable und der abhängigen Variable ist (Hussy et al., 2013, S. 176): Steigt ein Prädiktor um eine Einheit, verändert sich das Kriterium um genau den zum Prädiktor gehörenden Regressionskoeffizienten – unter der Annahme, dass alle anderen Einflussgrößen im Modell konstant gehalten werden (Eid et al., 2017, S. 637).

Da b_1 bis b_i häufig nicht auf einer einheitlichen Skala liegen und ihr Einfluss daher nicht direkt vergleichbar ist, werden stattdessen standardisierte Regressionsgewichte bzw. Regressionskoeffizienten (β_1 bis β_i) mit der Einheit „Standardabweichung" verwendet (Bühner & Ziegler, 2017, S. 693). Diese haben dieselbe Metrik und ermöglichen somit den Vergleich der relativen Einflüsse der Prädiktoren (Eid et al., 2017, S. 602). Um ein Regressionsgewicht auf Signifikanz zu prüfen, wird es durch seinen Standardfehler geteilt, wodurch der sogenannte t-Wert entsteht. Der Standardfehler gibt dabei an, wie stark der geschätzte Regressionskoeffizient in verschiedenen Stichproben vom wahren Wert abweichen könnte – er ist also ein Maß für die Unsicherheit der Schätzung. Aus dem t-Wert kann dann der p-Wert ermittelt werden, der darüber Auskunft gibt, ob das Regressionsgewicht statistisch signifikant von null verschieden ist, also ob der Prädiktor einen bedeutsamen Einfluss auf das Kriterium hat (Bühner & Ziegler, 2017). Zur Interpretation der Effektstärken einzelner Prädiktoren werden die standardisierten Regressionskoeffizienten (β_1, β_2, …, β_i) herangezogen. Diese orientieren sich an den Richtwerten für die Effektstärken von Korrelationskoeffizienten (r) wie sie oben beschrieben wurden (Cohen, 1988, S. 79–80; Hussy et al., 2013, S. 176–177). Im Zuge der multiplen linearen Regressionsanalyse können ebenfalls Moderatoreffekte berücksichtigt werden. Eine sogenannte „Moderatorvariable gibt an, unter welchen Bedingungen bzw. bei welchen Personengruppen ein Effekt stärker oder schwächer ausgeprägt ist" (Döring, 2023, S. 683). Im Falle von zwei Prädiktoren x_1 und x_2 und der Moderatorvariablen $x_1 * x_2$ (auch Interaktionsterm genannt), die das Kriterium y vorhersagen, lautet die Vorhersagegleichung $y = b_1x_1 + b_2x_2 + b_3(x_1 * x_2) + a$ mit den oben genannten inhaltlichen Bedeutungen der Variablen (z. B. G. Bauer, 2020).

Um die Güte einer Regression zu beurteilen, wird häufig der Determinationskoeffizient bzw. das unkorrigierte Bestimmtheitsmaß R^2 herangezogen. Dieser gibt an, welcher Anteil der Gesamtvarianz der abhängigen Variable durch die im Regressionsmodell berücksichtigten Unterschiede in den Prädiktoren erklärt werden kann (Kirsten & Greefrath, 2023; Kuckartz et al., 2013, S. 270). Je näher der Wert von R^2 an 1 liegt, desto genauer beschreibt das Modell die zugrundeliegenden Daten (B. Rasch et al., 2014b, S. 107). Allerdings steigt bei der Hinzunahme weiterer Prädiktoren R^2 stets an, auch wenn diese keinen substantiellen Erklärungsbeitrag leisten (Bühner & Ziegler, 2017, S. 702). Um diesem Effekt entgegenzuwirken, wird oft der adjustierte Determinationskoeffizient bzw. das korrigierte oder bereinigte Bestimmtheitsmaß $R^2_{adj.}$ verwendet. Dieser korrigiert R^2 um die Anzahl der Prädiktoren sowie um die Stichprobengröße und spiegelt somit die Güte des Modells unter Berücksichtigung der Modellkomplexität wider (Kuckartz et al., 2013, S. 270). Nach Cohen (1988, S. 413) gelten für die Interpretation von R^2 bzw. $R^2_{adj.}$ die folgenden Richtwerte: Ein kleiner Effekt liegt ab einem Wert von etwa 0.02 vor, ein mittlerer Effekt ab etwa 0.13 und ein großer Effekt ab etwa 0.26.

Um eine multiple lineare Regression sinnvoll durchführen zu können, sind bestimmte Voraussetzungen zu prüfen. Zunächst muss die abhängige Variable intervallskaliert sein; auch die unabhängigen Variablen sollten ebenfalls intervallskaliert oder dichotom nominalskaliert (d. h. dummy-kodiert) sein. Letzteres ist bei Zweigruppenvergleichen, wie sie in der vorliegenden Studie mehrfach durchgeführt wurden, stets gegeben. In diesem Zusammenhang wurde die statische Gruppe mit 0 und die dynamische Gruppe mit 1 kodiert (Kuckartz et al., 2013, S. 267; B. Rasch et al., 2014b, S. 108).

Darüber hinaus sollte theoretisch ein linearer Zusammenhang zwischen dem Kriterium und allen Prädiktoren vorliegen. Hier eignen sich beispielsweise graphische Modelltests, z. B. mittels Streudiagrammen, bei denen das Kriterium gegen jeden Prädiktor aufgetragen wird (Backhaus et al., 2021, S. 105). Darüber hinaus sollten keine starken Ausreißer in den Daten vorliegen, da diese das Bestimmtheitsmaß stark beinträchtigen können. In der Regressionsanalyse gelten Datenpunkte häufig dann als potenzielle Ausreißer, wenn ihre Residuen deutlich vom erwarteten Verlauf abweichen – insbesondere dann, wenn sie mehr als drei Standardabweichungen vom Mittelwert der Residuen entfernt liegen bzw. – anders ausgedrückt – das standardisierte Residuum eines Datenpunktes betragsmäßig größer als zwei ist. Solche Fälle werden meist näher geprüft und unter bestimmten Voraussetzungen aus der Analyse ausgeschlossen (Kuckartz et al., 2013, S. 272). In der vorliegenden Studie wird ein milderes Maß angelegt und eine Abweichung von mehr als drei Standardabweichungen von der Vorhersage (vgl. Kirsten & Greefrath, 2023; Klock, 2020) als kritisch betrachtet, da starke Ausreißer z. B. mit einem hohen Leistungszuwachs einhergehen können. Um Ausreißer zu identifizieren, bietet sich ebenfalls die Berechnung der Cook'schen Distanz (kurz Cook's D) an. Werte nahe 1 gelten als sehr einflussreiche Ausreißer, d. h., dass sich der Determinationskoeffizient bei Entfernung dieses spezifischen Ausreißers stark ändern würde (Weisberg, 2014, S. 221). In der Literatur sind auch Schwellenwerte von $\frac{4}{N}$ oder $\frac{4}{N-J-1}$ mit der Stichprobenanzahl N und der Anzahl an Prädiktoren J zu finden (Backhaus et al., 2021, S. 133). Ferner stellt die Homoskedastizität eine weitere Voraussetzung für lineare Regressionsanalysen dar. Sie besagt, dass die Fehlerterme (Residuen) eine konstante Varianz aufweisen. Bei Verletzung dieser Annahme liegt Heteroskedastizität vor, etwa, wenn die Streuung der Residuen mit steigenden Ausprägungen des Kriteriums systematisch zu- oder abnimmt (Backhaus et al., 2021, S. 155). Die Prüfung kann grafisch über sogenannte Residuenplots erfolgen, „in denen üblicherweise Residuen auf der y-Achse gegen die aufgrund der Regression vorhergesagten $\hat{y}$-Werte auf der x-Achse abgebildet werden" (Eid et al., 2017, S. 714). Auch der Breusch-Pagan-Test kann zur Überprüfung angewendet werden, welcher bei Signifikanz auf eine Verletzung der Varianzgleichheit hindeutet (Bühner & Ziegler, 2017, S. 725; Eid et al., 2017, S. 714–715). Eine weitere Voraussetzung für die Anwendung multipler linearer Regressionen ist, dass keine perfekte Multikollinearität zwischen den unabhängigen Variablen vorliegen darf; eine gewisse Korrelation zwischen den Prädiktoren ist allerdings üblich (Backhaus et al., 2021, S. 121). Hängen mehrere unabhängige Variablen sehr stark miteinander zusammen, lassen sich ihre Regressionsgewichte – und damit die isolierten Effekte der einzelnen Prädiktoren auf die abhängige Variable – nicht mehr zuverlässig interpretieren. Zur Prüfung werden häufig die Kenngrößen „Toleranz" (engl. *Tolerance*, kurz T_{x_i}) und „Varianzinflationsfaktor" (engl. *Variance Inflation Factor*, kurz VIF_{x_i}) für einen konkreten Prädiktor x_i verwendet, die Auskunft darüber geben, wie stark x_i durch die anderen Prädiktoren vorhergesagt werden kann (Bühner & Ziegler, 2017, S. 734; Kuckartz et al., 2013, S. 271). Die zugrundeliegenden Formeln mit $R^2_{x_i}$ als „quadrierte multiple Korrelation zwischen dem Prädiktor x_i und den restlichen Prädiktoren" (Bühner & Ziegler, 2017, S. 735) lauten:

$$VIF_{x_i} = \frac{1}{1 - R^2_{x_i}} \text{und } T_{x_i} = 1 - R^2_{x_i}.$$

Als kritische Schwellenwerte gelten üblicherweise $T_{x_i} < 0.1$ bzw. $VIF_{x_i} > 10$, da in diesen beiden Fällen von problematischer Multikollinearität auszugehen ist (Bühner & Ziegler, 2017, S. 736). Ein bestehendes Multikollinearitätsproblem kann durch Zentrierung der unabhängigen Variablen reduziert werden. Dabei wird von jedem Messwert einer Variablen deren Mittelwert subtrahiert (Eid et al., 2017, S. 713). Außerdem stellt die Normalverteilung der Residuen (Fehlerterme) eine weitere zentrale Voraussetzung dar. Sie ist notwendig, da bei ihrer Verletzung die

Standardfehler verzerrt werden können, was wiederum die Gültigkeit von Signifikanztests und Konfidenzintervallen beeinträchtigt (Backhaus et al., 2021, S. 119; Frenken, 2022, S. 191). Zur Überprüfung dieser Annahme bieten sich grafische Verfahren an, etwa Histogramme der Residuen, *Probability-Probability-Plots* (kurz P-P-Plots) oder *Quantile-Quantile-Plots* (kurz Q-Q-Plots) (vgl. Eid et al., 2017). Ein symmetrischer Verlauf des Histogramms spricht für Normalverteilung der Residuen. Bei der Erstellung von Q-Q- und P-P-Plots wird folgendermaßen vorgegangen (Backhaus et al., 2021, S. 120):

- Q-Q-Plot: Die standardisierten Residuen, in aufsteigender Reihenfolge sortiert, werden entlang der x-Achse geplottet und die entsprechenden Quantile der Standardnormalverteilung werden entlang der y-Achse geplottet.
- P-P-Plot: Die erwarteten Wahrscheinlichkeiten der (sortierten) standardisierten Residuen werden entlang der y-Achse gegen die kumulativen Anteile (Wahrscheinlichkeiten) der Beobachtungen auf der x-Achse geplottet.

In beiden Diagrammen sollten die Datenpunkte weitgehend auf der Diagonalen (Winkelhalbierenden) liegen, was dann für eine Übereinstimmung mit der theoretischen Normalverteilung spricht. Wie beim t-Test auch ist bei großen Stichproben die Normalverteilungsannahme der Residuen für die Schätzung und Inferenz meist entbehrlich.

In verschiedenen Lehrwerken werden darüber hinaus noch weitere Voraussetzungen diskutiert, etwa die Annahme, dass alle (theoretisch) relevanten Variablen berücksichtigt wurden (Backhaus et al., 2021, S. 102). Die zuvor dargestellten Voraussetzungen gelten jedoch in vielen empirischen Studien als die klassischen Prüfgrößen (vgl. Kirsten & Greefrath, 2023).

Faktorenanalyse

Die Faktorenanalyse dient dazu, die Struktur latenter Variablen (Faktoren) in einem Datensatz zu identifizieren und zu prüfen, welche Items eines Messinstruments diese Faktoren am besten repräsentieren. Als Faustregel kann angeführt werden, dass mindestens drei bis fünf Items pro Faktor verwendet werden sollen (Brandt, 2020, S. 607)

Wenn die Zuordnung der Items zu den Faktoren nicht bereits durch theoretische Überlegungen vorgegeben ist, wird eine explorative bzw. exploratorische Faktorenanalyse (engl. *Exploratory Factor Analysis*, kurz *EFA*) eingesetzt. Bestehen hingegen fundierte theoretische Annahmen zur Zuordnung von Items zu Faktoren, eignet sich die konfirmatorische Faktorenanalyse (engl. *Confirmatory Factor Analysis*, kurz *CFA*) zur Überprüfung dieser Struktur (Backhaus et al., 2021, S. 18; Bühner,

2021, S. 377). Die Anzahl extrahierter Faktoren entspricht dabei der Dimensionalität des Messinstruments (Roters et al., 2018). Eine grundlegende Voraussetzung für die EFA ist, dass ein substanzieller Zusammenhang zwischen den Items im Datensatz besteht. Dies lässt sich anhand des Bartlett-Tests auf Sphärizität (Nullhypothese: unkorrelierte Items) und des Kaiser-Meyer-Olkin-Kriteriums (KMO) prüfen. Ein KMO-Wert > 0.5 gilt als Mindestanforderung, empfohlen werden jedoch Werte > 0.8 (Backhaus et al., 2021, S. 423). Zur Bestimmung der Anzahl der Faktoren kommen Faktorenextraktionsverfahren wie die Hauptachsenanalyse oder die Maximum-Likelihood-Faktorenanalyse sowie graphische Verfahren wie der Scree-Test zum Einsatz (Backhaus et al., 2021, S. 445; Gäde et al., 2020). Anschließend erfolgt eine Faktorenrotation (z. B. orthogonal oder oblique) zur besseren Interpretierbarkeit und Unterscheidbarkeit der Faktorladungen. Für die Itemauswahl sind insbesondere die Faktorladungen entscheidend: Ein Item gilt als geeignet, wenn es eine hohe positive Ladung (ideal nahe 1) auf den Faktor aufweist und statistisch signifikant ist. Faktorladungen ab 0.30 oder 0.40 gelten als substanziell, was einer Varianzaufklärung durch den Faktor von etwa 9 % bzw. 16 % entspricht (Brandt, 2020, S. 607; Majeed et al., 2013; Schoenherr & Schukajlow, 2024b). Eine eindeutige Faktorzuordnung liegt vor, wenn ein Item hoch auf genau einen Faktor lädt und gleichzeitig nur geringe Ladungen auf allen übrigen Faktoren aufweist. Es ist entscheidend, dass inhaltliche Überlegungen stets bei der Itemauswahl Berücksichtigung finden.

Liegt eine theoretisch begründete Struktur vor, kann diese mittels CFA überprüft werden (Backhaus et al., 2021, S. 483; Bühner, 2021, S. 471). Da die Faktorstruktur hierbei a priori festgelegt ist, entfallen klassische EFA-Schritte wie der Bartlett-Test, die Faktorenextraktion und die Faktorenrotation. Stattdessen stehen die Fit-Indizes des Gesamtmodells im Mittelpunkt. Neben dem χ^2-Test (gute Modellpassung bei Nicht-Signifikanz) gelten insbesondere der *RMSEA* (*Root Mean Squared Error of Approximation*), der *SRMR* (*Standardized Root Mean Residual*) sowie der *CFI* (*Comparative Fit Index*) und *TLI* (*Tucker Lewis Index*) als zentrale Kennwerte (Brandt, 2020, S. 605). Werte von $RMSEA < 0.10$, $CFI > 0.90$, $SRMR < 0.08$ gelten als Indikatoren einer akzeptablen Modellpassung (Schoenherr & Schukajlow, 2024b, S. 6), wobei in der Literatur häufig strengere Grenzwerte verbreitet sind (vgl. **Tabelle 7.7**).

Tabelle 7.7 Deskriptive Gütekriterien zur Beurteilung eines Modellfits bei einer konfirmatorischen Faktorenanalyse (Gäde et al., 2020, S. 649)

Gütekriterium	Guter Modellfit	Akzeptabler Modellfit
χ^2-Wert	$\chi^2/df \leq 2$	$\chi^2/df \leq 3$
RMSEA	*RMSEA* $\leq .05$	*RMSEA* $\leq .08$
CFI	*CFI* $\geq .97$(homogene Items) *CFI* $\geq .95$ (heterogene Items)	*CFI* $\geq .95$ *CFI* $\geq .90$
TLI	*TLI* $\geq .97$(homogene Items) *TLI* $\geq .95$ (heterogene Items)	*TLI* $\geq .95$ *TLI* $\geq .90$
SRMR	*SRMR* $\leq .05$	*SRMR* $< .10$

(Homogene Items korrelieren hoch und messen Ähnliches; heterogene Items korrelieren gering und messen weniger Ähnliches)

7.6 Messinstrumente

In diesem Abschnitt werden sämtliche in der Studie eingesetzten Messinstrumente vorgestellt. Eine ausführliche Dokumentation der Instrumente findet sich in Nguyen (2025b).

7.6.1 Test zur Erfassung des Verständnisses der Ableitung

7.6.1.1 Konstruktion des Tests

Bei dem zur Erfassung des Verständnisses der Ableitung nach **Abbildung 2.18** eingesetzten Messinstrument handelt es sich um einen Leistungstest, da „die Testpersonen anhand von Testaufgaben [...] ihre Leistungsfähigkeit durch entsprechende Performanz direkt unter Beweis stellen müssen" (Döring, 2023, S. 427). Anders als bei einem Fragebogen (vgl. Abschnitt 7.6.2 und 7.6.3) können die Antworten der Teilnehmenden bei einem Leistungstest objektiv als richtig oder falsch bewertet werden (Klinger, 2018, S. 134).

Der in dieser Studie verwendete Leistungstest kann als eine Kombination aus Speed- und Powertest klassifiziert werden. Im Unterschied zu reinen Powertests (auch Niveautests genannt), bei denen den Teilnehmenden nahezu unbeschränkt Zeit zur Verfügung steht, war die Bearbeitungszeit in diesem Test begrenzt, jedoch nicht so knapp bemessen wie bei klassischen Speedtests. Vielmehr war die Zeitvorgabe so gewählt, dass die Aufgaben zügig, aber nicht unter Zeitdruck bearbeitet werden konnten (vgl. Schmidt-Atzert et al., 2021c, S. 256) und der gesamte

Prätest in maximal 40 Minuten durchgeführt werden konnte. Dadurch sollte eine übermäßig lange Bearbeitungsdauer vermieden werden (Brandt & Moosbrugger, 2020, S. 52). Da die zur Verfügung stehende Zeit im Allgemeinen ausreichte, um alle Aufgaben zu bearbeiten, sind nicht bearbeitete Aufgaben als falsch gewertet worden, wie es bei Powertests üblich ist (Kelava & Moosbrugger, 2020a, S. 148–149).

Auch in Bezug auf den Schwierigkeitsgrad orientiert sich der Test eher an einem Powertest: Anders als bei Speedtests, die typischerweise viele einfache Aufgaben enthalten und bei unbegrenzter Zeit von nahezu allen Personen gelöst werden könnten, umfasst der hier eingesetzte Test Aufgaben mit breit gestreutem Schwierigkeitsgrad (Bühner, 2021, S. 6; Eid & Schmidt, 2014, S. 80). Die Aufgaben wurden jedoch nicht wie in klassischen Powertests streng aufsteigend angeordnet, sondern gemäß dem sogenannten Sägezahn-Design (Drüke-Noe, 2012, S. 286), auf das im weiteren Verlauf dieses Kapitels noch näher eingegangen wird.

Bei der Auswahl der Aufgabenformate für die Items wurde weitgehend auf offene Fragen verzichtet, da diese in den Pilotierungen des Messinstruments häufig nur geringe Trennschärfen aufwiesen. Zudem wäre die technische Umsetzung von offenen Fragen mit Komplikationen verbunden, da Antworten der Schülerinnen und Schüler in Form von Formeln und Zeichnungen (z. B. grafische Bestimmungen von Ableitungsfunktionen) über SoSci Survey nicht realisierbar gewesen wäre. Stattdessen lagen die Items in den folgenden drei Aufgabenformaten vor:

- $N = 27$ **Single-Choice Items** (SC-4): Die Schülerinnen und Schüler mussten aus vier möglichen Antwortalternativen die korrekte auswählen. Bei der Konstruktion der Distraktoren wurde darauf geachtet, dass diese typische Fehlvorstellungen adressieren (Döring & Bortz, 2016).
- $N = 14$ **halboffene Items** (HO): Die Schülerinnen und Schüler mussten eine oder mehrere Lücken jeweils mit einer Zahl füllen. Eine Lösung wurde dann als korrekt gewertet, wenn die eingesetzte Zahl zu einer vorgegebenen Teilmenge der reellen Zahlen gehörte (Döring & Bortz, 2016).
- $N = 5$ **Combined-Single-Choice Items** (CMC): Die Schülerinnen und Schüler mussten drei mathematische Aussagen jeweils als richtig oder falsch beurteilen. Um die Ratewahrscheinlichkeit zu reduzieren, wurde ein Item nur dann als korrekt gewertet, wenn alle drei Aussagen zutreffend bewertet wurde (Frenken, 2022; Gerber & Quarder, 2022; Weigand et al., 2025).

Unabhängig von den drei Aufgabenformaten konnten die Antworten der Teilnehmenden automatisiert eindeutig mit 1 für eine richtige und 0 für eine falsche Antwort kodiert werden.

Nach der Pilotierung verblieben insgesamt 46 Items, von denen über die Testversionen und Messzeitpunkte hinweg jeweils Teilmengen verwendet wurden (Renardy, 2023). Ähnlich wie Lichti und Roth (2018) eine große Itemanzahl einsetzten, um verschiedene Facetten funktionalen Denkens abzudecken, war auch hier eine höhere Anzahl erforderlich, um die Ebenen und Repräsentationen des ausdifferenzierten Rahmenmodells zum Verständnis der Ableitung (vgl. **Abbildung 2.18**) angemessen abzubilden. Eine gewisse Itemanzahl ist zudem aus testtheoretischer Sicht empfehlenswert: So betonen Kolen und Brennan (2014, S. 285), dass Tests mit mehreren Inhaltsbereichen in der Regel mindestens 30 bis 40 Items umfassen sollten, um eine angemessene Erfassung zu gewährleisten.

Inhalte des Tests zum Verständnis der Ableitung

Die inhaltliche Konstruktion einiger Items wurde durch Kontexte oder auch konkrete Aufgabenstellungen bestehender Materialien inspiriert (Baumert, Bos, Klieme, et al., 1999; Feudel, 2020; Kendal & Stacey, 2001, 2003; Klinger, 2018; Park, 2013; Rolfes, 2018; Ryberg, 2018; Sekulic et al., 2020), während die übrigen eigenständig vom Autor dieser Arbeit neu konzipiert wurden. Die Entwicklung eines eigenen Messinstruments zur Erfassung des Verständnisses der Ableitung liegt darin begründet, dass kein bestehender Test vollständig zu den Inhalten der Intervention passt. Diese beschränkt sich auf die Einführung der Ableitung in der Schule unter Verwendung dynamischer oder statischer Visualisierungen, wobei die Grundvorstellungen *Lokale Änderungsrate* und *Tangentensteigung* besonders berücksichtigt werden. Für diesen spezifischen Fokus existieren bislang keine geeigneten Messinstrumente. Die zwei von Klinger (2018, S. 181–184) entwickelten Testinstrumente zur Erfassung konzeptuellen Wissens in den Inhaltsbereichen Funktionen und Analysis im Rahmen seiner Dissertation kommen den Inhalten der Intervention noch am nächsten. Seine Tests sind für verschiedene Lernphasen konzipiert: Der erste Test richtet sich an Schülerinnen und Schüler am Ende der Sekundarstufe I, also vor der Einführung der Ableitung, während der zweite Test für das Ende der Einführungsphase in Nordrhein-Westfalen vorgesehen ist, also nach der Einführung der Ableitung. Der erste Test fokussiert inhaltlich auf alltagsnahe Kontexte und darin enthaltene funktionale Zusammenhänge sowie auf innermathematische Aufgaben, die u. a. Darstellungswechsel erfordern. Der zweite Test beinhaltet allgemeine Aufgaben zum Differenzieren, die sowohl kalkülhafte als auch verstehensorientierte Lösungsstrategien adressieren (und Grundvorstellungen zur Bearbeitung benötigen). Auch wird die Fähigkeit des graphischen Differenzierens und Transformierens auf Funktionen geprüft. Im Rahmen dieser Arbeit ist eine vollständige Adaption beider Messinstrumente allerdings nicht möglich, da die hier präsentierte Studie zwischen den beiden Zeitpunkten der Tests von Klinger (2018) liegt und sich lediglich auf die Einführung in den Ableitungsbegriff fokussiert. Nichtsdestotrotz konnten ausgewählte Testitems in modifizierter Form übernommen werden.

Die meisten Messinstrumente zur Erfassung des Verständnisses der Ableitung wurden auch im Kontext der Hochschulmathematik an Studierenden erprobt (z. B. Aydın & Ubuz, 2015; Bezuidenhout, 1998; Heid, 1988; Park, 2013). Sie sind inhaltlich häufig anspruchsvoll und daher für die Stichprobe von Schülerinnen und Schülern der 11. Jahrgangsstufe nur eingeschränkt geeignet. Zudem fokussieren viele dieser Instrumente weiterführende Inhalte – etwa das symbolische Differenzieren oder höhere Ableitungen –, die über eine sechsstündige Einführung der Ableitung wie in der vorliegenden Studie hinausgehen (z. B. Bingolbali & Monaghan, 2008; Dominguez et al., 2017; Kendal & Stacey, 2001, 2003; Malle, 1999; Moormann, 2009; Orton, 1983). Andere Erhebungsinstrumente adressieren den Ableitungsbegriff nur als Randaspekt eines umfassenderen Tests (z. B. Baumert, Bos, Klieme, et al., 1999) oder fokussieren auf eng umgrenzte Inhalte, wie etwa bei Biza (2011), wo ausschließlich Tangenten an Funktionsgraphen thematisiert werden. Der von Ryberg (2018) eingesetzte Test mit sieben Aufgaben stellt ein inhaltlich besonders relevantes Instrument für die vorliegende Studie dar, da er Aufgaben mit graphischen Darstellungen von Funktionen und Tangenten umfasst. Dabei werden sowohl die Ebene *limit* durch Abschätzen der ersten Ableitung an einer Stelle über Tangentensteigungen als auch die Ebene *function* durch das graphische Differenzieren im Sinne des ausdifferenzierten Rahmenmodells adressiert (vgl. **Abbildung 2.18**). Insgesamt bieten die genannten Studien und Messinstrumente trotz inhaltlicher Einschränkungen eine wertvolle Orientierung für die Konzeption und Auswahl geeigneter Aufgaben zur Erfassung des Verständnisses der Ableitung im schulischen Kontext.

Auf Grundlage der Analyse bestehender Messinstrumente entstand ein eigener Leistungstest, der sich am ausdifferenzierten Modell zum Verständnis der Ableitung in dieser Studie orientiert: Die erste Aufgabenkategorie umfasst das zum Erlernen der Ableitung relevante Vorwissen (vgl. Litteck et al., 2023; Monaghan et al., 2024). Dabei geht es insbesondere um Kenntnisse zum Funktionsbegriff als eindeutige Zuordnung von x zu y sowie zur symbolischen Schreibweise. Ein entsprechendes Beispiel ist in **Abbildung 7.8** im Single-Choice-Format dargestellt: Die Lernenden sollen einen vorgegebenen Graphen interpretieren und den korrekten symbolischen Ausdruck für den Funktionswert an der Stelle $x = 15$ auswählen. Dabei zeigt sich auch die Verknüpfung verschiedener Repräsentationen, hier vor allem der graphischen und symbolischen. Darüber hinaus zählen das Interpretieren und Berechnen von Differenzen zweier Funktionswerte sowie das Ablesen der Steigung aus Graphen linearer Funktionen zu dieser Kategorie.

Die Ebene *ratio* wird durch Aufgaben abgedeckt, die den Differenzenquotienten in verschiedenen Repräsentationen aufgreifen, etwa durch die Interpretation als durchschnittliche Änderungsrate in einem physikalischen Kontext (vgl. **Abbildung 7.8**) oder als Sekantensteigung in der graphischen Darstellung.

Die meisten Aufgaben (etwa 50 %) fokussieren die Ebene *limit*, also die Ableitung an einer Stelle, und adressieren – teils isoliert, teils kombiniert – das Prozess- als auch das Objektverständnis nach Sfard (1991). Dabei wurde darauf geachtet, dass Grundvorstellungen zur Ableitung eine zentrale Rolle bei der Bearbeitung spielen. So muss in der Aufgabe im Combined-Single-Choice-Format in **Abbildung 7.9** die Vorstellung der Tangente als lokale Schmieggerade genutzt werden, um Tangenten an einem Funktionsgraphen zu identifizieren. Ein weiteres Beispiel zeigt die numerische Annäherung an die lokale bzw. momentane Änderungsrate über vorgegebene Differenzenquotienten (vgl. **Abbildung 7.10**). Dieses halboffene Item spricht das Prozessverständnis an, da der Grenzwertprozess vom Differenzen- zum Differentialquotienten thematisiert wird. Zugleich wird hier die Verknüpfung der Ebenen *ratio* und *limit* im Rahmenmodell deutlich. Weitere Aufgaben beziehen sich auf die graphische Annäherung der lokalen Änderungsrate über Steigungsdreiecke, die Interpretation des Differentialquotienten als lokale Änderungsrate oder die verbale Beschreibung von Änderungsraten in Sachsituationen. Auch die Ableitung als Tangentensteigung wird thematisiert – etwa durch das Deuten von Tangenten bzw. Tangentensteigungen als Grenzlage von Sekanten bzw. Sekantensteigungen, durch die konkrete Bestimmung von Tangentensteigungen oder durch Aussagen zum Vorzeichen derselben.

Aufgaben zur Ebene *function* umfassen beispielsweise das graphische Differenzieren (vgl. **Abbildung 7.10**), die verbale Beschreibung des Steigungsverhaltens von Funktionen sowie das Herstellen von Bezügen zwischen dem Graphen einer Funktion f und dem ihrer Ableitungsfunktion f' (in beide Richtungen). Aufgrund der zeitlichen Begrenzung fanden symbolische und numerische Kontexte der Ebene *function* weder in der Intervention noch im Leistungstest Berücksichtigung.

Der Graph einer Funktion f zeigt die Lufttemperatur an einem sonnigen Wintertag in Landau im Tagesverlauf.

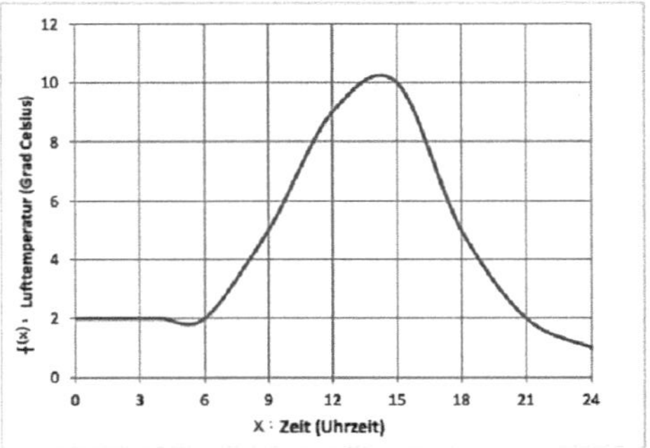

(1) **Kreuzen** Sie **an**, mit welchem Ausdruck sich die Lufttemperatur um 15 Uhr bestimmen lässt.

☐	$f(15) - f(0)$
☐	$\frac{f(15) - f(0)}{15 - 0}$
☐	$f(15)$
☐	$f(x) = 15$

(4) **Kreuzen** Sie den Ausdruck **an**, mit dem sich der durchschnittliche stündliche Temperaturanstieg zwischen 9 und 12 Uhr berechnen lässt.

☐	$f(x) = 12 - 9$
☐	$\frac{f(9) + f(12)}{9 + 12}$
☐	$f(9) + f(12)$
☐	$\frac{f(12) - f(9)}{12 - 9}$

Abbildung 7.8 Beispielitem zum *prior knowledge* und zur Ebene *ratio*. (Eigene Aufgaben, Kontext entnommen aus Rolfes, 2018)

(1) **Kreuzen** Sie **an**, ob die angegebene Gerade eine Tangente am Graphen von f am Punkt $A\left(-3\frac{1}{3}\middle|\, f\left(-3\frac{1}{3}\right)\right)$ ist.

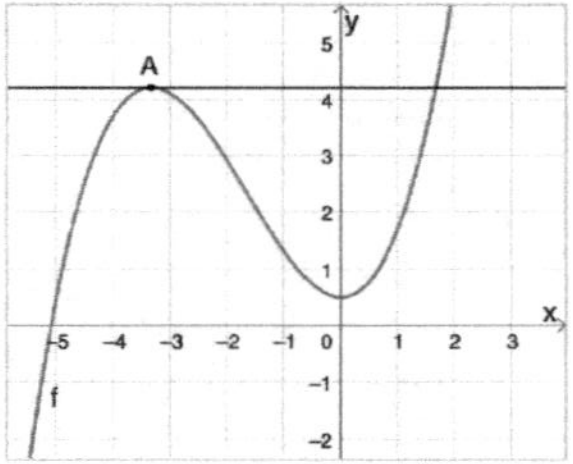

Richtig	Falsch

(2) **Kreuzen** Sie **an**, ob die angegebene Gerade eine Tangente am Graphen von f am Punkt $B(-4 \mid f(-4))$ ist.

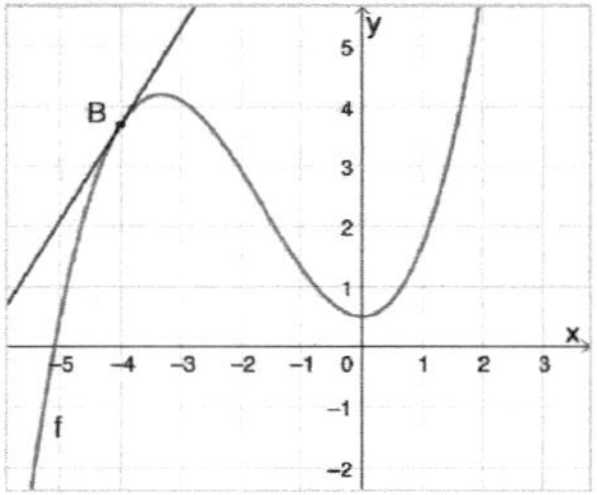

Richtig	Falsch

(3) **Kreuzen** Sie **an**, ob die angegebene Gerade eine Tangente am Graphen von f am Punkt $C(1 \mid f(1))$ ist.

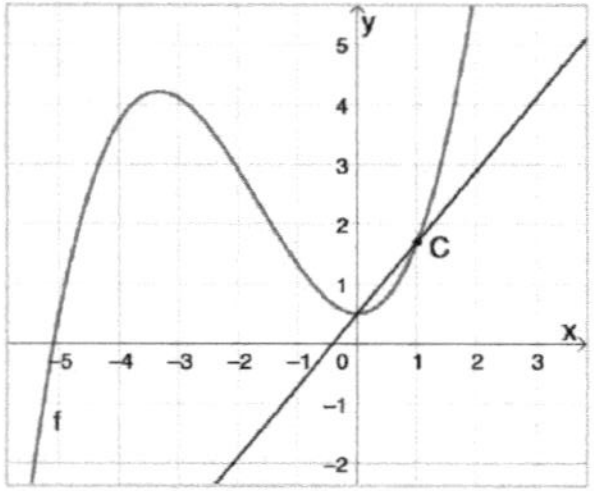

Richtig	Falsch

Abbildung 7.9 Beispielitem zur Ebene *limit* (Nguyen, 2025b)

Gegeben sind die Differenzenquotienten für die angegebene quadratische Funktion f in fünf Intervallen. **Geben** Sie mithilfe dieser Differenzenquotienten näherungsweise einen Wert für die momentane Änderungsrate an der Stelle $x_0 = 0$ **an**.

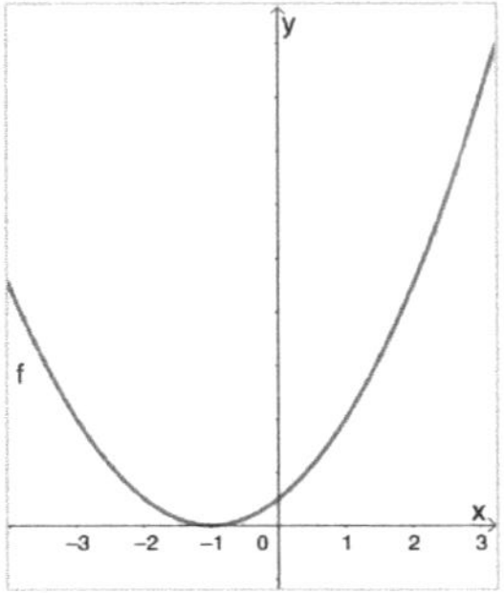

Intervall $[0\,;1]$: $\frac{f(1)-f(0)}{1-0} = \frac{3}{1} = \mathbf{3}$

Intervall $[0\,;0{,}01]$: $\frac{f(0{,}01)-f(0)}{0{,}01-0} = \frac{0{,}021}{0{,}01} = \mathbf{2{,}01}$

Intervall $[0\,;0{,}5]$: $\frac{f(0{,}5)-f(0)}{0{,}5-0} = \frac{1{,}25}{0{,}5} = \mathbf{2{,}5}$

Intervall $[0\,;2]$: $\frac{f(2)-f(0)}{2-0} = \frac{8}{2} = \mathbf{4}$

Intervall $[0\,;0{,}1]$: $\frac{f(0{,}1)-f(0)}{0{,}1-0} = \frac{0{,}21}{0{,}1} = \mathbf{2{,}1}$

Lösung: Momentane Änderungsrate an der Stelle $x_0 = 0$ beträgt ungefähr ______.

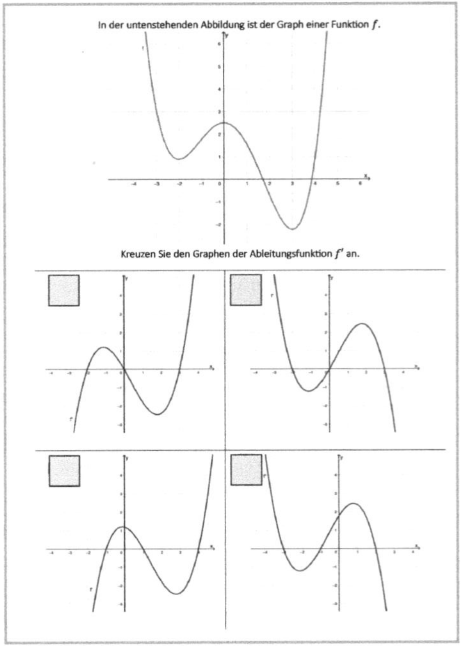

Abbildung 7.10 Beispielitem zur Ebene *limit* (links) und zur Ebene *function* (rechts) (Nguyen, 2025b)

Wie den vorgestellten Beispielitems zu entnehmen ist, wurden die eingesetzten Testitems – in Anlehnung an die Intervention – durch Visualisierungen mit autonomer Funktion unterstützt. Diese waren für Schülerinnen und Schüler beider Gruppen statisch, um eine bessere Vergleichbarkeit durch gleiche Testitems zu erreichen (vgl. Arbain & Shukor, 2015, S. 210). In vielen Vergleichsstudien arbeitete die Experimentalgruppe während des Treatments mit Computern, aber beim Testen kamen Computer nicht zum Einsatz (BoŽić et al., 2021). Nur in maximal 2 % der 194 Studien zum Vergleich der Effektivität dynamischer und statischer Visualisierungen in Ploetzner et al. (2020) wurden dynamische Visualisierungen beim Testen eingesetzt. Die Verwendung ausschließlich dynamischer Visualisierungen könnte einen unangemessenen Vorteil zugunsten der dynamischen Gruppe erzeugen (DeBoer et al., 2014; H.-K. Wu et al., 2015, S. 38), obgleich die KMK (2012) fordert, dass auch in Prüfungen digitale Mathematikwerkzeuge eingesetzt werden sollen, wenn sie im vorangegangenen Unterricht verwendet wurden. Andersherum ist der Nachteil der dynamischen Gruppe deutlich geringer, da mit statischen Visualisierungen im Mathematikunterricht oft umgegangen wurde (KMK, 2022). Allerdings zeigten Wagner und Schnotz (2017) auch: „Learning from static graphics did not lead to better performance with static items and neither did learning from dynamic visualizations lead to better performance with dynamic items" (S. 75). In jedem Fall scheint aber das Format der eingesetzten Items für das Forschungsvorhaben adäquat.

Multi-Matrix-Design und Anordnung der Items in den Testversionen

Neben der Entwicklung der Testitems spielen ebenfalls Überlegungen zum konkreten Einsatz im Prä- und Posttest im Rahmen der vorliegenden Studie eine zentrale Rolle. Da nicht alle 46 Items jedem Lernenden zu beiden Messzeitpunkten vorgelegt werden können, wurde sich für ein Multi-Matrix-Design (auch Rotationsdesign genannt) entschieden, welches in **Abbildung 7.11** dargestellt ist (vgl. Frenken, 2022; Hankeln, 2019; Kolen & Brennan, 2014; Lichti & Roth, 2018; Prenzel et al., 2013; Zöttl, 2009).

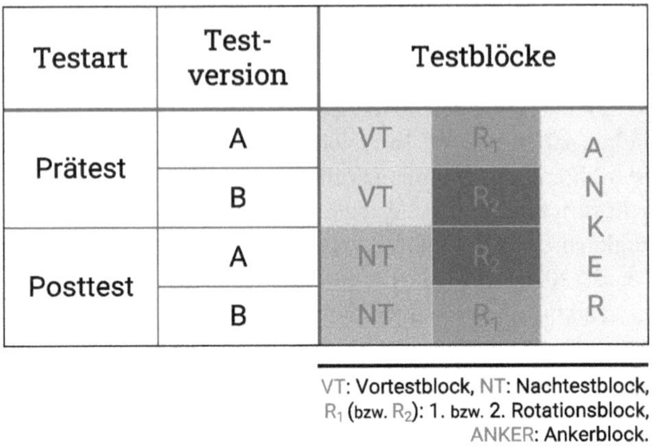

Abbildung 7.11 Multi-Matrix-Design

Im Rahmen dieses Multi-Matrix-Designs wurden die Items in die folgenden fünf Blöcke eingeteilt: Vortestblock (VT), Nachtestblock (NT), 1. Rotationsblock (R_1), 2. Rotationsblock (R_2) sowie einen Ankerblock (ANKER), die sich in der Gesamtanzahl der Items bzw. Anzahl an Items zum *prior knowledge* bzw. zur Ebene *ratio* unterscheiden (vgl. **Tabelle 7.8**).

Tabelle 7.8 Überblick über die Testblöcke und Anzahl an Items

Testblock	Gesamtanzahl an Items (Itembezeichnungen)	Davon Anzahl an Items zum *prior knowledge* und zur Ebene *ratio* (Itembezeichnungen)
Vortestblock (VT)	**11** Items (**VT**_1 – **VT**_11)	**5** Items (**VT**_1; **VT**_6; **VT**_7; **VT**_8; **VT**_10)
Nachtestblock (NT)	**11** Items (**NT**_1 – **NT**_11)	**0** Items
1. Rotationsblock (R_1)	**8** Items (**R1**_1 – **R1**_8)	**2** Items (**R1**_1; **R1**_6)
2. Rotationsblock (R_2)	**8** Items (**R2**_1 – **R2**_8)	**2** Items (**R2**_1; **R2**_7)
Ankerblock (ANKER)	**8** Items (**ANK**_1 – **ANK**_8)	**2** Items (**ANK**_1; **ANK**_4)

Zu jedem Messzeitpunkt lag der Test zum Verständnis der Ableitung in je zwei Versionen A und B vor. Dadurch können die Aufgaben in den Rotationsblöcken R_1 sowie R_2 sowohl im Prätest als auch im Posttest vorkommen und Verzerrungen in der Ergebnisinterpretation vorbeugen. Es wäre ansonsten denkbar, dass bestimmte Items (im R_1 oder R_2) prädestinierter sein könnten, im Posttest bearbeitet zu werden, etwa weil sie für Lernende nach der Intervention leichter zugänglich sind. Außerdem kann somit insgesamt eine größere Anzahl an Testitems verwendet werden, da den Lernenden nur eine Teilmenge aller Testitems pro Messzeitpunkt vorgelegt werden muss und die Testzeit somit erheblich verkürzt werden kann (Baumert, Bos, & Watermann, 1999; Hartig & Kühnbach, 2006; Lichti & Roth, 2018, S. 163).

Dieser Vorteil ist durch Verwendung der IRT möglich, da – anders als im Rahmen der Klassischen Testtheorie – „auf Itemebene angemessene Wege des Einbezugs von Fällen mit fehlenden Werten gefunden werden können, [sofern] Testhefte [...] über gemeinsame Items verbunden sind“ (König & Blömeke, 2009, S. 515). Solche verknüpfenden Items werden als Ankeritems bezeichnet, die im Testblock ANKER zusammengefasst sind. Bei der Auswahl wurden die folgenden Aspekte berücksichtigt: Ankeritems sollten demnach Infit-Werte aufweisen, die nicht stark von 1 abweichen sowie nach Möglichkeit das Schwierigkeitsspektrum des Tests abdecken. Dabei ist anzumerken, dass die Auswahl der Ankeritems vor dem Einsatz in der vorliegenden Hauptstudie auf Basis der Pilotierung erfolgen musste, wonach Items ausgewählt wurden, die diesem Kriterium entsprechen (Renardy, 2023). Darüber hinaus wurde darauf geachtet, dass die Ankeritems die Inhalte des Tests in der Breite repräsentativ abbilden, d. h. das zur Ableitung relevante Vorwissen (*prior knowledge*) und die drei Ebenen *ratio, limit* und *function* miteinbeziehen. Die Anzahl an Ankeritems sollte sich nach einer allgemeinen Daumenregel auf mindestens 20 Prozent pro Testversion belaufen, was mit 8 von 27 Items in der vorliegenden Studie erfüllt ist (Klinger, 2018, S. 379; Kolen & Brennan, 2014, S. 287–289). Die Erstellung der Testversionen erfolgt schließlich durch Verlinkung mithilfe der ausgewählten Ankeritems in einem Multi-Matrix-Design (vgl. **Abbildung 7.11**), sodass Itemschwierigkeiten in den einzelnen Testversionen in der gleichen Metrik abgebildet werden können (Ehmke et al., 2006, S. 231; Hecht et al., 2013, S. 391).

Fehlende Werte von Schülerinnen und Schülern pro Messzeitpunkt sind *Missing by Design* und somit dem Rotationsdesign zuzuschreiben, da jedem Teilnehmenden pro Messzeitpunkt 27 von insgesamt 46 Items vorgelegt wurden. *Item-Nonresponse*, also die fehlende Bearbeitung einzelner vorgelegter Items, konnte durch die digitale Umsetzung des Tests über SoSci Survey ausgeschlossen werden. Es wurde technisch eingestellt, dass jede Seite vollständig bearbeitet werden musste, bevor der Test fortgesetzt bzw. abgeschlossen werden konnte (Göthlich, 2009).

Das Vorgehen zur konkreten Erstellung einer Testversion soll nun anhand des Prätests in der Testversion A – im Folgenden Prätest A genannt – verdeutlicht werden. Der Prätest A besteht aus den Testblöcken VT, R_1 sowie ANKER und umfasst insgesamt $11 + 8 + 8 = 27$ Testitems. Der Vortestblock beinhaltet vergleichsweise viele Items zum Vorwissen bzw. zur Ebene *ratio* – also Inhalte, die bereits vor der Intervention erlernt wurden (vgl. Nguyen & Greefrath, 2025b). Ähnlich wie in anderen Studien, in denen während der Intervention neue Inhalte eingeführt wurden, wurde der Leistungstest zum ersten Messzeitpunkt so gestaltet, dass Themen des neuen Inhalts (Ebenen *limit* und *function*) nicht überproportional häufig vorkamen, um Demotivation vorzubeugen; mit dem Nachtestblock in den Posttests wurde der Fokus auf Inhalte der Intervention (insbesondere die Ebene *function*) verschoben (vgl. Brnic et al., 2024; de Vries, 2021). Dennoch adressieren zum ersten Messzeitpunkt zwei Drittel der Items die Ebenen *limit* und *function*, die allerdings teilweise auch ohne Kenntnisse über den Ableitungsbegriff gelöst werden können (vgl. Hahn & Prediger, 2008, S. 179). Hoffkamp (2011, S. 359) betont den Zusammenhang zum funktionalen Denken, das bereits in der Sekundarstufe 1 gefördert wird und beispielsweise als Vorbereitung auf das Erlernen der lokalen Änderungsrate dient; darunter könnte die Darstellung des funktionalen Zusammenhangs *Wassermenge* → *Füllhöhe* beim gleichmäßigen Befüllen von Gefäßen gefasst werden (vgl. Zentgraf & Prediger, 2024). Insgesamt sollte mit dem Leistungstest zum ersten Messzeitpunkt das Vorwissen erfasst werden, welches „sich prädiktiv für den individuellen Erfolg der Intervention erweisen sollte, um [...] für mögliche individuelle Vorwissensunterschiede zu kontrollieren" (Reinhold, 2019, S. 289).

In Anlehnung an das Sägezahndesign nach Drüke-Noe (2012, S. 286) wurden dann diese 27 Testitems – aus VT, R_1 und ANKER der Prätestversion A – in die 4 Sägezähne $S_{1A\_prä}$, $S_{2A\_prä}$, $S_{3A\_prä}$ und $S_{4A\_prä}$ zu je 6 oder 7 Items unterteilt (vgl. **Abbildung 7.12**). Auf Grundlage der Ergebnisse der Pilotierung zur Ermittlung der Schwierigkeiten der einzelnen Testitems wurden pro Sägezahn die Aufgaben in ihrer Itemschwierigkeit aufsteigend angeordnet (vgl. Nguyen, 2025b). Dieses Vorgehen fand auch bei der Gruppierung der Aufgaben zu Aufgabenblöcken im IQB-Ländervergleich 2012 in Mathematik Anwendung (Hecht et al., 2013).

Testart	Testversion	Sägezähne			
Prätest	A	$S_{1A\_\text{prä}}$	$S_{2A\_\text{prä}}$	$S_{3A\_\text{prä}}$	$S_{4A\_\text{prä}}$
	B	$S_{1B\_\text{prä}}$	$S_{2B\_\text{prä}}$	$S_{3B\_\text{prä}}$	$S_{4B\_\text{prä}}$
Posttest	A	S_{1A_post}	S_{2A_post}	S_{3A_post}	S_{4A_post}
	B	S_{1B_post}	S_{2B_post}	S_{3B_post}	S_{4B_post}

z. B. $S_{1A\_\text{prä}}$: Sägezahn 1 in der Version A des Prätests

Abbildung 7.12 Mögliche Anordnung der Aufgaben im Sägezahndesign pro Testversion

Bei der Verwendung der vier Testversionen Prätest A, Prätest B, Posttest A und Posttest B wurden innerhalb der Leistungstests die Sägezähne für jede teilnehmende Person zufällig permutiert. Dadurch ergeben sich pro Testversion mit jeweils vier Sägezähnen insgesamt 4!, also 24 mögliche Anordnungen. Innerhalb der Testblöcke wurde die Aufgabenreihenfolge allerdings konstant gehalten (vgl. Besser et al., 2021, S. 348). Eine Begründung für das Rotieren der Sägezähne wird in Ehmke et al. (2006, S. 231) gegeben:

> Bei der Konzeption des Testdesigns ist es wichtig, mögliche Positionseffekte zu kontrollieren, denn auch die Position einer Aufgabe im Testheft beeinflusst ihre empirische Schwierigkeit. Aufgaben, die am Ende eines Testheftes stehen, werden möglicherweise aus Zeitgründen nicht mehr von allen Schülerinnen und Schülern bearbeitet. Die gemessene Aufgabenschwierigkeit erhöht sich so künstlich. Um solche Effekte zu kontrollieren und zu minimieren, kommen gleiche Aufgaben an mehreren Positionen in verschiedenen Testheften vor.

Insgesamt dient das Rotieren der Sägezähne dazu, ein Abschreiben von Mitschülerinnen und Mitschülern zusätzlich zu den ohnehin schon zwei unterschiedlichen Testversionen A und B pro Messzeitpunkt zu verhindern und vor allem sicherzustellen, dass bestimmte Testitems aufgrund ihrer Position im Test nicht übermäßig begünstigt werden.

Begründung für die quantitative Erfassung des Ableitungsverständnisses

Das Verständnis des Ableitungsbegriffs mittels eines quantitativ ausgerichteten Leistungstests zu erfassen, ist aus mehreren Gründen sinnvoll. Erstens wurden bereits im Vorfeld aus der Theorie Hypothesen zum Vergleich zweier Visualisierungsformen (dynamisch vs. statisch) hergeleitet, die es mittels inferenzstatistischer Verfahren zu überprüfen gilt. Zweitens ermöglicht ein Leistungstest auch die Erfassung impliziter Facetten des Verständnisses. Zwar ist die Fähigkeit zur verbalen Artikulation mathematischer Konzepte ein wichtiger Indikator für Verständnis, doch in Anlehnung an Kilpatrick et al. (2001, S. 118) gilt zu beachten:

> Although teachers often look for evidence of conceptual understanding in students' ability to verbalize connections among concepts and representations, conceptual understanding need not be explicit. Students often understand before they can verbalize that understanding.

Daraus folgt, dass ein ausschließlich qualitativ orientiertes Erhebungsinstrument womöglich zentrale Lernfortschritte nicht adäquat abbilden würde – insbesondere dann, wenn Schülerinnen und Schüler zwar ein Verständnis der Ableitung aufgebaut haben, dieses aber (noch) nicht sprachlich explizieren können, was bei der Einführung der Ableitung durchaus wahrscheinlich erscheint.

7.6.1.2 Raschkonformität des eindimensionalen Tests

Obwohl viele Items des Leistungstests bereits mehrfach pilotiert worden waren (vgl. Renardy, 2023), erwies sich gemäß dem Vorgehen von Hecht et al. (2013, S. 396) eine erneute Überprüfung ihrer psychometrischen Güte im Rahmen der Haupterhebung als erforderlich. Die Items des Messinstruments sollen das Verständnis der Ableitung als ein eindimensionales Konstrukt adäquat erfassen. Zu diesem Zweck wurde eine Reihe von Itemkennwerten bestimmt (vgl. Abschnitt 7.5.1), die auch in zahlreichen anderen Studien zur Prüfung der (Rasch-)Modellpassung herangezogen wurden (z. B. Besser et al., 2021; Brnic et al., 2024; de Vries, 2021; Klinger, 2018; Lichti & Roth, 2018): (1) Zunächst richtete sich der Blick auf die WMNSQ-Statistik, insbesondere auf den Infit-Werten aller Items, die sich idealerweise im Intervall [0.8; 1.2] befinden sollten. (2) Anschließend wurden die Trennschärfen analysiert, die einen Wert von mindestens 0.2 aufweisen sollten. (3) Für die Lösungsquoten sollten im Bereich zwischen 0.05 und 0.95 liegen, um eine hinreichende Differenzierung zwischen den Teilnehmenden zu gewährleisten. (4) Darüber hinaus wurde das Rasch-Modell auf Differential Item Functioning (DIF) überprüft. Dabei wurden in Anlehnung an Frenken (2022) und Klinger (2018) die folgenden Teilungskriterien verwendet: Geschlecht (männlich vs. weiblich), Personenfähigkeitsparameter (hoch vs. niedrig) sowie Gruppenzugehörigkeit (dynamisch vs. statisch). Ein nicht tolerierbares DIF liegt vor, wenn sich die Itemparameter der beiden Teilstichproben um mehr als 1 Logit voneinander unterscheiden. (5) Abschließend wurde auch die EAP/PV-Reliabilität des gesamten Tests bestimmt.

Nach der dichotomen Kodierung sämtlicher Bearbeitungen der insgesamt 46 eingesetzten Items (0 = *inkorrekt* und 1 = *korrekt*) wurden mithilfe von virtuellen Personen (vgl. **Abbildung 7.6**) die Itemkennwerte des eindimensionalen Raschmodells ermittelt und in der oben beschriebenen Reihenfolge analysiert, um auffällige Items zu identifizieren und gegebenenfalls auszuschließen. Eine Übersicht über den Ablauf der Itemselektion ist in **Abbildung 7.13** dargestellt.

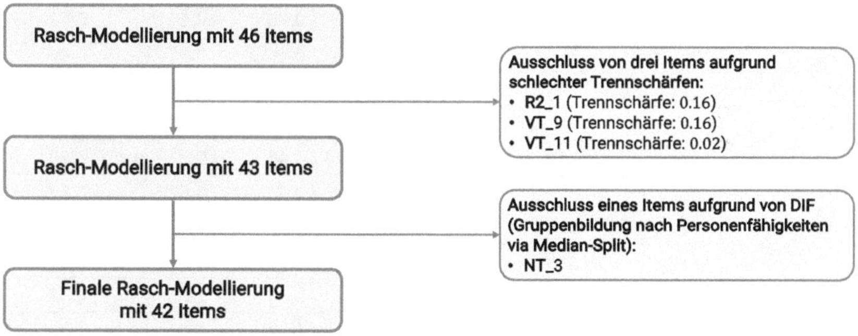

Abbildung 7.13 Schritte zur finalen Rasch-Modellierung

Im ersten Durchlauf der Itemselektion wurden in Schritt 2 die drei Items **R2**_1, **VT**_9 und **VT**_11 ausgeschlossen, da ihre Trennschärfen unterhalb des Schwellenwerts von 0.2 lagen. Auf Basis der verbliebenden 43 Items wurden anschließend erneut die Itemkennwerte eines neuen Raschmodells bestimmt, um die Selektion fortzusetzen. Hier zeigte sich in Schritt 4 bei der Überprüfung auf DIF ein auffälliger Befund: Beim Item **NT**_3 wurde ein auffälliger Unterschied in den Itemparametern zwischen einer leistungsstarken und einer leistungsschwachen Teilstichprobe festgestellt. Die Teilung erfolgte mittels Mediansplit der Personenfähigkeitsparameter. Der Unterschied der Itemparameter betrug etwa 2 Logit, was als klare Verletzung der Annahme der spezifischen Objektivität zu interpretieren ist. Das Item **NT**_3 wurde daher aufgrund der mangelhaften Modellpassung ebenfalls ausgeschlossen. Mit den verbleibenden 42 Items konnte ein finales eindimensionales Raschmodell geschätzt werden, welches zufriedenstellende Itemkennwerte aufwies. Diese sind in **Tabelle 7.9** zusammengetragen.

Tabelle 7.9 Itemkennwerte der finalen Rasch-Modellierung mit 42 Items (Skalierung mittels virtueller Personen)

Item	Layer	*N* (Prä/ Post)	Infit	Lösungshäufigkeit (Prä/Post)	Itemparameter (in Logit)	Trennschärfe
R1_1	*prior knowledge*	133 / 140	0.94	0.62 / 0.72	-0.88	0.47
ANK_1	*prior knowledge*	274 / 274	1.16	0.42 / 0.34	0.56	0.33
VT_1	*ratio*	274 / 0	0.96	0.63 / n. d.	-1	0.47
VT_2	*limit*	274 / 0	1.04	0.71 / n. d.	-1.44	0.34
NT_1	*limit*	0 / 274	0.88	n. d. / 0.76	-1.03	0.51
VT_3	*limit/function*	274 / 0	0.95	0.30 / n. d.	0.62	0.46
VT_4	*limit*	274 / 0	1.03	0.69 / n. d.	-1.3	0.37
ANK_2	*limit*	274 / 274	0.91	0.20 / 0.52	0.68	0.55
ANK_3	*limit*	274 / 274	0.92	0.24 / 0.46	0.73	0.55
NT_2	*limit*	0 / 274	0.96	n. d. / 0.46	0.57	0.52
VT_5	*limit*	274 / 0	0.94	0.24 / n. d.	0.92	0.46
R2_2	*limit*	141 / 134	1.06	0.29 / 0.43	0.64	0.39
R1_2	*function*	133 / 140	1.08	0.27 / 0.35	1.03	0.43
ANK_4	*ratio*	274 / 274	1.02	0.48 / 0.57	-0.15	0.44
VT_6	*ratio*	274 / 0	1.05	0.61 / n. d.	-0.91	0.37
ANK_5	*limit/function*	274 / 274	0.96	0.07 / 0.19	2.33	0.41
NT_4	*limit*	0 / 274	0.92	n. d. / 0.27	1.62	0.54
NT_5	*limit*	0 / 274	0.94	n. d. / 0.68	-0.55	0.49
ANK_6	*function*	274 / 274	1.02	0.13 / 0.36	1.37	0.43
R1_3	*function*	133 / 140	1.09	0.26 / 0.39	0.95	0.42
R1_4	*limit*	133 / 140	0.9	0.56 / 0.84	-1.05	0.5
ANK_7	*limit*	274 / 274	0.9	0.49 / 0.81	-0.8	0.52
R2_3	*limit*	141 / 134	0.91	0.50 / 0.83	-0,88	0.52
NT_6	*function*	0 / 274	0.99	n. d. / 0.61	-0.18	0.47
R2_4	*function*	141 / 134	1.02	0.55 / 0.52	-0.26	0.43
R2_5	*limit*	141 / 134	1.18	0.29 / 0.42	0.66	0.27
VT_7	*prior knowledge*	274 / 0	1.01	0.37 / n. d.	0.24	0.4
R1_5	*function*	133 / 140	0.9	0.05 / 0.48	1.3	0.56
NT_7	*limit*	0 / 274	0.9	n. d. / 0.45	0.6	0.56
R2_6	*limit/function*	141 / 134	1.08	0.12 / 0.34	1.39	0.31
VT_8	*prior knowledge*	274 / 0	1.04	0.54 / n. d.	-0.58	0.38

(Fortsetzung)

Tabelle 7.9 (Fortsetzung)

R2_7	*ratio*	141 / 134	1.11	0.18 / 0.34	1.18	0.31
ANK_8	*limit*	274 / 274	1.06	0.28 / 0.49	0.55	0.41
NT_8	*limit*	0 / 274	0.92	n. d. / 0.23	1.89	0.53
R1_6	*prior knowledge*	133 / 140	0.82	0.08 / 0.25	2.05	0.6
NT_9	*function*	0 / 274	0.94	n. d. / 0.49	0.42	0.54
NT_10	*limit*	0 / 274	1.07	n. d. / 0.33	1.25	0.42
R1_7	*limit*	133 / 140	1.02	0.24 / 0.65	0.27	0.47
VT_10	*prior knowledge*	274 / 0	1.03	0.38 / n. d.	0.18	0.38
R1_8	*limit*	133 / 140	1.06	0.29 / 0.52	0.5	0.44
NT_11	*limit*	0 / 274	0.99	n. d. / 0.78	-1.17	0.41
R2_8	*limit*	141 / 134	1.14	0.26 / 0.34	0.96	0.31

(*N* (Prä/Post) = *Anzahl der Lernenden, die das entsprechende Item im Prä-/Posttest bearbeitet haben*; n. d. = *nicht definiert*)

Die Analyse der Infit-Werte aller Items zeigt, dass sich diese im Intervall [0.82; 1.18] bewegen und somit das von Bond und Fox (2015) empfohlene Toleranzintervall von 0.8 bis 1.2 erfüllen. Auch die Trennschärfen befinden sich durchgängig in einem zufriedenstellenden Bereich und unterschreiten nicht den von PISA benannten Schwellenwert von 0.2. Bei der Betrachtung der Lösungshäufigkeiten zeigt sich, dass alle Items zu beiden Messzeitpunkten innerhalb des Intervalls [0.05; 0.95] liegen. Einzelne Items weisen im Prätest geringe Lösungshäufigkeiten auf (insbesondere die Items **R1**_5 mit 5 % und **ANK**_5 mit 7 %), was allerdings darauf zurückzuführen ist, dass die zugrunde liegenden Inhalte teilweise erst im Rahmen der Intervention eingeführt wurden. Die drei DIF-Analysen, differenziert nach den Teilungskriterien *Personenparameter* (**Abbildung 7.14**), *Geschlecht* (**Abbildung 7.15**) und *Gruppenzugehörigkeit* (**Abbildung 7.16**), liefern keine auffälligen Items mit einer Abweichung der Itemparameter von mehr als 1 Logit zwischen den jeweiligen Subgruppen. Die EAP/PV-Reliabilität des Messinstruments beträgt 0.837, die WLE-Reliabilität 0.824. Beide Werte sind insbesondere im Hinblick auf die inhaltliche Breite des Leistungstests als hoch einzustufen (vgl. Besser et al., 2021, S. 351).

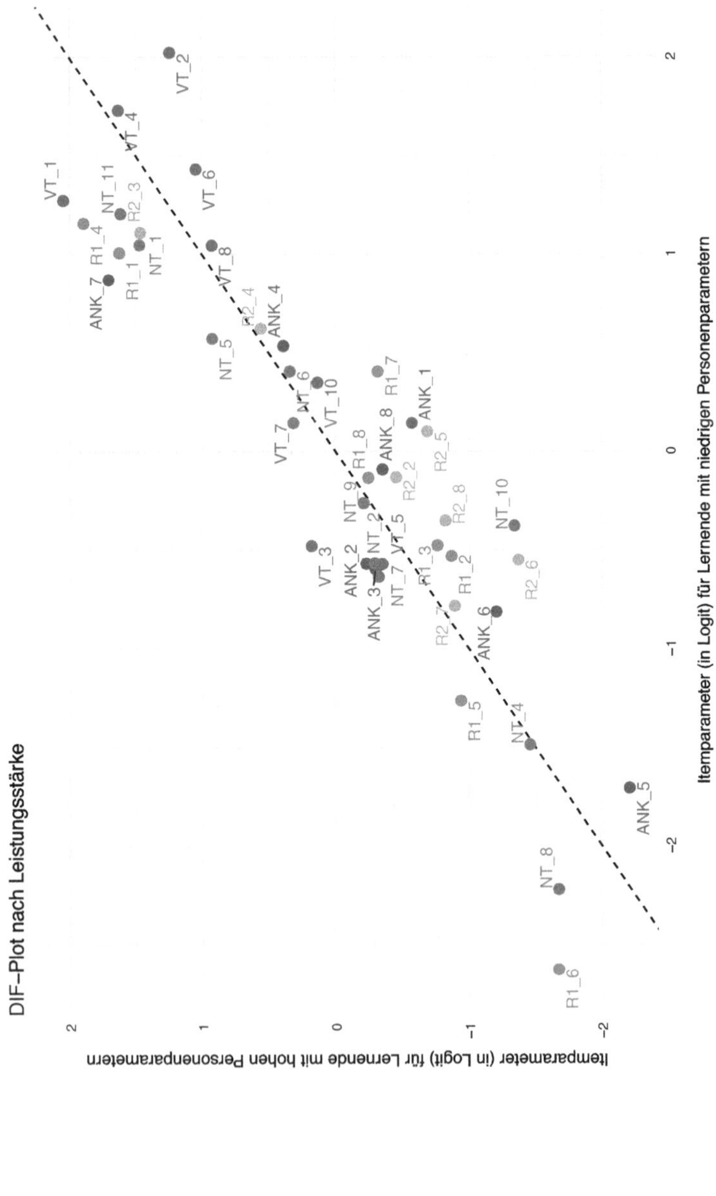

Abbildung 7.14 Grafischer Modellgeltungstest auf *Differential Item Functioning* (Teilungskriterium: Mediansplit nach Personenparametern)

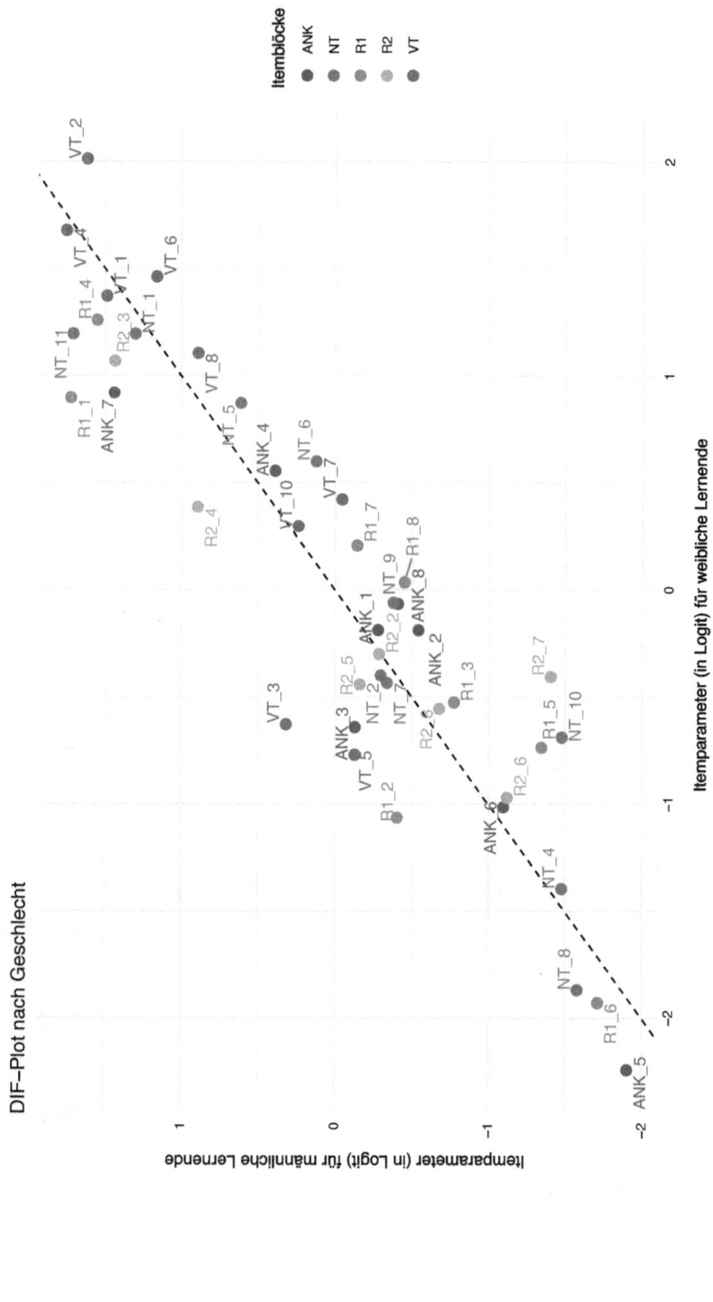

Abbildung 7.15 Grafischer Modellgeltungstest auf *Differential Item Functioning* (Teilungskriterium: Geschlecht)

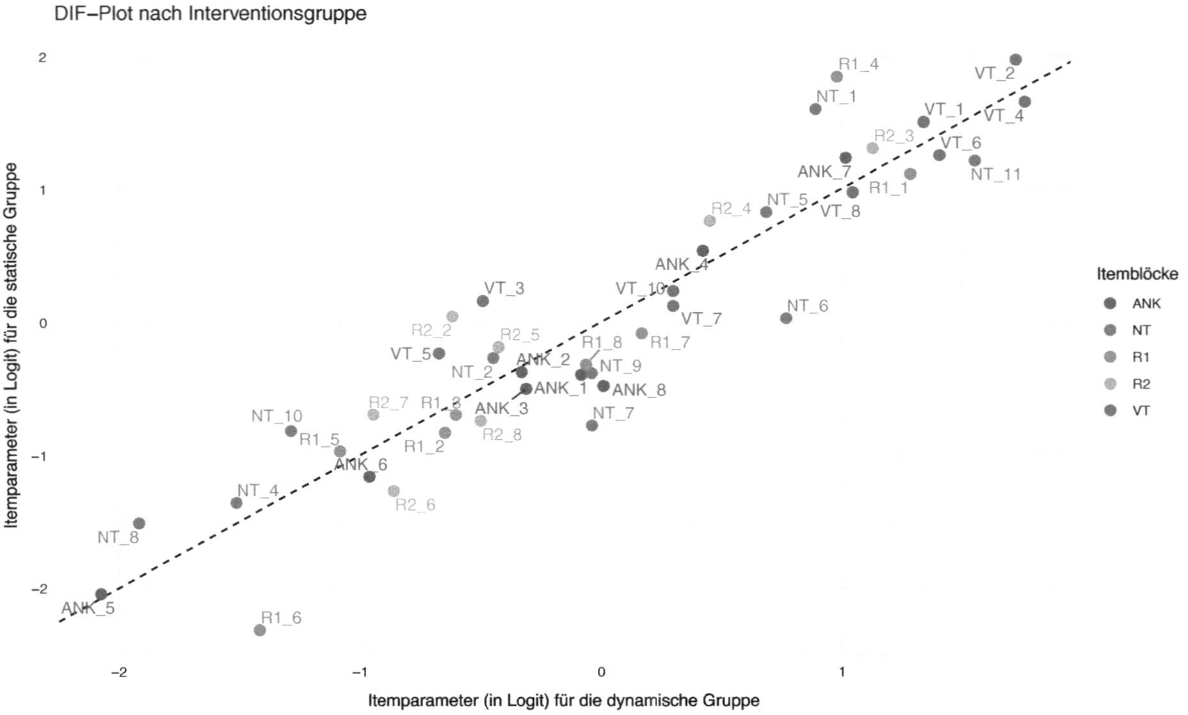

Abbildung 7.16 Grafischer Modellgeltungstest auf *Differential Item Functioning* (Teilungskriterium: Zugehörigkeit zur dynamischen oder statischen Interventionsgruppe)

Die beschriebenen Kennwerte des dichotomen Rasch-Modells mit 42 Items und 274 Personen, die zu zwei Messzeitpunkten jeweils 27 Items bearbeitet haben, deuten auf eine gute Passung der Daten zum Modell hin. Über den Ansatz mit virtuellen Personen (vgl. **Abbildung 7.6**) konnten sowohl Item- als auch Personenparameter bestimmt werden (vgl. **Tabelle 7.10**).

Tabelle 7.10 Spannweite der Item- und Personenparameter

	Personenparameter (in Logit)	Itemparameter (in Logit)
Prätest	zwischen −4.10 und 2.47	zwischen −1.44 und 2.33
Posttest	zwischen −2.18 und 4.91	
Gesamt	zwischen −4.10 und 4.91	

Zur Veranschaulichung der Verteilung der Item- und Personenparameter wird häufig eine Wright Map bzw. Person-Item Map (Koller et al., 2012, S. 58) verwendet, in der Item- und Personenparameter auf einer Skala abgebildet sind (vgl. **Abbildung 7.17**).

Bei der Betrachtung der Item- und Personenparameter fällt bereits in **Tabelle 7.10** auf, dass die Itemparameter, welche die Itemschwierigkeiten repräsentieren, nicht das gesamte Fähigkeitsspektrum der getesteten Personen abdecken. **Abbildung 7.17** zeigt, dass der Großteil der Items Itemparameter um 0 Logit aufweisen. Items mit sehr niedrigen (unter −1.5 Logit) oder sehr hohen Itemparametern (über 2.5 Logit) fehlen vollständig. In diesen Bereichen sind jedoch auch nur wenige Testpersonen verortet, sodass der Leistungstest insgesamt als gut geeignet für die untersuchte Stichprobe angesehen werden kann.

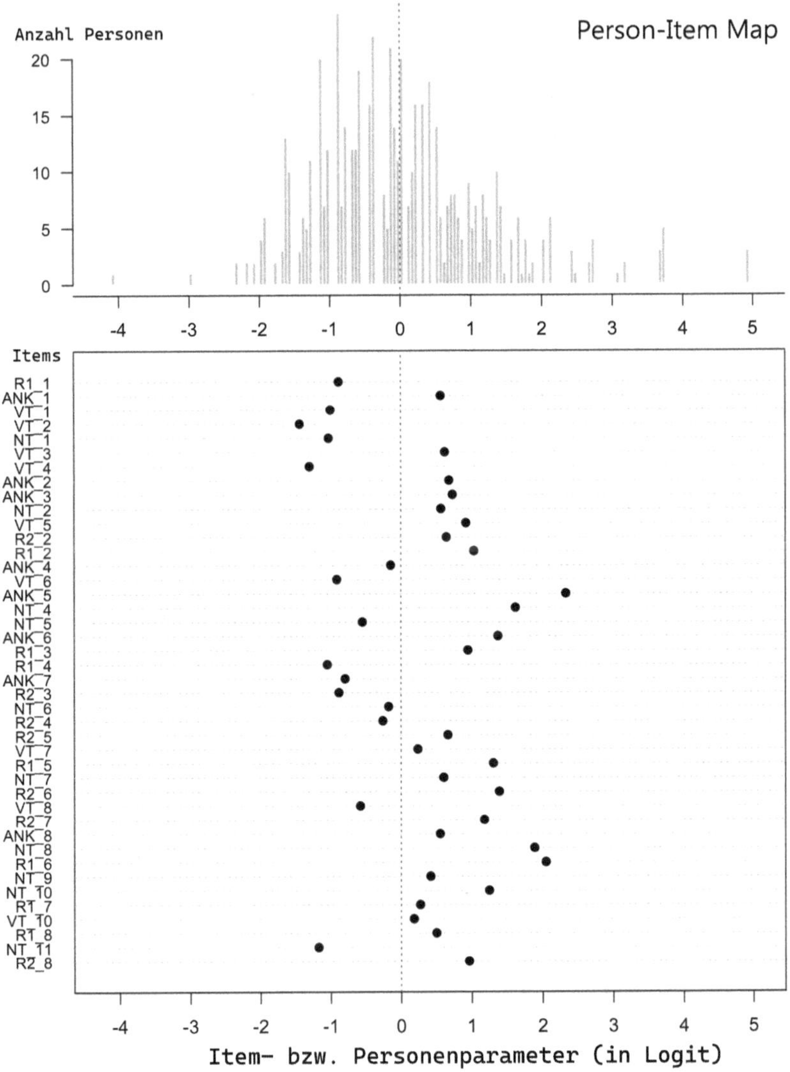

Abbildung 7.17 Wright Map für den Test zum Verständnis der Ableitung (Skalierung mit virtuellen Personen)

7.6.2 Fragebogen zur Erfassung der Ausprägung von Grundvorstellungen zur Ableitung

7.6.2.1 Konstruktion des Fragebogens

Zur Erfassung des Ausprägungsgrades der beiden Grundvorstellungen *Lokale Änderungsrate* und *Tangentensteigung* wurde der von Greefrath et al. (2021b) konzipierte Fragebogen, der auch in einigen ihrer empirischen Studien gesetzt wurde (Greefrath et al., 2021a, 2022; Weigand et al., 2025), in Teilen adaptiert und für Schülerinnen und Schüler zugänglich gemacht. Alle sieben Items weisen die folgende Struktur auf: Eine inner- oder außermathematische Situation wird den Lernenden präsentiert, die oftmals von einem graphisch dargestellten Funktionsgraphen begleitet wird. Anschließend werden die Lernenden dazu aufgefordert, je zwei Aussagen auf einer fünfstufigen Likert-Skala zu beurteilen, inwiefern diese mit ihrer eigenen Denkweise überstimmen von „-- *Die Erklärung entspricht überhaupt nicht meiner Denkweise*" hin zu „++: *Die Erklärung entspricht genau meiner Denkweise*". Die Skalenwerte wurden für die Auswertung in 1er-Schritten von 1 („--") bis 5 („++") kodiert. Diese Aussagen zu den Denkweisen wurden inhaltlich so konzipiert, dass sie eindeutig die Grundvorstellungen *Lokale Änderungsrate* oder *Tangentensteigung* adressieren. Ein konkretes Beispiel für ein innermathematisches Item mit einer Visualisierung ist in **Abbildung 7.18** dargestellt.

Gegeben sind der Graph einer Funktion f sowie die Punkte $\boldsymbol{A}$ und $\boldsymbol{B}$. Es kann unterschiedlich erklärt werden, dass der Wert der ersten Ableitung im Punkt $\boldsymbol{A}$ größer ist als im Punkt $\boldsymbol{B}$.

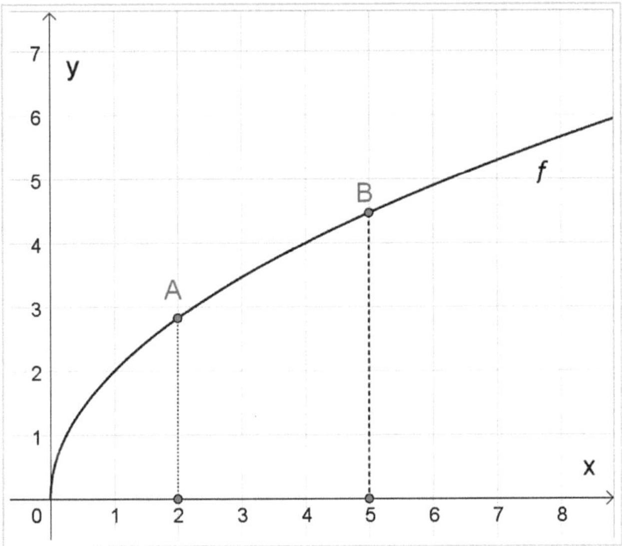

	--	-	o	+	++
4.1. Die Tangente im Punkt A hat eine größere Steigung als die Tangente im Punkt B.					
4.2. Wenn der Graph die Abhängigkeit einer Größe von der Zeit darstellt, ändert sich diese Größe bei A schneller als bei B.					

Abbildung 7.18 Innermathematische Beispielitems (LÄ7 und TS7) im Grundvorstellungsfragebogen (vgl. Nguyen, 2025b; Nguyen & Greefrath, 2024a, S. 291)

Insgesamt wurden zwei Items neu entwickelt und fünf aus Greefrath et al. (2021b) in für Schülerinnen und Schüler angepasster Form verwendet. In fünf von sieben Fällen werden außermathematische Beispiele verwendet, die teilweise auch konkreten Bezug zur Unterrichtssequenz nehmen (z. B. die Items LÄ3 und TS3, Kurzform „Auto"). Eine Übersicht über alle eingesetzten Fragebogenitems mit einer kurzen Beschreibung sind **Tabelle 7.11** zu entnehmen.

Tabelle 7.11 Beschreibung der Items des Grundvorstellungsfragebogens

I-Nr.	Kurzform	Quelle	Beschreibung	Einheit der Ableitung	inkl. Visualisierung
LÄ1 TS1	Allgemein	Greefrath et al. (2021b)	Ableitung an einer Stelle ist LÄ bzw. TS	innermathematisch	Nein
LÄ2 TS2	Fahrrad	Greefrath et al. (2021b)	Minimum der Ableitung erklären	$\frac{\text{Strecke in km}}{h}$	Ja
LÄ3 TS3	Auto	Eigenentwicklung	Maximum der Ableitung erklären	$\frac{\text{Strecke in km}}{h}$	Ja
LÄ4 TS4	Bakterien	Greefrath et al. (2021b)	Maximum der Ableitung erklären	$\frac{\text{\#Bakterien}}{h}$	Ja
LÄ5 TS5	Flugzeug	Greefrath et al. (2021b)	Maximum der Ableitung erklären	$\frac{\text{Flughöhe in } m}{h}$	Ja
LÄ6 TS6	Kerze	Eigenentwicklung	$h'(0) = -0{,}5$ erklären	$\frac{\text{Länge in cm}}{\text{min}}$	Ja
LÄ7TS7	A & B	Greefrath et al. (2021b)	$f'(x_A) > f'(x_B)$ erklären	innermathematisch	Ja

(I-NR = *Itemnummer bzw. Itembezeichnung*; LÄ = *Lokale Änderungsrate*; TS = *Tangentensteigung*)

Wie bereits im Theorieteil mehrfach dargelegt, ist eine valide Erfassung von Grundvorstellungen – etwa im Rahmen von Leistungstests – mit Herausforderungen verbunden (vgl. Jordan et al., 2008; Litteck et al., 2024). Eine alternative Herangehensweise besteht in der Anwendung qualitativer Methoden, wie etwa der Analyse von Lernendendokumenten, dem Einsatz von Interviews oder Fragebögen mit offenen Antwortformaten. Bingolbali und Monaghan (2008) nutzten beispielsweise das Item „What is the meaning of a derivative? Define or explain as you wish“ (S. 34), um Einblicke in das *concept image* von Studierenden zu gewinnen. Die Auswertung erfolgte u. a. entlang der beiden Grundvorstellungen *Lokale Änderungsrate* und *Tangentensteigung*. Auch Witzke und Spies (2016) setzten einen Fragebogen ein, in dem Studierende gefragt wurden, was sie mit dem Ableitungsbegriff verbinden. Solche offenen Vorgehensweisen zur Untersuchung von Grundvorstellungen finden sich vielfach in der Literatur wieder (z. B. auch in Ableitinger et al., 2022; Prediger, 2008).

Für das Ziel der vorliegenden Studie – insbesondere im Hinblick auf die Beantwortung der Forschungsfrage **Ib.** – erscheint ein quantitatives Vorgehen unter Verwendung des oben beschriebenen Fragebogens als Erhebungsinstrument angemessen. Die Entscheidung für diesen Zugang lässt sich analog zur Erhebung des Verständnisses der Ableitung begründen, das ebenfalls auf quantitativem Wege erfasst wurde.

7.6.2.2 Zweidimensionalität des Fragebogens

Zur Überprüfung der Zweidimensionalität des Fragebogens im Sinne der beiden zentralen Grundvorstellungen zur Ableitung wurde eine konfirmatorische Faktorenanalyse mit je sieben Items pro Faktor (LÄ1 bis LÄ7 für die *Lokale Änderungsrate* und TS1 bis TS7 für die *Tangentensteigung*) durchgeführt. Die theoretische Fundierung und die empirischen Befunde sprechen für eine sinnvolle Trennung dieser beiden Grundvorstellungen, weshalb auf eine EFA verzichtet wurde (Greefrath et al., 2022).

Die jeweiligen Faktorladungen der 14 Items sind in **Tabelle 7.12** dargestellt und liegen allesamt signifikant über 0.30 bzw. abgesehen von Item LÄ1 auch über dem kritischen Schwellenwert von 0.40 (Brandt, 2020, S. 607).

Tabelle 7.12 Faktorladungen der Items in der konfirmatorischen Faktorenanalyse

Faktor	I-Nr.	Kurzform	Faktorladung	Standardfehler	p	95 % Konfidenzintervall
Lokale Änderungsrate	LÄ1	Allgemein	0.323	0.042	< 0.001	[0.241; 0.404]
	LÄ2	Fahrrad	0.554	0.041	< 0.001	[0.473; 0.635]
	LÄ3	Auto	0.600	0.041	< 0.001	[0.521; 0.680]
	LÄ4	Bakterien	0.425	0.043	< 0.001	[0.340; 0.510]
	LÄ5	Flugzeug	0.674	0.042	< 0.001	[0.591; 0.756]
	LÄ6	Kerze	0.548	0.045	< 0.001	[0.459; 0.637]
	LÄ7	A & B	0.418	0.040	< 0.001	[0.340; 0.497]
Tangentensteigung	TS1	Allgemein	0.430	0.038	< 0.001	[0.356; 0.504]
	TS2	Fahrrad	0.453	0.037	< 0.001	[0.380; 0.526]
	TS3	Auto	0.706	0.039	< 0.001	[0.630; 0.782]
	TS4	Bakterien	0.700	0.039	< 0.001	[0.623; 0.777]
	TS5	Flugzeug	0.579	0.037	< 0.001	[0.507; 0.650]
	TS6	Kerze	0.569	0.038	< 0.001	[0.495; 0.643]
	TS7	A & B	0.500	0.038	< 0.001	[0.424; 0.575]

(I-NR = *Itemnummer bzw. Itembezeichnung*)

Zusätzlich wurden Kenngrößen für den Modellfit bestimmt, welche insgesamt auf eine weitgehend gute Passung hindeuten: $\chi^2(76) = 122.348, p < 0.001, RMSEA = 0.047, SRMR = 0.063, CFI = 0.951, TLI = 0.941$. Allerdings bleibt noch zu erwähnen, dass die latenten Faktoren *Lokale Änderungsrate* und die *Tangentensteigung* eine signifikant positive Korrelation mit $r = 0.536$, 95 %-KI [0.467; 0.605], $p < 0.001$ aufwiesen. Durch die empirische Trennung der beiden Grundvorstellungen konnten einerseits die Ergebnisse aus Greefrath et al. (2022) repliziert werden.[8] Andererseits liefert diese Erkenntnis für den fachdidaktischen Diskurs auch ein Argument dafür, die *Lokale Änderungsrate* und die *Tangentensteigung* als zwei separate Konstrukte zu betrachten (vgl. Abschnitt 2.2).

Die Skala zur Grundvorstellung *Lokale Änderungsrate* (Items LÄ1 bis LÄ7) erreichte eine Reliabilität von $\alpha = 0.639$, 95 %-KI [0.569; 0.700], während die Skala zur *Tangentensteigung* (Items TS1 bis TS7) eine Reliabilität von $\alpha = 0.654$, 95 %-KI [0.587; 0.712] aufwies. Somit unterschreiten beide Skalen den von Moosbrugger und Kelava (2020b) genannten Orientierungswert von $\alpha = 0.70$ für reliable psychometrische Messinstrumente. Allerdings liegt Cronbachs Alpha jeweils über der kritischen Untergrenze von $\alpha = 0.50$, sodass die Verwendung im Rahmen von Kollektivdiagnostik weiterhin als vertretbar gilt (Döring, 2023; Lienert & Raatz, 1998; Quarder, 2024).

7.6.3 Fragebogen zu den Einstellungen gegenüber GeoGebra

Zur Erfassung der Einstellungen gegenüber GeoGebra wurde das in Hankeln (2019) verwendete Messinstrument übernommen, das im Rahmen ihrer Interventionsstudie eingesetzt wurde und gute Werte bezüglich der Reliabilität aufwies. Das Instrument basiert auf dem von Spannagel und Bescherer (2009) entwickelten CUSE-D Fragebogen (engl. *Computer User Self-Efficacy Scale*) und beinhaltet fünf Items, die jeweils auf einer sechsstufigen Likert-Skala von *trifft gar nicht zu* bis *trifft völlig zu* beurteilt werden sollten (vgl. **Abbildung 7.19**).

[8] In Greefrath et al. (2022) konnte überdies eine empirische Trennung der vier Grundvorstellungen *Lokale Änderungsrate*, *Tangentensteigung*, *Lokale Linearität* und *Verstärkungsfaktor kleiner Änderungen* mittels Faktorenanalyse gezeigt werden.

	trifft gar nicht zu					*trifft völlig zu*
GG1. Ich finde, dass GeoGebra beim Lernen behindert.	○	○	○	○	○	○
GG2. Das Verwenden von GeoGebra macht Lernen interessanter.	○	○	○	○	○	○
GG3. GeoGebra macht Lernen eindeutig einfacher.	○	○	○	○	○	○
GG4. GeoGebra ist ein gutes Hilfsmittel beim Lernen.	○	○	○	○	○	○
GG5. Ich hätte es lieber, wenn wir nicht lernen müssten, wie man GeoGebra benutzt.	○	○	○	○	○	○

Abbildung 7.19 Fragebogen zu den Einstellungen gegenüber GeoGebra

Die fünf Items decken inhaltlich die drei Dimensionen *emotional dispositions*, *beliefs* sowie *behavioral components* von Einstellungen ab (Aquilina et al., 2024; Cameron et al., 2024). Die ursprünglichen Fragebögen (Hankeln, 2019; Spannagel & Bescherer, 2009), wurden nicht mit einer expliziten theoretischen Differenzierung dieser Dimensionen entwickelt. Die Zuordnung der Items zu den Dimensionen erfolgte daher nachträglich auf Grundlage theoretischer Überlegungen und einschlägiger Literatur. So können die Items GG1, GG3 und GG4 den *beliefs* zugeordnet werden, da hier die Nützlichkeit von GeoGebra für das Mathematiklernen beurteilt wird. Das Item GG2 erfasst eine emotionale Disposition, da es das Interesse am Lernen mit GeoGebra anspricht. Das Item GG5 kann am ehesten der verhaltensbezogenen Komponente zugeordnet werden, da hier der Wunsch geäußert wird, den Umgang mit GeoGebra zu vermeiden – und somit ein konkretes Verhalten impliziert wird. Alternativ könnte das Item GG5 auch als emotionale Disposition interpretiert werden, da die Formulierung „ich hätte es lieber" auf eine Gefühlslage – möglicherweise Unlust – hindeutet. Da in dieser Arbeit die Einstellungen gegenüber GeoGebra als eindimensionales Konstrukt erfasst werden, dient die theoretische Zuordnung der Items zu *emotional dispositions*, *beliefs* und *behavioral components* vor allem dazu, die inhaltliche Breite des zugrunde liegenden Konstrukts der Einstellungen zu verdeutlichen. Vor diesem Hintergrund ist es nicht problematisch, wenn einzelne Items (z. B. GG5) nicht eindeutig einer der drei Dimensionen zugeordnet werden können.

Da es sich bei den Items GG1 und GG5 um negativ formulierte Aussagen handelt, wurde deren Skala invertiert: Für die Auswertung wurden die Antwortoptionen in 1er-Schritten von 1 („trifft völlig zu") bis 6 („trifft gar nicht zu") kodiert. Die übrigen drei Items wurden in umgekehrter Richtung, d. h. von 1 („trifft gar nicht zu") bis 6 („trifft völlig zu"), in 1er-Schritten kodiert. Dadurch spiegeln höhere Zahlenwerte eine positivere Einstellung gegenüber GeoGebra wider, analog zur Kodierung der Items des Tests zum Verständnis der Ableitung und des Fragebogens zu den Grundvorstellungen. Zur Beurteilung der Reliabilität des Fragebogens zu den Einstellungen gegenüber GeoGebra wird Cronbachs Alpha als Maß für die interne Konsistenz gewählt. Zum ersten Messzeitpunkt wies Cronbachs Alpha einen Wert von $\alpha = 0.830$ (95 %-KI [0.795; 0.861]) auf und zum zweiten Messzeitpunkt von $\alpha = 0.832$ (95 %-KI [0.797; 0.862]), was sowohl im Prä- als auch im Posttest auf ein reliables Messinstrument hindeutet (Moosbrugger & Kelava, 2020b).

Auch in diesem Fall wurde ein quantitatives Vorgehen gewählt, anstatt – wie in einigen anderen Studien (Tatar & Zengin, 2016) – auf offene Fragen wie „Wie fandest du den Einsatz von GeoGebra?“ zurückzugreifen. Dies ermöglicht einen quantitativen Vergleich zwischen der dynamischen Gruppe und der statischen Gruppe. Letztere fungiert in Bezug auf die Einstellungen gegenüber GeoGebra zugleich als klassische Kontrollgruppe, da die Lernenden während der gesamten Intervention nicht mit GeoGebra gearbeitet haben.

7.7 Gütekriterien der Messinstrumente

Insgesamt kamen zu beiden Messzeitpunkten ein Leistungstest zum Verständnis der Ableitung sowie ein Fragebogen zu den Einstellungen gegenüber GeoGebra zum Einsatz. Zum zweiten Messzeitpunkt wurde darüber hinaus der selbstberichtete Ausprägungsgrad der beiden Grundvorstellungen *Lokale Änderungsrate* und *Tangentensteigung* mit einem weiteren Fragebogen erhoben. Gute Tests bzw. Fragebögen als wissenschaftliche Messinstrumente erfüllen die Hauptgütekriterien der Objektivität, Reliabilität und Validität. Daneben können auch noch weitere sogenannte Nebengütekriterien, wie etwa Ökonomie und Nützlichkeit, berücksichtigt werden (Bühner, 2021; Döring, 2023; Krumm et al., 2021; Lienert & Raatz, 1998; Moosbrugger & Kelava, 2020a).

Objektivität

Die Objektivität eines Messinstruments kann definiert werden als „Unabhängigkeit des Testergebnisses von der Person des Testanwenders/Testleiters“ (Döring, 2023, S. 438). Als Unterform lässt sich zunächst die Durchführungsobjektivität nennen. Diese ist in der vorliegenden Studie durch ein standardisiertes Vorgehen bei der Durchführung der Prä- und Posttests über SoSci Survey gewährleistet (Moosbrugger & Kelava, 2020a, S. 18): Den beteiligten Lehrkräften wurde im Vorfeld der Ablauf der vollständigen Studie erläutert; zudem erhielten sie ein Manual zur Durchführung der Prä- und Posttests. Dieses enthält Instruktionen, die wortwörtlich vorgelesen werden sollen, Informationen zum organisatorischen und zeitlichen

Ablauf sowie der Hinweis, keine testrelevanten Informationen preiszugeben (vgl. Hankeln, 2019; Reinhold, 2019). An beiden Messzeitpunkten waren zudem begleitende Forschende der Universität Münster anwesend, die den Ablauf unterstützend begleiteten. Demnach erhielten alle teilnehmenden Schülerinnen und Schüler einheitliche Informationen durch ihre Lehrkräfte. Die Auswertungsobjektivität kann als gegeben angesehen werden, da der Leistungstest aus geschlossenen bzw. halboffenen Items besteht und die beiden Fragebögen ausschließlich geschlossene Items enthalten. Dadurch konnte jede Antwort auf die Items des Leistungstests eindeutig als richtig oder falsch bewertet werden (de Vries, 2021; Lienert & Raatz, 1998, S. 8). Durch die digitale Umsetzung war eine automatisierte Kodierung der Bearbeitungen für jeden Testteilnehmenden möglich. Die Codes für die erforderlichen Umkodierungen wurden vom Testleiter erstellt und anschließend von Masterkandidatinnen überprüft. Demnach war eine Kodierung durch mehrere voneinander unabhängige Personen nicht erforderlich, da Eingabefehler wegen der über SoSci Survey automatisch generierten Datenmatrix ausgeschlossen werden konnten. Die Interpretationsobjektivität wird dadurch sichergestellt, dass „die Fähigkeiten als numerische Werte auf einer Skala zugeordnet werden können, die sich über die beiden Messzeitpunkte hinweg nicht verändert" (Frenken, 2022, S. 173). Dadurch ist die Interpretation der Testergebnisse einzelner Teilnehmenden unabhängig von der Person, die diese interpretiert (Lienert & Raatz, 1998, S. 8).

Reliabilität

Die Reliabilität (bzw. Zuverlässigkeit) eines Messinstruments beschreibt den Grad der Genauigkeit einer Messung – unabhängig davon, welches Merkmal durch die Messung abgebildet werden soll (Bühner, 2021, S. 598). Eine hohe Reliabilität liegt dann vor, wenn ein Test bzw. Fragebogen frei von zufälligen Messfehlern ist. Zur Prüfung der Reliabilität wird häufig die Methode der internen Konsistenz verwendet, die im Rahmen der Klassischen Testtheorie zur Bestimmung von Cronbachs Alpha führt (Döring, 2023). Eine hohe interne Konsistenz liegt vor, wenn die eingesetzten Items untereinander hohe Korrelationen aufweisen. Als untere Grenze für Cronbachs Alpha wird nach Bühner (2021) sowie Moosbrugger und Kelava (2020b) ein Wert von 0.7 für ein reliables Messinstrument angegeben. Bei einer Kollektivdiagnostik können im Vergleich zu einer Individualdiagnostik auch etwas niedrigere Werte – jedoch mindestens ab einem Wert von 0.5 – als akzeptabel gelten (Döring, 2023; Lienert & Raatz, 1998; Quarder, 2024). Im Rahmen der probabilistischen Testtheorie, die dem Leistungstest zugrunde liegt, wird standardmäßig die EAP/PV-Reliabilität angegeben, die inhaltlich mit Cronbachs Alpha vergleichbar ist (Kirsten & Greefrath, 2023).

Die Überprüfung der Daten des Leistungstests auf Raschkonformität (vgl. Abschnitt 7.6.1.2) schließt die Betrachtung der Reliabilität ein, weshalb diese bereits dort berichtet wurde (EAP/PV-Reliabilität: 0.837). Auch für die beiden Fragebögen wurde zur Beurteilung der Güte bereits Cronbachs Alpha angegeben. Insgesamt liegen sämtliche Reliabilitätskennwerte im akzeptablen Bereich (0.639 bzw. 0.654 für den Fragebogen zur Ausprägung der *Lokalen Änderungsrate* bzw. der *Tangentensteigung* sowie 0.830 bzw. 0.832 für den Fragebogen zu den Einstellungen gegenüber GeoGebra zum Prä- bzw. Posttest).

Validität

Die Validität (bzw. Gültigkeit) eines Messinstruments beschreibt den Grad der Genauigkeit, mit dem es das zugrundeliegende Merkmal, was es „messen oder vorhersagen soll, tatsächlich mißt [sic] oder vorhersagt" (Lienert & Raatz, 1998, S. 10). Die Validität gilt als das wichtigste Hauptgütekriterium, da ein nicht valider Test bzw. Fragebogen für diagnostische Zwecke unbrauchbar ist (Döring, 2023, S. 440; Krumm et al., 2021, S. 157). Die Überprüfung der Validität folgt keinem standardisierten Verfahren. Als eine Unterform kann die Inhaltsvalidität genannt werden. Sie liegt dann vor, wenn die verwendeten Items das zu messende Merkmal theoretisch präzise in seiner Gesamtheit abbilden, ohne zugleich andere Merkmale zu erfassen (Döring, 2023, S. 442). Der Leistungstest wurde von wissenschaftlichen Mitarbeitenden der Universität Münster konzipiert und orientiert sich dabei eng an dem ausdifferenzierten Rahmenmodell zum Verständnis der Ableitung nach Roundy et al. (2015) und Zandieh (2000), indem er unterschiedliche Ebenen und Repräsentationen abdeckt. Darüber hinaus wurden bestehende Messinstrumente berücksichtigt, die bereits in empirischen Studien zum Einsatz kamen (z. B. Baumert, Bos, Klieme, et al., 1999; Feudel, 2020; Kendal & Stacey, 2003; Klinger, 2018; Sekulic et al., 2020). Der Grundvorstellungsfragebogen basiert hingegen auf den Arbeiten von Greefrath et al. (2021a, 2022), in denen die Validität durch Interviews mit Expertinnen und Experten bereits abgesichert wurde. Gleiches gilt für den Fragebogen zu den Einstellungen gegenüber GeoGebra, der aus einer Studie von Hankeln (2019) übernommen wurde. Eine Validitätsprüfung dieser Items erfolgte auf Grundlage der Überlegungen von Spannagel und Bescherer (2009). Ebenso wurden auch die drei den Einstellungen zugrundeliegenden theoretischen Konstrukte (*emotions*, *beliefs* sowie *behavioral components*) mit den fünf Items inhaltlich abgedeckt. Mittels einer Faktorenanalyse konnte die faktorielle Validität (Bühner, 2021, S. 605) des Grundvorstellungsfragebogens gezeigt werden. Die Struktur dieses Messinstruments stimmt mit der theoretisch angenommenen Faktorstruktur auf Basis der aus der Theorie hergeleiteten Grundvorstellungen *Lokale Änderungsrate* und *Tangentensteigung* überein. Auf eine Prüfung der konvergenten bzw. diskriminanten

Validität – verstanden als hohe positive Korrelationen mit konstruktnahen sowie geringe Korrelationen mit konstruktfernen Tests (Bühner, 2021, S. 604; Döring, 2023, S. 442) – wurde aufgrund der ohnehin bereits zeitintensiven Intervention mit zwei Erhebungszeitpunkten verzichtet (vgl. Hankeln, 2019; Wess, 2020).

Ökonomie und Nützlichkeit

Neben den Hauptgütekriterien wurden einige Nebengütekriterien berücksichtigt, darunter die Ökonomie der Messinstrumente (Lienert & Raatz, 1998, S. 12). Diese kann insgesamt als erfüllt angesehen werden, da die Bearbeitung der Prä- und Posttests jeweils eine Schulstunde von 45 Minuten beanspruchte, was als vergleichsweise geringer Aufwand einzustufen ist (de Vries, 2021, S. 136); gleichzeitig war die Durchführung als Gruppentest möglich. Auch im Hinblick auf den finanziellen Aufwand zeigt sich eine hohe Ökonomie: Durch die digitale und kostenlose Umsetzung über SoSci Survey fiel kein Materialverbrauch an, und auch die Auswertung konnte sehr zeiteffizient erfolgen. Zwar gingen für das Testen zwei Unterrichtsstunden verloren, jedoch wurden die Ergebnisse des Leistungstests sowie der Fragebögen den Lehrkräften auf Wunsch zur Verfügung gestellt, sodass ein diagnostischer Nutzen entstand, womit auch ein Teil des Nebengütekriteriums der Nützlichkeit erfüllt ist (Moosbrugger & Kelava, 2020a, S. 24). Die Nützlichkeit der eingesetzten Messinstrumente ergibt sich darüber hinaus aus dem Forschungsinteresse, um zukünftigen Mathematikunterricht effektiv zu gestalten: Es sollte untersucht werden, ob sich der Einfluss dynamischer im Vergleich zu statischen Visualisierungen auf Verständnis, Grundvorstellungen und Einstellungen unterscheidet.

Ergebnisse

8

Im Folgenden werden die in Kapitel 6 formulierten Forschungsfragen auf Grundlage der in Kapitel 7 dargestellten Datenskalierungen und Analysen beantwortet.[1] Im ersten Fragenkomplex geht es um die Auswirkungen der sechsstündigen Intervention auf das Verständnis der Ableitung, die Ausprägung der Grundvorstellungen *Lokale Änderungsrate* und *Tangentensteigung* sowie die Einstellungen gegenüber GeoGebra. Der zweite Fragenkomplex widmet sich den Zusammenhängen zwischen Verständnis und Grundvorstellungen, sowohl allgemein bezogen auf die Gesamtstichprobe als auch getrennt nach den beiden Experimentalgruppen. Schließlich richtet der dritte Fragenkomplex den Blick auf Faktoren, die das Lernen mit dynamischen Visualisierungen beeinflussen können, insbesondere die Nutzungshäufigkeit interaktiver Tools sowie die Einstellungen gegenüber GeoGebra.

8.1 Fragenkomplex I: Auswirkungen des Treatments

8.1.1 Auf das Verständnis der Ableitung

Es wurde angenommen, dass Lernende der 11. Jahrgangsstufe nach einer sechsstündigen Unterrichtssequenz zur Einführung der Ableitung mit Visualisierungen ihr Verständnis über diesen Begriff (*prior knowledge* und die Ebenen *ratio*, *limit*

[1] An dieser Stelle sei zunächst angemerkt, dass alle inferenzstatistischen Tests (t-Tests, Korrelationen, Regressionen) zweiseitig durchgeführt wurden, auch in den Fällen, in denen gerichtete Hypothese vorlagen. Dies gewährleistet einen einheitlichen und konservativen Prüfansatz.

H. Nguyen, *Wirksamkeit dynamischer Visualisierungen bei der Einführung des Ableitungsbegriffs*, Studien zur theoretischen und empirischen Forschung in der Mathematikdidaktik, https://doi.org/10.1007/978-3-658-51845-5_8

und *function* nach dem Rahmenmodell in **Abbildung 2.18**) verbessern können. Dazu lässt sich zunächst auf deskriptiver Ebene herausstellen, dass die durch das Raschmodell geschätzten Personenfähigkeitsparameter vom Prä- zum Posttest sowohl in der dynamischen als auch in der statischen Gruppe anstiegen. Lernende, die mit dynamischen Visualisierungen gearbeitet haben, wiesen einen mittleren Zuwachs von 1.078 Logit ($M_{post} - M_{prä} = 0{,}646 - (-0.432) = 1.078$), während Schülerinnen und Schüler der statischen Gruppe einen durchschnittlichen Zuwachs von 0.779 Logit ($M_{post} - M_{prä} = 0.325 - (-0.454) = 0.779$) verzeichneten. Sowohl aus den deskriptiven Daten in **Tabelle 8.1** als auch aus **Abbildung 8.1** wird deutlich, dass sich die beiden Vergleichsgruppen zum ersten Messzeitpunkt, also im Prätest, nicht stark voneinander unterschieden.[2] Allerdings ist die Standardabweichung bzw. die Streuung der Personenfähigkeiten in der dynamischen Gruppe zu beiden Messzeitpunkten geringfügig höher als in der statischen Gruppe.

Tabelle 8.1 Deskriptive Statistiken zum Verständnis der Ableitung

MZP	Gruppe	*N*	*M*	*MD*	σ	*Min*	*Max*
1 (Prä)	Dynamisch	141	−0.432	−0.438	0.929	−4.097	2.473
	Statisch	133	−0.454	−0.438	0.895	−2.991	1.491
	Gesamt	274	−0.442	−0.438	0.911	−4.097	2.473
2 (Post)	Dynamisch	141	0.646	0.504	1.365	−2.095	4.915
	Statisch	133	0.325	0.227	1.208	−2.184	4.915
	Gesamt	274	0.490	0.321	1.299	−2.184	4.915

(MZP = Messzeitpunkt; N = Stichprobengröße; M = Mittelwert (in Logit); MD = Median (in Logit); σ = Standardabweichung (in Logit); Min = Minimum (in Logit); Max = Maximum (in Logit))

[2] Zur statistischen Absicherung wurde zusätzlich ein ungepaarter t-Test durchgeführt, bei dem Personenfähigkeiten zum Verständnis der Ableitung als abhängige Variable und die Art der verwendeten Visualisierungen (statisch vs. dynamisch) als Gruppierungsvariable berücksichtigt wurden. Der Test ergab keinen signifikanten Unterschied zwischen den beiden Gruppen zum ersten Messzeitpunkt ($t(272) = 0.205, p = 0.838, d = 0.025, 1-\beta = 0.055$).

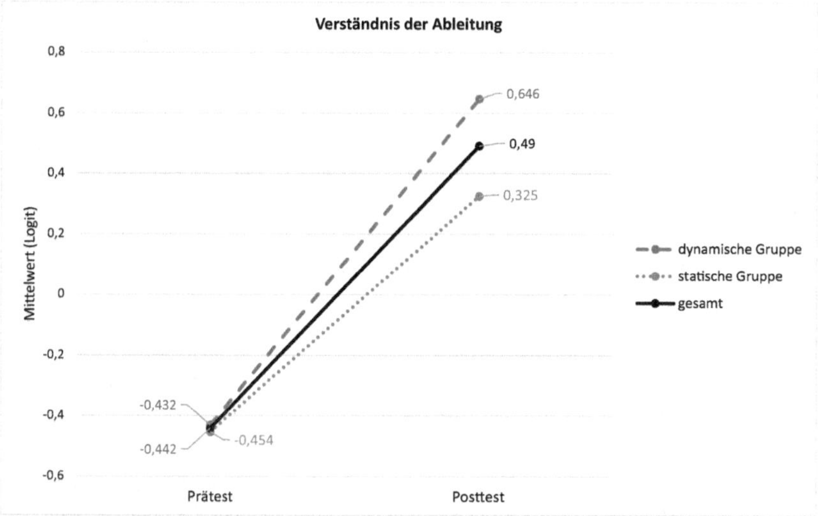

Abbildung 8.1 Verständnis der Ableitung im Prä- und Posttest (Mittelwerte in Logit) der dynamischen Gruppe, der statischen Gruppe sowie der Gesamtstichprobe

Um die zuvor beschriebenen deskriptiven Mittelwertsunterschiede in den Personenfähigkeitsparametern zum Verständnis der Ableitung vom ersten zum zweiten Messzeitpunkt in der dynamischen Gruppe, der statischen Gruppe sowie der Gesamtstichprobe getrennt voneinander auf statistische Signifikanz zu prüfen, wurden drei paarweise t-Tests durchgeführt (vgl. **Tabelle 8.2**). Dafür wurde zunächst die Normalverteilungsannahme in allen drei Gruppen geprüft. Der Shapiro-Wilk-Test wies in der statischen Gruppe ($p = 0.004$) sowie in der Gesamtstichprobe ($p < 0.001$) auf eine Verletzung dieser Annahme hin. Da die Stichprobengröße sowohl in der statischen Gruppe ($N = 133$) als auch in der Gesamtstichprobe ($N = 274$) die kritische Schwelle von $N = 30$ deutlich übersteigt, können die t-Tests aufgrund ihrer Robustheit gegenüber Abweichungen von der Normalverteilung dennoch ausgeführt und sinnvoll interpretiert werden (B. Rasch et al., 2014b, S. 43). Auch ist die Voraussetzung gegeben, dass die abhängige Variable (Verständnis der Ableitung im Posttest) durch die im Raschmodell geschätzten Personenparameter intervallskaliert vorliegt.[3] Die Ergebnisse zeigen statistische Signifikanz ($p < 0.001$) in allen drei Gruppen, wobei der Effekt in der dynamischen Gruppe als stark ($d = 0.870$) und der statischen Gruppe ($d = 0.703$) sowie der Gesamtstichprobe ($d = 0.789$) als mittelgroß einzustufen ist. Aufgrund der hohen Teststärke kann auch der Fehler 2. Art nahezu ausgeschlossen werden.

Tabelle 8.2 Inferenzstatistische Kennwerte des gepaarten t-Tests zum Verständnis der Ableitung

Gruppe	Δ ($M_{post} - M_{prä}$)	t	p	d	$1 - \beta$
Dynamisch	1.078***	12.201	< 0.001	0.870	1.000
Statisch	0.779***	9.903	< 0.001	0.703	1.000
Gesamt	0.932***	15.561	< 0.001	0.789	1.000

(Δ ($\boldsymbol{M_{post}} - \boldsymbol{M_{prä}}$) = Differenz aus dem Mittelwert des Posttests und dem des Prätests zum Verständnis der Ableitung; *$p < 0.05$; ; **$p < 0.01$; ; ***$p < 0.001$)

Resultat der Forschungsfrage Ia.
Durch die Unterrichtssequenz zeigte sich in der dynamischen Gruppe, der statischen Gruppe sowie der Gesamtstichprobe eine signifikant positive Entwicklung im Verständnis der Ableitung. Diese Steigerung fiel in der dynamischen Gruppe mit einer großen Effektstärke, in der statischen Gruppe sowie in der Gesamtstichprobe mit jeweils mittlerer Effektstärke aus.

Aus den deskriptiven Daten und paarweisen t-Tests ließ sich vermuten, dass die Entwicklung des Verständnisses der Ableitung bei Lernenden mit dynamischen Visualisierungen größer war als bei Schülerinnen und Schülern mit statischen Visualisierungen. Um diese Vermutung statistisch abzusichern, wurde

[3] Auf die Voraussetzung der Intervallskaliertheit der abhängigen Variable (Verständnis der Ableitung) wird im Folgenden nicht wiederholt eingegangen; sie gilt jedoch stets als gegeben. Dies gilt ebenso für Analysen mit den abhängigen Variablen *Ausprägung der Grundvorstellungen Lokale Änderungsrate und Tangentensteigung* sowie *Einstellungen gegenüber GeoGebra*, da diese jeweils aus dem Mittelwert mehrerer Likert-Items, also dem Skalenwert einer Likert-Skala, gebildet wurden. Klassischerweise wird solchen Skalenwerten Intervallskalenniveau zugeschrieben (Döring, 2023, S. 271).

wie in den Arbeiten von Frenken (2022) und Klock (2020) eine multiple lineare Regression durchgeführt. Dabei dienten die Personenparameter zum Verständnis der Ableitung zum zweiten Messzeitpunkt (*Verst_post*) als Kriterium, während das Vorwissen (*Verst_prä*) sowie die Gruppenzugehörigkeit (*Gruppe*) als Prädiktoren berücksichtigt wurden. Diese Regression unterliegt der folgenden Gleichung: $Verst\_post = b_0 + b_1 \cdot Verst\_prä + b_2 \cdot Gruppe$ mit den unstandardisierten Regressionskoeffizienten b_0, b_1 und b_2. Bei der Ausreißerdiagnostik (Ausschlusskriterien: standardisierte Residuen mit einem Betrag über 3 und *Cook's Distance* über 1) wurden zwei einflussreiche Fälle in der dynamischen und ein Fall in der statischen Gruppe identifiziert, deren standardisierte Residuen über 3 lagen und somit stark in positiver Richtung von der Regressionsgeraden abwichen. Diese wurden in der Regression nicht berücksichtigt. Auch die weiteren Voraussetzungen wurden geprüft: Die Homoskedastizität über Residuendiagramme (x-Achse: vorhergesagte Werte für das Kriterium; y-Achse: Residuen) sowie das Q-Q-Diagramm der standardisierten Residuen zur Prüfung der Normalverteilung der Residuen zeigten grafisch keine großen Auffälligkeiten. Darüber hinaus liegt keine nennenswerte Multikollinearität vor: Die VIF- sowie T-Werte beider Prädiktoren betrugen im Regressionsmodell jeweils 1.

Die Ergebnisse der multiplen linearen Regression sind in **Tabelle 8.3** zusammengetragen: Es zeigt sich, dass das Vorwissen ein signifikanter Prädiktor mit $b_1 = 0.868$ ist, d. h. bei Kontrolle der Gruppenzugehörigkeit kann von einem 0.868 Logit höheren Wert für das Kriterium *Verst_post* ausgegangen werden, wenn *Verst_prä* um ein Logit steigt. Der standardisierte Regressionskoeffizient $\beta_1 = 0.645$ deutet auf einen großen Effekt hin. Auch die Gruppenzugehörigkeit stellt sich als signifikanter Prädiktor heraus, wenn auch mit kleiner Effektstärke ($\beta_2 = 0.115$). Die Schülerinnen und Schüler bauen ihr Verständnis der Ableitung im Durchschnitt um 0.279 Logit höher aus, wenn sie den Ableitungsbegriff mit dynamischen statt mit statischen Visualisierungen erlernen. Der adjustierte Determinationskoeffizient $R^2_{adj.}$ ist signifikant und weist einen Wert von 0.427 auf. Somit trägt das Modell zu einer hohen Varianzaufklärung des Posttestergebnisses zum Verständnis der Ableitung (*Verst_post*) bei.

Zur Klärung der daran anschließenden untergeordneten Forschungsfrage **Ib. (2)** wurde der Interaktionsterm *Verst_prä* x *Gruppe* dem Regressionsmodell als weiterer Prädiktor hinzugefügt und die Voraussetzungen erneut geprüft. Eine starke Multikollinearität war nicht gegeben, denn die Toleranz lag im Intervall [0.419; 0.796], demnach deutlich über der kritischen Grenze von 0.1; ebenso die VIF-Werte der unabhängigen Variablen, die maximal den Wert 2.389 annahmen und somit den Schwellenwert von 10 nicht überschreiten. Das zweite Regressionsmodell zeigt, dass die Interaktion zwischen dem Vorwissen und der

Gruppenzugehörigkeit kein signifikanter Prädiktor unter Kontrolle der übrigen unabhängigen Variablen ist ($p = 0.789$). Daraus lässt sich schließen, dass die Gruppenzugehörigkeit keinen differenziellen Effekt für Lernende mit höherem oder niedrigem Vorwissen hatte. Das Prätestergebnis sowie die Gruppenzugehörigkeit bleiben wie im vorangegangen Regressionsmodell signifikante Prädiktoren mit annähernd ähnlichen Effektstärken. Der bereinigte Determinationskoeffizient $R^2_{adj.}$ sinkt bei Aufnahme des Interaktionsterms, d. h. das komplexere Modell klärt 0.2 % weniger an Varianz auf. Aus diesem Grund scheint eine Teilung der Stichprobe in eine leistungsstarke und eine leistungsschwache Gruppe für weitergehende Analysen nicht notwendig.

Tabelle 8.3 Inferenzstatistische Kennwerte der multiplen linearen Regression mit dem Verständnis der Ableitung (Posttest) als abhängige Variable

Kriterium	Prädiktoren	b	SE	β	p	$R^2_{adj.}$
Verst_post	*Konstante****	0.694	0.085		<0.001	0.427
	*Verst_prä****	0.868	0.062	0.645	<0.001	
	*Gruppe**	0.279	0.112	0.115	0.014	
Verst_post	*Konstante****	0.685	0.091		<0.001	0.425
	*Verst_prä****	0.850	0.091	0.632	<0.001	
	*Gruppe**	0.294	0.126	0.121	0.020	
	Verst_prä x *Gruppe*	0.033	0.124	0.019	0.789	

(*Verst_post* = Verständnis der Ableitung im Posttest (in Logit); *Verst_prä* = Verständnis der Ableitung im Prätest (in Logit); *Gruppe* = Art der Intervention [Dummy-Variable, 0 = statisch; 1 = dynamisch]; *$p < 0.05$; **$p < 0.01$; ***$p < 0.001$)

Resultat der Forschungsfrage Ib.
Die positive Entwicklung des Verständnisses der Ableitung (Resultat der Forschungsfrage **Ia.**) fiel in der dynamischen Gruppe signifikant stärker aus als in der statischen Gruppe, wobei die Effektstärke als klein einzustufen ist. Die Interaktion zwischen der Gruppenzugehörigkeit und dem Vorwissen (Verständnis der Ableitung zum ersten Messzeitpunkt) erwies sich als nicht signifikant, sodass das Vorwissen die Wirksamkeit der dynamischen im Vergleich zu den statischen Visualisierungen nicht unterschiedlich stark beeinflusst.

Insgesamt trugen das Vorwissen und die Gruppenzugehörigkeit gemeinsam 42.7 % zur Varianzaufklärung des Verständnisses der Ableitung zum zweiten Messzeitpunkt bei; dieser Anteil ist als hoch zu bewerten.

8.1.2 Auf die Ausprägung von Grundvorstellungen zur Ableitung

Die Erfassung der Ausprägung der beiden Grundvorstellungen *Lokale Änderungsrate* und *Tangentensteigung* erfolgte lediglich zum zweiten Messzeitpunkt mittels eines Fragebogens (vgl. Kapitel 7.6.2). Auf deskriptiver Ebene zeigen sich ähnliche Mittelwerte bezogen auf die *Lokale Änderungsrate* in der dynamischen und der statischen Gruppe: Die Werte liegen für $M_{LÄ;\ dynamisch}$ und $M_{LÄ;\ statisch}$ bei 3.805 bzw. 3.784 auf einer Gesamtskala von mindestens 1 bis maximal 5, wobei ein höherer Wert eine stärkere Ausprägung der jeweiligen Grundvorstellung widerspiegelt. Die Mediane in beiden Gruppen sind sogar identisch mit $MD = 3.857$. Die Streuung fällt in der dynamischen Gruppe mit einer Standardabweichung von $\sigma = 0.743$ etwas höher aus als in der statischen Gruppe mit $\sigma = 0.664$. Hinsichtlich der Ausprägung der *Tangentensteigung* zeigt sich sowohl in der dynamischen als auch in der statischen Gruppe ein höherer Wert der mittleren Zustimmung verglichen mit der *Lokalen Änderungsrate*. Hier liegen die Werte für $M_{TS;\ dynamisch}$ und $M_{TS;\ statisch}$ bei 4.017 bzw. 3.814, wobei die Standardabweichung bei dieser Grundvorstellung in der statischen Gruppe mit $\sigma = 0.716$ etwas höher ist als in der dynamischen Gruppe mit $\sigma = 0.662$ (vgl. **Tabelle 8.4** und **Abbildung 8.2**).

Tabelle 8.4 Deskriptive Statistiken zu der Ausprägung der *Lokalen Änderungsrate* und *Tangentensteigung* zum zweiten Messzeitpunkt

GV	Gruppe	*N*	*M*	*MD*	σ	*Min*	*Max*
LÄ	Dynamisch	141	3.805	3.857	0.743	1.714	5.000
	Statisch	133	3.784	3.857	0.664	1.429	5.000
	Gesamt	274	3.795	3.857	0.704	1.429	5.000
TS	Dynamisch	141	4.017	4.143	0.662	2.429	5.000
	Statisch	133	3.814	3.857	0.716	1.857	5.000
	Gesamt	274	3.919	4.000	0.695	1.857	5.000

(GV = Grundvorstellung; LÄ = Lokale Änderungsrate; TS = Tangentensteigung; *N* = Stichprobengröße; *M* = Mittelwert (Skala 1–5); *MD* = Median (Skala 1–5); σ = Standardabweichung (Skala 1–5); *Min* = Minimum (Skala 1–5); *Max* = Maximum (Skala 1–5))

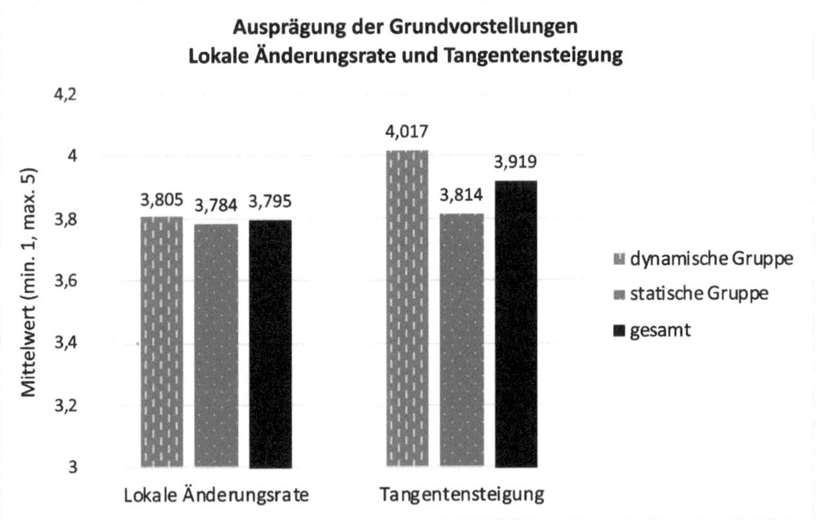

Abbildung 8.2 Mittelwerte der Ausprägung der *Lokalen Änderungsrate* und der *Tangentensteigung* der dynamischen Gruppe, der statischen Gruppe sowie der Gesamtstichprobe

Um statistisch abzusichern, dass die Grundvorstellung *Tangentensteigung* in der dynamischen Gruppe, der statischen Gruppe und der Gesamtstichprobe signifikant höher ist als die *Lokale Änderungsrate* wurden drei gepaarte t-Tests durchgeführt (vgl. **Tabelle 8.5**). Sowohl in der dynamischen Gruppe als auch in der Gesamtstichprobe zeigte der Shapiro-Wilk-Test ein signifikantes Ergebnis ($p = 0.049$ bzw. $p = 0.004$). Allerdings kann auch hier wieder von der Robustheit des t-Tests gegenüber der Verletzung der Normalverteilungsannahme aufgrund der großen Stichprobe ausgegangen werden. In der dynamischen Gruppe ist der Mittelwertsunterschied zugunsten der Ausprägung der *Tangentensteigung* signifikant ($p = 0.004$) mit kleiner Effektstärke ($d = 0.246$). Auch die Teststärke ist mit 0.827 zufriedenstellend. In der Gesamtstichprobe lässt sich zwar auch ein signifikanter Unterschied zwischen der Ausprägung der beiden Grundvorstellungen feststellen, allerdings ist die Effektstärke nach Cohen (1988) eher marginal mit $d = 0.149$. In der statischen Gruppe konnte hingegen die Hypothese, dass die *Tangentensteigung* stärker ausgeprägt ist als die Lokale Änderungsrate, nicht angenommen werden ($p = 0.657$). Allerdings sind hier sowohl die Teststärke mit einem Wert von 0.073 als auch die Effektstärke ($d = 0.039$) sehr gering.

Tabelle 8.5 Inferenzstatistische Kennwerte für den gepaarten t-Test zum Vergleich der Ausprägungen der Grundvorstellungen *Lokale Änderungsrate* und *Tangentensteigung*

Gruppe	$\Delta(M_{TS} - M_{LÄ})$	t	p	d	$1 - \beta$
Dynamisch	0.212**	2.918	0.004	0.246	0.827
Statisch	0.030	0.445	0.657	0.039	0.073
Gesamt	0.124*	2.474	0.014	0.149	0.691

(Δ (M_{TS} − $M_{LÄ}$) = Differenz aus dem Mittelwert der Tangentensteigung und dem der Lokalen Änderungsrate; *$p < 0.05$; **$p < 0.01$; ***$p < 0.001$)

Resultat der Forschungsfrage Ic.
Die Grundvorstellung *Tangentensteigung* war zumindest deskriptiv sowohl in der dynamischen als auch in der statischen Gruppe im Mittel stärker ausgeprägt als die *Lokale Änderungsrate.* Dieser Unterschied war in der dynamischen Gruppe mit kleiner Effektstärke (und in der Gesamtstichprobe mit marginalem Effekt) signifikant, während in der statischen Gruppe kein signifikanter Unterschied festgestellt wurde.

Ob jeweils zwischen den Mittelwerten der Ausprägung der *Lokalen Änderungsrate* bzw. der *Tangentensteigung* in der dynamischen und der statischen Gruppe signifikante Unterschiede bestanden, war Bestandteil der Forschungsfrage **Id**. Hierfür wurden zwei ungepaarte t-Tests durchgeführt, jeweils mit der durchschnittlichen Ausprägung der beiden Grundvorstellungen als abhängiger Variable und der Gruppenzugehörigkeit als Teilungskriterium. Die Ergebnisse sind in **Tabelle 8.6** zusammengefasst. Ein zuvor durchgeführter Levene-Test ergab keinen signifikanten Unterschied der Gruppenvarianzen ($F(1, 272) = 2.415, p = 0.121$); die Voraussetzung der Varianzhomogenität war somit erfüllt. Allerdings weisen auch hier sowohl die Daten in der dynamischen als auch der statischen Gruppe bezüglich beider Grundvorstellungen auf eine Verletzung der Normalverteilung hin; dies ist jedoch aus den bekannten Argumenten vertretbar ($N > 30$ in jeder Gruppe).

Wie das Säulendiagramm in **Abbildung 8.2** bereits vermuten ließ, konnte kein signifikanter Unterschied zwischen der dynamischen und der statischen Gruppe hinsichtlich der Ausprägung der Grundvorstellung *Lokale Änderungsrate* festgestellt werden ($t(272) = 0.251, p = 0.802; d = 0.03$). Bezüglich der Grundvorstellung *Tangentensteigung* fiel der Mittelwert der dynamischen Interventionsgruppe signifikant höher aus als der der statischen Gruppe ($p = 0.015$), bei einer kleinen Effektstärke nach Cohen ($d = 0.295$). Die Teststärke wies mit $1 - \beta = 0.682$ allerdings einen etwas niedrigen Wert auf.

Tabelle 8.6 Inferenzstatistische Kennwerte für den ungepaarten t-Test zu den Grundvorstellungen *Lokale Änderungsrate* und *Tangentensteigung*

GV	$\Delta(M_d - M_s)$	t	df	p	d	$1 - \beta$
LÄ	0.021	0.251	272	0.802	0.030	0.057
TS	0.203*	2.440	272	0.015	0.295	0.682

(LÄ = Lokale Änderungsrate; TS = Tangentensteigung; $\Delta(\boldsymbol{M_d} - \boldsymbol{M_s})$ = Differenz aus dem Mittelwert der dynamischen Gruppe und dem der statischen Gruppe; $^*p < 0.05$; $^{**}p < 0.01$; $^{***}p < 0.001$)

Resultat der Forschungsfrage Id.
Während sich zwischen den Gruppen hinsichtlich der Grundvorstellung *Lokale Änderungsrate* kein signifikanter Unterschied zeigte, wies die dynamische Gruppe im Hinblick auf die Grundvorstellung *Tangentensteigung*

eine signifikant höhere mittlere Ausprägung auf als die statische Gruppe. Die Effektstärke dieses Unterschieds war jedoch klein.

8.1.3 Auf die Einstellungen gegenüber GeoGebra

Die Erfassung der Einstellungen gegenüber GeoGebra erfolgte wie das Verständnis der Ableitung auch zu zwei Messzeitpunkten in beiden Interventionsgruppen. In dieser Analyse kann die statische Gruppe als Kontrollgruppe im klassischen Sinne betrachtet werden, da diese während der Intervention nicht mit GeoGebra gearbeitet hat. **Tabelle 8.7** zeigt einige deskriptive Daten, z. B. Mittelwerte, Mediane und Standardabweichungen, getrennt nach der dynamischen Gruppe, der statischen Gruppe und der Gesamtstichprobe zum Prä- und Posttest. Zum ersten Messzeitpunkt wiesen beide Gruppen denselben Median von $MD = 4.4$ auf. Die Skala der Einstellungen reicht von 1 bis 6, wobei höhere Werte auf eine stärkere Zustimmung zu positiven Aussagen bezüglich der Einstellungen gegenüber GeoGebra hindeuten. Auch die Mittelwerte und Standardabweichungen wiesen ähnliche Werte in beiden Gruppen auf.

Tabelle 8.7 Deskriptive Statistiken zu den Einstellungen gegenüber GeoGebra

MZP	Gruppe	N	M	MD	σ	Min	Max
Prätest	Dynamisch	141	4.139	4.400	1.072	1.200	6.000
	Statisch	133	4.195	4.400	1.034	1.200	6.000
	Gesamt	274	4.166	4.400	1.052	1.200	6.000
Posttest	Dynamisch	141	4.427	4.600	1.019	1.400	6.000
	Statisch	133	4.176	4.200	0.944	1.400	6.000
	Gesamt	274	4.305	4.400	0.990	1.400	6.000

(N = Stichprobegröße; M = Mittelwert (Skala 1–6); MD = Median (Skala 1–6); σ = Standardabweichung (Skala 1–6); Min = Minimum (Skala 1–6); Max = Maximum (Skala 1–6))

Ergänzend zu **Tabelle 8.7** verdeutlicht **Abbildung 8.3**, dass die Schülerinnen und Schüler nach der Intervention mit dynamischen Visualisierungen über GeoGebra durchschnittlich einen Mittelwert von $M = 4.427$ erreichten und sich somit die Einstellungen gegenüber GeoGebra um 0.288 verbesserten. Die Lernenden der statischen Gruppe zeigten hingegen einen minimalen Rückgang in den (positiven) Einstellungen gegenüber GeoGebra um 0.019 auf einen durchschnittlichen Mittelwert von $M = 4.176$.

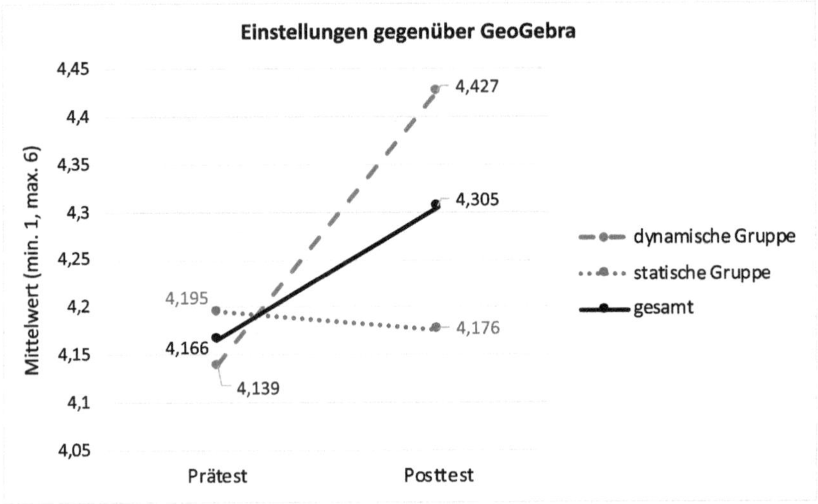

Abbildung 8.3 Einstellungen gegenüber GeoGebra im Prä- und Posttest (Mittelwerte) der dynamischen Gruppe, der statischen Gruppe sowie der Gesamtstichprobe

Mithilfe einer multiplen linearen Regression und der zugrundeliegenden Gleichung $EinstGG\_post = b_0 + b_1 \cdot EinstGG\_prä + b_2 \cdot Gruppe$ mit dem Kriterium Einstellungen gegenüber GeoGebra im Posttest und den Prädiktoren Einstellungen gegenüber GeoGebra im Prätest und Gruppenzugehörigkeit. Zur Sicherstellung der Güte des Regressionsmodells wurden vier Teilnehmende ausgeschlossen (zwei aus der dynamischen und zwei aus der statischen Gruppe), deren standardisierte Residuen außerhalb des als kritisch definierten Bereichs von $[-3; 3]$ lagen. Die übrigen Voraussetzungen, wie die Normalverteilung der Residuen oder die Homoskedastizität, wurden über grafische Verfahren geprüft und als erfüllt angesehen. Zudem korrelieren die unabhängigen Variablen nicht stark miteinander ($VIF = 1.002$ und $Tolerance = 0.998$).

Das signifikante Regressionsmodell erklärt 53,8 % der Varianz in den Einstellungen gegenüber GeoGebra zum zweiten Messzeitpunkt. Dabei sind sowohl die eingangs erhobenen Einstellungen mit $b_1 = 0.667$, $\beta_1 = 0.719$, $p < 0.001$ ein signifikanter Prädiktor mit großer Effektstärke. Ebenso erwies sich die

Gruppenzugehörigkeit als signifikanter Prädiktor: Der unstandardisierte Regressionskoeffizient beträgt $b_2 = 0.363$, der standardisierte Koeffizient $\beta_2 = 0.188$. Unter Kontrolle der Voreinstellungen gegenüber GeoGebra (*EinstGG_prä*) stellt die Gruppenzugehörigkeit somit eine erklärende Variable mit kleiner Effektstärke dar. Das bedeutet konkret, dass die dynamische Gruppe im Mittel eine um $b_2 = 0.363$ höhere Einstellung gegenüber GeoGebra im Posttest aufweist als die statische Gruppe, sofern die Einstellungen zum ersten Messzeitpunkt konstant gehalten werden (vgl. **Tabelle 8.8**).

Tabelle 8.8 Inferenzstatistische Kennwerte der multiplen linearen Regression mit den Einstellungen gegenüber GeoGebra zum zweiten Messzeitpunkt als abhängige Variable

Kriterium	Prädiktoren	b	SE	β	p	$R^2_{adj.}$
EinstGG_post	*Konstante******	1.336	0.173		< 0.001	0.538
	*EinstGG_prä******	0.667	0.039	0.719	< 0.001	
	*Gruppe******	0.363	0.080	0.188	< 0.001	

(*EinstGG_post*= Einstellungen gegenüber GeoGebra im Posttest; *EinstGG_prä*= Einstellungen gegenüber GeoGebra im Prätest; *Gruppe* = Art der Intervention [Dummy-Variable, 0 = statisch; 1 = dynamisch]; $^{*}p < 0.05$; $^{**}p < 0.01$; $^{***}p < 0.001$)

Obwohl die Regressionsanalyse einen signifikanten Effekt der Gruppenzugehörigkeit auf die Einstellungen im Posttest ergab, erlaubt dieses Verfahren keine differenzierte Aussage darüber, ob sich die Einstellungen innerhalb der jeweiligen Gruppen – insbesondere der dynamischen Gruppe – im Verlauf der Intervention verändert haben. Die deskriptive Betrachtung der Mittelwerte legt nahe, dass diese in der statischen Gruppe im Durchschnitt sogar sanken, während sie in der dynamischen Gruppe anstiegen. Daher ist nicht auszuschließen, dass der gefundene Gruppeneffekt in der Regressionsanalyse zumindest partiell durch einen Rückgang der Einstellungen in der Kontrollgruppe statt durch einen substantiellen Anstieg in der dynamischen Gruppe bedingt ist. Um diese Möglichkeit genauer zu prüfen, wurden zwei paarweise t-Tests innerhalb beider Gruppen durchgeführt. In der dynamischen Gruppe deuten die Daten auf keine Verletzung der Normalverteilung hin (Shapiro-Wilk-Test mit $p = 0.388$). Hier zeigt sich ein signifikanter Unterschied zwischen den Mittelwerten von Prä- und Posttest mit kleiner Effektstärke ($t(140) = 4.203$; $p < 0.001$; $d = 0.354$). In der statischen Gruppe ist die Annahme der Normalverteilung verletzt, aber mit einer Stichprobe von $N = 133$ der paarweise t-Test dennoch durchführbar. Die Ergebnisse lassen auf keine signifikante Veränderung der Einstellungen gegenüber GeoGebra schließen ($t(132) = -0.278$; $p = 0.782$; $d = -0.024$). Der geringe beobachtete Rückgang der Einstellungen ist statistisch nicht bedeutsam und lässt sich eher durch zufällige Messschwankungen erklären (vgl. **Tabelle 8.9**).

Tabelle 8.9 Inferenzstatistische Kennwerte für den gepaarten t-Test zur Entwicklung der Einstellungen gegenüber GeoGebra in der dynamischen und der statischen Gruppe

Gruppe	$\Delta(M_{post} - M_{prä})$	t	p	d	$1-\beta$
Dynamisch	0.288***	4.203	<0.001	0.354	0.987
Statisch	−0.019	−0.278	0.782	−0.024	0.059

($\Delta(\boldsymbol{M_{post}} - \boldsymbol{M_{prä}})$ = Differenz aus dem Mittelwert der Einstellungen gegenüber GeoGebra im Posttest und dem im Prätest; *$p < 0.05$; **$p < 0.01$; ***$p < 0.001$)

Resultat der Forschungsfrage Ie.
Die Einstellungen gegenüber GeoGebra veränderten sich infolge der Intervention mit dynamischen Visualisierungen über GeoGebra signifikant in positiver Richtung mit kleiner Effektstärke. In der Kontrollgruppe, die mit statischen Visualisierungen arbeitete, konnten keine signifikanten Unterschiede zwischen den Einstellungen vor und nach der Intervention festgestellt werden.

8.2 Fragenkomplex II: Zusammenhänge zwischen Verständnis und Grundvorstellungen zur Ableitung

Im Zentrum des zweiten Fragenkomplexes steht die Untersuchung der Zusammenhänge zwischen dem Verständnis der Ableitung im Posttest und den Ausprägungen der beiden Grundvorstellungen *Lokale Änderungsrate* und *Tangentensteigung*. Hierzu wurden jeweils zwei bivariate Korrelationsanalysen getrennt für die dynamische Gruppe, die statische Gruppe sowie für die Gesamtstichprobe gerechnet.

Abbildung 8.4 zeigt die grafische Darstellung der Zusammenhänge zwischen der Ausprägung der *Lokalen Änderungsrate* bzw. der *Tangentensteigung* und den Personenfähigkeiten zum Verständnis der Ableitung im Posttest in der dynamischen Gruppe. Die Punkte repräsentieren die Ergebnisse einzelner Schülerinnen und Schüler bezüglich zwei betrachteter Variablen. Beide Regressionsgeraden verdeutlichen einen positiven linearen Zusammenhang. **Abbildung 8.5** und **Abbildung 8.6** zeigen die entsprechenden Darstellungen für die statische Gruppe und die Gesamtstichprobe. Auch hier weisen die Regressionsgeraden durchweg positive Steigungen auf. Ein Vergleich der Steigungen lässt bereits Unterschiede in der Stärke der Zusammenhänge zwischen den Gruppen sowie zwischen den Grundvorstellungen erkennen.

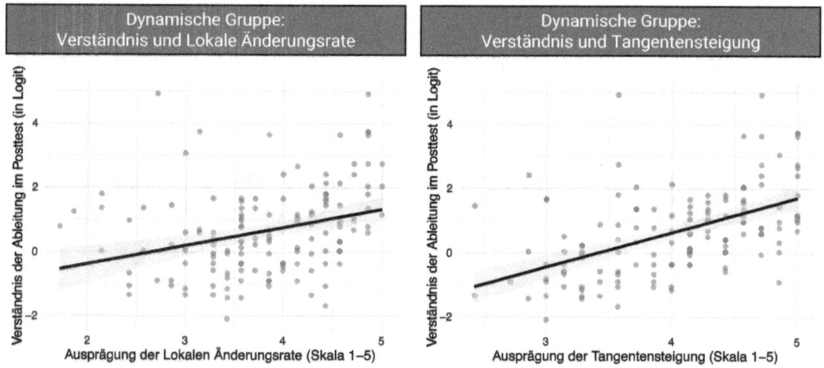

Abbildung 8.4 Grafischer Zusammenhang mit Darstellung der Regressionsgeraden und dem 95 %-Konfidenzintervall zwischen der Ausprägung der Grundvorstellungen (*Lokale Änderungsrate* und *Tangentensteigung*) und dem Verständnis der Ableitung im Posttest in der dynamischen Gruppe

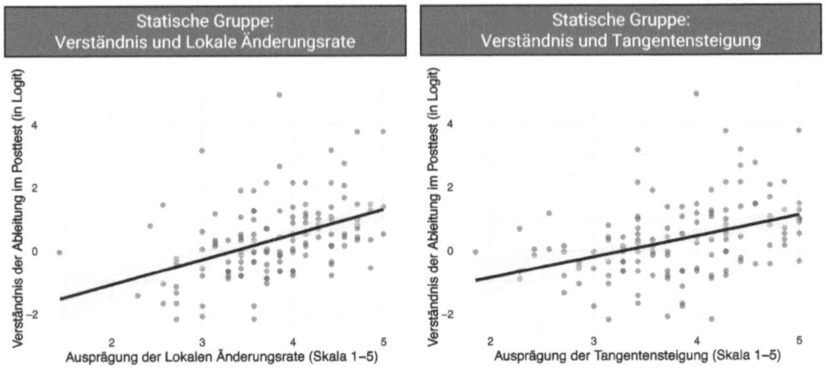

Abbildung 8.5 Grafischer Zusammenhang mit Darstellung der Regressionsgeraden und dem 95 %-Konfidenzintervall zwischen der Ausprägung der Grundvorstellungen (*Lokale Änderungsrate* und *Tangentensteigung*) und dem Verständnis der Ableitung im Posttest in der statischen Gruppe

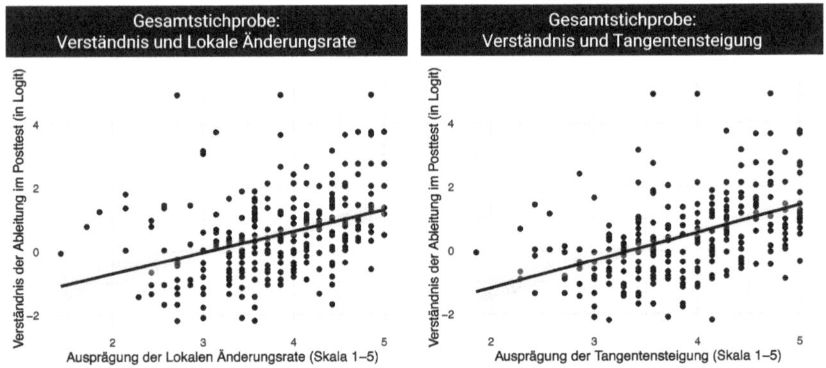

Abbildung 8.6 Grafischer Zusammenhang mit Darstellung der Regressionsgeraden und dem 95 %-Konfidenzintervall zwischen der Ausprägung der Grundvorstellungen (*Lokale Änderungsrate* und *Tangentensteigung*) und dem Verständnis der Ableitung im Posttest in der Gesamtstichprobe

Zur Quantifizierung der Zusammenhänge und zur Prüfung ihrer statistischen Signifikanz wurden bivariate Korrelationen nach Pearson (r) und Spearman (ρ)

getrennt für die dynamische Gruppe, die statische Gruppe sowie für die Gesamtstichprobe berechnet. Da die bivariaten Verteilungen in allen drei Gruppen anhand des Shapiro-Wilk-Tests signifikant von der Normalverteilung abwichen, wurde ergänzend zur Pearson-Korrelation auch die rangbasierte Spearman-Korrelation berücksichtigt. Die Ergebnisse zeigen, dass die Korrelationsmuster bei beiden Verfahren weitgehend übereinstimmen; ebenso ist jede bivariate Korrelation nach beiden Verfahren signifikant. Der Einfachheit halber wird in den folgenden Erläuterungen auf Pearsons-Korrelation Bezug genommen, da sie bei den vergleichsweise großen Fallzahlen in allen drei Gruppen als robust gegenüber Abweichungen von der Normalverteilung gilt. In der dynamischen Gruppe zeigte sich ein stärkerer Zusammenhang zwischen dem Verständnis der Ableitung und der *Tangentensteigung* ($r = 0.519$) als zwischen dem Verständnis und der *Lokalen Änderungsrate* ($r = 0.308$) (vgl. **Tabelle 8.10**). In der statischen Gruppe ergab sich ein umgekehrtes Bild: Hier war der Zusammenhang zwischen dem Verständnis und der *Lokalen Änderungsrate* mit $r = 0.433$ höher als jener mit der *Tangentensteigung* ($r = 0.385$) (vgl. **Tabelle 8.11**). **Tabelle 8.12** zeigt die Korrelation bezogen auf die Gesamtstichprobe, in der die *Tangentensteigung* einen höheren positiven Zusammenhang zum Verständnis aufweist als die *Lokale Änderungsrate*.

Tabelle 8.10 Pearsons und Spearmans Korrelationen zwischen dem Verständnis der Ableitung (Posttest), der Ausprägung der *Lokalen Änderungsrate* und der *Tangentensteigung* in der dynamischen Gruppe

Variable	*Verst_post*	*LÄ*	*TS*
Verst_post	–		
LÄ	$r = 0.308^{***}$ $\rho = 0.371^{***}$	–	
TS	$r = 0.519^{***}$ $\rho = 0.551^{***}$	$r = 0.251^{**}$ $\rho = 0.309^{***}$	–

(*Verst_post* = Verständnis der Ableitung im Posttest (in Logit); *LÄ* = Lokale Änderungsrate; *TS* = Tangentensteigung; $^{*}p < 0.05$; $^{**}p < 0.01$; $^{***}p < 0.001$)

Tabelle 8.11 Pearsons und Spearmans Korrelationen zwischen dem Verständnis der Ableitung (Posttest), der Ausprägung der *Lokalen Änderungsrate* und der *Tangentensteigung* in der statischen Gruppe

Variable	*Verst_post*	*LÄ*	*TS*
Verst_post	–		
LÄ	$r = 0.433^{***}$ $\rho = 0.472^{***}$	–	
TS	$r = 0.385^{***}$ $\rho = 0.441^{***}$	$r = 0.362^{***}$ $\rho = 0.351^{***}$	–

(*Verst_post* = Verständnis der Ableitung im Posttest (in Logit); *LÄ* = Lokale Änderungsrate; *TS* = Tangentensteigung; $^{*}p < 0.05$; $^{**}p < 0.01$; $^{***}p < 0.001$)

Tabelle 8.12 Pearsons und Spearmans Korrelationen zwischen dem Verständnis der Ableitung (Posttest), der Ausprägung der *Lokalen Änderungsrate* und der *Tangentensteigung* in der Gesamtstichprobe

Variable	*Verst_post*	*LÄ*	*TS*
Verst_post	–		
LÄ	$r = 0.361^{***}$ $\rho = 0.410^{***}$	–	
TS	$r = 0.463^{***}$ $\rho = 0.509^{***}$	$r = 0.302^{***}$ $\rho = 0.327^{***}$	–

(*Verst_post* = Verständnis der Ableitung im Posttest (in Logit); *LÄ* = Lokale Änderungsrate; *TS* = Tangentensteigung; $^{*}p < 0.05$; $^{**}p < 0.01$; $^{***}p < 0.001$)

Resultat der Forschungsfrage IIa.
Die Korrelationen zwischen dem Verständnis der Ableitung und den beiden Grundvorstellungen *Lokale Änderungsrate* und *Tangentensteigung* fielen in der dynamischen Gruppe, der statischen Gruppe sowie der Gesamtstichprobe jeweils signifikant positiv aus. In der dynamischen Gruppe zeigte sich ein starker Zusammenhang zwischen dem Verständnis und der *Tangentensteigung* sowie ein mittlerer Zusammenhang mit der *Lokalen Änderungsrate.* In der statischen Gruppe war der Zusammenhang zwischen dem Verständnis und der *Lokalen Änderungsrate* stärker als jener mit der *Tangentensteigung.* Beide Korrelationen erreichten eine mittlere Effektstärke. Auch in der Gesamtstichprobe zeigten sich positive Zusammenhänge beider Grundvorstellungen mit dem Verständnis im Posttest, wobei sich ein stärkerer Zusammenhang zur *Tangentensteigung* als zur *Lokalen Änderungsrate* ergab.

Die Forschungsfrage **IIb.** fokussiert die Erklärungsleistung der *Lokalen Änderungsrate* und der *Tangentensteigung* im Hinblick auf das Verständnis der Ableitung im Posttest. Mithilfe multipler linearer Regressionen – getrennt nach der dynamischen Gruppe, der statischen Gruppe und der Gesamtstichprobe – wird untersucht, inwiefern jede einzelne Grundvorstellung unter Kontrolle der jeweils anderen Grundvorstellung sowie des Vorwissens einen eigenständigen Beitrag zur Varianzaufklärung leisten kann. Die Prüfung einflussreicher Fälle für die multiple lineare Regression in der dynamischen Gruppe führte zum Ausschluss der Daten von zwei Lernenden (aufgrund hoher standardisierter Residuen); ansonsten lagen keine gravierenden Verletzungen der Voraussetzungen vor. Unter Kontrolle des Vorwissens (*Verst_prä*) erklärt sowohl die Ausprägung der *Lokalen Änderungsrate* (mit $\beta = 0.163$) als auch die der *Tangentensteigung* (mir $\beta = 0.275$) das Posttestergebnis zum Verständnis der Ableitung (*Verst_post*) (vgl. **Tabelle 8.13**).

Tabelle 8.13 Inferenzstatistische Kennwerte für die multiple lineare Regression in der dynamischen Gruppe mit dem Verständnis der Ableitung (Posttest) als abhängige Variable

Kriterium	Prädiktoren	b	SE	β	p	$R^2_{adj.}$
Verst_post	*Konstante****	−2.325	0.643		<0.001	0.499
	*Verst_prä****	0.647	0.096	0.470	<0.001	
	*LÄ**	0.282	0.109	0.163	0.010	
	*TS****	0.529	0.136	0.275	<0.001	

(*Verst_post* = Verständnis der Ableitung im Posttest; *Verst_prä* = Verständnis der Ableitung im Prätest; *LÄ* = Lokale Änderungsrate; *TS*= Tangentensteigung; *$p < 0.05$; **$p < 0.01$; ***$p < 0.001$)

Dasselbe Regressionsmodell mit *Verst_post* als Kriterium wurde auch für die statische Gruppe gerechnet, wobei hier nur ein einflussreicher Fall identifiziert und ausgeschlossen wurde. Die in **Tabelle 8.14** dargestellten Ergebnisse zeigen, dass die Ausprägung der *Lokalen Änderungsrate* in der statischen Gruppe unter Kontrolle des Vorwissens und der Ausprägung der *Tangentensteigung* ein signifikanter Prädiktor ist und einen Einfluss mit kleiner Effektstärke auf das Verständnis der Ableitung ausübt ($\beta = 0.268$). Die *Tangentensteigung* hingegen zeigt in diesem Modell keinen signifikanten Einfluss ($p = 0.390$).

Tabelle 8.14 Inferenzstatistische Kennwerte für die multiple lineare Regression in der statischen Gruppe mit dem Verständnis der Ableitung (Posttest) als abhängige Variable

Kriterium	Prädiktoren	*b*	*SE*	*β*	*p*	$R^2_{adj.}$
Verst_post	*Konstante***	−1.494	0.549		0.007	0.501
	*Verst_prä****	0.712	0.090	0.554	<0.001	
	*LÄ****	0.460	0.115	0.268	<0.001	
	TS	0.098	0.113	0.062	0.390	

(*Verst_post* = Verständnis der Ableitung im Posttest; *Verst_prä* = Verständnis der Ableitung im Prätest; *LÄ* = Lokale Änderungsrate; *TS*= Tangentensteigung; *$p < 0.05$; **$p < 0.01$; ***$p < 0.001$)

Bezogen auf die gesamte Stichprobe der Studie zeigt dasselbe Regressionsmodell unter Ausschluss von drei einflussreichen Fällen (zwei aus der dynamischen und einer aus der statischen Gruppe), dass sowohl die Ausprägung der *Lokalen Änderungsrate* als auch der *Tangentensteigung* jeweils unter Kontrolle der übrigen unabhängigen Variablen signifikante Prädiktoren für das Verständnis der Ableitung darstellen. Wenn sich der Mittelwert für einen Lernenden bezüglich der *Lokalen Änderungsrate* um eine Einheit erhöht, steigt der vorhergesagte Wert im Kriterium (*Verst_post*) um $b = 0.350$ Logit. Für die *Tangentensteigung* ergibt sich ein ähnliches Bild: Eine Erhöhung um eine Einheit auf der Skala der *Tangentensteigung* geht im Durchschnitt mit einem Anstieg von $b = 0.33$ Logit in der abhängigen Variable einher (vgl. **Tabelle 8.15**).

Tabelle 8.15 Inferenzstatistische Kennwerte für die multiple lineare Regression in der Gesamtstichprobe mit dem Verständnis der Ableitung (Posttest) als abhängige Variable

Kriterium	Prädiktoren	*b*	*SE*	*β*	*p*	$R^2_{adj.}$
Verst_post	*Konstante****	−1.868	0.421		< 0.001	0.493
	*Verst_prä****	0.683	0.066	0.508	< 0.001	
	*LÄ****	0.350	0.080	0.202	< 0.001	
	*TS****	0.330	0.088	0.188	< 0.001	

(*Verst_post* = Verständnis der Ableitung im Posttest; *Verst_prä* = Verständnis der Ableitung im Prätest; *LÄ* = Lokale Änderungsrate; *TS*= Tangentensteigung; *$p < 0.05$; **$p < 0.01$; ***$p < 0.001$)

Aus den separaten Regressionsmodellen für die dynamische und die statische Gruppe (**Tabelle 8.13** und **Tabelle 8.14**) lässt sich vermuten, dass die eigenständige Erklärungsleistung der Ausprägung der *Tangentensteigung* auf das Verständnis der Ableitung im Posttest in der dynamischen Gruppe anders wirkt als in der statischen Gruppe. Aus diesem Grund wurden in das Regressionsmodell der Gesamtstichprobe (**Tabelle 8.15**) die Gruppenzugehörigkeit (*Gruppe*) sowie die beiden Interaktionsterme aus Gruppenzugehörigkeit und jeweils den beiden Grundvorstellungen als weitere Prädiktoren aufgenommen. Da durch das Hinzufügen der Interaktionsterme Multikollinearität zwischen den unabhängigen Variablen entstand, wurden diese zentriert und das Regressionsmodell erneut berechnet. Die Ergebnisse sind in **Tabelle 8.16** dargestellt. Wie angenommen zeigt sich ein signifikanter Interaktionseffekt aus (zentrierter) Ausprägung der *Tangentensteigung* und der Gruppenzugehörigkeit (*cTS* x *Gruppe*), d. h. die *cTS* wirkt je nach Gruppenzugehörigkeit unterschiedlich auf das Kriterium *Verst_post* unter Kontrolle der anderen Prädiktoren. Der Interaktionsterm aus (zentrierter) Ausprägung der *Lokalen Änderungsrate* und der Gruppenzugehörigkeit (*cLÄ* x *Gruppe*) geht hingegen nicht signifikant ins Regressionsmodell ein; die Wirkung der *cLÄ* ist also unabhängig davon, ob Lernende der dynamischen oder statischen Gruppe zugeordnet wurden. Des Weiteren bleiben Haupteffekte wie Gruppenzugehörigkeit ($\beta = 0.087$; $p = 0.045$) und Ausprägung der *Lokalen Änderungsrate* ($\beta = 0.269$; $p < 0.001$) signifikante Einflussfaktoren.

Tabelle 8.16 Inferenzstatistische Kennwerte für die multiple lineare Regression in der Gesamtstichprobe mit dem Verständnis der Ableitung (Posttest) als abhängige Variable

Kriterium	Prädiktoren	b	SE	β	p	$R^2_{adj.}$
Verst_post	*Konstante****	0.323	0.075		<0.001	0.507
	*cVerst_prä****	0.678	0.066	0.504	<0.001	
	*cLÄ****	0.468	0.121	0.269	<0.001	
	cTS	0.114	0.116	0.065	0.326	
	*Gruppe**	0.213	0.105	0.087	0.045	
	cLÄ x *Gruppe*	−0.189	0.158	−0.082	0.235	
	cTS x *Gruppe**	0.394	0.160	0.154	0.015	

(*cVerst_post* = Verständnis der Ableitung im Posttest (zentriert); *cVerst_prä* = Verständnis der Ableitung im Prätest (zentriert); *cLÄ* = Lokale Änderungsrate (zentriert); *cTS* = Tangentensteigung (zentriert); $^{*}p < 0.05$; $^{**}p < 0.01$; $^{***}p < 0.001$)

Resultat der Forschungsfrage IIb.
In der Gesamtstichprobe zeigte sich, dass die beiden Grundvorstellungen *Lokale Änderungsrate* und *Tangentensteigung* unter Kontrolle des Vorwissens sowie der jeweils anderen Grundvorstellung signifikante Prädiktoren des Verständnisses der Ableitung im Posttest mit kleiner Effektstärke waren.

Die Ausprägung der *Lokalen Änderungsrate* erwies sich sowohl in der dynamischen als auch in der statischen Gruppe als signifikanter Prädiktor des Posttestergebnisses (unter Kontrolle des Vorwissens), während ein signifikanter positiver Einfluss der Grundvorstellung *Tangentensteigung* ausschließlich in der dynamischen Gruppe festgestellt wurde. Dies deutet darauf hin, dass sich die *Tangentensteigung* stärker auf das Verständnis der Ableitung auswirkte, wenn Lernende mit dynamischen Visualisierungen in das Thema Ableitungen eingeführt wurden.

8.3 Fragenkomplex III: Einflussfaktoren auf das Lernen mit dynamischen Visualisierungen

In diesem letzten Fragenkomplex werden ausschließlich jene Lernenden betrachtet, die während der Intervention mit über GeoGebra erzeugten dynamischen Visualisierungen arbeiteten. Ziel ist es, potenzielle Einflussgrößen zu identifizieren, die das Verständnis der Ableitung oder die Ausprägung der Grundvorstellungen *Lokale Änderungsrate* und *Tangentensteigung* beeinflussen können. Interaktiv-dynamische Visualisierungen können ihr volles Potenzial nur dann entfalten, wenn die darin enthaltenen interaktiven Tools auch tatsächlich genutzt werden (Reinhold et al., 2024). Daher werden im Folgenden die selbstberichteten Nutzungshäufigkeiten der folgenden Tools als potenzielle Prädiktoren in multiple lineare Regressionsmodelle aufgenommen (vgl. **Abbildung 8.7**).

- *Zugmodus* (*ZM*): Verschieben von Objekten, z. B. von Punkten oder Tangenten
- *Eingabefelder* (*EF*): Eingabe von numerischen Werten, z. B. x-Koordinate von Punkten
- *Animationen* (*AN*): Abspielen von Animationen, die z. B. entlang des Graphen bewegende Tangenten oder sich verändernde Differenzenquotienten zur Folge haben

- *Regulierung der Wiedergabegeschwindigkeit von Animationen* (*RWG*): Soeben genannte Animationen können langsamer oder schneller abgespielt werden.

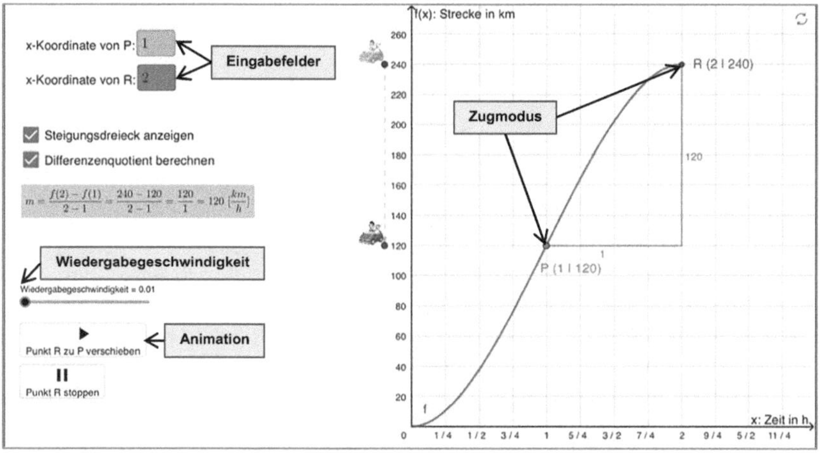

Abbildung 8.7 Interaktivitätsmöglichkeiten innerhalb einer dynamischen Visualisierung zum Thema *Änderungsraten im Sachzusammenhang* in der vorliegenden Studie

In **Tabelle 8.17** sind zunächst alle deskriptiven Daten der Nutzungshäufigkeiten der Schülerinnen und Schüler bezüglich der interaktiven Tools *ZM*, *EF*, *AN* und *RWG* dargestellt, wobei keine Nutzung mit 1, eine seltene Nutzung (1–2-mal pro Unterrichtsstunde, falls möglich[4]) mit 2, eine gelegentliche Nutzung (3–5-mal pro Unterrichtsstunde, falls möglich) mit 3 sowie eine häufige Nutzung (über 6-mal pro Unterrichtsstunde, falls möglich) mit 4 kodiert wurde. Beim Zugmodus und beim Eingabefeld gaben nur etwa 13 % bzw. 22 % der Lernenden keine oder eine seltene Nutzung an. Entsprechend nutzten rund 87 % den Zugmodus bzw. etwa 78 % das Eingabefeld gelegentlich bzw. sehr häufig. Bei den Animationen kann zumindest deskriptiv konstatiert werden, dass etwa 42 % der Lernenden

[4] Der Zusatz „*falls möglich*" geht daraus hervor, dass nicht in jeder Unterrichtsstunde bzw. in jedem GeoGebra-Applet alle interaktiven Tools integriert wurden. So war es möglich, den Zugmodus in 8 von 8 Applets, das Eingabefeld in 5 von 8 Applets, die Animation in 6 von 8 Applets sowie die Regulierung der Wiedergabegeschwindigkeit in 3 von 8 Applets zu nutzen.

keine bzw. eine 1–2-malige Nutzung pro Unterrichtsstunde berichteten; hinsichtlich der Regulierung der Wiedergabegeschwindigkeit lag dieser Anteil sogar bei etwa 72 % für keine bzw. eine seltene Verwendung.

Tabelle 8.17 Deskriptive Statistiken der Nutzungshäufigkeit interaktiver Tools

Interaktives Tool	Nutzungshäufigkeit (pro U-Std., falls möglich)	*N*(abs.)	*N*(rel. in %)	Code
Zugmodus (*ZM*)	0-mal (bzw. nie)	1	0.709	1
	1–2-mal (bzw. selten)	17	12.057	2
	3–5-mal (bzw. gelegentlich)	63	44.681	3
	über 6-mal (bzw. sehr häufig)	60	42.553	4
Eingabefeld (*EF*)	0-mal (bzw. nie)	4	2.837	1
	1–2-mal (bzw. selten)	29	20.567	2
	3–5-mal (bzw. gelegentlich)	52	36.879	3
	über 6-mal (bzw. sehr häufig)	56	39.716	4
Animation (*AN*)	0-mal (bzw. nie)	14	9.929	1
	1–2-mal (bzw. selten)	45	31.915	2
	3–5-mal (bzw. gelegentlich)	53	37.589	3
	über 6-mal (bzw. sehr häufig)	29	20.567	4
Regulierung der Wiedergabegeschwindigkeit (*RWG*)	0-mal (bzw. nie)	20	14.184	1
	1–2-mal (bzw. selten)	81	57.447	2
	3–5-mal (bzw. gelegentlich)	25	17.730	3
	über 6-mal (bzw. sehr häufig)	15	10.638	4

(U-Std. = Unterrichtsstunde; *N* (abs.) = Absolute Häufigkeit der Lernenden mit dieser Angabe; *N* (rel. in %) = Relative Häufigkeit (in %) der Lernenden mit dieser Angabe; Code = Umkodierung der Nutzungshäufigkeiten (zu einer quasi-intervallskalierten Skala))

Zur Beantwortung der Forschungsfrage **IIIa.** wurden zwei Regressionsmodelle berechnet, in denen das Verständnis der Ableitung als Kriterium diente. Im ersten Modell wurden die Nutzungshäufigkeiten der vier Interaktivitätsmöglichkeiten *Zugmodus*, *Eingabefelder*, *Animationen* und *Regulierung der Wiedergabegeschwindigkeit der Animationen* als Prädiktoren berücksichtigt. Im zweiten Modell wurde zusätzlich das Vorwissen (*Verst_prä*) als weiterer Prädiktor aufgenommen (vgl. **Tabelle 8.18**). Es gilt zu beachten, dass die unabhängigen Variablen zur Nutzungshäufigkeit auf einer vierstufigen ordinalen Skala mit den Ausprägungen *nie* bis *sehr häufig* erhoben wurden. Labovitz (1970) argumentiert, dass Prädiktoren in Regressionsanalysen mit ordinalem Skalenniveau in bestimmten Fällen wie quasi-intervallskalierte Prädiktoren behandelt werden können. Aus diesem Grund wurde in der vorliegenden Studie entsprechend verfahren, sodass *nie* mit 1, *selten* mit 2, *gelegentlich* mit 3 und *sehr häufig* mit 4 kodiert wurde (vgl. **Tabelle 8.17**). In beiden signifikanten Modellen lagen keine einflussreichen Fälle vor; auch sind die Voraussetzungen für die Durchführung multipler linearer Regression erfüllt. Insbesondere liegt in beiden Regressionsmodellen keine starke Multikollinearität vor (*Tolerance* im Intervall [0.523; 0.859] und *VIF* im Bereich [1.164; 1.911]).

Tabelle 8.18 Inferenzstatistische Kennwerte für die multiple lineare Regression mit dem Verständnis der Ableitung (Posttest) als abhängige Variable

Kriterium	Prädiktoren	b	SE	β	p	$R^2_{adj.}$
Verst_post	*Konstante*	−0.652	0.574		0.258	0.169
	*Zugmodus**	0.425	0.167	0.219	0.012	
	*Eingabefeld***	0.435	0.141	0.267	0.002	
	*Animation**	−0.398	0.156	−0.266	0.012	
	RWG	−0.176	0.172	−0.107	0.310	
Verst_post	*Konstante*	0.472	0.486		0.333	0.450
	Zugmodus	0.087	0.142	0.045	0.541	
	*Eingabefeld***	0.343	0.115	0.211	0.003	
	Animation	−0.188	0.130	−0.125	0.150	
	RWG	−0.143	0.140	−0.087	0.309	
	*Verst_prä****	0.834	0.099	0.567	< 0.001	

(*Verst_post* = Verständnis der Ableitung im Posttest; *Verst_prä* = Verständnis der Ableitung im Prätest; *RWG* = Regulierung der Wiedergabegeschwindigkeit; *$p < 0.05$; **$p < 0.01$; ***$p < 0.001$)

Im ersten Regressionsmodell – ohne Kontrolle des Vorwissens – gehen die Häufigkeit der Nutzung des Zugmodus ($\beta = 0.219$) sowie der Eingabefelder ($\beta = 0.267$) als signifikante Prädiktoren mit positivem Zusammenhang zur abhängigen Variable ein, d. h. eine häufige Verwendung dieser Tools führt durchschnittlich zu höheren Personenfähigkeiten zum Verständnis der Ableitung im Posttest. Anders verhält es sich bei dem Prädiktor *Animationen*: Hier lässt sich ein negativer Einfluss der häufigen Nutzung von Animationen auf das Verständnis – unter Kontrolle der übrigen unabhängigen Variablen – konstatieren ($b = -0.398$; $\beta = -0.266$; $p = 0.012$). Die Regulierung der Wiedergabegeschwindigkeit von Animationen ist (mit kleiner negativer Effektstärke) kein signifikanter Prädiktor in diesem Regressionsmodell. Insgesamt können damit etwa 16,9 % der Varianz in den Posttestergebnissen zum Verständnis erklärt werden. Bei zusätzlicher Berücksichtigung des Vorwissens (*Verst_prä*) steigt die Varianzaufklärung auf $R^2_{adj.}$ auf 45 %, da das Verständnis der Ableitung im Prätest mit $\beta = 0.567$ einen signifikanten Prädiktor mit hoher Effektstärke darstellt. Bei zusätzlicher Kontrolle durch das Vorwissen bleibt lediglich die häufige Nutzung der Eingabefelder signifikant ($b = 0.343$; $\beta = 0.211$; $p = 0.003$).

Resultat der Forschungsfrage IIIa.
Die Varianz im Verständnis der Ableitung im Posttest konnte durch die Prädiktoren bezüglich der Nutzungshäufigkeit des Zugmodus, der Eingabefelder, der Animationen und der Regulierung der Wiedergabegeschwindigkeit von Animationen zu ca. 17 % erklärt werden. Dabei erklärten sowohl die häufige Nutzung des Zugmodus als auch der Eingabefelder das Verständnis der Ableitung im Posttest positiv und signifikant. Die vielfache Verwendung von Animationen zeigte hingegen einen signifikanten negativen Zusammenhang. Unter Kontrolle des Vorwissens der Lernenden erhöhte sich die erklärte Varianz deutlich auf 45 %, denn das Verständnis der Ableitung im Prätest erwies sich als starker Prädiktor für die Posttestergebnisse. Darüber hinaus führte lediglich die häufige Nutzung der Eingabefelder in den dynamischen Visualisierungen zu einem signifikant höheren Verständnis der Ableitung. Der positive Effekt des Zugmodus sowie der negative Effekt der Animationen schienen hingegen vor allem durch Unterschiede im Vorwissen mediiert zu sein und verloren in der kontrollierten Analyse ihre Signifikanz.

Mit der Forschungsfrage **IIIb.** soll jeweils der Einfluss der Nutzungshäufigkeiten interaktiver Tools auf die Ausprägung der Grundvorstellungen *Lokale Änderungsrate* und *Tangentensteigung* untersucht werden. Daher wurde auch hier eine multiple lineare Regression mit der Ausprägung der *Lokalen Änderungsrate* als abhängige Variable und *ZM*, *EF*, *AN* und *RWG* als unabhängige Variablen durchgeführt. Dabei fällt in dem ersten gerechneten Modell auf (vgl. **Tabelle 8.19**), dass dieses lediglich einen adjustierten Determinationskoeffizienten von $R^2_{adj.} = 0.024$ aufweist. Zusätzlich war dieses Regressionsmodell gesamtstatistisch nicht signifikant ($F(4, 135) = 1.849$, $p = 0.123$) und liefert somit keinen Mehrwert gegenüber einem Modell ohne Prädiktoren, das lediglich den Mittelwert der abhängigen Variable vorhersagt. Dennoch scheinen die Prädiktoren *AN* und *RWG* mit $p = 0.022$ bzw. $p = 0.082$ potenziell relevant für die Erklärung der Ausprägung der *Lokalen Änderungsrate* zu sein. Daher wurde in einem zweiten Schritt das Regressionsmodell auf diese beide Prädiktoren reduziert. Dieses ist hingegen gesamtstatistisch signifikant ($F(2, 137) = 3.233$, $p = 0.042$). Im Vorfeld wurden wiederholt die Voraussetzungen für multiple lineare Regressionen geprüft und als erfüllt bewertet, nachdem ein Lernender mit standardisiertem Residuum über 3 ausgeschlossen wurde. Ebenso ergab die kollineare Statistik Toleranzwerte von mindestens 0.540 und VIF-Werte von höchstens 1.851, was auf keine starke Multikollinearität hindeutet. Zwar weist das Regressionsmodell ebenfalls lediglich ein $R^2_{adj.} = 0.031$ auf, was einem kleinen Effekt entspricht. Dennoch gehen sowohl die häufige Nutzung von Animationen mit einem negativen kleinen Effekt ($\beta = -0.272$) als auch die Regulierung der Wiedergabegeschwindigkeit mit einem positiven kleinen Effekt ($\beta = 0.228$) in die Erklärung der Ausprägung der *Lokalen Änderungsrate* ein.

Tabelle 8.19 Inferenzstatistische Kennwerte für die multiple lineare Regression mit der Ausprägung der *Lokalen Änderungsrate* als abhängige Variable

Kriterium	Prädiktoren	b	SE	β	p	$R^2_{adj.}$
LÄ	*Konstante****	3.874	0.330		<0.001	0.024
	Zugmodus	−0.041	0.096	−0.040	0.667	
	Eingabefeld	0.080	0.082	0.093	0.327	
	*Animation**	−0.208	0.090	−0.262	0.022	
	RWG	0.174	0.099	0.200	0.082	
LÄ	*Konstante****	3.954	0.198		<0.001	0.031
	*Animation**	−0.215	0.087	−0.272	0.015	
	*RWG**	0.198	0.096	0.228	0.040	

(*LÄ* = Lokale Änderungsrate; *RWG* = Regulierung der Wiedergabegeschwindigkeit; $*p < 0.05$; $**p < 0.01$; $***p < 0.001$)

Hinweis. Das erste Modell mit vier Prädiktoren war nicht signifikant: $F(4, 135) = 1.849$, $p = 0.123$. Entsprechend ist $R^2_{adj.}$ nicht interpretierbar. Das zweite Modell mit zwei Prädiktoren war hingegen signifikant: $F(2, 137) = 3.233, p = 0.042$.

Das gleiche Vorgehen wurde bei der multiplen linearen Regression mit der Ausprägung der *Tangentensteigung* als Kriterium gewählt. Hier konnten die Daten aller Lernenden einbezogen und keine Verletzung der gängigen Voraussetzungen (Homoskedastizität, Normalverteilung der Residuen und keine Multikollinearität) festgestellt werden. Das signifikante Regressionsmodell ($F(4, 136) = 3.472, p = 0.01$) mit den vier Prädiktoren *ZM*, *EF*, *AN* und *RWG* wies ein korrigiertes R^2 von 0.066 auf und beinhaltete drei signifikante Variablen mit kleiner Effektstärke: Die Nutzungshäufigkeit des Zugmodus ($b = 0.263$; $\beta = 0.279; p = 0.003$), der Animationen ($b = -0.188$; $\beta = -0.259; p = 0.021$) und der Regulierung der Wiedergabegeschwindigkeit ($b = 0.177$; $\beta = 0.222; p = 0.048$). Wie im Resultat der Forschungsfrage **IIIa.** zeigte die häufige Verwendung von Animationen einen negativen Zusammenhang zur Ausprägung der *Tangentensteigung*, während *ZM* und *RWG* positive Zusammenhänge unter Kontrolle der übrigen Variablen aufwiesen (vgl. Tabelle 8.20).

Tabelle 8.20 Inferenzstatistische Kennwerte für die multiple lineare Regression mit der Ausprägung der *Tangentensteigung* als abhängige Variable

Kriterium	Prädiktoren	b	SE	β	p	$R^2_{adj.}$
TS	*Konstante*	3.352	0.295		< 0.001	0.066
	*Zugmodus***	0.263	0.086	0.279	0.003	
	Eingabefeld	−0.030	0.073	−0.038	0.680	
	*Animation**	−0.188	0.080	−0.259	0.021	
	*RWG**	0.177	0.089	0.222	0.048	

(*TS* = Tangentensteigung; *RWG* = Regulierung der Wiedergabegeschwindigkeit; $^*p < 0.05$; $^{**}p < 0.01$; $^{***}p < 0.001$)

Resultat der Forschungsfrage IIIb.
Die Ausprägung der Grundvorstellung *Lokale Änderungsrate* ließ sich durch die Nutzungshäufigkeit von Animationen mit kleiner negativer Effektstärke und durch die Regulierung der Wiedergabegeschwindigkeit mit kleiner positiver Effektstärke erklären. Das Regressionsmodell wies eine Varianzaufklärung von 3.1 % auf. Zur Erklärung der Ausprägung der Grundvorstellung *Tangentensteigung* konnten vier Prädiktoren inkludiert werden, wovon die Nutzungshäufigkeit der Animationen negativ und die Regulierung der Wiedergabegeschwindigkeit sowie der Zugmodus positiv und signifikant jeweils unter Kontrolle der anderen Variablen mit der Ausprägung der *Tangentensteigung* zusammenhingen. Die erklärte Varianz beträgt in diesem Modell 6.6 %.

Die letzte Forschungsfrage **IIIc.** untersuchte den Einfluss der initialen Einstellungen gegenüber GeoGebra auf die Entwicklung des Verständnisses der Ableitung (erste Regression in **Tabelle 8.21**).

Tabelle 8.21 Inferenzstatistische Kennwerte der multiplen linearen Regressionen mit dem Verständnis der Ableitung (Posttest), der Ausprägung der *Lokalen Änderungsrate* und der Ausprägung der *Tangentensteigung* als abhängige Variable

Kriterium	Prädiktoren	b	SE	β	p	$R^2_{adj.}$
Verst_post	*Konstante****	1.523	0.355		<0.001	0.417
	*Verst_prä****	0.936	0.093	0.659	<0.001	
	EinstGG_prä	−0.120	0.081	−0.097	0.142	
LÄ	*Konstante****	3.431	0.249		<0.001	0.010
	EinstGG_prä	0.091	0.058	0.131	0.122	
TS	*Konstante****	3.704	0.222		<0.001	0.008
	EinstGG_prä	0.076	0.052	0.123	0.148	

(*Verst_post* = Verständnis der Ableitung im Posttest; *LÄ* = Lokale Änderungsrate; *TS* = Tangentensteigung; *Verst_prä* = Verständnis der Ableitung im Prätest; *EinstGG_prä* = Einstellungen gegenüber GeoGebra im Prätest; $^{*}p < 0.05$; $^{**}p < 0.01$; $^{***}p < 0.001$)

Es wurde vermutet, dass positive Einstellungen gegenüber GeoGebra mit einer stärkeren Entwicklung des Verständnisses der Ableitung einhergehen. Diese Hypothese wurde mit einer multiplen linearen Regression überprüft. Zuvor wurde ein einflussreicher Fall mit einem standardisierten Residuum größer als 3 ausgeschlossen; die übrigen Voraussetzungen für Regressionen gelten als erfüllt. Die Ergebnisse stützen die aufgestellte Vermutung nicht: Die im Prätest erhobenen Einstellungen sind unter Kontrolle des Vorwissens (*Verst_prä*) kein signifikanter Prädiktor für das Verständnis im Posttest ($p = 0.142$). Der unstandardisierte Regressionskoeffizient $\beta = -0.097$ weist sogar auf einen schwachen Zusammenhang in entgegengesetzter Richtung hin. Dies suggeriert, dass positivere Einstellungen im Prätest tendenziell mit einem geringen Zuwachs an Verständnis der Ableitung einhergehen. Das Verständnis im Prätest ist – wie in allen bisherigen Regressionsmodellen – ein signifikanter Prädiktor mit hoher Effektstärke ($b = 0.936, \beta = 0.659; p < 0.001$). Das Modell erklärt insgesamt 41,7 % der Varianz.

Explorativ wurden zusätzlich zwei einfache lineare Regressionen mit einerseits der *Lokalen Änderungsrate* und andererseits der *Tangentensteigung* als abhängige Variable und jeweils die Einstellungen gegenüber GeoGebra vor der Intervention (*EinstGG_prä*) als Prädiktor aufgenommen (zweite und dritte Regression in **Tabelle 8.21**). Bei diesen Analysen mussten keine Personen ausgeschlossen werden und auch hier wurden die Voraussetzungen erneut überprüft. Die Ergebnisse zeigen zwei nicht signifikante Regressionsmodelle, bei denen die im Prätest erhobenen Einstellungen jeweils einen positiven, aber statistisch nicht signifikanten Einfluss auf beide Grundvorstellungen haben ($\beta = 0.131$ und $p = 0.122$ bezüglich der *Lokalen Änderungsrate* sowie $\beta = 0.123$ und $p = 0.148$ bezüglich der *Tangentensteigung*).

Resultat der Forschungsfrage IIIc.
Die im Prätest erhobenen Einstellungen gegenüber GeoGebra hatten keinen signifikanten Einfluss auf die Entwicklung des Verständnisses der Ableitung infolge der Intervention mit dynamischen Visualisierungen über GeoGebra. Auffällig war jedoch, dass der Zusammenhang zumindest deskriptiv leicht negativ ausfiel. Auch die Ausprägungen der beiden Grundvorstellungen *Lokale Änderungsrate* und *Tangentensteigung* ließen sich durch die Einstellungen gegenüber GeoGebra vor der Intervention nicht signifikant vorhersagen. In beiden Fällen zeigten sich jedoch schwache, positive Zusammenhänge, die jedoch statistisch nicht bedeutsam waren.

Diskussion 9

In diesem Kapitel werden die zuvor dargestellten Ergebnisse der vorliegenden Studie entlang der Forschungsfragen zusammengefasst, interpretiert und mit theoretischen sowie empirischen Forschungsarbeiten – einschließlich eigener Pilotierungsstudien – in Beziehung gesetzt. Daran anschließend folgt die methodische Diskussion, in der Stärken und Limitationen der Untersuchung im Hinblick auf das Studiendesign, die eingesetzten Messinstrumente sowie Auswertungsmethoden erörtert werden.

9.1 Diskussion der Ergebnisse

Die Zusammenfassung der wesentlichen Befunde zur Beantwortung der Forschungsfragen dieser Arbeit erfolgt in grafischer Form mithilfe von Säulendiagrammen sowie pfadanalytischen Darstellungen der Ergebnisse linearer Regressionsanalysen, in denen Signifikanzen gekennzeichnet sind (n. s. = *nicht signifikant*; $^{*}p < 0.05$; $^{**}p < 0.01$; ; $^{***}p < 0.001$). Dieses Vorgehen wurde gewählt, um Redundanzen zum vorherigen Ergebniskapitel zu vermeiden. Im Anschluss folgt die inhaltliche Diskussion der Ergebnisse.

9.1.1 Fragenkomplex I: Auswirkungen des Treatments

Auf das Verständnis der Ableitung (Ia. und Ib.)

Der Kern der Forschungsfragen **Ia.** und **Ib.** liegt in der Entwicklung des Verständnisses der Ableitung nach einer sechsstündigen Intervention zur Einführung des

H. Nguyen, *Wirksamkeit dynamischer Visualisierungen bei der Einführung des Ableitungsbegriffs*, Studien zur theoretischen und empirischen Forschung in der Mathematikdidaktik, https://doi.org/10.1007/978-3-658-51845-5_9

Ableitungsbegriffs. Dieses Verständnis wird anhand des in **Abbildung 2.18** dargestellten, ausdifferenzierten Rahmenmodells nach Zandieh (2000) und Roundy et al. (2015) operationalisiert. Das Modell umfasst das zur Ableitung relevante Vorwissen (*prior knowledge*, z. B. Umgang mit Funktionen) als Fundament sowie die drei Ebenen *ratio*, *limit* und *function* in unterschiedlichen Repräsentationen (etwa graphisch, verbal, symbolisch, numerisch, physikalisch). Es berücksichtigt sowohl isolierte Kenntnisse innerhalb einzelner Ebenen und Repräsentationen als auch verknüpfende Kenntnisse zwischen diesen und die Fähigkeit, diese in Aufgaben anzuwenden. Eine Steigerung zeigte sich in allen Gruppen (**Ia.**), wobei diese in der dynamischen Gruppe signifikant stärker ausfiel als in der statischen Gruppe (**Ib. (1)**), ohne dass ein signifikanter Interaktionseffekt zwischen der Gruppenzugehörigkeit und dem Verständnis der Ableitung im Prätest nachgewiesen werden konnte (**Ib. (2)**) (vgl. **Abbildung 9.1**).

Die Analysen zeigen, dass die beiden entwickelten Unterrichtssequenzen mit dynamischen ebenso wie mit statischen Visualisierungen lernwirksam sind und das Verständnis der Ableitung fördern (**Ia.**). Damit konnten die Ergebnisse einer Pilotierungsstudie mit $N = 110$ Lernenden im Schuljahr 2022/2023 mit demselben Studiendesign und einer sehr ähnlichen Intervention repliziert werden (Nguyen, 2024). Angesichts der Komplexität des Ableitungsbegriffs und der in der Literatur vielfach nachgewiesenen Verständnisschwierigkeiten von Lernenden (z. B. Kidron, 2020; Radmehr & Turgut, 2024; Zandieh, 2000) kommt dadurch dem Einsatz von Visualisierungen im Mathematikunterricht eine besondere Bedeutung zu (z. B. Larkin & Simon, 1987; Turgut & Turgut, 2018). Diese positive Entwicklung in der Gesamtstichprobe steht im Einklang mit verschiedenen quantitativen sowie qualitativen Untersuchungen, welche die Bedeutung von Visualisierungen beim Umgang mit dem Ableitungsbegriff hervorheben (z. B. Berry & Nyman, 2003; Haciomeroglu et al., 2010; Y. Y. Hong & Thomas, 2015; Ryberg, 2018). Allerdings sollten die Ergebnisse zur Entwicklung des Verständnisses der Ableitung in beiden Versuchsgruppen mit Vorsicht interpretiert werden, da keine Kontrollgruppe ohne Treatment eingesetzt wurde. Es wird darauf hingewiesen, dass solche Veränderungen auch auf Testgewöhnungseffekte oder andere, nicht mit der Intervention zusammenhängende Einflüsse zurückzuführen sein können (vgl. Hankeln, 2019, S. 277–278; Abschnitt 9.2.3).

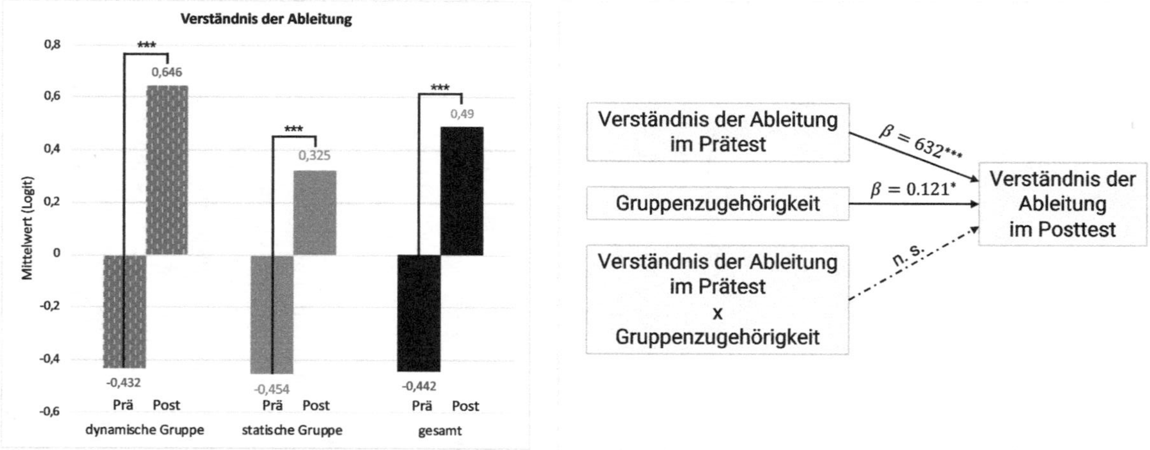

Abbildung 9.1 Grafische Darstellung der Ergebnisse zu den Forschungsfragen **Ia.** und **Ib.**

Der in der dynamischen Gruppe erzielte höhere Zuwachs im Verständnis der Ableitung (**Ib. (1)**) bestätigt die in Kapitel 6 formulierte Hypothese und stützt damit die in der Literatur verbreitete Annahme, dass dynamische Visualisierungen insbesondere beim Erlernen dynamischer Inhalte und statische Visualisierungen vor allem beim Erlernen statischer Inhalte vorteilhaft sind (Tversky et al., 2002). Der Ableitungsbegriff – wie er in der vorliegenden Studie eingeführt wurde – greift im besonderen Maße dynamische Inhalte auf, so etwa den Übergang von der durchschnittlichen zur lokalen Änderungsrate, den Übergang von Sekanten zur Tangente sowie das grafische Differenzieren mithilfe von Tangentensteigungen. Mit diesem Ergebnis können somit Befunde aus dem universitären Kontext zum Vergleich dynamischer und statischer Visualisierungen beim Umgang mit dem Ableitungsbegriff auf den schulischen Kontext übertragen werden, in dem bislang sehr wenige systematische und vor allem quantitative Vergleichsstudien durchgeführt wurden (z. B. Borji et al., 2018; Heid, 1988; Ocal, 2017; Sekulic et al., 2020). Das Resultat zur Forschungsfrage **Ib. (1)** stützt somit empirische Befunde, etwa von Biza (2011) und Swidan (2019), die das Potenzial dynamischer Visualisierungen beim Verständnis der Tangente als lokale Schmieggerade sowie des Zusammenhangs zwischen einer Funktion und ihrer Ableitungsfunktion nachgewiesen haben (vgl. Abschnitt 4.5).

Es lässt sich aufgrund der erhobenen Daten allerdings nicht bestimmen, welche Ebenen oder welche Repräsentationsformen im ausdifferenzierten Rahmenmodell in **Abbildung 2.18** in besonderem Maße von dynamischen Visualisierungen profitierten.

Der Einfluss der Gruppenzugehörigkeit ist insgesamt als klein einzustufen, was darauf zurückgeführt werden kann, dass das Potenzial interaktiv-dynamischer Visualisierungen erst bei komplexen und facettenreichen Aufgaben zum Tragen kommt (Hoffkamp, 2011; Rolfes et al., 2020). Dies ist möglicherweise bei der Einführung eines neuen mathematischen Begriffs, die mithilfe von Visualisierungen erfolgt, noch nicht gegeben. Ebenso bedurfte es in der dynamischen Gruppe zunächst eine Einarbeitungszeit in den Umgang mit den GeoGebra-Applets, sodass besonders hier effektive Lernzeit verloren ging, da nicht alle teilnehmenden Kurse ausreichend Erfahrung im Umgang mit GeoGebra mitbrachten.

Die geringe Effektstärke kann allerdings im Hinblick auf einen fairen Vergleich beider Gruppen als bedeutsam betrachtet werden. So mussten in der Studie von Sekulic et al. (2020) Studierende der statischen Gruppe Sekanten- und Tangentensteigungen selbst berechnen, während in der dynamischen Gruppe Berechnungen durch die vorgegebenen GeoGebra-Applets übernommen wurden. Dies stellt die Vergleichbarkeit der Gruppen infrage (vgl. Castro-Alonso et al., 2016; Tversky et al., 2002). Da im Leistungstest zum Verständnis der Ableitung ausschließlich statische Visualisierungen eingesetzt wurden, könnte ein zusätzlicher Vorteil bei der statischen Gruppe bestanden haben, sodass der höhere Leistungszuwachs in der dynamischen Gruppe vor diesem Hintergrund besonders beachtlich erscheint.

Auf Grundlage der *Cognitive Load Theory* (Chandler & Sweller, 1991) sowie der *Cognitive Theory of Multimedia Learning* (Mayer, 2014) lässt sich das Ergebnis zur Forschungsfrage **Ib. (1)** dadurch begründen, dass durch die verwendeten interaktiv-dynamischen Visualisierungen unter Berücksichtigung einiger Designprinzipien (Abschnitt 4.3) die extrinsische kognitive Belastung reduziert werden kann und dadurch eine höhere freie Arbeitsgedächtniskapazität vorliegt (Kühl et al., 2011; Mayer et al., 2005). Im Rahmen der vorliegenden Studie könnten diese positiven Effekte durch das *Dyna-Linking* verschiedener Repräsentationen (z. B. zwischen Tangentensteigungen und Differentialquotienten oder zwischen dem Graphen einer Funktion und dem ihrer Ableitungsfunktion) begünstigt worden sein.

Bezüglich der Forschungsfrage **Ib. (2)** lässt sich konstatieren, dass der nicht signifikante Interaktionseffekt (*Verst_prä* x *Gruppe*) darauf hindeutet, dass der Einsatz dynamischer bzw. statischer Visualisierungen nicht anders auf Lernende mit unterschiedlichem Vorwissen (*Verst_prä*) wirkt. Ein ähnliches Ergebnis fand auch Ubuz (2007) in einer empirischen Studie heraus (vgl. Abschnitt 5.2). Insbesondere lässt sich daraus schließen, dass die dynamische Variante Schülerinnen und Schüler unterschiedlicher Leistungsniveaus unterstützen kann, was ihren Mehrwert für heterogene Lerngruppen im Mathematikunterricht unterstreicht. Dieses Ergebnis bestätigt demnach nicht die Annahme, dass insbesondere leistungsschwächere Lernende von der *enabling* oder *facilitating function* dynamischer Visualisierungen profitieren (Schnotz, 2002), weist jedoch auch nicht auf einen *Expertise Reversal Effect* hin (Kalyuga, 2021). Damit fügt sich dieser Befund in die in Abschnitt 4.4.1 dargestellte uneinheitliche Studienlage ein, die offenlässt, ob eher leistungsstarke oder leistungsschwache Lernende von dynamischen Visualisierungen profitieren.

Auf die Ausprägung der Grundvorstellungen zur Ableitung (Ic. und Id.)

Die Forschungsfragen **Ic.** und **Id.** beziehen sich auf die Ausprägung der zentralen Grundvorstellungen *Lokale Änderungsrate* und *Tangentensteigung*, wobei **Ic.** Unterschiede zwischen den Grundvorstellungen und **Id.** zwischen den Gruppen hinsichtlich einer konkreten Grundvorstellung fokussiert. Die Ergebnisse sind in **Abbildung 9.2** grafisch dargestellt.

Dabei ergaben sich in der Gesamtstichprobe durchschnittliche Ausprägungen der Grundvorstellung *Lokale Änderungsrate* (LÄ) sowie *Tangentensteigung* (TS) mit den Mittelwerten $M_{LÄ} = 3.795$ und $M_{TS} = 3.919$ (maximaler Wert = 5). Die Unterrichtssequenz konnte demnach dazu beitragen, dass Lernende mithilfe von außer- und innermathematischen Kontexten Grundvorstellungen zur Ableitung entwickelten (vgl. **Abbildung 2.4**). Im Vergleich zur Studie von Greefrath et al.

(2022) mit Erstsemesterstudierenden, in der die Ausprägungen $M_{LÄ} = 3.72$ und $M_{TS} = 4.27$ berichtet wurden, liegen die Mittelwerte in der vorliegenden Studie in einem ähnlichen Bereich. Zumindest deskriptiv zeigt sich auf den ersten Blick, dass die Diskrepanz zwischen den Grundvorstellungen in der vorliegenden Studie geringer ausfällt. Eine mögliche Erklärung dafür ist, dass bei der Konzeption der Unterrichtssequenz beide Grundvorstellungen in ähnlichem Umfang berücksichtigt wurden (vgl. **Tabelle 7.1**) und dieses Gleichgewicht im weiteren Verlauf der Behandlung der Differenzialrechnung in der Schule verloren gehen könnte oder dass die *Tangentensteigung* die über die Schulzeit hinaus beständigere Grundvorstellung zur Ableitung darstellt. Sowohl in der dynamischen Gruppe als auch in der statischen Gruppe sowie in der Gesamtstichprobe zeigte sich die Tendenz, dass die *Tangentensteigung* stärker ausgeprägt war als die *Lokale Änderungsrate* – oder, bedingt durch das eingesetzte Messinstrument vorsichtiger formuliert, eher dem Denken der Lernenden entsprach (**Ic.**). Dieser Befund deckt sich mit Ergebnissen aus anderen empirischen Untersuchungen, in denen die *Tangentensteigung* als dominierende Vorstellung der Studienteilnehmenden identifiziert wurde (Vargas González et al., 2023; Weigand et al., 2025; Witzke & Spies, 2016). Vor dem Hintergrund der in den Bildungsstandards betonten Relevanz der lokalen Änderungsrate, die Anwendungsbezüge als zentralen Bestandteil des Mathematikunterrichts festschreiben (KMK, 2012), erscheint es weiterhin überraschend, dass die Grundvorstellung *Lokale Änderungsrate* in vielen Studien deutlich schwächer ausgeprägt war (Blum & Kirsch, 1996; Greefrath et al., 2022). Interessant erscheint in der vorliegenden Untersuchung, dass der Unterschied zwischen den beiden Grundvorstellungen nur in der dynamischen Gruppe zugunsten der *Tangentensteigung* signifikant war, während in der statischen Gruppe kein signifikanter Unterschied festgestellt wurde (**Ic.**).

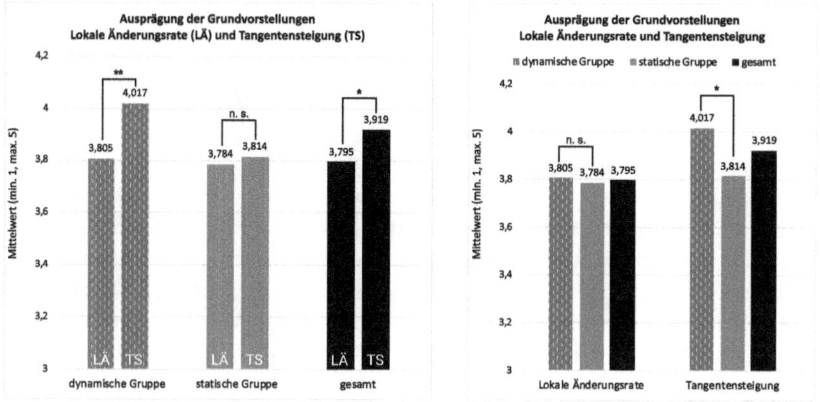

Abbildung 9.2 Grafische Darstellung der Ergebnisse zu den Forschungsfragen **Ic.** und **Id.**

Bezüglich der Forschungsfrage **Id.** wurde angenommen, dass zwischen beiden Versuchsgruppen keine Unterschiede in der Ausprägung der beiden Grundvorstellungen vorliegen, da sowohl die *Lokale Änderungsrate* als auch die *Tangentensteigung* aus einer statischen sowie dynamischen Perspektive betrachtet werden können (vgl. Nguyen & Greefrath, 2024a). Diese Hypothese ließ sich hinsichtlich der *Lokalen Änderungsrate* bestätigen, bei der die mittlere Ausprägung in beiden Gruppen ähnlich hoch ausfiel (**Id. (1)**). Bezüglich der *Tangentensteigung* zeigte sich allerdings ein signifikanter Unterschied mit kleiner Effektstärke zugunsten der dynamischen Gruppe (**Id. (2)**). Interaktiv-dynamische Visualisierungen scheinen demnach gegenüber statischen Visualisierungen ein höheres Potenzial zu haben, die Tangentenvorstellung auszubilden. Dies könnte darauf zurückzuführen sein, dass durch interaktive Tools das manuelle Zeichnen oder gedankliche Konstruieren der Tangente entfällt und Lernende somit Facetten der Grundvorstellung *Tangentensteigung* leichter nachvollziehen können. Das kalkülhafte Arbeiten wird entlastet, wodurch mehr freie Arbeitsgedächtniskapazität für die Ausbildung von Grundvorstellungen genutzt werden kann (Barzel et al., 2024; Hahn, 2008, S. 24). So lässt sich die Tangente besonders einprägsam dynamisch visualisieren, da Schülerinnen und Schüler mit einfach zu bedienenden interaktiven Tools (etwa Animationen oder dem Zugmodus) die Tangente samt angezeigter Steigung am Graphen entlang bewegen und die Tangentensteigung als lokale Richtung des Graphen deuten können (Greefrath et al., 2016b; Tall, 2012). Auch die Vorstellung der Tangente als Schmieggerade wird dadurch besonders anschaulich, da sie an jeder differenzierbaren Stelle lokal am Graphen anliegt (vgl. **Abbildung 2.14**).

Das Ausbleiben eines Unterschieds in der Grundvorstellung *Lokale Änderungsrate* könnte darauf zurückzuführen sein, dass die Unterrichtssequenz mit dieser Grundvorstellung begann und das Potenzial der GeoGebra-Applets aufgrund der erforderlichen Eingewöhnungszeit nicht voll zur Geltung kam (McElhaney et al., 2015). Zudem konnten die meisten Aufgaben auch ohne die Verwendung von Animationen oder des Zugmodus, sondern allein mithilfe der Eingabefelder zur Festlegung der Position zweier Punkte des Graphen bearbeitet werden, sodass der Übergang von der durchschnittlichen zur lokalen Änderungsrate auch ohne interaktive Elemente möglich war. Der Vorteil der dynamischen Visualisierungen könnte sich daher insbesondere in den ersten beiden Stunden der Unterrichtssequenz nur in geringem Maße gezeigt haben.

Die Einordnung der *Lokalen Änderungsrate* als statische und der *Tangentensteigung* als dynamische Grundvorstellung greift zu kurz. Zwar zeigte sich, dass dynamische Visualisierungen zu einer signifikant stärkeren Ausprägung der Tangentensteigungsvorstellungen führten, gleichzeitig ist sie jedoch auch auf statische Weise vermittelbar. Ebenso erwies sich die Änderungsrate in beiden Gruppen als ähnlich stark ausgeprägt. Dies spricht dafür, dass Grundvorstellungen nicht strikt als statisch oder dynamisch kategorisiert werden sollten, sondern dass beide Zugänge – statisch wie dynamisch – zu ihrer Ausbildung beitragen können.

Auf die Einstellungen gegenüber GeoGebra (Ie.)

Die letzte Forschungsfrage **Ie.** bezüglich der Auswirkungen der Intervention richtet den Fokus auf die Änderungen der Einstellungen gegenüber GeoGebra als Folge einer sechsstündigen Unterrichtssequenz zur Einführung des Ableitungsbegriffs. Die Analysen ergaben, dass sich die Einstellungen in der dynamischen Gruppe signifikant verbesserten, während in der statischen Gruppe kein signifikanter Unterschied zwischen den Mittelwerten vom Prä- zum Posttest festgestellt wurde (vgl. **Abbildung 9.3**). Dies bestätigt die im Vorfeld formulierte Vermutung (vgl. Kapitel 6).

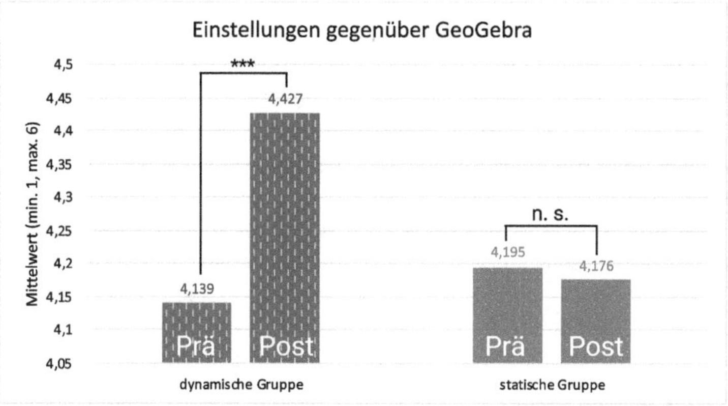

Abbildung 9.3 Grafische Darstellung der Ergebnisse zur Forschungsfrage **Ie.**

Mit diesem Ergebnis konnte also gezeigt werden, dass sich das Konstrukt *Einstellungen* durch eine Intervention von einer Dauer von sechs Unterrichtsstunden (mit kleiner positiver Effektstärke) verändern ließ, was im Widerspruch zu Studien steht, welche Einstellungen als zeitlich relativ stabil einordnen (z. B. Torkzadeh & Van Dyke, 2002). Dies lässt sich als Hinweis darauf deuten, dass Arbeitsblatt-basierte Lernpfade mit GeoGebra-Applets (bzw. dynamischen Visualisierungen) das Potenzial haben, affektive Merkmale wie Einstellungen gegenüber der Software GeoGebra in relativ kurzer Zeit positiv zu beeinflussen. Welche spezifischen Komponenten der Einstellungen – *emotions*, *beliefs* oder *behavioral components* (Aquilina et al., 2024) – sich verändert haben, lässt sich im Rahmen der Studie nicht bestimmen, da das Konstrukt der Einstellungen eindimensional mit insgesamt fünf Items erfasst wurde.

Im schulischen Kontext ist dieses Ergebnis zumindest bezüglich des Ableitungsbegriffs neu, wurde jedoch im universitären Kontext bereits von Yimer und Feza (2019) im Rahmen einer GeoGebra-Intervention zu Grenzwerten, Ableitungen und Integralen nachgewiesen (vgl. Abschnitt 4.2). Zudem konnten Turk und Akyuz (2016) Verbesserungen der Einstellungen gegenüber Technologien bei Lernenden der achten Klasse durch eine Unterrichtseinheit zur Geometrie feststellen. Diese Ergebnisse stehen im Gegensatz zu den Befunden aus Greefrath et al. (2018) bzw. Hankeln (2019). Die Autorinnen und Autoren begründen die ausbleibende Verbesserung der Einstellungen durch eine Unterrichtseinheit zum mathematischen

Modellieren mit GeoGebra dadurch, dass den Lernenden der Einsatz von GeoGebra bereits vor der Intervention bekannt war. Im Rahmen der von Greefrath et al. (2018) durchgeführten Unterrichtseinheit wurde die Software nicht neuartig kennengelernt; zudem wären die Aufgaben auch ohne die Hilfe von GeoGebra prinzipiell lösbar, sodass der Mehrwert den Schülerinnen und Schülern nicht ersichtlich wurde. Ein möglicher Erklärungsansatz für die Steigerung der Einstellungen in der vorliegenden Studie könnte darauf zurückzuführen sein, dass sich hier die Nutzung von GeoGebra von der im Schulunterricht klassischen Verwendung unterscheidet: Die eingesetzten dynamischen Visualisierungen waren bereits vorprogrammiert. Interaktive Tools wie der Zugmodus, Animationen oder Eingabefelder sowie die einfache und einheitliche Bedienung der GeoGebra-Applets führten zu bisher unentdeckten Möglichkeiten des Programms und könnten die positive Änderung der Einstellungen erklären (Nguyen & Greefrath, 2024b).

Relativierend könnte soziale Erwünschtheit als ein möglicher Grund dafür aufgeführt werden, dass die Schülerinnen und Schüler der dynamischen Gruppe den Fragebogen zu den Einstellungen gegenüber GeoGebra nach der Intervention, die eben stark den Einsatz von GeoGebra fokussierte, positiver beantwortet haben. Dadurch besteht die Möglichkeit, dass die im Posttest festgestellten Einstellungsveränderungen in ihrer Stärke überschätzt werden und nicht ausschließlich tatsächliche Änderungen der Einstellungen widerspiegeln.

9.1.2 Fragenkomplex II: Zusammenhänge zwischen Verständnis und Grundvorstellungen zur Ableitung

Im zweiten Fragenkomplex wurden die Zusammenhänge zwischen dem Verständnis der Ableitung, das nach der Intervention durch den Posttest erfasst wurde, jeweils mit den beiden Grundvorstellungen zur Ableitung untersucht. Grundsätzlich lässt sich zunächst konstatieren, dass der Zusammenhang zwischen Grundvorstellungen und dem (konzeptuellen) Verständnis (inklusive der Fähigkeiten, konzeptuelle Aufgaben zu lösen) bislang nicht ausreichend empirisch erforscht wurde (vgl. Abschnitt 2.4). Aus theoretischer Perspektive wird häufig argumentiert, dass Grundvorstellungen als notwendige Voraussetzung zur Entwicklung von *conceptual understanding* gelten (z. B. Bender, 1991; Blum et al., 2004; vom Hofe & Blum, 2016).

Die Ergebnisse der vorliegenden Studie zeigten signifikante mittlere bis hohe Korrelationen zwischen den Grundvorstellungen und dem Verständnis zur Ableitung, wobei sich kleinere Unterschiede bezüglich dieser Zusammenhänge zwischen den beiden Gruppen feststellen ließen (vgl. **Abbildung 9.4**). Die hier gefundenen Korrelationen stehen somit im Einklang mit den Ergebnissen von Ableitinger et al. (2022), die bei Lehramtsstudierenden ebenfalls einen positiven Zusammenhang zwischen Fachwissen und angemessenen Vorstellungen zum Grenzwertbegriff berichteten.

Abbildung 9.4 Grafische Darstellung der Ergebnisse zur Forschungsfrage **IIa.**

Im Vergleich zur Studie von Weigand et al. (2025) mit Studierenden, in der signifikante Korrelationen von $r = 0.32$ (*Tangentensteigung*) bzw. $r = 0.17$ (*Lokale Änderungsrate*) mit den Fähigkeiten zur Lösung konzeptueller Aufgaben zur Ableitung berichtet wurden, konnten im Rahmen der vorliegenden Studie stärkere Zusammenhänge festgestellt werden. Diese beliefen sich in der Gesamtstichprobe auf $r = 0.361$ (*Lokale Änderungsrate*) bzw. $r = 0.463$ (*Tangentensteigung*). In beiden Studien zeigte sich die Tendenz, dass der Zusammenhang zwischen der Tangentensteigungsvorstellung und dem Verständnis stärker ausfiel. Die Unterschiede lassen sich möglicherweise darauf zurückführen, dass bei Weigand et al. (2025) nur ein Messzeitpunkt ohne vorherige Intervention stattfand. Zudem könnte die gezielte Berücksichtigung beider Grundvorstellungen in der Unterrichtssequenz der vorliegenden Studie zu stärkeren Korrelationen geführt haben.

Die Forschungsfragen **IIb. (1)** und **IIb. (2)** waren explorativ angelegt. Die entsprechenden Ergebnisse sind in **Abbildung 9.5** dargestellt. In beiden Gruppen – sowohl in der dynamischen als auch in der statischen – lässt sich das Posttestergebnis zum Verständnis der Ableitung signifikant und mit mittlerer bzw. großer Effektstärke durch das Prätestergebnis vorhersagen. Dies steht im Einklang mit verschiedenen Studien zum Einfluss des Vorwissens auf den späteren Lernerfolg (z. B. Dochy et al., 1999; Hattie, 2009). Darüber hinaus erweist sich die *Lokale Änderungsrate* in beiden Gruppen als signifikanter Prädiktor mit kleiner Effektstärke. Die *Tangentensteigung* ist hingegen nur in der dynamischen Gruppe – ebenfalls mit kleiner Effektstärke – signifikant, in der statischen Gruppe dagegen nicht (**IIb. (1)**).

Die Regressionsanalyse mit der Gesamtstichprobe ergab einen signifikanten Interaktionseffekt zwischen der Ausprägung der *Tangentensteigung* und der Gruppenzugehörigkeit, was auf einen interessanten Befund hindeutet: Dynamische Visualisierungen können besonders wirksam sein, um die Grundvorstellung der *Tangentensteigung* für das Verständnis der Ableitung nutzbar zu machen. In der statischen Gruppe hingegen zeigte sich die *Tangentensteigung* nicht als signifikanter Prädiktor für das Posttestergebnis. Dies könnte darauf hindeuten, dass Lernende ihre Vorstellung der Ableitung als Tangentensteigung beim Lösen konzeptueller Aufgaben möglicherweise nicht abrufen oder anwenden konnten (Blum et al., 2004, S. 146) oder stattdessen auf andere Strategien oder (Grund-)Vorstellungen zurückgriffen.

Auch wenn der standardisierte Regressionskoeffizient des Prädiktors bezüglich der Ausprägung der *Lokalen Änderungsrate* in der statischen Gruppe größer war als in der dynamischen, zeigte sich keine Signifikanz des Interaktionseffekts dieser Grundvorstellung mit der Gruppenzugehörigkeit. Gleichzeitig kann mit einem signifikanten Haupteffekt der *Lokalen Änderungsrate* geschlussfolgert werden, dass die Wirkung auf das Verständnis unabhängig von dynamischen oder statischen Visualisierungen ist. Dies unterstreicht die zentrale Bedeutung der Grundvorstellung der *Lokalen Änderungsrate* für das Verständnis der Ableitung.

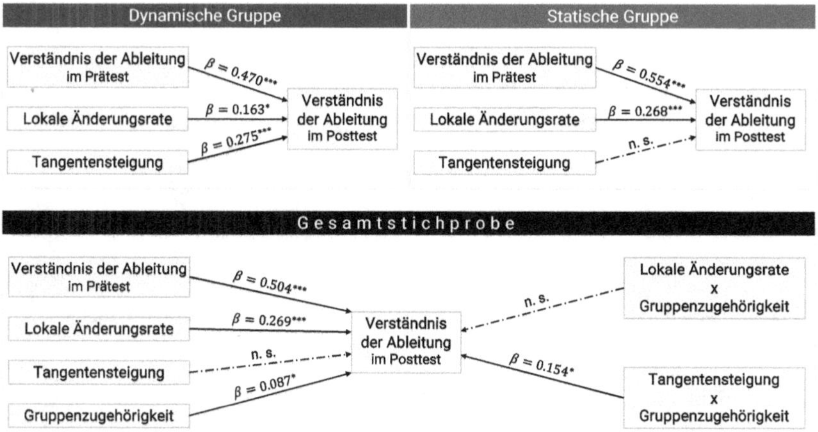

Abbildung 9.5 Grafische Darstellung der Ergebnisse zur Forschungsfrage **IIb.**

9.1.3 Fragenkomplex III: Einflussfaktoren auf das Lernen mit dynamischen Visualisierungen

Innerhalb des letzten Fragenkomplexes wurde der Einfluss der Nutzungshäufigkeiten interaktiver Tools in den dynamischen Visualisierungen sowie der Einstellungen gegenüber GeoGebra im Prätest auf das Verständnis sowie Grundvorstellungen zur Ableitung untersucht.

Nutzungshäufigkeiten interaktiver Tools als Einflussfaktor (IIIa. und IIIb.)
Im Rahmen der Forschungsfrage **IIIa.** wurde der Einfluss der Nutzungshäufigkeiten des Zugmodus, der Eingabefelder, der Animationen sowie der Regulierung der Wiedergabegeschwindigkeit von Animationen – jeweils ohne und unter Kontrolle des Vorwissens der Lernenden – auf das Posttestergebnis untersucht.

Die Ergebnisse in **Abbildung 9.6** sollen im Folgenden unter Rückgriff auf das modifizierte Angebot-Nutzungs-Modell *CoDiL* in digital angereicherten Lernumgebungen (Reinhold et al., 2024) in Verknüpfung mit dem ICAP-Rahmenmodell (Chi & Wylie, 2014) diskutiert werden (vgl. **Abbildung 4.4**).

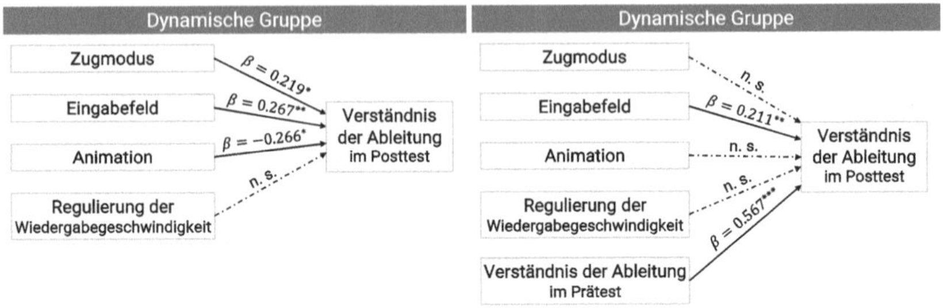

Abbildung 9.6 Grafische Darstellung der Ergebnisse zur Forschungsfrage **IIIa.**

Wird nicht für das Verständnis der Ableitung im Prätest (*Verst_prä*) kontrolliert, wirkt sich eine häufige Nutzung der Animationen sogar negativ auf das Posttestergebnis (*Verst_post*) aus. Damit weicht dieser Befund von der Hypothese ab, die von keinem Einfluss ausging; bestätigt jedoch auch frühere empirische Ergebnisse (z. B. Scheiter et al., 2006). Ein Beispiel für eine Animation, die in eine dynamische Visualisierung in der vorliegende Studie eingebettet ist, zeigt **Abbildung 9.7**: Im ersten Grafikfenster des GeoGebra-Applets bewegt sich die Tangente dynamisch am Funktionsgraphen, während im zweiten sukzessive der Graph der Ableitungsfunktion entsteht. Das wiederholte Abspielen solcher Animationen könnte zu einem unzureichenden Verständnis der Ableitungsfunktion führen, da Lernende den Zusammenhang zwischen der *Tangentensteigung* und dem Graphen der Ableitungsfunktion möglicherweise nicht aktiv herstellen. Dies deckt sich mit der ICAP-Hypothese, nach der reines passives Beobachten (*passive mode of engagement*) im Vergleich zu aktivieren Formen der Auseinandersetzung aus konstruktivistischer Sicht geringere Lernerfolge erwarten lässt. Darüber hinaus könnte die beobachtete Tendenz auch durch eine *Illusion of Understanding* (Paik & Schraw, 2013) erklärt werden: Lernende gewinnen den Eindruck, die Konzepte verstanden zu haben, obwohl ihr Verständnis tatsächlich oberflächlich bleibt.

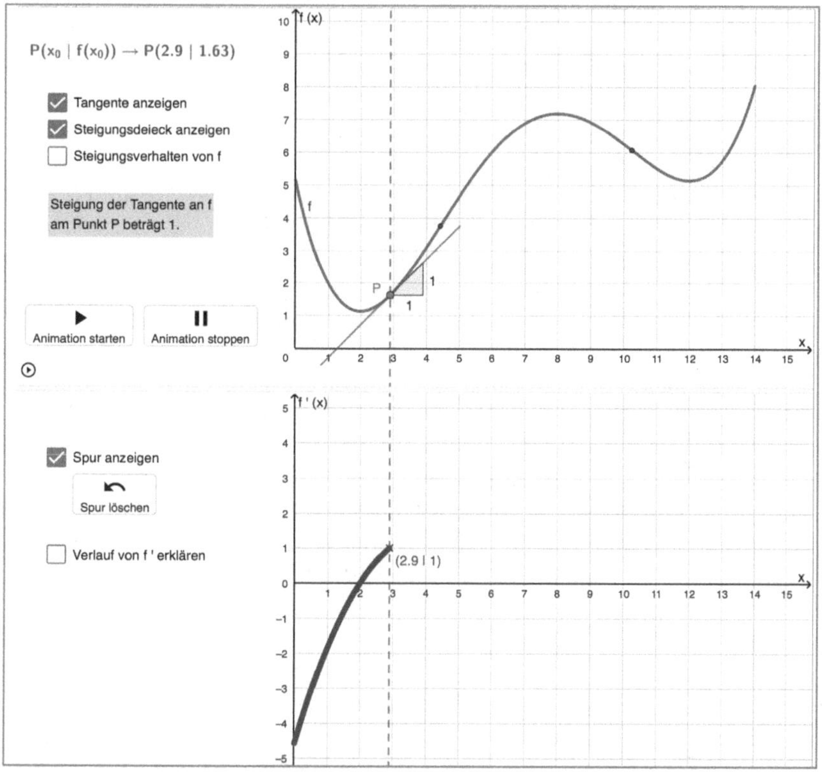

Abbildung 9.7 Beispiel der Verwendung einer Animation in einer dynamischen Visualisierung in der vorliegenden Studie

Im selben Regressionsmodell erwiesen sich die Nutzungshäufigkeit des Zugmodus und der Eingabefelder als positive signifikante Prädiktoren des Verständnisses im Posttest und ermöglichten Lernaktivitäten wie das Entdecken von Zusammenhängen zwischen dem Graphen einer Funktion und dem ihrer Ableitungsfunktion (Reinhold et al., 2024, S. 4). Dies entspricht der zuvor aufgestellten Vermutung, da diese interaktiven Tools eine eher aktive Form der Verwendung der GeoGebra-Applets ermöglichen (*active mode of engagement* im ICAP-Rahmenmodell). Durch das schrittweise Ziehen an Punkten inklusive der eingezeichneten Tangenten oder der gezielten Eingabe von Koordinaten für Punkte kommt es nicht wie bei Animationen zu einem transienten Effekt, bei dem sich der dargestellte Inhalt unmittelbar verändert (vgl. **Tabelle 5.1**). Entgegen der Hypothese wirkt sich allerdings die Kontrolle der Wiedergabegeschwindigkeit nicht signifikant auf das Verständnis der Ableitung im Posttest aus; dieses Ergebnis entspricht der uneinheitlichen Studienlage in der Literatur und deckt sich somit auch mit Resultaten anderer Studien (z. B. Betrancourt, 2005; Hasler et al., 2007; Moreno & Valdez, 2005).

Erfolgt die dargestellte Regressionsanalyse zusätzlich unter Kontrolle des bekanntlich stark signifikanten Vorwissens der Lernenden (*Verst_prä*), erwiesen sich die Nutzungshäufigkeiten der Animationen und des Zugmodus nicht mehr als signifikant. Dies lässt sich darauf zurückführen, dass Animationen häufiger von leistungsschwächeren Lernenden verwendet wurden, während der Zugmodus häufiger von leistungsstärkeren Schülerinnen und Schülern genutzt wurde. Die in der ersten Regressionsanalyse beobachteten Effekte dieser Einflussfaktoren sind somit mit dem Vorwissen vermischt, sodass unter Kontrolle desselben kein eigenständiger signifikanter Effekt bestehen bleibt. Anders verhält es sich bei der Nutzungshäufigkeit der Eingabefelder, die einen robusten signifikant positiven Effekt auch unter Kontrolle des Vorwissens zeigt und somit für alle Schülerinnen und Schüler gleichermaßen effektiv zu sein erscheint. Während beispielsweise der Zugmodus eher exploratives Handeln ermöglicht, das nicht zwingend auf gezieltem Nachdenken basiert, setzt die Verwendung von Eingabefeldern hingegen eher bewusstere und präzisere Überlegungen voraus. Dies weist auf das Potenzial für konstruktive Aktivitäten im Sinne des ICAP-Modells hin. Lernende müssen sich bewusst für einen Punkt bzw. eine Tangente am Funktionsgraphen entscheiden und diesen symbolisch in das Eingabefeld eintragen; deren Konsequenzen werden dann in der Visualisierung sichtbar. Auf diese Weise verknüpfen sie ihr Vorwissen mit den dargestellten Inhalten und können eigene Hypothesen über Zusammenhänge von beispielsweise Änderungsraten und Steigungen entwickeln oder auch überprüfen.

Hinsichtlich der Ausprägung der Grundvorstellung *Tangentensteigung* legt das Regressionsmodell (vgl. **Abbildung 9.8**) nahe, dass die häufige Verwendung des Zugmodus ein signifikanter positiver Prädiktor ist. Das aktive Verschieben von Punkten (mit eingezeichneten Tangenten und Steigungsdreiecken) kann beispielsweise den Übergang von Sekanten zur Tangente als Schmieggerade veranschaulichen und zugleich verdeutlichen, dass die Tangente die lokale Richtung des Graphen angibt. Überraschenderweise wirkt sich eine häufige Nutzung von Animationen sogar negativ auf die Entwicklung der Tangentensteigungsvorstellung aus. Dies könnte darauf hinweisen, dass das reine Betrachten einer nach dem eigenständigen Starten automatisch ablaufenden Animation weniger effektiv ist als aktives Erkunden, wie es beispielsweise der Zugmodus ermöglicht. In Verbindung mit der *Cognitive Load Theory* ließe sich anführen, dass Animationen zu schnell ablaufen, sodass Lernende relevante Veränderungen der Tangentensteigung nicht in Ruhe verarbeiten können. Die Regulierung der Wiedergabegeschwindigkeit zeigt hingegen einen positiven Einfluss, was darauf zurückgeführt werden könnte, dass Lernende das Abspieltempo an ihre individuellen Bedürfnisse und Kenntnisse anpassen und so die dynamischen Veränderungen der Tangentensteigung gezielter verarbeiten können. Das Eingabefeld hat hingegen keinen signifikanten Effekt, da damit die *Tangentensteigung* lediglich punktuell erfasst wird und dadurch möglicherweise keine dynamische Sicht auf die Tangente entsteht. Allerdings muss relativierend hinzugefügt werden, dass die Nutzungshäufigkeiten der interaktiven Tools lediglich eine Varianzaufklärung von etwa 7 % erreichen. Dieser Wert ist relativ gering und legt nahe, dass die bloße Häufigkeit der Tool-Nutzung keine allzu große Vorhersagekraft darüber besitzt, wie stark die Grundvorstellung *Tangentensteigung* ausgebildet wird.

In das Regressionsmodell zur Erklärung der Ausprägung der Grundvorstellungen *Lokale Änderungsrate* wurden der Zugmodus und das Eingabefeld nicht aufgenommen, da beide Prädiktoren weder einzeln einen signifikanten Beitrag leisteten noch in Kombination zur Signifikanz des Gesamtmodells beitrugen. Dagegen zeigt sich für die Nutzung von Animationen ein negativer Einfluss, während die Regulierung der Wiedergabegeschwindigkeit einen positiven Einfluss auf die *Lokale Änderungsrate* hat. Begründungen, wie sie bereits beim Regressionsmodell zur *Tangentensteigung* angeführt wurden, lassen sich in angepasster Form auch auf die *Lokale Änderungsrate* übertragen. Ein wesentlicher Unterschied betrifft allerdings die Rolle des Zugmodus, deren häufige Nutzung nicht zur Erklärung des Ausprägungsgrades der Grundvorstellung *Lokale Änderungsrate* beiträgt, weil sich diese nicht allein durch die Bewegung eines Punktes am Graphen anschaulich darstellen lässt. Für das Verständnis des zugrunde liegenden Grenzwertprozesses ist beispielsweise die Betrachtung des Differenzenquotienten notwendig, dessen visuelle Darstellung im Applet nicht in direkter räumlicher Nähe zu dem mit dem Zugmodus bewegenden Punkt erfolgt (Verletzung des *spatial contiguity principle* aus der *CTML*). Insgesamt erklären auch hier die Häufigkeit der Verwendung von Animationen und der Kontrolle ihrer Wiedergabegeschwindigkeit lediglich etwa 3 % der Varianz des Posttestergebnisses, was einen sehr geringen Erklärungsanteil darstellt. Dies weist darauf hin, dass weitere Faktoren berücksichtigt werden müssen, um die Ausprägung der Grundvorstellung *Lokale Änderungsrate* gezielter vorhersagen zu können. Wahrscheinlich ist dabei auch weniger die reine Nutzungshäufigkeit ausschlaggebend, sondern vielmehr die Art und Weise der tatsächlichen Verwendung der GeoGebra-Applets – worüber in dieser Untersuchung jedoch keine Informationen vorliegen (vgl. Abschnitt 9.2.2).

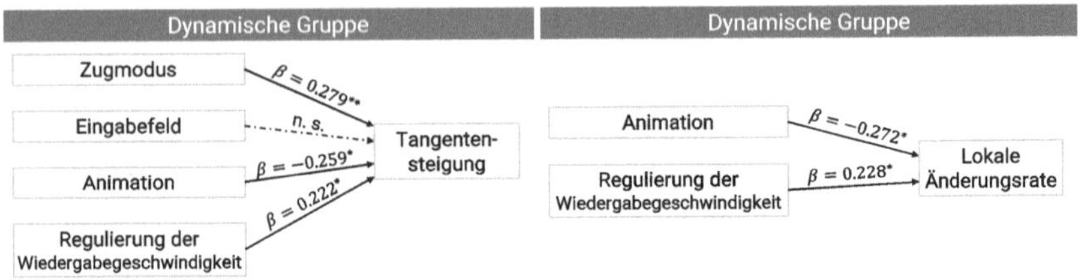

Abbildung 9.8 Grafische Darstellung der Ergebnisse zur Forschungsfrage **IIIb.**

Einstellungen gegenüber GeoGebra im Prätest als Einflussfaktor (IIIc.)
Anders als vermutet erwiesen sich die initialen Einstellungen gegenüber GeoGebra nicht als signifikanter Prädiktor für die Entwicklung des Verständnisses der Ableitung (**IIIc. (1)**), die Ausprägung der *Lokalen Änderungsrate* (**IIIc. (2)**) sowie die Ausprägung der *Tangentensteigung* (**IIIc. (3)**) (vgl. **Abbildung 9.9**).

Das Ergebnis zur Forschungsfrage **IIIc. (1)** steht in Übereinstimmung zu den Befunden der Studie von Greefrath et al. (2018), in der ebenfalls kein signifikanter Einfluss der Einstellungen gegenüber GeoGebra auf die Modellierungskompetenz *Mathematisieren* unter Kontrolle der Prätestergebnisse festgestellt werden konnte. Auch dort fiel der dazugehörige standardisierte Regressionskoeffizient mit $\beta = -0.08$ negativ aus und deutete auf einen marginalen negativen Effekt hin, der jedoch wie bereits beschrieben nicht signifikant war. Demnach muss der in der Literatur häufig berichtete positive Effekt von Einstellungen gegenüber GeoGebra (z. B. Mohammad, 2019; Pierce & Stacey, 2004; Turk & Akyuz, 2016) relativiert werden. Positive Einstellungen können die Lernmotivation steigern, indem Schülerinnen und Schüler die Software als nützlich und bedeutsam für ihr eigenes Lernen erleben, was zu einer intensiveren und engagierteren Auseinandersetzung führen kann. Zugleich bergen sie aber auch die Gefahr, dass Lernende die in den dynamischen Visualisierungen dargestellten Inhalte unkritisch als richtig hinnehmen, ohne die mathematischen Hintergründe kritisch zu hinterfragen, was den Lernprozess eher behindern kann.

Auch die beiden Grundvorstellungen werden nicht signifikant von den GeoGebra-Einstellungen beeinflusst. Die standardisierten Regressionskoeffizienten deuten jedoch auf einen positiven Einfluss hin (**IIIc. (2)** und **IIIc. (3)**).[1]

[1] Da sich Einstellungen gegenüber GeoGebra im Verlauf der Intervention verändern können, ist die Interpretation von Prä- und Post-Einstellungen unterschiedlich gelagert. Für die hier berichteten Analysen spielt dies jedoch keine Rolle, da sich die Ergebnisse unabhängig vom Messzeitpunkt der Einstellungen als Prädiktor ähneln.

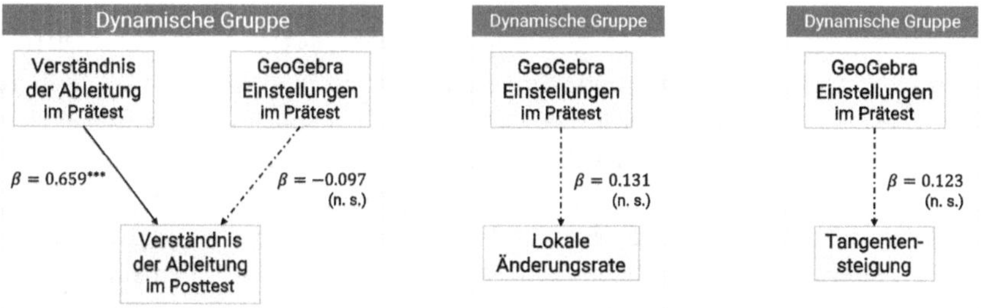

Abbildung 9.9 Grafische Darstellung der Ergebnisse zur Forschungsfrage **IIIc.**

9.2 Diskussion des methodischen Vorgehens

Neben der inhaltlichen Auseinandersetzung mit den Ergebnissen sollen im Folgenden auch die getroffenen methodischen Entscheidungen kritisch reflektiert werden.

9.2.1 Design der Studie, Stichprobe und Durchführung

Design der Studie

Bei der vorliegenden Untersuchung handelt es sich um eine quantitativ ausgerichtete, quasi-experimentelle Feldstudie mit je einem Messzeitpunkt unmittelbar vor und nach der Intervention (Prä- und Posttest). Die Schülerinnen und Schüler wurden dabei zwei Interventionsgruppen zugeordnet, die entweder mit dynamischen oder mit statischen Visualisierungen eine Einführung in den Ableitungsbegriff erhielten.

Die Entscheidung für ein quantitatives Forschungsdesign wurde bereits bei der Vorstellung der Messinstrumente begründet (vgl. Abschnitt 7.6). Es eignet sich insbesondere für den Vergleich zwischen der dynamischen und der statischen Gruppe hinsichtlich Verständnis und Grundvorstellungen zur Ableitung sowie Einstellungen gegenüber GeoGebra – wozu teilweise auch Hypothesen aus der Literatur abgeleitet werden konnten. Solche Gruppenvergleiche (z. B. die Forschungsfragen **Ib.**, **Id.**, **Ie.**, **IIb.**) wären in qualitativen Settings nicht möglich.

Im Gegensatz zu einer standardisierten Laborstudie fand die vorliegende Untersuchung in der natürlichen Lernumgebung der Schülerinnen und Schüler statt, nämlich in der Schule, gemeinsam mit ihren Mitschülerinnen und Mitschülern sowie ihrer Mathematiklehrkraft. Feldstudien dieser Art ermöglichen eine stärkere Generalisierbarkeit der Ergebnisse auf reale Unterrichtssettings (Döring & Bortz, 2016). Dadurch können jedoch potenzielle Störvariablen nicht in allen Fällen kontrolliert werden: So unterscheiden sich die beiden Vergleichsgruppen in der vorliegenden Studie nicht nur hinsichtlich der Art der verwendeten Visualisierungen, sondern beispielsweise auch im Hinblick auf die unterrichtenden Lehrkräfte. Um diesen Umstand zu begegnen, wurde eine Parallelisierung der statischen und der dynamischen Gruppe vorgenommen, indem jeder Kurs zu gleichen Teilen auf eine der beiden Experimentalbedingungen aufgeteilt wurde (vgl. de Vries, 2021, S. 221; Frenken, 2022, S. 275–276).

Eine weitere methodische Entscheidung bestand in der Gruppeneinteilung nach den Ergebnissen des Prätests zum Verständnis der Ableitung. Dieses Matching-Verfahren (vgl. Abschnitt 7.4) hatte den Vorteil, dass die dynamische und die statische Gruppe hinsichtlich ihres Vorwissens vergleichbar waren, wodurch Unterschiede im Posttest besser auf das Treatment zurückgeführt werden konnten. Zugleich schränkt eine solche Vorgehensweise die Generalisierbarkeit ein, da dadurch andere Unterschiede zwischen den Lernenden (z. B. ihre Motivation oder Einstellungen gegenüber GeoGebra) nicht berücksichtigt wurden. Zudem lässt sich kritisch diskutieren, ob die Prätestergebnisse das geeignete Kriterium für die Gruppeneinteilung darstellen. Im Prätest beruhten lediglich etwa ein Drittel der Aufgaben auf zuvor im Unterricht erlernten und zum Lernen des Ableitungsbegriffs relevanten Inhalten (vgl. Litteck et al., 2023), während zwei Drittel ableitungsspezifische Themen betrafen (insbesondere die Ebenen *limit* und *function* im Rahmenmodell). Damit ist fraglich, ob der Prätest das allgemeine Vorwissen der Schülerinnen und Schüler angemessen widerspiegelte. Als alternative Grundlage hätte beispielsweise die Mathematiknote dienen können, die breiter angelegte mathematische Kompetenzen abbildet. Allerdings ist einzuräumen, dass sich ein Teil der ableitungsspezifischen Aufgaben auch ohne eine formale Einführung der Ableitung auf Grundlage von Präkonzepten der Analysis aus der Sekundarstufe I bearbeiten lässt (Hahn & Prediger, 2008; Hoffkamp, 2011).

Eine weitere methodische Limitation dieser Arbeit betrifft den fehlenden Einbezug einer Kontrollgruppe ohne spezifisches Treatment. Verbesserungen des Verständnisses, die in Forschungsfrage **Ia.** festgestellt wurden, können daher nicht eindeutig auf die Intervention zurückgeführt werden. Alternative Erklärungen wie allgemeine Lern- oder Testwiederholungseffekte lassen sich daher nicht ausschließen. Zwar wurde ein Multi-Matrix-Design eingesetzt, das Testwiederholungseffekte durch wechselnde Aufgaben zwischen den beiden Messzeitpunkten weitgehend unterbindet, jedoch wurden auch acht (Anker-)Items sowie ähnlich konzipierte Items zu beiden Zeitpunkten eingesetzt (vgl. Beckschulte, 2019, S. 175).

Aus ethischen Gesichtspunkten war es zudem kaum vertretbar, Mathematikkurse zwei Stunden für die Bearbeitung eines Tests in Anspruch nehmen zu lassen, der für die Schülerinnen und Schüler keinen direkten Mehrwert bietet, nur um anschließend als Kontrollgruppe in der vorliegenden Studie zu dienen (vgl. de Vries, 2021, S. 223). Eine geringe Motivation bei der Testbearbeitung wäre in diesem Fall ebenfalls sehr wahrscheinlich gewesen. Ebenso bleibt offen, ob die eingesetzte Intervention tatsächlich einen Vorteil gegenüber herkömmlichem Unterricht bietet, der typischerweise verstärkt auf symbolische Repräsentationen und zügig auf kalkülhaftes Arbeiten zurückgreift.

Mit Blick auf die Dauer der Intervention zeigt die Metaanalyse von Zhang et al. (2023), dass der Einsatz dynamischer Visualisierungen über GeoGebra insbesondere im Primar- sowie Sekundarstufenbereich vor allem dann positive Effekte auf die Mathematikleistung entfaltet, wenn die Interventionsdauer vier Wochen überschreitet. Vor diesem Hintergrund sind die in der vorliegenden Studie beobachteten signifikanten Unterschiede zwischen der dynamischen und statischen Gruppe hinsichtlich des Verständnisses der Ableitung (**Ib.**) sowie der Ausprägung der *Tangentensteigung* (**Id. (2)**) besonders hervorzuheben. Längere Studien zur Wirkung dynamischer Visualisierungen könnten möglicherweise deshalb effektiver sein, weil deren Nutzung zunächst eine Einarbeitungszeit erfordert, während statische Visualisierungen in der Regel unmittelbar verständlich sind. So betonen Sari et al. (2018), dass Lernende mehr Erfahrungen im Umgang mit GeoGebra im Unterricht sammeln sollten, um das Potenzial der Software bei der Entdeckung des Konzepts der Ableitung auszuschöpfen. Lehrkräfte stehen demnach in der Verantwortung, GeoGebra und insbesondere dynamische Visualisierungen frühzeitig und systematisch in ihren Unterricht zu integrieren (Güster & Weigand, 2022; Verhoef et al., 2015).

Eine deutlich längere Intervention wäre jedoch im Rahmen dieser Untersuchung aus forschungsökonomischen Gesichtspunkten nicht umsetzbar (vgl. Abschnitt 7.7), da die Gruppenaufteilung in jedem Kurs sowie deren parallele Betreuung erhebliche organisatorische und zeitliche Ressourcen beanspruchte. Zudem wäre eine so starke Ausrichtung des Unterrichts an Visualisierungen über einen wesentlich längeren Zeitraum nicht vertretbar gewesen (Haciomeroglu, 2011, S. 136).

Eine Erweiterung der vorliegenden Prä-Post-Studie um einen weiteren dritten Messzeitpunkt eine Weile nach der Intervention in Form eines Follow-up-Tests erscheint vor allem aus dem Grund wenig sinnvoll, da nach der durchgeführten Unterrichtssequenz analytische Fähigkeiten zum Differenzieren erlernt werden. Außerdem kann dann nicht mehr gewährleistet werden, dass die Lernenden ausschließlich mit statischen oder dynamischen Visualisierungen arbeiten. Dies würde die Interpretation der Ergebnisse eines Follow-up-Tests erheblich einschränken.

Stichprobe und Stichprobenselektion

Bezüglich der gewählten Stichprobe lässt sich konstatieren, dass es im Schuljahr 2023/2024 in Nordrhein-Westfalen aufgrund der Umstellung von G8 auf G9 an vielen Gymnasien keine Einführungsphase gab und somit der Ableitungsbegriff im Mathematikunterricht noch nicht bzw. bereits eingeführt wurde. Daher belief sich die Stichprobe der Gymnasiastinnen und Gymnasiasten auf $N = 100$ von insgesamt 274 inkludierten Fällen. Da Lernende von Gymnasien tendenziell bessere Leistungen als Schülerinnen und Schüler von Gesamtschulen oder anderen Schulformen wie Mittelschulen oder Oberschulen erzielen (vgl. de Vries, 2021; Reinhold, 2019), könnte die Verbesserung des Verständnisses der Ableitung (**Ia.**) durch die Intervention mit einer höheren Anzahl an Lernender von Gymnasien größer ausfallen. Zudem ist denkbar, dass der in der vorliegenden Studie nicht signifikante Interaktionseffekt zwischen Gruppe und Prätestergebnis bei einer anderen Zusammensetzung der Stichprobe anders ausgefallen wäre (**Ib. (2)**). Frühere Befunde weisen darauf hin, dass insbesondere leistungsschwächere Schülerinnen und Schüler von dynamischen Visualisierungen profitieren, während leistungsstärkere Lernende in jedem Fall gute Ergebnisse erzielen, sofern das Material didaktisch sinnvoll aufbereitet ist (vgl. Kohen et al., 2022; Kühl, 2021; Reinhold, 2019). Deshalb müssen die Ergebnisse stets vor dem Hintergrund der einbezogenen Stichprobe interpretiert werden. Zudem erfolgte die Teilnahme der Mathematikkurse freiwillig, sodass ein grundlegendes Interesse der Lehrkräfte am Thema sowie an der Durchführung der Studie vorausgesetzt werden kann (vgl. Hankeln, 2019, S. 300). Zudem waren die beteiligten Schulen im Umkreis von Münster in Westfalen sowie überwiegend technisch gut ausgestattet, was eine reibungslose Umsetzung der Intervention erst ermöglichte. Damit ist von einer Positivselektion der Stichprobe auszugehen, was die Verallgemeinerbarkeit der Ergebnisse einschränkt.

Auch das Vorgehen bei der Selektion der Stichprobe muss kritisch beleuchtet werden. Die ursprüngliche Stichprobe von $N = 419$ Teilnehmenden wurde durch drei Selektionsschritte um knapp 35 % auf $N = 274$ Schülerinnen und Schüler reduziert. Der größte Teil ging allerdings darauf zurück, dass Lernende nicht zu beiden Messzeitpunkten anwesend waren und somit Veränderungsmessungen nicht durchgeführt werden konnten (vgl. Frenken, 2022, S. 277). Dennoch hätten auch Verfahren der Imputation Anwendung finden können, jedoch fehlen in den Daten ganze Messzeitpunkte, sodass Imputationen auf sehr unsicheren Annahmen beruhen. Ebenso bleibt ungeklärt, ob das Fehlen der Schülerinnen und Schüler zum Posttest zufällig erfolgte oder ob andere Gründe (Abwesenheit aus leistungsbezogenen Gründen oder fehlender Motivation) maßgeblich waren. Der zweite Selektionsschritt, schloss Lernende aus, die über 50 % der Zeit der Intervention gefehlt und die Inhalte nicht selbständig nachgearbeitet hatten. Diese Entscheidung ist nachvollziehbar, da bei ihrer Beibehaltung der Einfluss der Intervention nicht vollständig hätte erfasst werden können. Kritisch anzumerken ist, dass diese Angabe auf Selbstauskünften beruhte und somit fehlerhafte oder bewusst falsche Informationen nicht ausgeschlossen werden können. Die Identifikation von Speedern (insgesamt $N = 28$) stellt ebenfalls einen möglichen Kritikpunkt dieser Arbeit dar. Dabei wurden jene Lernende ausgeschlossen, die mehr als 50 % der Testseiten zum Verständnis der Ableitung in weniger als der halben Medianbearbeitungszeit absolviert hatten, was auf mangelhafte Anstrengungsbereitschaft bei der Testbearbeitung hindeutete. Problematisch an diesem Verfahren ist, dass das Kriterium zur Festlegung, wer als zu schnell antwortend gilt, von der unbekannten Anzahl der zu eliminierenden Speeder abhängt. Je höher der tatsächliche Anteil von Speedern in einem Datensatz ist, desto geringer fällt der Median der Bearbeitungszeit aus und desto weniger Personen werden durch dieses Verfahren als Speeder identifiziert (Jandura, 2018, S. 217). Eine alternative Sichtweise wäre jedoch, dass der Ausschluss nach diesem Kriterium nicht gerechtfertigt ist, da möglicherweise Lernende entfernt wurden, die durch die Intervention nur wenig dazulernten und daher wenig Zeit in die Bearbeitung des Tests investierten. Dadurch könnten die Ergebnisse hinsichtlich der Veränderungen im Verständnis der Ableitung überschätzt worden sein, denn diese Lernenden erreichten im Test vergleichsweise schlechte Ergebnisse und wurden durch dieses Kriterium ausgeschlossen. Dennoch trugen diese Selektionsschritte insgesamt eher zu einer bereinigten und qualitativ hochwertigeren Stichprobe bei.

Durchführung der Studie

Hinsichtlich der Durchführung der Studie (vgl. **Abbildung 7.4**) zeigte sich, dass das gewählte Design (eine Hälfte eines Kurses arbeitete mit der Mathematiklehrkraft, die andere parallel mit Forschenden der Universität, wobei nach jeder Stunde gewechselt wurden) mit erheblichem organisatorischem Aufwand und einem Verlust an effektiver Unterrichtszeit verbunden war. Auch die Eingewöhnung in dieses Vorgehen beanspruchte zu Beginn zusätzliche Zeit, sodass insbesondere die ersten Unterrichtsstunden zur lokalen Änderungsrate beeinträchtigt waren. Die Vorgabe von Unterrichtsverlaufsplänen schränkt ebenfalls die Interpretierbarkeit der Ergebnisse hinsichtlich der „Wirksamkeit im realen Unterrichtsalltag“ (Reinhold, 2019, S. 294) ein. Diese Pläne passen inhaltlich und von den zeitlichen Vorgaben nicht immer zu jeweiligen Schülerschaft, waren jedoch zur Wahrung der Vergleichbarkeit der Kurse essenziell.

Ein weiteres Problem ergab sich daraus, dass die Reihenfolge des Einstiegs (dynamisch oder statisch) potenziell einen Einfluss haben könnte. Es wäre denkbar, dass die zweite Gruppe von der Erfahrung der Lehrkraft profitierte, da diese nach der ersten Durchführung Schwierigkeiten besser antizipieren konnte. Dieses Risiko wurde jedoch durch eine annähernd ausgeglichene Verteilung der Startbedingungen kontrolliert; zusätzliche Analysen unter Einbezug dieser Variable zeigten keinen signifikanten Einfluss. Bei der Datenauswertung wurde nicht berücksichtigt, ob die Einheiten als Doppel- oder Einzelstunden stattfanden. Gruppen, die in einer Doppelstunde sowohl die Einführung durch die Lehrkraft als auch die anschließende Übungsphase absolvieren konnten, hatten möglicherweise Vorteile, da sie ihr Wissen unmittelbar vertiefen konnten. In anderen Gruppen verschob sich die Übungsphase auf die nächste Mathematikstunde, wodurch unterschiedliche Lernbedingungen entstanden. Dieser Umstand verteilte sich jedoch mit hoher Wahrscheinlichkeit auf beide Experimentalgruppen gleichermaßen, sodass die Ergebnisse insgesamt nicht beeinträchtigt wurden.

Darüber hinaus muss der Einfluss der Lehrkraft in der vorliegenden Studie kritisch reflektiert werden. In drei der sechs Unterrichtsstunden unterrichtete die Mathematiklehrkraft jeweils einen Teil ihres Kurses nach vorgefertigten Verlaufsplänen, die auch Plenumsphasen zur Sicherung der erarbeiteten Inhalte vorsahen. Dadurch kann der Einfluss der eingesetzten Unterrichtsmaterialien und insbesondere der dynamischen bzw. statischen Visualisierungen eingeschränkt worden sein, da zusätzliche und ausführlichere Erklärungen der Lehrkraft mögliche Vorteile einer Visualisierungsform gegenüber der anderen kompensieren können. Bereits in der Hattie-Studie wurde die Bedeutung der Lehrkraft für den Lernerfolg hervorgehoben (Hattie, 2009). Auch in der Pilotierungsstudie konnte beobachtet werden, dass Lehrkräfte insbesondere in der statischen Gruppe entgegen der Verlaufspläne längere Plenumsphasen einbauten und dabei auch Inhalte dynamisch erklärten. Ein Beispiel hierfür war Nachfahren eines Funktionsgraphen an der Tafel mit einem Lineal, das die Tangente repräsentieren sollte. Solche Einflüsse konnten in der Hauptstudie zwar nicht beobachtet werden, sind aber prinzipiell ebenfalls denkbar, da nicht alle Unterrichtsstunden kontrolliert wurden. Relativierend lässt sich jedoch anführen, dass der Einfluss der Lehrkraft durch das Studiendesign beide Gruppen in gleicher Weise betraf (vgl. Brnic et al., 2024; Schukajlow & Krug, 2014).

Nach dem Vorbild anderer Studien (z. B. de Vries, 2021) wäre auch ein eigenständiges Arbeiten mit dem Lernpfad denkbar. Im Kontext des Ableitungsbegriffs erschien dies jedoch nicht umsetzbar, da das Thema in der gymnasialen Oberstufe von hoher curricularer Relevanz ist. Es wäre aus ethischer Perspektive problematisch gewesen, Lernende dieses zentrale Thema eigenständig erarbeiten zu lassen, zumal zu Beginn die Wirkung der Intervention unklar war (Legitimation für Forschungsfrage **Ia.**).

Ein weiterer Aspekt betrifft mögliche Nachteile für die dynamische Gruppe: Einzelne Lehrkräfte berichteten von einem ungewohnten Umgang mit digitalen Medien (vgl. Hillmayr et al., 2020; Reinhold, 2019, S. 293). Eine intensivere Schulung im Vorfeld erscheint daher sinnvoll. Hillmayr et al. (2020) empfehlen beispielsweise, dass Lehrkräfte die Aufgaben zunächst selbst mithilfe der dynamischen Visualisierungen bearbeiten sollten, bevor sie im Unterricht eingesetzt werden. Ob und in welchem Ausmaß dies in der vorliegenden Studie der Fall war, kann mit den vorliegenden Daten nicht abschließend beantwortet werden. Eine mögliche Limitation besteht darin, dass keine Informationen über die Lehrkräfte erhoben wurden, etwa zu ihrer Technologieaffinität oder zu ihren Einstellungen gegenüber GeoGebra. Da diese Aspekte in der Literatur als relevante Einflussfaktoren auf den Lernerfolg von Schülerinnen und Schülern diskutiert werden, hätte ihre Erfassung zusätzliche Einsichten ermöglicht (Y. Zhang et al., 2023, S. 6).

Hinzu kommt die mögliche Wahrnehmung der unterschiedlichen Experimentalbedingungen durch die Schülerinnen und Schüler. Wird beispielsweise den Lernenden der statischen Gruppe ihre Rolle bewusst, kann dies Demotivation, Neid oder Ablehnung der Unterrichtssequenz führen (vgl. de Vries, 2021, S. 225; Greefrath et al., 2018, S. 242). Schließlich stellt sich auch die Frage, ob in beiden Gruppen ausschließlich mit dem vorgesehenen Materialien gearbeitet wurde. Zwar wurde im Unterricht mit der Lehrkraft sowie in den Übungsstunden unter der Aufsicht von begleitenden Forschenden darauf geachtet, dass Schülerinnen und Schüler der dynamischen Gruppe mit den GeoGebra-Applets arbeiteten sowie Lernende der statischen Gruppe die Aufgaben ausschließlich mit der Visualisierungsmappe (mit den statischen Darstellungen) bearbeitete. Dennoch lässt sich nicht mit absoluter Sicherheit ausschließen, dass Lernende der statischen Gruppe Einblicke in die Materialien der dynamischen Gruppe hatten und damit beispielsweise zu Hause die Inhalte nacharbeiteten. Um solchen Effekten entgegenzuwirken, wurden keine Hausaufgaben vergeben: Eine Vermischung der beiden Bedingungen erscheint daher insgesamt sehr unwahrscheinlich. In mehreren Studien wurden teilweise ganze Kurse oder sogar Schulen einer Experimentalbedingung zugeordnet. Ein solches Vorgehen reduziert zwar die Gefahr, dass Lernende einer Gruppe Einblicke in das Material der anderen Gruppe erhalten, birgt jedoch auch den Nachteil, dass der Einfluss der jeweiligen Lehrkraft nicht mehr auf beide Bedingungen verteilt ist, sondern vollständig auf eine Bedingung wirkt. Zudem lässt sich auf diese Weise keine im Hinblick auf das Vorwissen vergleichbare Gruppenzusammensetzung sicherstellen. Insbesondere bestünde die Gefahr, dass sich Leistungsunterschiede zwischen Schulformen oder Kursniveaus systematisch in den Experimentalbedingungen niederschlagen.

Darüber hinaus wurde nicht im Detail erfasst, wie die Schülerinnen und Schüler tatsächlich mit den Visualisierungen arbeiteten, da weder Bildschirmaufnahmen gemacht noch Prozessdaten erhoben wurden, wie dies in anderen Studien der Fall war, die Rückschlüsse auf das Lernengagement der Lernenden erlauben (z. B. Frenken, 2022; Reinhold et al., 2020). Somit lässt sich nicht mit absoluter Sicherheit nachweisen, in welchem Umfang und auf welche Weise die dynamischen bzw. auch statischen Visualisierungen genutzt wurden. Insbesondere bleibt unklar, wie häufig und wie lange die Lernenden in der dynamischen Bedingung die interaktiven Tools, wie etwa Zugmodus, Animationen oder Eingabefelder, tatsächlich genutzt haben. Auf den Arbeitsblättern war jedoch – ähnlich wie in der Studie von Nam (2022, S. 46) – ein konkreter Umgang mit den Visualisierungen vorgegeben (z. B welche Elemente bewegt und dabei beachtet werden sollten). Zudem wurden in Plenumsphasen regelmäßig die vorgesehenen Visualisierungen für alle sichtbar über einen Beamer projiziert und gemeinsam besprochen. In den Arbeitsphasen wurde im Rahmen der Möglichkeiten kontrolliert, dass die Lernenden mit den entsprechenden Materialien arbeiteten. Da die meisten Aufgaben ohne die vorgesehenen Visualisierungen nicht lösbar gewesen wären, erscheint eine Nichtnutzung insgesamt sehr unwahrscheinlich. Neben der Nutzung der Visualisierungen ließe sich auch die Bearbeitung der Arbeitsblätter heranziehen. Dadurch könnte erfasst werden, ob die Lernenden alle Pflichtaufgaben bearbeitet haben, in welchem Umfang Zusatzaufgaben gelöst wurden und ob sich darin Unterschiede zwischen der statischen und der dynamischen Gruppe zeigen. Allerdings ist dabei zu beachten, dass am Ende der Übungsstunden Musterlösungen ausgelegt bzw. in den Sicherungsphasen der Unterrichtsstunden mit der Lehrkraft besprochen wurden. Vollständig ausgefüllte Arbeitsblätter bedeuten daher nicht zwingend, dass die Lernenden alle Aufgaben selbstständig bearbeitet haben, sondern können auch darauf zurückzuführen sein, dass Lösungen ohne Nachdenken abgeschrieben wurden.

Unterrichtssequenz und Materialien der Intervention

Nahezu alle Ergebnisse wurden darauf zurückgeführt, dass die Schülerinnen und Schüler während der Intervention mit dynamischen oder statischen Visualisierungen gearbeitet haben. Aus diesem Grund sollen die beiden eingesetzten Unterrichtssequenzen kritisch gegenübergestellt und beleuchtet werden, ob der Unterschied tatsächlich nahezu ausschließlich in der Art der verwendeten Visualisierung liegt.

Wie im Methodenteil (Abschnitt 7.1) bereits dargelegt, wurde ein angemessener Vergleich zwischen beiden Varianten angestrebt, indem die statischen Visualisierungen angemessen sowie dazugehörige Aufgaben in beiden Gruppen weitgehend analog gestaltet wurden (vgl. Castro-Alonso, Wong, et al., 2019; Tversky et al., 2002). Werden an manchen Stellen die eingesetzten Materialien jedoch genauer betrachtet, lässt sich eruieren, dass sich das Arbeiten mit den Visualisierungen unterscheiden kann: Während Schülerinnen und Schüler in der statischen Gruppe beispielsweise mithilfe der in **Abbildung 9.10** dargestellten Visualisierung Stellen bzw. Intervalle identifizieren sollten, an bzw. in denen die erste Ableitung positiv oder negativ ist, konnten Lernende der dynamischen Gruppe explorieren, indem sie den Punkt *P* mit eingezeichneter Tangente entlang des Graphen verschieben (Arzarello et al., 2002). Dieses Beispiel verdeutlicht, dass die Möglichkeiten des Arbeitens (z. B. entdeckendes Lernen) mit den Visualisierungen in der dynamischen Gruppe vielfältiger sind. Durch die Verwendung interaktiver Tools, etwa des Zugmodus, Animationen oder Eingabefelder, konnten mithilfe der GeoGebra-Applets prinzipiell unendlich viele (statische) Visualisierungen erzeugt werden. In der statischen Gruppe waren solche explorierenden Tätigkeiten auf die vorgegebenen statischen Visualisierungen begrenzt oder mussten gedanklich und ohne die Möglichkeit der Überprüfung erfolgen.

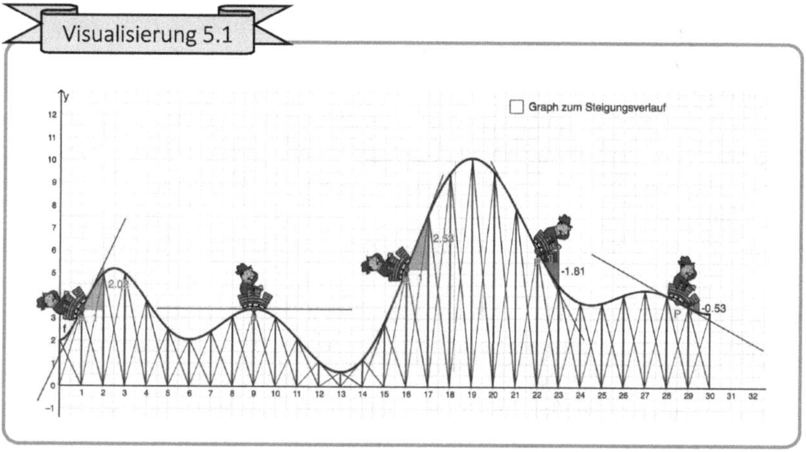

Abbildung 9.10 Beispiel einer statischen Visualisierung in der vorliegenden Studie (Nguyen, 2025a)

Eine weitere berechtigte Kritik betrifft die Gestaltung der statischen Unterrichtssequenz. Zwar erscheint sie für einen angemessenen Vergleich mit der dynamischen Variante geeignet, sie entspricht jedoch wahrscheinlich nicht der üblichen Unterrichtspraxis. In den statischen Visualisierungen sind zumeist alle relevanten Informationen enthalten, die es dann (nur noch) zu interpretieren gilt. Zudem stammen die Visualisierungen aus teilweise modifizierten Screenshots der GeoGebra-Applets, was die naheliegende Frage aufwirft, weshalb diese nicht direkt genutzt wurden. Dadurch könnte bei Lernenden der statischen Gruppe der

Eindruck entstanden sein, mit einem eingeschränkten oder wenig attraktiven Material arbeiten zu müssen, was sich wiederum negativ auf ihre Motivation oder Anstrengungsbereitschaft ausgewirkt haben könnte.

Schließlich sollen die Materialien beider Gruppen in Hinblick auf Gestaltung und Inhalt kritisch reflektiert werden. Die Vorteile von Visualisierungen beim Mathematiklernen und insbesondere in der Funktionenlehre und der Analysis in der Schule wurden bereits ausführlich dargelegt (vgl. Abschnitt 3.3). Um einer kalkülhaften Einführung des Ableitungsbegriffs entgegenzuwirken, war die entwickelte Unterrichtssequenz stark auf multiple Repräsentationen fokussiert. Sowohl in der statischen als auch in der dynamischen Gruppe übernahmen Visualisierungen zentrale Funktionen bei der Bearbeitung von Aufgaben: Anstelle ausführlicher Rechnungen sollten Schülerinnen und Schüler Konzepte wie Änderungsrate und Tangentensteigung durch Beobachten und Interpretieren verschiedener Repräsentationen erfassen. Zugleich zeigt sich jedoch auch eine Einschränkung: Ohne eine begleitende analytische Auseinandersetzung besteht die Gefahr, dass die Lernenden die mathematischen Zusammenhänge einseitig und oberflächlich erfassen (Ariza et al., 2015, S. 634). Haciomeroglu et al. (2010, S. 174) konnten etwa nachweisen, dass dynamische Visualisierungen zwar effektiv sein können, um Veränderungen von Tangentensteigungen oder den Übergang der Ableitung an einer Stelle zur Ableitungsfunktion zu verdeutlichen, dass sie jedoch ohne analytische Unterstützung auch zu Fehlvorstellungen führen können. Ähnlich betont Haciomeroglu (2011, S. 136), dass ein tiefes Verständnis mathematischer Konzepte die Integration visuellen und analytischen Denkens erfordert (vgl. Zazkis et al., 1996). Im Sinne von Presmeg (1986) und Borromeo Ferri (2010) gibt es zudem Lernende, die keine *visualizer* sind, also mathematische Problemstellungen ohne Visualisierungen, sondern analytisch bearbeiten wollen. Für diejenigen ist die geplante Unterrichtssequenz unvorteilhaft und das unabhängig davon, ob sie mit dynamischen oder statischen Visualisierungen arbeiten. Aus diesem Grund endet die Intervention nach sechs Unterrichtsstunden, sodass darauf aufbauend eine „algebraisch-analytische Behandlung mit der sogenannten „h-Methode““ (S. Bauer et al., 2019, S. 134) erfolgen kann.

Bezüglich der Kontexte wurde eine Mischung aus inner- und außermathematischen Situationen gewählt. Der Einsatz des Achterbahnkontextes ist jedoch besonders kritisch zu reflektieren: Im Sinne des Redundanzprinzips der *Cognitive Theory of Multimedia Learning* kann er vom zu erlernenden Kontext der Tangentensteigung ablenken (Hohenwarter & Preiner, 2008, S. 317). Darüber hinaus beschränkten sich die eingesetzten Kontexte auf kinematische Situationen. In der Literatur wird jedoch wiederholt darauf hingewiesen, dass eine ausschließliche Fokussierung auf Geschwindigkeitskontexte problematisch ist, da

Lernende erhebliche Schwierigkeiten haben, das Konzept lokaler Änderungsraten auf nicht-kinematische, insbesondere zeitunabhängige Kontexte zu übertragen (z. B. Ibrahim & Rebello, 2012; Kertil et al., 2023, S. 1771).

9.2.2 Messinstrumente und Auswertungsmethodik

Test zum Verständnis der Ableitung (Ia., IIa., IIb., IIIa., IIIc.)
Wie im Methodenteil (Abschnitt 7.6.1.2) bereits beschrieben, erfüllen die Testdaten der Lernenden zum Verständnis der Ableitung zu beiden Messzeitpunkten die Kriterien des theoretisch angenommenen Raschmodells. Dies zeigt sich in den Infit-Werten zwischen 0.8 und 1.2, Trennschärfen über 0.20 (bzw. 0.30 mit Ausnahme eines Items), angemessenen Itemschwierigkeiten größtenteils zwischen 0.20 und 0.80 sowie einer zufriedenstellenden EAP/PV-Reliabilität von 0.837. Mehrere grafische Modellgeltungstests nach den Teilungskriterien Geschlecht (männlich vs. weiblich), Personenfähigkeitsparameter (hoch vs. niedrig) sowie Gruppenzugehörigkeit (dynamisch vs. statisch) ergaben zudem kein auffälliges *Differential Item Functioning* (DIF). Besonders bedeutsam ist das Ergebnis für die Gruppenzugehörigkeit, da somit keine Items identifiziert wurden, die systematisch leichter oder schwerer für Schülerinnen und Schüler der dynamischen bzw. statischen Gruppe waren. Damit lassen sich auch keine Aufgabentypen bestimmen, bei denen dynamische Visualisierungen einen spezifischen Vorteil bieten. Die stärkeren Verbesserungen in der dynamischen Gruppe scheinen folglich nicht aufgabenspezifisch, sondern allgemeiner Natur zu sein.

Globaltests (wie etwa der signifikante LR-Test nach Andersen) zeigen allerdings, dass Abweichungen von der Raschhomogenität bestehen, was möglicherweise auf Mehrdimensionalität hinweisen könnte. Dies wäre inhaltlich nicht überraschend, da die Testaufgabe vielfältige Facetten des Ableitungsbegriffs abbilden.

Die ursprünglich geplante Aufteilung der Testitems in mehrere Dimensionen, u. a. in Aufgaben, welche explizit die Grundvorstellung *Lokale Änderungsrate* bzw. *Tangentensteigung* ansprechen sollen, wurde allerdings verworfen. Auch in Litteck et al. (2024) konnte ein verwendetes Testinstrument keine valide Trennung dieser Grundvorstellungen erreichen, da Lernende häufig nicht die in den Aufgaben intendierte Grundvorstellung bei der Bearbeitung nutzten, sondern stets von vernetzten Grundvorstellungen Gebrauch machten (vgl. vom Hofe & Roth, 2023). Zudem stellt die Zuordnung von Grundvorstellungen zu Aufgaben einen komplexen und häufig nicht eindeutig zu bewertenden Prozess dar (Jordan et al., 2008). Eine alternative Unterteilung der Items des Testinstruments könnte entlang der Ebenen des zugrunde liegenden Modells nach *prior knowledge* sowie den drei Layers *ratio*, *limit* und *function* erfolgen. Dies würde zu einer vierfach größeren Anzahl an Ergebnissen führen und möglicherweise eine differenzierte Analyse hinsichtlich des Potenzials dynamischer Visualisierungen ermöglichen. Davon wurde jedoch auch abgesehen, da eine Aufspaltung in mehrere Dimensionen die statistische Power verringern und potenzielle Effekte verdecken könnte. Zudem gibt es aus theoretischer Perspektive keine eindeutige Grundlage für die Annahme, dass bestimmte Ebenen systematisch stärker von dynamischen oder statischen Visualisierungen profitieren sollten.

Aus diesen Gründen wurde das Testinstrument eindimensional ausgewertet, was auch in anderen empirischen Untersuchungen gängige Praxis ist (z. B. Besser et al., 2021), aber auch durchaus kritisch betrachtet werden muss (Rohwer, 2018). Aus der Datenskalierung ergaben sich Personen- und Itemparameter, wobei die zugrunde liegende Wright-Map (**Abbildung 7.17**) verdeutlicht, dass für Personen mit sehr hohen bzw. niedrigen Logit-Werten bei den Personenparametern keine Items vorliegen, deren Itemparameter in einem vergleichbaren Bereich angesiedelt sind. Dies deutet auf eine eingeschränkte Messpräzision in den oberen bzw. niedrigen Fähigkeitsbereichen hin. Daher sollten in künftigen Studien gegebenenfalls neue Items entwickelt werden, die auch für diese Leistungsbereiche geeignet sind, um eine präzisere Messung zu ermöglichen. Dennoch bieten das Rotationsdesign (**Abbildung 7.11**) und das Raschmodell im Vergleich zur Klassischen Testtheorie erhebliche Vorteile. Durch die Verknüpfung der Testversionen über Ankeritems müssen den Lernenden pro Messzeitpunkt nicht alle Aufgaben des Leistungstests vorgelegt werden, was die Bearbeitungszeit reduziert.

Darüber hinaus lässt sich das eingesetzte digitale Testformat über die Plattform SoSci Survey mit den Single-Choice-, halboffenen sowie Combined-Single-Choice-Itemformaten (vgl. Abschnitt 7.6.1.1) in mehrfacher Hinsicht kritisch diskutieren. In der Literatur wird betont, dass zur Erfassung von *conceptual understanding* insbesondere mündliche Tests, Interviews oder Projektarbeiten geeignete Instrumente darstellen (Weigand et al., 2024, S. 534–535). Es ist daher fraglich, inwiefern der verwendeten Leistungstest diesen Ansprüchen genügt. Insbesondere bergen die vielfach verwendeten Single-Choice-Items die Gefahr einer nicht zu vernachlässigenden Ratewahrscheinlichkeit (Morrison & Free, 2001). Durch die gewählten Itemformate und das Fehlen offener Fragen ließen sich die Bearbeitungen lediglich dichotom kodieren, was nur eingeschränkte Informationen zum Verständnis liefert (de Vries, 2021, S. 232). Zudem handelt es sich bei dem Leistungstest um ein selbst konzipiertes Instrument, das sich zwar an bestehenden Testinstrumenten zu Ableitungen orientierte, jedoch nicht ausreichend empirisch erprobt wurde. Qualitative Untersuchungen zur Testbearbeitung durch Lernende, etwa durch lautes

Denken, hätten zur Validitätsprüfung beitragen und eine systematischere Distraktorenwahl ermöglichen können (Carlson et al., 2015, S. 217). Dennoch erweist sich die Entscheidung für das gewählte Testinstrument als begründet. Der Leistungstest wurde mehrfach im Rahmen von Masterarbeiten pilotiert und überarbeitet, wobei Distraktoren an typische Schülervorstellungen und bestehende Instrumente angelehnt wurden. Zudem musste das ausdifferenzierte Rahmenmodell zum Verständnis der Ableitung (**Abbildung 2.18**) vollständig abgebildet werden, was eine Vielzahl von Items erforderte und die ausschließliche Verwendung offener Formate kaum praktikabel machte. Die gewählten Itemformate ermöglichten so eine ökonomische Durchführung in einer größeren Stichprobe, unterstützt durch die Vorteile der digitalen Umsetzung des Tests über SoSci Survey.

Das digitale Testformat geht allerdings auch mit einigen Nachteilen einher. So bleibt zunächst unklar, ob digitales Testen im Vergleich zu einer analogen Durchführung zu abweichenden Ergebnissen geführt hätte (vgl. Reiss et al., 2019, S. 165; H.-K. Wu et al., 2015). Zudem bietet die Plattform keine Möglichkeit, Aufgabenformate einzusetzen, bei denen Schülerinnen und Schüler beispielsweise einen Graphen zeichnen (etwa beim grafischen Differenzieren) oder komplexere Formeln eingeben müssen (wie im Fall eines Differentialquotienten). Auf Aufgaben mit dynamischen Visualisierungen wurde bewusst verzichtet, um sicherzustellen, dass der Test nicht zugunsten einer Gruppe verzerrt war. Auch wenn dadurch mögliche Vorteile der dynamischen Gruppe in den Testergebnissen unterschätzt werden könnten, stärkt dieses Vorgehen die Aussagekraft der Befunde insgesamt.

Fragebogen zu den Grundvorstellungen zur Ableitung (Ib., IIa., IIb., IIIb., IIIc.)

Bezüglich des Einsatzes des Grundvorstellungsfragebogens zur Erfassung der Ausprägung der *Lokalen Änderungsrate* und der *Tangentensteigung* ist kritisch anzumerken, dass die eingesetzten Items auf Selbstauskünften der Schülerinnen und Schüler beruhen (Weigand et al., 2025). Daher können deutliche Abweichungen von der tatsächlichen Ausprägung der individuellen Grundvorstellungen bei den Lernenden vorliegen. Ebenso blieben mögliche Fehlvorstellungen unentdeckt, da die präsentierten Items ausschließlich inhaltlich korrekte Aussagen umfassten. Auffällig ist in der vorliegenden Studie allerdings, dass keine Häufung extremer Zustimmungs- oder Ablehnungswerte vorliegt, was darauf hindeutet, dass die Befragten nicht systematisch die höchsten oder niedrigsten Zustimmungsoptionen gewählt haben. Zudem lassen die erfassten Bearbeitungszeiten pro Item darauf schließen, dass im Durchschnitt eine angemessene Zeit für die Beantwortung aufgewendet wurde und die Entscheidungen somit wahrscheinlich bewusst auf Grundlage einer inhaltlichen Auseinandersetzung getroffen wurden. Zusätzlich kann kritisch angemerkt werden, dass insbesondere leistungsschwächere Lernende ihre Ausprägung der Grundvorstellungen überschätzen. Die signifikanten positiven Zusammenhänge mit den Ergebnissen des Leistungstests sprechen allerdings dagegen.

Darüber hinaus ist denkbar, dass der Grundvorstellungsfragebogen nicht zwischen dynamischen und statischen Vorstellungen von (Änderungsraten und) Tangenten unterscheidet. Möglicherweise eigneten sich die Lernenden nach der Unterrichtssequenz in beiden Gruppen unterschiedliche mentale Modelle von Tangenten an, die im Fragebogen nicht differenziert abgebildet werden. Demnach wäre vor allem der Einsatz von Items hilfreich, die den dynamischen Charakter von Tangenten fokussieren, etwa den Übergang von Sekanten zur Tangente oder die Angabe der lokalen Richtung des Graphen über ein Intervall.

Auch die Reliabilität des Grundvorstellungsfragebogens ist angesichts der berechneten Cronbach's-Alpha-Werte von 0.639 für die *Lokale Änderungsrate* und 0.654 für die *Tangentensteigung* als eingeschränkt zu bewerten, was möglicherweise auf die Vielfalt der Items zurückgeführt werden kann. Im Vergleich dazu berichten Greefrath et al. (2022) höhere Reliabilitätswerte. Dabei ist jedoch zu berücksichtigen, dass in deren Untersuchung mehr Items eingesetzt wurden, vier Grundvorstellungen zur Ableitung unterschieden wurden und die Stichprobe aus Studierenden bestand. Da Cronbach's Alpha in hohem Maße von der Anzahl der Items abhängt, könnten die niedrigen Werte im vorliegenden Fall zumindest teilweise auf die geringere Itemanzahl zurückgeführt werden. Zudem sollte inhaltlich nicht unerwähnt bleiben, dass die ermittelten Ausprägungen der Lernenden bezüglich der beiden Grundvorstellungen davon abhängig waren, welche Items im Fragebogen verwendet wurden. So fanden beispielsweise Greefrath et al. (2022) heraus, dass die Grundvorstellung *Tangentensteigung* insbesondere in Verbindung mit grafischen Repräsentationen aktiviert wurde. In der vorliegenden Studie ist zu berücksichtigen, dass sich einige Items durch ihre Nähe zu den in der Intervention verwendeten (Geschwindigkeits-)Kontexten und Visualisierungen auszeichnen. Dies erlaubt einerseits eine gezielte Prüfung der Wirksamkeit der Intervention, schränkt andererseits jedoch die Übertragbarkeit der Ergebnisse auf abweichende Kontexte und vor allem andere Repräsentationsformen ein.

Fragebogen zur Nutzungshäufigkeit interaktiver Tools (IIIa., IIIb.)

Zur Gewinnung differenzierter Erkenntnisse darüber, nicht nur ob, sondern auch warum dynamische Visualisierungen beispielsweise bei der Ausprägung der Grundvorstellung *Tangentensteigung* (**Ic. (2)**) oder der Entwicklung des Verständnisses der Ableitung (**Ib. (1)**) Vorteile bieten, wurde zusätzlich die Nutzungshäufigkeit einzelner interaktiver Tools erhoben. Diese Erfassung liefert allerdings keine Informationen über die Intensität oder Zielgerichtetheit der Nutzung. So lässt sich beispielsweise nicht pauschalisieren, dass die Nutzungshäufigkeit von Animationen generell das Verständnis und den Aufbau von Grundvorstellungen negativ beeinflussen, sondern es kommt eher auf die konkrete Art der Verwendung an. Eine hohe Nutzungsfrequenz kann sowohl durch wiederholtes, aber oberflächliches Ausprobieren als auch durch gezieltes und lernrelevantes Arbeiten zustande kommen. Entsprechend sind die Befunde der Forschungsfragen **IIIa. und IIIb.** mit Vorsicht zu interpretieren.

Eine weitere Schwierigkeit ergibt sich – wie bereits beim Fragebogen zu den Grundvorstellungen sowie den Einstellungen gegenüber GeoGebra – aus der Erhebung auf Grundlage von Selbstauskünften nach der Intervention. Zudem bleibt unklar, zu welchen Zeitpunkten während der Unterrichtssequenz die interaktiven Tools genutzt wurden. So wäre es beispielsweise aufschlussreich zu wissen, ob der Zugmodus in den Stunden zur *Tangentensteigung* häufiger genutzt wurde, da sich seine Verwendung als ein signifikanter Prädiktor der Ausprägung dieser Grundvorstellung erwies (**IIIb. (2)**). Da keine Prozessdaten erhoben wurde, blieb jedoch nur die Möglichkeit, die subjektiv angegebenen Nutzungshäufigkeiten zu erfassen und für statistische Analysen heranzuziehen. Dennoch erwiesen sich diese Daten als aufschlussreich, da sich einzelne Nutzungshäufigkeiten als signifikante Prädiktoren sowohl für das Verständnis der Ableitung als auch für den Ausprägungsgrad von Grundvorstellungen zeigten.

Darüber hinaus hätten auch weitere Interaktivitätsmöglichkeiten, wie etwa die Verwendung von Kontrollkästchen zum Ein- und Ausblenden bestimmter Elemente oder die Nutzung des Spurmodus, berücksichtigt werden können, um ein umfassenderes Bild des Umgangs mit den GeoGebra-Applets zu gewinnen.

Auswertungsmethoden

Die durch das Raschmodell geschätzten Personenfähigkeitsparameter zum Verständnis der Ableitung zum Prä- und Posttest sowie die Mittelwerte bezüglich der Ausprägung der beiden zentralen Grundvorstellungen und den Einstellungen gegenüber GeoGebra wurden für t-Tests, Korrelations- und Regressionsanalysen herangezogen. Bei allen statistischen Analysen wurden die notwendigen Voraussetzungen geprüft, insbesondere wurden Ausreißer identifiziert und ausgeschlossen. Aufgrund der hierarchischen bzw. genesteten Datenstruktur (Lernende sind innerhalb von Kursen bzw. Lehrkräften verschachtelt) wäre prinzipiell auch der Einsatz gemischter Modelle möglich gewesen. Diese erlauben es, neben festen Populationseffekten (z. B. Gruppenzugehörigkeit) auch zufällige Effekte (z. B. durch die Lehrkraft oder durch die Schule) zu berücksichtigen (Eid et al., 2017; Fahrmeir et al., 2007, S. 35; Reinhold, 2019, S. 300–301). Im vorliegenden Design wurde der Einfluss der Lehrerinnen und Lehrer allerdings weitgehend kontrolliert, da jede Lehrkraft zwei leistungsäquivalente Kurshälften jeweils zu gleichen Teilen um eine Stunde versetzt unterrichtete (vgl. **Abbildung 7.4**). Dadurch ist der Effekt der lehrenden Person auf die Ergebnisse stark minimiert, sodass Regressionsanalysen als angemessenes Verfahren zur Beantwortung der Forschungsfragen betrachtet werden können (vgl. Frenken, 2022; Hankeln, 2019).

Bei der Anwendung multipler linearer Regressionen sollen unabhängige Variablen entweder intervallskaliert oder dichotom nominalskaliert (d. h. dummy-kodiert) vorliegen (vgl. Abschnitt 7.5.2). Die erhobenen Nutzungshäufigkeiten interaktiver Tools erfüllten diese Voraussetzung nicht, da sie auf einer vierstufigen Likert-Skala erfasst wurden (0-malige, 1–2-malige, 3–5-malige, über 6-malige Verwendung der Interaktivitätsmöglichkeit pro Unterrichtsstunde). Likert-Skalen (bzw. einzelne Likert-Items) gelten formal als ordinalskaliert. Gleichwohl werden sie in vielen empirischen Studien häufig intervallskaliert behandelt, insbesondere wenn sie vier bis sieben Stufen aufweisen (H. Wu & Leung, 2017). Wu und Leung (2017) empfehlen jedoch auf Grundlage einer Simulationsstudie, einzelne Items nur dann als intervallskaliert zu betrachten, wenn sie ausreichend viele Abstufungen (idealerweise 0 bis 10) enthalten. Auch Koo und Yang (2025) fassen die kontroverse Diskussion in der Literatur zusammen. So argumentiert Norman (2010) auf Grundlage von Studien, die bis in die 1930-er Jahre zurückreichen, dass parametrische Tests bei Verletzungen der Intervallannahme unabhängiger Variablen robust sind. Eine mögliche Alternative besteht darin, Intervallmittelpunkte für jede Stufe zu wählen, sofern diese definiert sind. Dies war bei der letzten Stufe („über 6-mal“) nicht möglich, weshalb hier der Wert 7 als Näherung gewählt und zusätzlich eine Sensitivitätsanalyse durchgeführt wurde. Da sich die Ergebnisse dieser Analyse nicht stark von den Hauptergebnissen zu den Forschungsfragen **IIIa.** und **IIIb.** unterscheiden, erscheint das gewählte Vorgehen methodisch vertretbar.

9.2.3 Einschränkungen der Ergebnisinterpretation

Die Interpretation einer Vielzahl an Ergebnissen dieser Arbeit erfolgte unter Rückgriff auf die *Cognitive Load Theory* (Chandler & Sweller, 1991). Eine solche nachträgliche Einordnung wird jedoch in der Literatur vielfach kritisch diskutiert (de Jong, 2010, S. 119). Besonders dann, wenn dynamische Visualisierungen im Vergleich zu statischen zu einem größeren Lernzuwachs im Verständnis der Ableitung oder zu einer stärkeren Ausprägung der Grundvorstellung *Tangentensteigung* führten, wurde im Rahmen der vorliegenden Arbeit argumentiert, dass durch das sogenannte *Dyna-Linking* multipler Repräsentationen die kognitive Belastung des Arbeitsgedächtnisses reduziert wurde. Dieses Argument bleibt allerdings hypothetisch, da keine Messung des *Cognitive Load* vorgenommen wurde. Darauf wurde bei der Planung der Studie bewusst verzichtet: Einerseits sind entsprechende Messungen in schulischen Unterrichtssituationen schwer realisierbar (de Jong, 2010), anderseits sollte aus ethischen Gesichtspunkten die Unterrichtszeit effizient genutzt und möglichst authentisch gestaltet werden. Hinzu kommt, dass Studien zeigen, dass verschiedene Messinstrumente des *Cognitive Load* teils widersprüchliche Ergebnisse liefern (Skulmowski & Rey, 2020).

Für die theoretische Einordnung der Ergebnisse erweist sich die *Cognitive Load Theory* dennoch als hilfreich, wenngleich nicht ausgeschlossen werden kann, dass auch andere theoretische Perspektiven zur Erklärung beitragen können, z. B. die Theorie über *embodied cognition* (Wei et al., 2023; Zhuang & Liu, 2022). Des Weiteren verweisen Höffler und Leutner (2007, S. 735) sowie Reinhold (2019, S. 297) auf die Bedeutung motivationaler und affektiver Personenmerkmale, die in der vorliegenden Untersuchung allerdings nicht ausreichend berücksichtigt wurden.

Demzufolge wurde in der vorliegenden Studie die Heterogenität der Lernenden nicht ausreichend beachtet, wodurch die interne Validität und damit ein differenziertes Bild der Wirksamkeit dynamischer Visualisierungen (im Vergleich zu statischen) eingeschränkt wurde. So wäre es wie in der Studie von Yorganci und Subasi (2024) aufschlussreich gewesen, Informationen über Motivation und Anstrengungsbereitschaft von Schülerinnen und Schülern während der Intervention oder bei der Bearbeitung des Tests zu erheben, um die Qualität und Interpretierbarkeit der Daten zu erhöhen (Schmidt-Atzert et al., 2021a, S. 217). Daneben können auch affektive Merkmale wie Selbstwirksamkeitserwartung bedeutsame Prädiktoren für den Leistungszuwachs in der dynamischen Gruppe darstellen (vgl. Greefrath et al., 2018), ebenso wie die mathematikbezogene Ängstlichkeit (vgl. Rolfes, 2018). Bei einer Reanalyse der Daten konnten Nguyen et al. (im Druck) beispielsweise zeigen, dass insbesondere mathematikängstliche Schülerinnen und Schüler vom Arbeiten mit dynamischen Visualisierungen im Vergleich zu statischen profitieren, nachdem die Stichprobe per Mediansplit in Gruppen hoher und niedriger mathematikbezogener Ängstlichkeit (unter Ausschluss mittlerer Ausprägungen) aufgeteilt worden war. Auch die Berücksichtigung des Geschlechts der Lernenden könnte interessante Erkenntnisse liefern (Castro-Alonso, Wong, et al., 2019).

Darüber hinaus wäre es sinnvoll, die in Abschnitt 3.3 beschriebenen Denkstile der Lernenden nach Borromeo Ferri (2010) einzubeziehen, die beispielsweise von Hernández et al. (2025) mittels Fragebogen erhoben wurden. Naheliegend erscheint, dass insbesondere visuell denkende Schülerinnen und Schüler von der Unterrichtssequenz besonders profitieren, während analytisch Denkende eher Schwierigkeiten haben könnten, da keine Funktionsterme zur Verfügung standen (vgl. Sevimli, 2016, S. 5). Das Wissen um unterschiedliche Denkstile könnte somit als weiterer Prädiktor für die Entwicklung des Verständnisses der Ableitung oder den Ausprägungsgrad von Grundvorstellungen dienen, wenngleich hierzu bislang nur wenige empirische Befunde vorliegen. In ähnlicher Weise erscheint es bedeutsam, auch die Präferenz für prädikative und funktionale Denkprozesse zu berücksichtigen (Schwank et al., 2003). Nach theoretischen Überlegungen würden funktional Denkende eher von dynamischen Visualisierungen profitieren (vgl. Abschnitt 5.3). Wird dieser Aspekt bei der Analyse nicht einbezogen, bleibt offen, inwieweit die beobachteten Effekte tatsächlich auf die Art der Visualisierung zurückzuführen sind oder auf eine Interaktion zwischen Visualisierung und der Präferenz für prädikatives oder funktionales Denken.

Da die Lernenden der dynamischen Gruppe während der gesamten Intervention mit GeoGebra-Applets arbeiteten, dürften ebenfalls Kompetenzen im Umgang mit dieser Software bedeutsam gewesen sein. Zwar gaben die Lehrkräfte an, dass GeoGebra bereits im Unterricht eingesetzt worden war, in den Beobachtungen wurden jedoch weiterhin Schwierigkeiten sichtbar. Ein geeignetes Testinstrument zur Erfassung dieser Fähigkeiten hätte daher wertvolle Informationen geliefert. Ein solches stand jedoch nicht zur Verfügung, da bestehende Instrumente überwiegend auf Werkzeugauswahl und Konstruktionen abzielen (z. B. Back, 2025). Für die vorliegende Studie waren hingegen insbesondere die interaktiven Funktionen in den Applets wie Zugmodus, Eingabefelder, Schieberegler, Schaltflächen und Kontrollkästchen relevant. Sinnvoll wäre es daher gewesen, die Lernenden der dynamische Gruppe vorab gezielt mit den für die Applets genannten Funktionalitäten vertraut zu machen.

9.3 Fazit und Ausblick

Nach der Diskussion der Ergebnisse sowie der methodischen Vorgehensweise werden in diesem abschließenden Kapitel die zentralen Befunde nochmals aufgegriffen, um Implikationen für die schulische Praxis abzuleiten. Daran anschließend werden Perspektiven für die weitere Forschung aufgezeigt.

Implikationen für die Praxis

Das vorrangige Ziel des in dieser Arbeit beschriebenen Projekts *AdVise – Ableitung (dynamisch) über Visualisierungen entdecken* bestand darin, die Wirksamkeit interaktiv-dynamischer Visualisierungen beim Erlernen des Ableitungsbegriffs zu untersuchen. In Anlehnung an den Projektnamen *AdVise* können auf Grundlage der Ergebnisse praxisrelevante Empfehlungen für den Mathematikunterricht abgeleitet werden, die jedoch stets vor dem Hintergrund der zuvor dargestellten Limitationen zu betrachten sind.

Im Rahmen der Forschungsfragen **Ib.** (Verständnis der Ableitung), **Id.** (Ausprägung der Grundvorstellungen), **Ie.** (Einstellungen gegenüber GeoGebra) und **IIb.** (Einfluss der Grundvorstellungen auf das Verständnis der Ableitung) wurden Unterschiede zwischen der dynamischen und der statischen Gruppe in den Blick genommen. Es konnte festgestellt werden, dass die positive Entwicklung des Verständnisses der Ableitung in der dynamischen Gruppe stärker war als in der statischen (**Ib. (1)**). Die Effektstärke war jedoch als klein einzustufen ($\beta = 0.12$ vgl. **Tabelle 8.3**), sodass der Nutzen dynamischer Visualisierungen grundsätzlich infrage gestellt werden kann.

Da ebenfalls kein signifikanter Interaktionseffekt zwischen Gruppenzugehörigkeit und Vorwissen der Lernenden vorlag (**Ib. (2)**), können solche GeoGebra-Applets in heterogenen Lerngruppen grundsätzlich eingesetzt werden, ohne dass Lernende mit geringem oder hohem Vorwissen benachteiligt werden. Differenzierungsmaßnahmen sollten allerdings nicht primär über die dynamischen Visualisierungen selbst erfolgen (z. B. durch zusätzliche Erklärungen innerhalb der Applets), da dies sonst zu einer Überfrachtung führen und entweder einen *Expertise Reversal Effect* (Kalyuga, 2021) verursachen oder ein *Cognitive Overload* (de Jong, 2010) hervorrufen könnte. Stattdessen erscheint es sinnvoll, Differenzierung stärker über die Unterstützung durch die Lehrkraft oder über parallel- bzw. selbstdifferenzierende Aufgaben zu realisieren.

Ungeachtet der stärkeren Lernentwicklung der dynamischen im Vergleich zur statischen Gruppe konnte in derselben Lernzeit durch das Arbeiten mit dynamischen Visualisierungen zusätzlich auch die prozessbezogene Kompetenz *Mit Medien mathematisch arbeiten* (KMK, 2022, S. 13–14) gefördert werden, da durchgehend mit GeoGebra gearbeitet wurde. Gleichzeitig zeigten sich positive Veränderungen in den Einstellungen gegenüber dieser Software. Angesichts der zunehmenden Bedeutung von GeoGebra im Mathematikunterricht und seiner Verwendung in Prüfungssituationen kommt diesem Befund eine besondere Relevanz zu (Radović et al., 2020; Yohannes & Chen, 2023). Auch wenn in der vorliegenden Studie kein positiver Einfluss von Einstellungen auf die Entwicklung des Verständnisses der Ableitung festgestellt werden konnte (**IIIc. (1)**), könnten sich positive Einstellungen gegenüber

GeoGebra im weiteren Verlauf des Mathematikunterrichts förderlich auf Leistungen auswirken, da sich Schülerinnen und Schüler dann intensiver mit dem digitalen Werkzeug beschäftigen (Aquilina et al., 2024; Greefrath et al., 2018; Pierce & Stacey, 2004).

Aus den Ergebnissen dieser Studie lässt sich ebenfalls für die Unterrichtspraxis ableiten, dass beim Lehren und Lernen des Ableitungsbegriffs der gezielte Aufbau normativer Grundvorstellungen eine zentrale Rolle spielen sollte (Griesel et al., 2019; Padberg & Wartha, 2017 zum Bruchzahlbegriff; vom Hofe & Blum, 2016). Dabei können dynamische Visualisierungen insbesondere die Ausprägung der *Tangentensteigung* wirksamer unterstützen als statische (**Id.**). Lehrkräfte sollten daher Aufgabenformate und digitale Werkzeuge wie GeoGebra so einsetzen, dass Grundvorstellungen explizit thematisiert und gefestigt werden. Insbesondere zeigte die Unterrichtssequenz zur Einführung der Ableitung, dass grafisches Arbeiten ohne kalkülhafte Berechnungen oder vorschnelles symbolisches Differenzieren den Aufbau von Grundvorstellungen sowie das Verständnis der Ableitung unterstützen kann. Im Bremer Lehrplan wird den Grundvorstellungen zur Ableitung ein hoher Stellenwert beigemessen, da sie dort explizit erwähnt werden; eine vergleichbare Verankerung wäre auch in den Lehrplänen anderer Bundesländer wünschenswert.

Auf Grundlage der Ergebnisse der Regressionsanalysen zum Einfluss der Nutzungshäufigkeit interaktiver Tools (**IIIa.** und **IIIb.**) lassen sich konkrete Empfehlungen für die Gestaltung und den unterrichtlichen Einsatz interaktiver GeoGebra-Applets ableiten. Besonders hervorzuheben sind zwei Formen der Interaktivität: der Einsatz des Zugmodus zur Ausprägung der Grundvorstellung *Tangentensteigung* (**IIIb. (2)**) sowie die Verwendung von Eingabefeldern zur Entwicklung des Verständnisses der Ableitung (**IIIa.**). Die häufige Nutzung von Animationen erweist sich hingegen in vielen Regressionsmodellen als negativer Prädiktor, was vermutlich darauf zurückzuführen ist, dass sie eher passiv rezipiert werden (Chi & Wylie, 2014). Dieser Effekt kann jedoch durch den Einsatz eines Schiebereglers, mit dem Lernende die Wiedergabegeschwindigkeit der Animationen steuern können, abgemildert werden. Für die Gestaltung von Applets empfiehlt sich daher, Interaktionsformen zu priorisieren, die aktive Handlungsmöglichkeiten eröffnen (z. B. Zugmodus) und den Einsatz passiver Formen wie Animationen bei der Gestaltung kritisch zu beurteilen. Generell sollten Schülerinnen und Schüler zudem dazu angeleitet werden, dynamische Visualisierungen reflektiert zu verwenden (z. B. Animationen nur zurückhaltend und in Kombination von Steuerungsmöglichkeiten). Dies kann etwa in Plenumsphasen erfolgen, in denen die Lehrkraft oder einzelne Schülerinnen und Schüler den zielführenden Umgang mit den Interaktivitätsmöglichkeiten demonstrieren. Ebenso können auf den Arbeitsblättern klare Hinweise gegeben werden, wie die Applets genutzt werden sollen.

Da die Erstellung dynamischer Visualisierungen über GeoGebra für viele Lehrkräfte eine Herausforderung darstellt und meist die verfügbaren zeitlichen Kapazitäten übersteigt, wurde der Arbeitsblatt-basierte Lernpfad über den Publikationsserver der Universität frei zugänglich gemacht (Nguyen & Greefrath, 2025a). Damit steht Lehrkräften praxistaugliches Unterrichtsmaterial zur Verfügung, das bereits in über 20 Kursen eingesetzt wurde und das den Einsatz dynamischer Visualisierungen zur Ableitung im Unterricht erleichtert. Das Material kann vollständig genutzt oder flexibel in Teilen in den eigenen Unterricht integriert werden, etwa wenn zwischendurch analytische Verfahren behandelt werden sollen. Auch die entwickelten Messinstrumente zur Messung von Verständnis, Grundvorstellungen und Einstellungen können als Diagnoseinstrument dienen, um Stärken und Schwächen der Lernenden gezielt sichtbar zu machen (Nguyen, 2025b). Eine zentrale Aufgabe der Lehrkräfte besteht nämlich darin, Grundvorstellungen zu identifizieren sowie Fehlvorstellungen zu korrigieren (Bender, 1998).

Implikationen für die Forschung

Die bereits in Abschnitt 9.2 dargestellten alternativen Auswertungsmöglichkeiten sowie potenziell relevanten Einflussfaktoren (z. B. mathematikbezogene Ängstlichkeit, Geschlecht, mathematische Denkstile, Selbstwirksamkeitserwartung im Umgang mit GeoGebra sowie Motivation und Anstrengungsbereitschaft während der Intervention und bei den Testbearbeitungen) eröffnen Ansatzpunkte für weiterführende Forschungsfragen. Sollten einzelne Einflussfaktoren in der vorliegenden Untersuchung nicht erhoben worden sein, bietet sich eine Replikationsstudie mit identischer Intervention an, die diese Variablen gezielt berücksichtigt und auf einer größeren Stichprobe basiert, um die Aussagekraft der Ergebnisse zu erhöhen. Der Arbeitsblatt-basierte Lernpfad könnte dabei auch vollständig digital umgesetzt werden, etwa mithilfe GeoGebra Classroom in Kombination mit GeoGebra Notes (Weinhandl et al., 2024, S. 40).

Überdies legen die Ergebnisse und Diskussionen dieser Studie nahe, weitere Forschungsansätze zu verfolgen. Für einen präziseren Einblick in die Nutzung der dynamischen Visualisierungen reichen die erhobenen Informationen zur subjektiven Nutzungshäufigkeit einzelner interaktiver Tools nicht aus. Daher wurden bereits erste qualitative Untersuchungen an der Universität Münster durchgeführt, bei denen mithilfe von Eye-Tracking die Arbeitsprozesse von Lernenden bei der Bearbeitung ausgewählter Aufgaben der Unterrichtssequenz und der Nutzung von GeoGebra-Applets (überwiegend zu Tangentensteigungen und zum grafischen Differenzieren) analysiert wurden. Dadurch können dann Informationen zur tatsächlichen Nutzungshäufigkeit und vor allem auch zur Nutzungsdauer (z. B. des Zugmodus oder von Animationen) gewonnen werden. Zusätzlich ermöglicht die Analyse von Blickbewegungen, wie Schülerinnen und Schüler ihre Aufmerksamkeit auf unterschiedliche Repräsentationen in den GeoGebra-Applets verteilen und ob sie zwischen ihnen kohärente Verbindungen herstellen können. Grundlage für diese Annahmen bildet die Eye-Mind-Hypothese, die davon ausgeht, dass Blickbewegungen eng mit kognitiven Prozessen verknüpft sind (z. B. Schindler et al., 2025). Auch die Analyse von Blickbewegungen beim Arbeiten mit statischen Visualisierungen könnte aufschlussreich sein, da sich dadurch Unterschiede zur Nutzung dynamischer Visualisierungen herausarbeiten lassen. Dies entspricht auch der Einschätzung von Gerjets et al. (2010, S. 157), wonach die große Heterogenität empirischer Befunde die Notwendigkeit verdeutlicht, genauer auf die Bedingungen zu blicken, unter denen dynamische Visualisierungen das Lernen unterstützen können. Neben qualitativen Studien, die lediglich eine Teilmenge der Materialien der Unterrichtssequenz verwenden, wären auch ähnliche quantitative Studien denkbar, bei denen Bildschirmaufnahmen der Tablets Informationen über den Umgang mit den dynamischen Visualisierungen liefern können.

Inhaltlich wurden die beiden zentralen Grundvorstellungen *Lokale Änderungsrate* und *Tangentensteigung* fokussiert. In der Literatur wird jedoch vielfach betont, dass dynamische Visualisierungen auch hinsichtlich der *Lokalen Linearität* Potenzial besitzen: Die lokale Geradlinigkeit (im Falle von Differenzierbarkeit) lässt sich durch Heranzoomen über digitale Werkzeuge besonders einprägsam veranschaulichen (Biza, 2011, S. 128; Heintz et al., 2017, S. 108–112). Die Einbeziehung dieser Grundvorstellung würde zwar den zeitlichen Rahmen erweitern, könnte jedoch den Vorteil dynamischer gegenüber statischen Visualisierungen deutlicher hervorheben und zugleich eine sinnvolle Vorbereitung auf die universitäre Mathematik darstellen. Items zur Erfassung der Ausprägung der *Lokalen Linearität* lassen sich entsprechend aus dem Fragebogen von Greefrath et al. (2021b) adaptieren.

Das Potenzial dynamischer Visualisierungen ist stets im Kontext der angewandten Methode der Studie sowie des eingesetzten Materials zu betrachten – in diesem Fall also beschränkt auf die acht verwendeten GeoGebra-Applets und die Einführung des Ableitungsbegriffs. Ein isolierter Effekt dieser Visualisierungsform kann daher nicht nachgewiesen werden.

Aus theoretischer Perspektive erscheint es naheliegend, in künftigen Studien die Wirksamkeit dynamischer Visualisierungen auch für den eng mit dem Ableitungsbegriff verbundenen Integralbegriff zu untersuchen. Ein besonders anschlussfähiger Verständnisanker stellt die prototypische Situation einer Autofahrt dar. Wird die Funktion f als Weg in Abhängigkeit von der Zeit interpretiert, lässt sich die Ableitung im Sinne der lokalen Änderungsrate als Geschwindigkeit deuten (Roth & vom Hofe, 2023). Dieselbe Situation kann jedoch produktiv umgedeutet werden: Wenn f

die Geschwindigkeit beschreibt, so liefert die Ableitung die Beschleunigung, während das bestimmte Integral über ein Zeitintervall den zurückgelegten Weg im Sinne der Rekonstruktionsvorstellung des Integrals rekonstruiert (Greefrath et al., 2016b). Auf diese Weise eröffnet dieser Verständnisanker eine anschauliche Möglichkeit, zentrale Konzepte der Analysis – Ableitung wie Intergral – inhaltlich miteinander zu verknüpfen. Für den Aufbau von Grundvorstellungen zum Integralbegriff können dynamische Visualisierungen ebenso förderlich sein wie für den Ableitungsbegriff. Entsprechende Ansätze für interaktiv gestaltete dynamische Visualisierungen zu den vier Grundvorstellungen des Integrals wurden von Greefrath und Ulm (2021) entwickelt, bislang jedoch nicht empirisch – insbesondere nicht im direkten Vergleich mit statischen Visualisierungen – untersucht.

Im Sinne des durchgängigen Lernens nach dem Spiralprinzip können dynamische Visualisierungen bereits in der Sekundarstufe I, etwa beim Erwerb von Grundvorstellungen zum Funktionsbegriff, gewinnbringend eingesetzt werden, indem verschiedene Repräsentationen von Funktionen dynamisch miteinander verknüpft werden (vgl. Abschnitt 3.3). Darüber hinaus entfalten sie möglicherweise auch im Inhaltsfeld der (analytischen) Geometrie ihr Potenzial, beispielsweise zur Darstellung von Geraden, Ebenen oder geometrischen Körpern im dreidimensionalen Raum oder zur Veranschaulichung von Kongruenzabbildungen (Gundlach, 2006, S. 25). Insgesamt zeigen sich somit zahlreiche Themenbereiche, in denen der Einsatz dynamischer Visualisierungen näher untersucht werden sollte.

Fazit

Die Wirksamkeit dynamischer im Vergleich zu statischen Visualisierungen wird in der Forschung stets kontrovers diskutiert und liefert teils widersprüchliche Befunde (Berney & Bétrancourt, 2016; Ploetzner et al., 2020). Die vorliegende quantitative Interventionsstudie zur Einführung des Ableitungsbegriffs mit den Daten von insgesamt 274 Schülerinnen und Schülern der Jahrgangsstufe 11 trägt hierzu wichtige Erkenntnisse bei:

Zusammenfassend weist die Studie darauf hin, dass sowohl statische als auch dynamische Visualisierungen zu einem besseren Verständnis des Ableitungsbegriffs beitragen, wobei sich die dynamische Visualisierungen insgesamt als etwas wirksamer erweisen. Besonders deutlich treten positive Effekte dynamischer Visualisierungen auf die Ausprägung der Grundvorstellung *Tangentensteigung* sowie auf die Einstellungen gegenüber

GeoGebra hervor. Darüber hinaus verdeutlichen die Ergebnisse den positiven Zusammenhang zwischen der Ausprägung von Grundvorstellungen und dem Verständnis der Ableitung. Schließlich liefern die Befunde auch Hinweise darauf, dass aktive Interaktionsmöglichkeiten in den dynamischen Visualisierungen (z. B. Zugmodus oder Eingabefelder) lernförderlich sind, während passive Formen der Interaktivität (z. B. Animationen) eher hinderlich wirken.

Grundsätzlich sollte die Diskussion, ob im Unterricht statische oder dynamische Visualisierungen eingesetzt werden, nicht als Entweder-oder-Frage geführt werden. Entscheidend ist vielmehr, welche Visualisierungsform zu einem spezifischen Thema oder einer konkreten Aufgabe den größeren Mehrwert bietet (Castro-Alonso et al., 2016, S. 241; Gerjets et al., 2010, S. 166). Auch eine Kombination beider Formate kann sinnvoll sein (Ng, 2016, S. 139) – zumal die in der vorliegenden Studie verwendeten dynamischen Visualisierungen selbst statische Elemente enthalten können, etwa wenn Animationen pausiert oder Eingabefelder zur gezielten Erzeugung statischer Bilder genutzt werden. Letztlich zählt nicht die Art der Visualisierung, sondern ihr didaktisch reflektierter Einsatz. Die Ergebnisse dieser Studie stützen die in der Literatur weit verbreitete Annahme, dass sich dynamische Visualisierungen besonders für dynamische Sachverhalte wie des Ableitungsbegriffs eignen, während statische Visualisierungen ihre Stärken vor allem bei statischen Inhalten entfalten (Tversky et al., 2002).

Literatur

Ableitinger, C., Götz, S., & Steinbauer, R. (2022). Vorstellungen von Lehramtsstudierenden zum Grenzwertbegriff. *mathematica didactica, 45*, 1–21.

Ainsworth, S. (1999). The functions of multiple representations. *Computers & Education, 33*(2–3), 131–152. https://doi.org/10.1016/S0360-1315(99)00029-9

Ainsworth, S. (2006). DeFT: A conceptual framework for considering learning with multiple representations. *Learning and Instruction, 16*(3), 183–198. https://doi.org/10.1016/j.learninstruc.2006.03.001

Ainsworth, S., Bibby, P., & Wood, D. (2002). Examining the Effects of Different Multiple Representational Systems in Learning Primary Mathematics. *Journal of the Learning Sciences, 11*(1), 25–61. https://doi.org/10.1207/S15327809JLS1101_2

Ainsworth, S., & VanLabeke, N. (2004). Multiple forms of dynamic representation. *Learning and Instruction, 14*(3), 241–255. https://doi.org/10.1016/j.learninstruc.2004.06.002

Alpizar, D., Adesope, O. O., & Wong, R. M. (2020). A meta-analysis of signaling principle in multimedia learning environments. *Educational Technology Research and Development, 68*(5), 2095–2119. https://doi.org/10.1007/s11423-020-09748-7

Altıparmak, K. (2014). Impact of computer animations in cognitive learning: Differentiation. *International Journal of Mathematical Education in Science and Technology, 45*(8), 1146–1166. https://doi.org/10.1080/0020739X.2014.914256

Alzaga Elizondo, T., & Larsen, S. (2024). Interventions and diversity, equity, and inclusion: Two current directions in research on the teaching and learning of calculus. *ZDM – Mathematics Education, 56*(2), 189–198. https://doi.org/10.1007/s11858-024-01553-3

Aquilina, G., Di Martino, P., & Lisarelli, G. (2024). The construct of attitude in mathematics education research: Current trends and new research challenges from a systematic literature review. *ZDM – Mathematics Education.* https://doi.org/10.1007/s11858-024-01642-3

Arbain, N., & Shukor, N. A. (2015). The Effects of GeoGebra on Students Achievement. *Procedia – Social and Behavioral Sciences, 172*, 208–214. https://doi.org/10.1016/j.sbspro.2015.01.356

Arcavi, A. (2003). The role of visual representations in the learning of mathematics. *Educational Studies in Mathematics, 52*(3), 215–241. https://doi.org/10.1023/A:1024312321077

H. Nguyen, *Wirksamkeit dynamischer Visualisierungen bei der Einführung des Ableitungsbegriffs*, Studien zur theoretischen und empirischen Forschung in der Mathematikdidaktik, https://doi.org/10.1007/978-3-658-51845-5

Arens, T., Hettlich, F., Karpfinger, C., Kockelkorn, U., Lichtenegger, K., & Stachel, H. (2022). *Mathematik* (5. Aufl.). Springer Berlin Heidelberg. https://doi.org/10.1007/978-3-662-64389-1

Arguel, A., & Jamet, E. (2009). Using video and static pictures to improve learning of procedural contents. *Computers in Human Behavior*, *25*(2), 354–359. https://doi.org/10.1016/j.chb.2008.12.014

Ariza, A., Llinares, S., & Valls, J. (2015). Students' understanding of the function-derivative relationship when learning economic concepts. *Mathematics Education Research Journal*, *27*(4), 615–635. https://doi.org/10.1007/s13394-015-0156-9

Arzarello, F., Olivero, F., Paola, D., & Robutti, O. (2002). A cognitive analysis of dragging practises in Cabri environments. *Zentralblatt Für Didaktik Der Mathematik*, *34*(3), 66–72. https://doi.org/10.1007/BF02655708

Arzarello, F., Paola, D., Robutti, O., & Sabena, C. (2009). Gestures as semiotic resources in the mathematics classroom. *Educational Studies in Mathematics*, *70*(2), 97–109. https://doi.org/10.1007/s10649-008-9163-z

Asiala, M., Cottrill, J., Dubinsky, E., & Schwingendorf, K. E. (1997). The development of students' graphical understanding of the derivative. *The Journal of Mathematical Behavior*, *16*(4), 399–431. https://doi.org/10.1016/S0732-3123(97)90015-8

Aspinwall, L., Shaw, K. L., & Presmeg, N. (1997). Uncontrollable Mental Imagery: Graphical Connections Between a Function and Its Derivative. *Educational Studies in Mathematics*, *33*, 301–317. https://doi.org/10.1023/A:1002976729261

Aydın, U., & Ubuz, B. (2015). The thinking-about-derivative test for undergraduate students: Development and validation. *International Journal of Science and Mathematics Education*, *13*(6), 1279–1303. https://doi.org/10.1007/s10763-014-9545-x

Ayres, P., Marcus, N., Chan, C., & Qian, N. (2009). Learning hand manipulative tasks: When instructional animations are superior to equivalent static representations. *Computers in Human Behavior*, *25*(2), 348–353. https://doi.org/10.1016/j.chb.2008.12.013

Ayres, P., & Paas, F. (2007). Making instructional animations more effective: A cognitive load approach. *Applied Cognitive Psychology*, *21*(6), 695–700. https://doi.org/10.1002/acp.1343

Back, A. (2025). Learning of Digital Tool Competencies in the Context of Mathematical Modelling. In T. Ikeda, A. Saeki, V. Geiger, & G. Kaiser (Hrsg.), *International Horizons in Mathematics Modelling Education* (S. 465–474). Springer Nature Switzerland. https://doi.org/10.1007/978-3-031-53533-8_35

Backhaus, K., Erichson, B., Gensler, S., Weiber, R., & Weiber, T. (2021). *Multivariate Analysemethoden: Eine anwendungsorientierte Einführung*. Springer Fachmedien Wiesbaden. https://doi.org/10.1007/978-3-658-32425-4

Backhaus, K., Erichson, B., Plinke, W., & Weiber, R. (2018). *Multivariate Analysemethoden: Eine anwendungsorientierte Einführung*. Springer Berlin Heidelberg. https://doi.org/10.1007/978-3-662-56655-8

Baddeley, A. (1992). Working Memory. *Science*, *255*, 556–559. https://doi.org/10.1126/science.1736359

Barzel, B., & Greefrath, G. (2015). Digitale Mathematikwerkzeuge sinnvoll integrieren. In *Mathematik in der Sekundarstufe II* (S. 145–157). Westermann Schroedel Diesterweg Schöningh Winklers.

Barzel, B., Greefrath, G., Nagel, M., & Hoffmann, M. (2024). Digitalisierung als Chance für alle Prinzipien guten Unterrichts. *mathematik lehren, 42–47*.

Barzel, B., & Klinger, M. (2022). Digitale Mathematikwerkzeuge. In G. Pinkernell, F. Reinhold, F. Schacht, & D. Walter (Hrsg.), *Digitales Lehren und Lernen von Mathematik in der Schule: Aktuelle Forschungsbefunde im Überblick*. Springer Berlin Heidelberg. https://doi.org/10.1007/978-3-662-65281-7

Bauer, A. (2015). *Argumentieren mit multiplen und dynamischen Repräsentationen*. Würzburg University Press.

Bauer, G. (2020). Lineare Regression. In M. Tausendpfund (Hrsg.), *Fortgeschrittene Analyseverfahren in den Sozialwissenschaften: Ein Überblick* (S. 7–44). Springer Fachmedien Wiesbaden. https://doi.org/10.1007/978-3-658-30237-5

Bauer, S., Büchter, A., & Gerstner, E. (2019). „Der Computer zwingt uns zum Nachdenken" Beispiele aus der Analysis. In A. Büchter, M. Glade, R. Herold-Blasius, M. Klinger, F. Schacht, & P. Scherer (Hrsg.), *Vielfältige Zugänge zum Mathematikunterricht: Konzepte und Beispiele aus Forschung und Praxis* (S. 131–146). Springer Fachmedien Wiesbaden. https://doi.org/10.1007/978-3-658-24292-3

Baumert, J., Bos, W., Klieme, E., Lehrke, M., Hosenfeld, H., Neubrand, J., & Watermann, R. (1999). *Testaufgaben zu TIMSS/III: Mathematisch-naturwissenschaftliche Grundbildung und voruniversitäre Mathematik und Physik der Abschlussklassen der Sekundarstufe II (Population 3)*. Max-Planck-Institut für Bildungsforschung.

Baumert, J., Bos, W., & Watermann, R. (1999). *TIMSS/III: Schülerleistungen in Mathematik und den Naturwissenschaften am Ende der Sekundarstufe II im internationalen Vergleich: Zusammenfassung deskriptiver Ergebnisse* (2., überarb. Aufl.). Max-Planck-Inst. für Bildungsforschung.

Beckschulte, C. (2019). *Mathematisches Modellieren mit Lösungsplan: Eine empirische Untersuchung zur Entwicklung von Modellierungskompetenzen*. Springer Fachmedien Wiesbaden. https://doi.org/10.1007/978-3-658-27832-8

Bekene Bedada, T., & Machaba, M. F. (2022). The Effect of GeoGebra on Students' Abilities to Study Calculus. *Education Research International, 2022*, 1–14. https://doi.org/10.1155/2022/4400024

Bell, A., & Janvier, C. (1981). The Interpretation of Graphs Representing Situations. *For the Learning of Mathematics*, *2*(1), 34–42.

Bender, P. (1991). Ausbildung von Grundvorstellungen und Grundverständnissen – Ein tragendes didaktisches Konzept für den Mathematikunterricht – Erläutert an Beispielen aus den Sekundarstufen. In H. Postel, A. Kirsch, & W. Blum (Hrsg.), *Mathematik lehren und lernen. Festschrift für Heinz Griesel* (S. 48–60). Schroedel.

Bender, P. (1998). Basic Imagery and Understandings for Mathematical Concepts. In C. Alsina, J. M. Alvarez, M. Niss, A. Perez, L. Rico, & A. Sfard (Hrsg.), *ICME 8, selected lectures* (S. 57–74). S.A.E.M. Thales.

Berney, S., & Bétrancourt, M. (2016). Does animation enhance learning? A meta-analysis. *Computers & Education, 101*, 150–167. https://doi.org/10.1016/j.compedu.2016.06.005

Berry, J. S., & Nyman, M. A. (2003). Promoting students' graphical understanding of the calculus. *The Journal of Mathematical Behavior*, *22*(4), 479–495. https://doi.org/10.1016/j.jmathb.2003.09.006

Besser, M., Göller, R., Ehmke, T., Leiss, D., & Hagena, M. (2021). Entwicklung eines fachspezifischen Kenntnistests zur Erfassung mathematischen Vorwissens von Bewerberinnen und Bewerbern auf ein Mathematik-Lehramtsstudium. *Journal für Mathematik-Didaktik*, *42*(2), 335–365. https://doi.org/10.1007/s13138-020-00176-x

Betrancourt, M. (2005). The Animation and Interactivity Principles in Multimedia Learning. In R. Mayer (Hrsg.), *The Cambridge Handbook of Multimedia Learning* (1. Aufl., S. 287–296). Cambridge University Press. https://doi.org/10.1017/CBO9780511816819.019

Bétrancourt, M., & Tversky, B. (2000). Effect of computer animation on users' performance: A review. *Le Travail Humain*, *63*(4), 311–329.

Bezuidenhout, J. (1998). First-year university students' understanding of rate of change. *International Journal of Mathematical Education in Science and Technology*, *29*(3), 389–399. https://doi.org/10.1080/0020739980290309

Bingolbali, E., & Monaghan, J. (2008). Concept image revisited. *Educational Studies in Mathematics*, *68*(1), 19–35. https://doi.org/10.1007/s10649-007-9112-2

Bingolbali, E., Monaghan, J., & Roper, T. (2007). Engineering students' conceptions of the derivative and some implications for their mathematical education. *International Journal of Mathematical Education in Science and Technology*, *38*(6), 763–777. https://doi.org/10.1080/00207390701453579

Birgin, O., & Uzun Yazıcı, K. (2021). The effect of GeoGebra software–supported mathematics instruction on eighth-grade students' conceptual understanding and retention. *Journal of Computer Assisted Learning*, *37*(4), 925–939. https://doi.org/10.1111/jcal.12532

Biza, I. (2011). Students' Evolving Meaning About Tangent Line with the Mediation of a Dynamic Geometry Environment and an Instructional Example Space. *Technology, Knowledge and Learning*, *16*(2), 125–151. https://doi.org/10.1007/s10758-011-9180-3

Biza, I., Christou, C., & Zachariades, T. (2008). Student perspectives on the relationship between a curve and its tangent in the transition from Euclidean Geometry to Analysis. *Research in Mathematics Education*, *10*(1), 53–70. https://doi.org/10.1080/14794800801916457

Blum, W. (2000). Perspektiven für den Analysisunterricht. *Der Mathematikunterricht*, *46*(4–5), 5–17.

Blum, W., & Kirsch, A. (1979). Zur Konzeption des Analysisunterrichts in Grundkursen. *Der Mathematikunterricht*, *25*(3), 6–24.

Blum, W., & Kirsch, A. (1996). Die beiden Hauptsätze der Differential-und Integralrechnung. *mathematik lehren*, *78*, 60–65.

Blum, W., & Törner, G. (1983). *Didaktik der Analysis* (B. Artmann, A. Kirsch, & H.-G. Steiner, Hrsg.; Bd. 20). Vandenhoeck & Ruprecht.

Blum, W., & Vom Hofe, R. (2003). Welche Grundvorstellungen stecken in der Aufgabe? *mathematik lehren*, *118*, 14–18.

Blum, W., Vom Hofe, R., Jordan, A., & Kleine, M. (2004). Grundvorstellungen als aufgabenanalytisches und diagnostisches Instrument bei PISA. In M. Neubrand (Hrsg.), *Mathematische Kompetenzen von Schülerinnen und Schülern in Deutschland* (S. 145–157). VS Verlag für Sozialwissenschaften. https://doi.org/10.1007/978-3-322-80661-1_8

Bond, T. G., & Fox, C. M. (2015). *Applying the Rasch model: Fundamental measurement in the human sciences* (3. Aufl.). Routledge, Taylor and Francis Group.

Borji, V., Alamolhodaei, H., & Radmehr, F. (2018). Application of the APOS-ACE Theory to improve Students' Graphical Understanding of Derivative. *EURASIA Journal of Mathematics, Science and Technology Education, 14*(7), 2947–2967. https://doi.org/10.29333/ejmste/91451

Borromeo Ferri, R. (2010). On the Influence of Mathematical Thinking Styles on Learners' Modeling Behavior. *Journal Für Mathematik-Didaktik, 31*(1), 99–118. https://doi.org/10.1007/s13138-010-0009-8

Bos, R., & Brinks, L. (2024). Teaching the derivative using arrow graphs in GeoGebra. In E. Faggiamo, A. Clark-Wilson, M. Tabach, & H.-G. Weigand (Hrsg.), *Proceedings of the 17th ERME Topic Conference* (S. 113–120). HAL.

Bos, R., Doorman, M., & Piroi, M. (2020). Emergent models in a reinvention activity for learning the slope of a curve. *The Journal of Mathematical Behavior, 59*, 100773. https://doi.org/10.1016/j.jmathb.2020.100773

Bosse, M., & Klinger, M. (2020). Zwischen Vorstellung und Kalkül: Ergiebige Sachkontexte beim graphischen Ableiten nutzen. *MNU-Journal*, 457–461.

Boucheix, J.-M., & Guignard, H. (2005). What animated illustrations conditions can improve technical document comprehension in young students? Format, signaling and control of the presentation. *European Journal of Psychology of Education, 20*(4), 369–388. https://doi.org/10.1007/BF03173563

BoŽić, R., Takači, Đ., & Stankov, G. (2021). Influence of dynamic software environment on students' achievement of learning functions with parameters. *Interactive Learning Environments, 29*(4), 655–669. https://doi.org/10.1080/10494820.2019.1602842

Brand, S. (2014). *Erwerb von Modellierungskompetenzen: Empirischer Vergleich eines holistischen und eines atomistischen Ansatzes zur Förderung von Modellierungskompetenzen.* Springer Fachmedien Wiesbaden. https://doi.org/10.1007/978-3-658-06679-6

Brandt, H. (2020). Exploratorische Faktorenanalyse (EFA). In H. Moosbrugger & A. Kelava (Hrsg.), *Testtheorie und Fragebogenkonstruktion* (S. 575–614). Springer Berlin Heidelberg. https://doi.org/10.1007/978-3-662-61532-4

Brandt, H., & Moosbrugger, H. (2020). Planungsaspekte und Konstruktionsphasen von Tests und Fragebogen. In H. Moosbrugger & A. Kelava (Hrsg.), *Testtheorie und Fragebogenkonstruktion* (S. 39–66). Springer Berlin Heidelberg. https://doi.org/10.1007/978-3-662-61532-4

Bremigan, E. G. (2005). An analysis of diagram modification and construction in students' solutions to applied calculus problems. *Journal for Research in Mathematics Education, 36*(3), 248–277.

Bressoud, D., Ghedamsi, I., Martinez-Luaces, V., & Törner, G. (2016). *Teaching and Learning of Calculus*. Springer International Publishing. https://doi.org/10.1007/978-3-319-32975-8

Brnic, M., Greefrath, G., & Reinhold, F. (2024). Working with digital textbooks or printed materials: A study with boys and girls on conditional probability. *ZDM – Mathematics Education*. https://doi.org/10.1007/s11858-023-01543-x

Brucker, B., Scheiter, K., & Gerjets, P. (2014). Learning with dynamic and static visualizations: Realistic details only benefit learners with high visuospatial abilities. *Computers in Human Behavior, 36*, 330–339. https://doi.org/10.1016/j.chb.2014.03.077

Bu, L., & Schoen, R. (Hrsg.). (2011). *Model-centered learning: Pathways to mathematical understanding using GeoGebra.* SensePublishers.

Büchter, A. (2012). Schülervorstellungen zum Tangentenbegriff. In M. Ludwig & M. Kleine (Hrsg.), *Beiträge zum Mathematikunterricht 2012* (S. 169–172). https://doi.org/10.17877/DE290R-7996

Büchter, A. (2014). Wenn „Berührende" auch schneiden. Der Tangentenbegriff im Wandel der Schuljahre. *mathematik lehren, 31*(182), 34–38.

Büchter, A., & Henn, H.-W. (2010). *Elementare Analysis: Von der Anschauung zur Theorie.* Spektrum Akademischer Verl.

Bühner, M. (2021). *Einführung in die Test- und Fragebogenkonstruktion* (4., korrigierte und erweiterte Aufl.). Pearson.

Bühner, M., & Ziegler, M. (2017). *Statistik für Psychologen und Sozialwissenschaftler* (2. Aufl.). Pearson.

Buteau, C., Marshall, N., Jarvis, D., & Lavicza, Z. (2010). Integrating Computer Algebra Systems in Post-Secondary Mathematics Education: Preliminary Results of a Literature Review. *International Journal for Technology in Mathematics Education, 16*(2), 57–68.

Byerley, C. (2019). Calculus students' fraction and measure schemes and implications for teaching rate of change functions conceptually. *The Journal of Mathematical Behavior, 55*, 1–17. https://doi.org/10.1016/j.jmathb.2019.03.001

Byerley, C., & Thompson, P. W. (2017). Secondary mathematics teachers' meanings for measure, slope, and rate of change. *The Journal of Mathematical Behavior, 48*, 168–193. https://doi.org/10.1016/j.jmathb.2017.09.003

Caligaris, M. G., Schivo, M. E., & Romiti, M. R. (2015). Calculus & GeoGebra, an Interesting Partnership. *Procedia – Social and Behavioral Sciences, 174*, 1183–1188. https://doi.org/10.1016/j.sbspro.2015.01.735

Cameron, S., Ball, L., & Steinle, V. (2024). The stability of mathematics students' beliefs about working with CAS. *Mathematics Education Research Journal, 36*(2), 471–491. https://doi.org/10.1007/s13394-023-00456-y

Camp, G., Surma, T., & Kirschner, P. A. (2021). Foundations of Multimedia Learning. In R. E. Mayer & L. Fiorella (Hrsg.), *The Cambridge Handbook of Multimedia Learning* (3. Aufl., S. 17–24). Cambridge University Press. https://doi.org/10.1017/9781108894333

Canogullari, A., & Erbas, A. K. (2024). Students' use of dragging modalities in solving proportional problems supported with interactive simulations: A multiple case study with sixth and seventh-grade students. *Interactive Learning Environments, 32*(10), 7382–7398. https://doi.org/10.1080/10494820.2024.2312943

Carlson, M., Jacobs, S., Coe, E., Larsen, S., & Hsu, E. (2002). Applying Covariational Reasoning While Modeling Dynamic Events: A Framework and a Study. *Journal for Research in Mathematics Education, 33*(5), 352–378. https://doi.org/10.2307/4149958

Carlson, M., Madison, B., & West, R. D. (2015). A Study of Students' Readiness to Learn Calculus. *International Journal of Research in Undergraduate Mathematics Education, 1*(2), 209–233. https://doi.org/10.1007/s40753-015-0013-y

Carney, R. N., & Levin, J. R. (2001). Pictorial Illustrations Still Improve Students' Learning from Text. *Educational Psychology Review.*

Carpenter, T. P., & Lehrer, R. (1999). Teaching and Learning Mathematics With Understanding. In *Mathematics classrooms that promote understanding* (S. 19–32). Routledge.

Castro-Alonso, J. C., Ayres, P., & Paas, F. (2016). Comparing apples and oranges? A critical look at research on learning from statics versus animations. *Computers & Education, 102*, 234–243. https://doi.org/10.1016/j.compedu.2016.09.004

Castro-Alonso, J. C., Ayres, P., & Sweller, J. (2019). Instructional Visualizations, Cognitive Load Theory, and Visuospatial Processing. In J. C. Castro-Alonso (Hrsg.), *Visuospatial Processing for Education in Health and Natural Sciences* (S. 111–143). Springer International Publishing. https://doi.org/10.1007/978-3-030-20969-8_5

Castro-Alonso, J. C., Wong, M., Adesope, O. O., Ayres, P., & Paas, F. (2019). Gender Imbalance in Instructional Dynamic Versus Static Visualizations: A Meta-analysis. *Educational Psychology Review, 31*(2), 361–387. https://doi.org/10.1007/s10648-019-09469-1

Çekmez, E., & Baki, A. (2016). Examining Students' Generalizations of the Tangent Concept: A Theoretical Perspective. *PRIMUS, 26*(5), 466–484. https://doi.org/10.1080/10511970.2015.1104765

Çetin, N. (2009). The Ability of Students to Comprehend the Function-Derivative Relationship with Regard to Problems from Their Real Life. *PRIMUS, 19*(3), 232–244. https://doi.org/10.1080/10511970701686987

Chandler, P. (2004). The crucial role of cognitive processes in the design of dynamic visualizations. *Learning and Instruction, 14*(3), 353–357. https://doi.org/10.1016/j.learninstruc.2004.06.009

Chandler, P., & Sweller, J. (1991). Cognitive Load Theory and the Format of Instruction. *Cognition and Instruction, 8*(4), 293–332. https://doi.org/10.1207/s1532690xci0804_2

Chang, B. L., Cromley, J. G., & Tran, N. (2016). Coordinating Multiple Representations in a Reform Calculus Textbook. *International Journal of Science and Mathematics Education, 14*(8), 1475–1497. https://doi.org/10.1007/s10763-015-9652-3

Chang, H.-Y. (2013). Teacher guidance to mediate student inquiry through interactive dynamic visualizations. *Instructional Science, 41*(5), 895–920. https://doi.org/10.1007/s11251-012-9257-y

ChanLin, L. (2001). Formats and prior knowledge on learning in a computer-based lesson. *Journal of Computer Assisted Learning, 17*(4), 409–419. https://doi.org/10.1046/j.0266-4909.2001.00197.x

Chau, L. T. H., Duc, N. M., & Tong, D. H. (2021). The Teaching of the Concept of Derivative in High School and Its Relationship with Physics. *Universal Journal of Educational Research, 9*(1), 186–201. https://doi.org/10.13189/ujer.2021.090121

Chi, M. T. H., & Wylie, R. (2014). The ICAP Framework: Linking Cognitive Engagement to Active Learning Outcomes. *Educational Psychologist, 49*(4), 219–243. https://doi.org/10.1080/00461520.2014.965823

Chien, Y.-T., & Chang, C.-Y. (2012). Comparison of Different Instructional Multimedia Designs for Improving Student Science-Process Skill Learning. *Journal of Science Education and Technology, 21*(1), 106–113. https://doi.org/10.1007/s10956-011-9286-3

Chikha, A. B., Khacharem, A., Trabelsi, K., & Bragazzi, N. L. (2021). The Effect of Spatial Ability in Learning From Static and Dynamic Visualizations: A Moderation Analysis in 6-Year-Old Children. *Frontiers in Psychology, 12*, 1–8. https://doi.org/10.3389/fpsyg.2021.583968

Christensen, W. M., & Thompson, J. R. (2012). Investigating graphical representations of slope and derivative without a physics context. *Physical Review Special Topics – Physics Education Research, 8*(2), 1–5. https://doi.org/10.1103/PhysRevSTPER.8.023101

Chytas, C., Van Borkulo, S. P., Drijvers, P., Barendsen, E., & Tolboom, J. L. J. (2024). Computational Thinking in Secondary Mathematics Education with GeoGebra: Insights from an Intervention in Calculus Lessons. *Digital Experiences in Mathematics Education, 10*(2), 228–259. https://doi.org/10.1007/s40751-024-00141-0

Cohen, J. (1988). *Statistical power analysis for the behavioral sciences* (2. Aufl.). Lawrence Erlbaum Associates.

da Fonseca, V. G., & Henriques, A. C. C. B. (2023). Pre-service mathematics teachers using Geogebra to learn about instantaneous rate of change. *International Journal of Mathematical Education in Science and Technology, 54*(4), 534–556. https://doi.org/10.1080/0020739X.2021.1958942

Danckwerts, R., & Vogel, D. (2010). *Analysis verständlich unterrichten* (1. Aufl., 2. Nachdr.). Spektrum Akademischer Verlag.

de Almeida, L. M. W., & da Silva, K. A. P. (2018). A semiotic interpretation of the derivative concept in a textbook. *ZDM – Mathematics Education, 50*(5), 881–892. https://doi.org/10.1007/s11858-018-0975-8

de Jong, T. (2010). Cognitive load theory, educational research, and instructional design: Some food for thought. *Instructional Science, 38*(2), 105–134. https://doi.org/10.1007/s11251-009-9110-0

de Koning, B. B., & Tabbers, H. K. (2011). Facilitating Understanding of Movements in Dynamic Visualizations: An Embodied Perspective. *Educational Psychology Review, 23*(4), 501–521. https://doi.org/10.1007/s10648-011-9173-8

de Koning, B. B., Tabbers, H. K., Rikers, R. M. J. P., & Paas, F. (2009). Towards a Framework for Attention Cueing in Instructional Animations: Guidelines for Research and Design. *Educational Psychology Review, 21*(2), 113–140. https://doi.org/10.1007/s10648-009-9098-7

de Vries, E. (2021). *Feedback in digitalen Lernumgebungen: Eine Interventionsstudie zu dem Lernpfad „Quadratische Funktionen erkunden"*. Springer Fachmedien Wiesbaden. https://doi.org/10.1007/978-3-658-35838-9

DeBoer, G. E., Quellmalz, E. S., Davenport, J. L., Timms, M. J., Herrmann-Abell, C. F., Buckley, B. C., Jordan, K. A., Huang, C., & Flanagan, J. C. (2014). Comparing three online testing modalities: Using static, active, and interactive online testing modalities to assess middle school students' understanding of fundamental ideas and use of inquiry skills related to ecosystems. *Journal of Research in Science Teaching, 51*(4), 523–554. https://doi.org/10.1002/tea.21145

Die Senatorin für Kinder und Bildung. (2022). *Bildungsplan Mathematik für die gymnasiale Oberstufe – Einführungsphase und Qualifikationsphase* (Landesinstitut für Schule, Abteilung 2 – Qualitätssicherung und Innovationsförderung, Hrsg.). Freie Hansestadt Bremen. http://www.lis.bremen.de

Dochy, F., Segers, M., & Buehl, M. M. (1999). The Relation between Assessment Practices and Outcomes of Studies: The Case of Research on Prior Knowledge. *Review of Educational Research, 69*(2), 145. https://doi.org/10.2307/1170673

Dominguez, A., Barniol, P., & Zavala, G. (2017). Test of Understanding Graphs in Calculus: Test of Students' Interpretation of Calculus Graphs. *EURASIA Journal of Mathematics, Science and Technology Education, 13*(10). https://doi.org/10.12973/ejmste/78085

Döring, N. (2023). *Forschungsmethoden und Evaluation in den Sozial- und Humanwissenschaften*. Springer Berlin Heidelberg. https://doi.org/10.1007/978-3-662-64762-2

Döring, N., & Bortz, J. (2016). *Forschungsmethoden und Evaluation in den Sozial- und Humanwissenschaften.* Springer Berlin Heidelberg. https://doi.org/10.1007/978-3-642-41089-5

Dreyfus, T. (2002). Advanced Mathematical Thinking Processes. In D. Tall (Hrsg.), *Advanced Mathematical Thinking* (S. 25–41). Springer Netherlands. https://doi.org/10.1007/0-306-47203-1_2

Dreyfus, T., Kouropatov, A., & Ron, G. (2021). Research as a resource in a high-school calculus curriculum. *ZDM – Mathematics Education, 53*(3), 679–693. https://doi.org/10.1007/s11858-021-01236-3

Drüke-Noe, C. (2012). Können Lernstandserhebungen einen Beitrag zur Unterrichtsentwicklung leisten? In W. Blum, R. Borromeo Ferri, & K. Maaß (Hrsg.), *Mathematikunterricht im Kontext von Realität, Kultur und Lehrerprofessionalität: Festschrift für Gabriele Kaiser* (S. 284–293). Vieweg+Teubner Verlag. https://doi.org/10.1007/978-3-8348-2389-2

Duchhardt, C. (2015). NEPS Technical Report for Mathematics: Scaling Results for the Additional Study Baden-Wuerttemberg. *Leibniz Institute for Educational Trajectories, National Educational Panel Study*, (59), 1–38.

Duval, R. (1999). Representation, Vision and Visualization: Cognitive Functions in Mathematical Thinking. Basic Issues for Learning. *Proceedings of the Annual Meeting of the North American Chapter of the International Group for the Psychology of Mathematics Education.*

Duval, R. (2006). A Cognitive Analysis of Problems of Comprehension in a Learning of Mathematics. *Educational Studies in Mathematics, 61*, 103–131. https://doi.org/10.1007/s10649-006-0400-z

Duval, R. (2014). Commentary: Linking epistemology and semio-cognitive modeling in visualization. *ZDM – Mathematics Education, 46*, 159–170. https://doi.org/10.1007/s11858-013-0565-8

Ehmke, T., Leiß, D., Blum, W., & Prenzel, M. (2006). Entwicklung von Testverfahren für die Bildungsstandards Mathematik. Rahmenkonzeption, Aufgabenentwicklung, Feld- und Haupttest. *Unterrichtswissenschaft, 34*(3), 220–238. https://doi.org/10.25656/01:5516

Eid, M., Gollwitzer, M., & Schmitt, M. (2017). *Statistik und Forschungsmethoden: Mit Online-Materialien* (5., korrigierte Aufl.). Beltz Verlagsgruppe.

Eid, M., & Schmidt, K. (2014). *Testtheorie und Testkonstruktion* (Bd. 20). Hogrefe.

Elia, I., Gagatsis, A., & Demetriou, A. (2007). The effects of different modes of representation on the solution of one-step additive problems. *Learning and Instruction, 17*(6), 658–672. https://doi.org/10.1016/j.learninstruc.2007.09.011

Engelhardt, A., Ossadnik, H., Digel, S., & Roth, J. (2023). Hybrides Lehr-Lern-Praktikum. Grundvorstellungsbasiertes Lehren und Lernen mit digitalen Medien. In M. Meier, G. Greefrath, M. Hammann, R. Wodzinski, & K. Ziepprecht (Hrsg.), *Lehr-Lern-Labore und Digitalisierung* (S. 301–312). Springer Fachmedien Wiesbaden. https://doi.org/10.1007/978-3-658-40109-2

Fahrmeir, L., Kneib, T., & Lang, S. (2007). *Regression: Modelle, Methoden und Anwendungen.* Springer Berlin Heidelberg. https://doi.org/10.1007/978-3-540-33933-5

Feldon, D. F., Jeong, S., & Clark, R. E. (2021). Fifteen Common but Questionable Principles of Multimedia Learning. In R. E. Mayer & L. Fiorella (Hrsg.), *The Cambridge Handbook of Multimedia Learning* (3. Aufl., S. 25–40). Cambridge University Press. https://doi.org/10.1017/9781108894333

Ferrara, F., Pratt, D., & Robutti, O. (2006). The role and uses of technologies for the teaching of algebra and calculus: Ideas discussed at PME over the last 30 years. In *Handbook of research on the psychology of mathematics education* (S. 237–273).

Feudel, F. (2020). *Die Ableitung in der Mathematik für Wirtschaftswissenschaftler: Analysen zum benötigten, gelehrten und von Studierenden erreichten Verständnis des Ableitungsbegriffs*. Springer Fachmedien Wiesbaden. https://doi.org/10.1007/978-3-658-26478-9

Feudel, F., & Biehler, R. (2020). Students' Understanding of the Derivative Concept in the Context of Mathematics for Economics. *Journal Für Mathematik-Didaktik*, *42*, 273–305. https://doi.org/10.1007/s13138-020-00174-z

Feudel, F., & Biehler, R. (2021). Students' Understanding of the Economic Interpretation of the Derivative in the Context of Marginal Cost. *International Journal of Research in Undergraduate Mathematics Education*. https://doi.org/10.1007/s40753-021-00144-x

Findeisen, S., Messner, J., & Guggemos, J. (2022). Dynamische, interaktive Visualisierungen – Erkenntnisse eines systematischen Reviews und Vorstellung einer digitalen Lernumgebung für die Domäne Wirtschaft. In K. Kögler, U. Weyland, & H.-H. Kremer (Hrsg.), *Jahrbuch der berufs- und wirtschaftspädagogischen Forschung 2022* (S. 219–235). Verlag Barbara Budrich. https://doi.org/10.25656/01:26524

Fiorella, L., & Mayer, R. E. (2021). Principles for Reducing Extraneous Processing in Multimedia Learning. In R. E. Mayer & L. Fiorella (Hrsg.), *The Cambridge Handbook of Multimedia Learning* (3.). Cambridge University Press. https://doi.org/10.1017/9781108894333

Forster, O. (2016). *Analysis 1: Differential- und Integralrechnung einer Veränderlichen* (12., verb. Aufl.). Springer Spektrum. https://doi.org/10.1007/978-3-658-11545-6

Forster, O., & Lindemann, F. (2023). *Analysis 1: Differential- und Integralrechnung einer Veränderlichen*. Springer Fachmedien Wiesbaden. https://doi.org/10.1007/978-3-658-40130-6

Frank, K., & Thompson, P. W. (2021). School students' preparation for calculus in the United States. *ZDM – Mathematics Education*, *53*(3), 549–562. https://doi.org/10.1007/s11858-021-01231-8

Frenken, L. (2022). *Mathematisches Modellieren in einer digitalen Lernumgebung: Konzeption und Evaluation auf der Basis computergenerierter Prozessdaten*. Springer Fachmedien Wiesbaden. https://doi.org/10.1007/978-3-658-37330-6

Frenken, L., Klinger, M., Greefrath, G., & Barzel, B. (2024). Kognitives Potenzial deutscher Abituraufgaben: Eine Analyse zentraler Abituraufgaben im Sachgebiet Analysis. *Journal für Mathematik-Didaktik*, *45*(2). https://doi.org/10.1007/s13138-024-00233-9

Friesen, M. (2017). *Teachers' competence of analysing the use of multiple representations in mathematics classroom situations and its assessment in a vignette-based test*. Pädagogische Hochschule Ludwigsburg.

Gäde, J. C., Schermelleh-Engel, K., & Brandt, H. (2020). Konfirmatorische Faktorenanalyse (CFA). In H. Moosbrugger & A. Kelava (Hrsg.), *Testtheorie und Fragebogenkonstruktion* (S. 615–660). Springer Berlin Heidelberg. https://doi.org/10.1007/978-3-662-61532-4

Gagatsis, A., & Elia, I. (2004). The effects of different modes of representation on mathematical problem solving. *Proceedings of the 28th Conference of the International Group for the Psychology of Mathematics Education*, 447–454.

García-García, J., & Dolores-Flores, C. (2021). Pre-university students' mathematical connections when sketching the graph of derivative and antiderivative functions. *Mathematics Education Research Journal, 33*(1), 1–22. https://doi.org/10.1007/s13394-019-00286-x

Gegenfurtner, A., Lehtinen, E., & Säljö, R. (2011). Expertise Differences in the Comprehension of Visualizations: A Meta-Analysis of Eye-Tracking Research in Professional Domains. *Educational Psychology Review, 23*(4), 523–552. https://doi.org/10.1007/s10648-011-9174-7

Gerber, S., & Quarder, J. (2022). *Erfassung von Aspekten professioneller Kompetenz zum Lehren des Simulierens und mathematischen Modellierens mit digitalen Werkzeugen. Ein Testinstrument* (S. 2418 KB, 42 pages) [Application/pdf]. Universität Würzburg. https://doi.org/10.25972/OPUS-27359

Gerjets, P., Imhof, M., Kühl, T., Pfeiffer, V., Scheiter, K., & Gemballa, S. (2010). Using static and dynamic visualisations to support the comprehension of complex dynamic phenomena in the natural sciences. In L. Verschaffel, E. De Corte, T. De Jong, & J. Elen (Hrsg.), *Use of Representations in Reasoning and Problem Solving* (1., S. 153–168). Routledge. https://doi.org/10.4324/9780203847824

Göbel, L. (2021). *Technology-Assisted Guided Discovery to Support Learning: Investigating the Role of Parameters in Quadratic Functions.* Springer Fachmedien Wiesbaden. https://doi.org/10.1007/978-3-658-32637-1

Goebbels, S., & Ritter, S. (2023). *Mathematik verstehen und anwenden: Differenzial- und Integralrechnung, Lineare Algebra.* Springer Berlin Heidelberg. https://doi.org/10.1007/978-3-662-68367-5

Goldin, G. A. (2020). Mathematical Representations. In S. Lerman (Hrsg.), *Encyclopedia of Mathematics Education* (S. 566–571). Springer International Publishing. https://doi.org/10.1007/978-3-030-15789-0

Göthlich, S. E. (2009). Zum Umgang mit fehlenden Daten in großzahligen empirischen Erhebungen. In S. Albers, D. Klapper, U. Konradt, A. Walter, & J. Wolf (Hrsg.), *Methodik der empirischen Forschung* (S. 119–135). Gabler Verlag. https://doi.org/10.1007/978-3-322-96406-9

Grabiner, J. V. (1983). The Changing Concept of Change: The Derivative from Fermat to Weierstrass. *Mathematics Magazine, 56*(4), 195–206.

Gräf, L. (2010). *Online-Befragung: Eine praktische Einführung für Anfänger* (1. Aufl.). LIT.

Greefrath, G. (2012). Aufgaben zu Teilkompetenzen des Modellierens. In W. Blum, R. Borromeo Ferri, & K. Maaß (Hrsg.), *Mathematikunterricht im Kontext von Realität, Kultur und Lehrerprofessionalität: Festschrift für Gabriele Kaiser* (S. 129–137). Vieweg+Teubner Verlag. https://doi.org/10.1007/978-3-8348-2389-2

Greefrath, G., Hertleif, C., & Siller, H.-S. (2018). Mathematical modelling with digital tools—A quantitative study on mathematising with dynamic geometry software. *ZDM, 50*(1–2), 233–244. https://doi.org/10.1007/s11858-018-0924-6

Greefrath, G., Oldenburg, R., Siller, H.-S., Ulm, V., & Weigand, H.-G. (2016a). Aspects and "Grundvorstellungen" of the Concepts of Derivative and Integral: Subject Matter-related Didactical Perspectives of Concept Formation. *Journal Für Mathematik-Didaktik, 37*(S1), 99–129. https://doi.org/10.1007/s13138-016-0100-x

Greefrath, G., Oldenburg, R., Siller, H.-S., Ulm, V., & Weigand, H.-G. (2016b). *Didaktik der Analysis.* Springer Berlin Heidelberg. https://doi.org/10.1007/978-3-662-48877-5

Greefrath, G., Oldenburg, R., Siller, H.-S., Ulm, V., & Weigand, H.-G. (2021a). Basic mental models of integrals: Theoretical conception, development of a test instrument, and first results. *ZDM – Mathematics Education, 53*(3), 649–661. https://doi.org/10.1007/s11858-020-01207-0

Greefrath, G., Oldenburg, R., Siller, H.-S., Ulm, V., & Weigand, H.-G. (2021b). *Test zur Erfassung von Grundvorstellungen zu Ableitungen und Integralen (GV-AI): Empirische Erfassung von Grundvorstellungen zur ersten Ableitung einer Funktion an einer Stelle und zum bestimmten Integral.* https://hal.archives-ouvertes.fr/hal-03103685

Greefrath, G., Oldenburg, R., Siller, H.-S., Ulm, V., & Weigand, H.-G. (2022). Mathematics Students' Characteristics of Basic Mental Models of the Derivative. *Journal Für Mathematik-Didaktik.* https://doi.org/10.1007/s13138-022-00207-9

Greefrath, G., Oldenburg, R., Siller, H.-S., Ulm, V., & Weigand, H.-G. (2024). *Digitalisierung im Mathematikunterricht: Theorie und Praxis digitaler Medien in der Sekundarstufe I.* Springer Berlin Heidelberg. https://doi.org/10.1007/978-3-662-68682-9

Greefrath, G., & Ulm, V. (2021). Integral: Grundvorstellungen dynamisch visualisiert. *mathematik lehren,* (224), 36–40.

Gretsch, P., & Holzäpfel, L. (Hrsg.). (2016). *Lernen mit Visualisierungen: Erkenntnisse aus der Forschung und deren Implikationen für die Fachdidaktik.* Waxmann Verlag.

Griesel, H., vom Hofe, R., & Blum, W. (2019). Das Konzept der Grundvorstellungen im Rahmen der mathematischen und kognitionspsychologischen Begrifflichkeit in der Mathematikdidaktik. *Journal für Mathematik-Didaktik, 40*(1), 123–133. https://doi.org/10.1007/s13138-019-00140-4

Grieser, D. (2015). *Analysis I: Eine Einführung in die Mathematik des Kontinuums.* Springer Fachmedien Wiesbaden. https://doi.org/10.1007/978-3-658-05947-7

Gundlach, A. (2006). Berücksichtigung neuer Technologien im Mathematikunterricht am Beispiel des Tangentenproblems in der Differentialrechnung. *Journal für Mathematik-Didaktik, 27*(1), 3–27. https://doi.org/10.1007/BF03340101

Günster, S. M., & Weigand, H.-G. (2020). Designing digital technology tasks for the development of functional thinking. *ZDM, 52*(7), 1259–1274. https://doi.org/10.1007/s11858-020-01179-1

Güster, S. M., & Weigand, H.-G. (2022). Der Beitrag digitaler Werkzeuge zur Entwicklung des Funktionsbegriffs und des funktionalen Denkens. In G. Pinkernell, F. Reinhold, F. Schacht, & D. Walter (Hrsg.), *Digitales Lehren und Lernen von Mathematik in der Schule: Aktuelle Forschungsbefunde im Überblick* (S. 163–188). Springer Berlin Heidelberg. https://doi.org/10.1007/978-3-662-65281-7

Gutiérrez, A. (2018). Part I Commentary 2: Visualization in School Mathematics Analyzed from Two Points of View. In K. S. Mix & M. T. Battista (Hrsg.), *Visualizing Mathematics: The Role of Spatial Reasoning in Mathematical Thought.* Springer International Publishing. https://doi.org/10.1007/978-3-319-98767-5

Habre, S., & Abboud, M. (2006). Students' conceptual understanding of a function and its derivative in an experimental calculus course. *The Journal of Mathematical Behavior, 25*(1), 57–72. https://doi.org/10.1016/j.jmathb.2005.11.004

Haciomeroglu, E. S. (2011). Visualization Through Dynamic Geogebra Illustrations. In L. Bu & R. Schoen (Hrsg.), *Model-Centered Learning* (S. 133–144). SensePublishers. https://doi.org/10.1007/978-94-6091-618-2_10

Haciomeroglu, E. S., Aspinwall, L., & Presmeg, N. (2010). Contrasting Cases of Calculus Students' Understanding of Derivative Graphs. *Mathematical Thinking and Learning, 12*(2), 152–176. https://doi.org/10.1080/10986060903480300

Haciomeroglu, E. S., Chicken, E., & Dixon, J. K. (2013). Relationships between Gender, Cognitive Ability, Preference, and Calculus Performance. *Mathematical Thinking and Learning, 15*(3), 175–189. https://doi.org/10.1080/10986065.2013.794255

Haghjoo, S., Radmehr, F., & Reyhani, E. (2023). Analyzing the written discourse in calculus textbooks over 42 years: The case of primary objects, concrete discursive objects, and a realization tree of the derivative at a point. *Educational Studies in Mathematics, 112*(1), 73–102. https://doi.org/10.1007/s10649-022-10168-y

Haghjoo, S., & Reyhani, E. (2021). Undergraduate basic sciences and engineering students' understanding of the concept of derivative. *Journal of Research and Advances in Mathematics Education, 6*(4), 277–298. https://doi.org/10.23917/jramathedu.v6i4.14093

Haghjoo, S., Reyhani, E., & Kolahdouz, F. (2020). Evaluating the Understanding of the University Students (Basic Sciences and Engineering) about the Numerical Representation of the Average Rate of Change. *International Journal of Educational and Pedagogical Sciences, 14*(2), 111–121.

Hähkiöniemi, M. (2006). Associative and reflective connections between the limit of the difference quotient and limiting process. *The Journal of Mathematical Behavior, 25*(2), 170–184. https://doi.org/10.1016/j.jmathb.2006.02.002

Hahn, S. (2008). *Bestand und Änderung: Grundlegung einer vorstellungsorientierten Differentialrechnung* (1.). Didaktisches Zentrum, Carl-von-Ossietzky-Univ.

Hahn, S., & Prediger, S. (2004). *Vorstellungsorientierte Kurvendiskussion – Ein Plädoyer für das Qualitative. Beiträge zum Mathematikunterricht 2004*, 217–220.

Hahn, S., & Prediger, S. (2008). Bestand und Änderung – Ein Beitrag zur Didaktischen Rekonstruktion der Analysis. *Journal für Mathematik-Didaktik, 29*(3–4), 163–198. https://doi.org/10.1007/BF03339061

Hankeln, C. (2019). *Mathematisches Modellieren mit dynamischer Geometrie-Software: Ergebnisse einer Interventionsstudie.* Springer Fachmedien Wiesbaden. https://doi.org/10.1007/978-3-658-23339-6

Hankeln, C., Kroehne, U., Voss, L., Gross, S., & Prediger, S. (2025). Developing digital formative assessment for deep conceptual learning goals: Which topic-specific research gaps need to be closed? *Educational Technology Research and Development.* https://doi.org/10.1007/s11423-025-10486-x

Hartig, J., & Kühnbach, O. (2006). Schätzung von Veränderung mit „plausible values" in mehrdimensionalen Rasch-Modellen. In A. Ittel & H. Merkens (Hrsg.), *Veränderungsmessung und Längsschnittstudien in der empirischen Erziehungswissenschaft* (1., S. 27–44). VS Verlag für Sozialwissenschaften.

Hashemi, N., Abu, M. S., Kashefi, H., & Rahimi, K. (2014). Undergraduate Students' Difficulties in Conceptual Understanding of Derivation. *Procedia – Social and Behavioral Sciences, 143*, 358–366. https://doi.org/10.1016/j.sbspro.2014.07.495

Hasler, B. S., Kersten, B., & Sweller, J. (2007). Learner control, cognitive load and instructional animation. *Applied Cognitive Psychology, 21*(6), 713–729. https://doi.org/10.1002/acp.1345

Hattie, J. (2009). *Visible learning: A synthesis of over 800 meta-analyses relating to achievement.* Routledge.

Hecht, M., Roppelt, A., & Siegle, T. (2013). Testdesign und Auswertung des Ländervergleichs. In A. Pant, P. Stanat, U. Schroeders, A. Roppelt, T. Siegle, & C. Pöhlmann (Hrsg.), *IQB-Ländervergleich 2012. Mathematische und naturwissenschaftliche Kompetenzen am Ende der Sekundarstufe I* (S. 391–402). Waxmann.

Hefendehl-Hebeker, L., Vom Hofe, R., Büchter, A., Humenberger, H., Schulz, A., & Wartha, S. (2019). Subject-Matter Didactics. In H. N. Jahnke & L. Hefendehl-Hebeker (Hrsg.), *Traditions in German-Speaking Mathematics Education Research* (S. 25–60). Springer International Publishing. https://doi.org/10.1007/978-3-030-11069-7

Hegarty, M. (2004). Dynamic visualizations and learning: Getting to the difficult questions. *Learning and Instruction, 14*(3), 343–351. https://doi.org/10.1016/j.learninstruc.2004.06.007

Hegedus, S., Laborde, C., Brady, C., Dalton, S., Siller, H.-S., Tabach, M., Trgalova, J., & Moreno-Armella, L. (2017). *Uses of Technology in Upper Secondary Mathematics Education.* Springer International Publishing. https://doi.org/10.1007/978-3-319-42611-2

Heid, M. K. (1988). Resequencing Skills and Concepts in Applied Calculus Using the Computer as a Tool. *Journal for Research in Mathematics Education, 19*(1), 3–25.

Heintz, G., Elschenbroich, H.-J., Laakmann, H., Langlotz, H., Rüsing, M., Schacht, F., Schmidt, R., & Tietz, C. (2017). *Werkzeugkompetenzen.* medienstatt.

Henn, H.-W. (2018). Änderungsraten als Zugang zu den zentralen Begriffen und Resultaten der Analysis. In H.-S. Siller, G. Greefrath, & W. Blum (Hrsg.), *Neue Materialien für einen realitätsbezogenen Mathematikunterricht 4: 25 Jahre ISTRON-Gruppe – Eine Best-of-Auswahl aus der ISTRON-Schriftenreihe* (S. 145–160). Springer Fachmedien Wiesbaden. https://doi.org/10.1007/978-3-658-17599-3

Herbert, S., & Pierce, R. (2011). What is rate? Does context or representation matter? *Mathematics Education Research Journal, 23*(4), 455–477. https://doi.org/10.1007/s13394-011-0026-z

Herbert, S., & Pierce, R. (2012). Revealing educationally critical aspects of rate. *Educational Studies in Mathematics, 81*(1), 85–101. https://doi.org/10.1007/s10649-011-9368-4

Hernández, R., Gaona, J., Huincahue, J., & Cancino, V. (2025). Mathematical thinking styles in university students. *International Journal of Mathematical Education in Science and Technology*, 1–17. https://doi.org/10.1080/0020739X.2025.2546886

Hiebert, J., & Carpenter, T. P. (1992). Learning and Teaching with Understanding. In D. A. Grouws (Hrsg.), *Handbook of Research on Mathematics Teaching and Learning* (S. 65–97). Macmillan.

Hillmayr, D., Reinhold, F., Ziernwald, L., & Reiss, K. (2017). *Digitale Medien im mathematisch-naturwissenschaftlichen Unterricht der Sekundarstufe: Einsatzmöglichkeiten, Umsetzung und Wirksamkeit* (Zentrum für Internationale Bildungsvergleichsstudien, Hrsg.). Waxmann.

Hillmayr, D., Ziernwald, L., Reinhold, F., Hofer, S. I., & Reiss, K. M. (2020). The potential of digital tools to enhance mathematics and science learning in secondary schools: A context-specific meta-analysis. *Computers & Education, 153*, 1–25. https://doi.org/10.1016/j.compedu.2020.103897

Hitt, F. (1998). Difficulties in the articulation of different representations linked to the concept of function. *The Journal of Mathematical Behavior, 17*(1), 123–134. https://doi.org/10.1016/S0732-3123(99)80064-9

Hitt, F., & Dufour, S. (2021). Introduction to calculus through an open-ended task in the context of speed: Representations and actions by students in action. *ZDM – Mathematics Education, 53*(3), 635–647. https://doi.org/10.1007/s11858-021-01258-x

Hoch, E., Scheiter, K., & Gerjets, P. (2019). Hilft eine Unterstützung der Anstrengungsregulation, das Lernen mit statischen und dynamischen Visualisierungen zu verbessern? *Unterrichtswissenschaft, 47*(4), 427–450. https://doi.org/10.1007/s42010-019-00045-8

Hochmuth, R., Peters, J., Rønning, F., & Winsløw, C. (2024). Modelling mathematics for educational research and practice: A comparison of two theoretical approaches. *Educational Studies in Mathematics*. https://doi.org/10.1007/s10649-024-10368-8

Hoffkamp, A. (2011). The use of interactive visualizations to foster the understanding of concepts of calculus: Design principles and empirical results. *ZDM – Mathematics Education, 43*(3), 359–372. https://doi.org/10.1007/s11858-011-0322-9

Höffler, T. N. (2007). *Lernen mit dynamischen Visualisierungen: Metaanalyse und experimentelle Untersuchungen zu einem naturwissenschaftlichen Lerninhalt* [Elektronische Dissertation]. Universität Duisburg-Essen.

Höffler, T. N., & Leutner, D. (2007). Instructional animation versus static pictures: A meta-analysis. *Learning and Instruction, 17*(6), 722–738. https://doi.org/10.1016/j.learninstruc.2007.09.013

Hohenwarter, M., Hohenwarter, J., Kreis, Y., & Lavicza, Z. (2008). Teaching and calculus with free dynamic mathematics software GeoGebra. *11th International Congress on Mathematical Education*, 1–9.

Hohenwarter, M., Jarvis, D., & Lavicza, Z. (2009). Linking Geometry, Algebra, and Mathematics Teachers: GeoGebra Software and the Establishment of the International GeoGebra Institute. *International Journal for Technology in Mathematics Education, 16*(2), 83–86.

Hohenwarter, M., & Jones, K. (2007). Ways of Linking Geometry and Algebra: The case of GeoGebra. *Proceedings of the British Society for Research into Learning Mathematics, 3, 27*, 126–131.

Hohenwarter, M., & Preiner, J. (2008). Design guidelines for dynamic mathematics worksheets. *Teaching Mathematics and Computer Science, 6*(2), 311–323. https://doi.org/10.5485/TMCS.2008.0182

Holzäpfel, L., Eichler, A., & Thiede, B. (2016). Visualisierungen in der mathematischen Bildung. In P. Gretsch & L. Holzäpfel (Hrsg.), *Lernen mit Visualisierungen: Erkenntnisse aus der Forschung und deren Implikationen für die Fachdidaktik* (S. 83–110). Waxmann Verlag.

Hong, D. S., & Lee, J. K. (2022). Contrasting cases of college calculus instructors: Their preferences and potential pedagogy in teaching derivative graphs. *International Journal of Mathematical Education in Science and Technology*, 1–20. https://doi.org/10.1080/0020739X.2022.2120838

Hong, Y. Y., & Thomas, M. O. J. (2015). Graphical construction of a local perspective on differentiation and integration. *Mathematics Education Research Journal, 27*(2), 183–200. https://doi.org/10.1007/s13394-014-0135-6

Hrnjičić, A., & AlihodŽić, A. (2024). Measuring students' conceptual understanding of real functions: A Rasch model analysis. *International Electronic Journal of Mathematics Education, 19*(1.), 1–11. https://doi.org/10.29333/iejme/13942

Hughes-Hallett, D., Gleason, A. M., Lock, P. F., Gleason, A. M., & Flath, D. E. (Hrsg.). (2014). *Applied calculus* (4. Aufl.). Wiley.

Hurrell, D. (2021). Conceptual Knowledge OR Procedural Knowledge or Conceptual Knowledge AND Procedural Knowledge: Why the Conjunction is Important to Teachers. *Australian Journal of Teacher Education*, *46*(2), 57–71. https://doi.org/10.14221/ajte.2021v46n2.4

Hußmann, S., & Prediger, S. (2016). Specifying and Structuring Mathematical Topics: A Four-Level Approach for Combining Formal, Semantic, Concrete, and Empirical Levels Exemplified for Exponential Growth. *Journal Für Mathematik-Didaktik*, *37*(S1), 33–67. https://doi.org/10.1007/s13138-016-0102-8

Hussy, W., Schreier, M., & Echterhoff, G. (2013). *Forschungsmethoden in Psychologie und Sozialwissenschaften für Bachelor*. Springer Berlin Heidelberg. https://doi.org/10.1007/978-3-642-34362-9

Ibrahim, B., & Rebello, N. S. (2012). Representational task formats and problem solving strategies in kinematics and work. *Physical Review Special Topics – Physics Education Research*, *8*(1), 1–19. https://doi.org/10.1103/PhysRevSTPER.8.010126

Jacob, R., Heinz, A., & Décieux, J. P. (2019). *Umfrage: Einführung in die Methoden der Umfrageforschung* (4., überarbeitete und ergänzte Aufl.). De Gruyter Oldenbourg.

Jandura, O. (2018). Zur Trennung von sauberen und verschmutzten Daten bei selbstadministrierten Befragungsmodi. In P. Rössler & C. Rossmann (Hrsg.), *Kumulierte Evidenzen: Replikationsstudien in der empirischen Kommunikationsforschung* (S. 207–223). Springer Fachmedien Wiesbaden. https://doi.org/10.1007/978-3-658-18859-7

Jetses, T., Salle, A., & Mikoleit, M. (2024). Lernendenschwierigkeiten bei der Anwendung fachlich korrekter Deutungen des Ableitungsbegriffs. *mathematica didactica*, *47*. https://doi.org/10.18716/OJS/MD/2024.1659

Jones, S. R. (2017). An exploratory study on student understandings of derivatives in real-world, non-kinematics contexts. *The Journal of Mathematical Behavior*, *45*, 95–110. https://doi.org/10.1016/j.jmathb.2016.11.002

Jones, S. R., & Watson, K. L. (2018). Recommendations for a "Target Understanding" of the Derivative Concept for First-Semester Calculus Teaching and Learning. *International Journal of Research in Undergraduate Mathematics Education*, *4*(2), 199–227. https://doi.org/10.1007/s40753-017-0057-2

Jordan, A., Krauss, S., Löwen, K., Blum, W., Neubrand, M., Brunner, M., Kunter, M., & Baumert, J. (2008). Aufgaben im COACTIV-Projekt: Zeugnisse des kognitiven Aktivierungspotentials im deutschen Mathematikunterricht. *Journal für Mathematik-Didaktik*, *29*(2), 83–107. https://doi.org/10.1007/BF03339055

Juandi, D., Kusumah, Y. S., Tamur, M., Perbowo, K. S., & Wijaya, T. T. (2021). A meta-analysis of Geogebra software decade of assisted mathematics learning: What to learn and where to go? *Heliyon*, *7*(5), 1–8. https://doi.org/10.1016/j.heliyon.2021.e06953

Kalyuga, S. (2007). Expertise Reversal Effect and Its Implications for Learner-Tailored Instruction. *Educational Psychology Review*, *19*(4), 509–539. https://doi.org/10.1007/s10648-007-9054-3

Kalyuga, S. (2008). Relative effectiveness of animated and static diagrams: An effect of learner prior knowledge. *Computers in Human Behavior*, *24*(3), 852–861. https://doi.org/10.1016/j.chb.2007.02.018

Kalyuga, S. (2021). The Expertise Reversal Principle in Multimedia Learning. In R. E. Mayer & L. Fiorella (Hrsg.), *The Cambridge Handbook of Multimedia Learning* (3. Aufl., S. 171–182). Cambridge University Press. https://doi.org/10.1017/9781108894333.017

Kaput, J. J. (1986). Information technology and mathematics: Opening new representational windows. *The Journal of Mathematical Behavior*, *5*(2), 1–28.

Katter, V. (2023). *Historische, logische und individuelle Genese der Trigonometrie aus didaktischer Sicht* (Bd. 10). Springer Fachmedien Wiesbaden. https://doi.org/10.1007/978-3-658-41355-2

Katter, V. (2025). Didaktisch orientierte Sachanalysen zur Ausdifferenzierung der allgemeinen Grundvorstellungen zum Funktionsbegriff – Exemplarisch durchgeführt an der Sinusfunktion. *Journal für Mathematik-Didaktik*, *46*(3). https://doi.org/10.1007/s13138-024-00244-6

Kelava, A., & Moosbrugger, H. (2020a). Deskriptivstatistische Itemanalyse und Testwertbestimmung. In H. Moosbrugger & A. Kelava (Hrsg.), *Testtheorie und Fragebogenkonstruktion* (S. 143–158). Springer Berlin Heidelberg. https://doi.org/10.1007/978-3-662-61532-4

Kelava, A., & Moosbrugger, H. (2020b). Einführung in die Item-Response-Theorie (IRT). In H. Moosbrugger & A. Kelava (Hrsg.), *Testtheorie und Fragebogenkonstruktion* (S. 369–410). Springer Berlin Heidelberg. https://doi.org/10.1007/978-3-662-61532-4

Kendal, M., & Stacey, K. (2001). The Impact of Teacher Privileging on Learning Differentiation with Technology. *International Journal of Computers for Mathematical Learning*, *6*, 143–165. https://doi.org/10.1023/A:1017986520658

Kendal, M., & Stacey, K. (2003). Tracing learning of three representations with the differentiation competency framework. *Mathematics Education Research Journal*, *15*(1), 22–41. https://doi.org/10.1007/BF03217367

Kertil, M., & Dede, H. G. (2022). Promoting Prospective Mathematics Teachers' Understanding of Derivative across Different Real-life Contexts. *International Journal for Mathematics Teaching and Learning*, *23*(1), 1–24.

Kertil, M., Erbas, A. K., & Cetinkaya, B. (2023). Pre-service Mathematics Teachers' Understanding of Rate of Change Throughout a Model Development Sequence. *International Journal of Science and Mathematics Education*, *21*(6), 1769–1796. https://doi.org/10.1007/s10763-022-10324-z

Kidron, I. (2014). Calculus Teaching and Learning. In S. Lerman, *Encyclopedia of Mathematics Education* (S. 69–75). Springer. https://doi.org/10.1007/978-94-007-4978-8

Kidron, I. (2020). Calculus Teaching and Learning. In S. Lerman (Hrsg.), *Encyclopedia of Mathematics Education* (S. 87–94). Springer International Publishing. https://doi.org/10.1007/978-3-030-15789-0

Kidron, I., & Tall, D. (2015). The roles of visualization and symbolism in the potential and actual infinity of the limit process. *Educational Studies in Mathematics*, *88*(2), 183–199. https://doi.org/10.1007/s10649-014-9567-x

Kilpatrick, J., Swafford, J., & Findell, B. (Hrsg.). (2001). *Adding it up: Helping children learn mathematics* (7.). National Academy Press.

Kirsch, A. (1979). Ein Vorschlag zur visuellen Vermittlung einer Grundvorstellung vom Ableitungsbegriff. *Der Mathematikunterricht*, *79*(3), 25–41.

Kirsten, K., & Greefrath, G. (2023). On-Campus vs Distance Tutorials in Preparatory Courses for Mathematics Student Teachers – Performance Gains and Influencing Factors.

International Journal of Research in Undergraduate Mathematics Education. https://doi.org/10.1007/s40753-023-00221-3

Kleine, M., Jordan, A., & Harvey, E. (2005a). With a focus on 'Grundvorstellungen' Part 1: A theoretical integration into current concepts. *Zentralblatt Für Didaktik Der Mathematik, 37*(3), 226–233. https://doi.org/10.1007/s11858-005-0013-5

Kleine, M., Jordan, A., & Harvey, E. (2005b). With a focus on 'Grundvorstellungen' Part 2: 'Grundvorstellungen' as a theoretical and empirical criterion. *Zentralblatt Für Didaktik Der Mathematik, 37*(3), 234–239. https://doi.org/10.1007/s11858-005-0014-4

Klinger, M. (2018). *Funktionales Denken beim Übergang von der Funktionenlehre zur Analysis.* Springer Fachmedien Wiesbaden. https://doi.org/10.1007/978-3-658-20360-3

Klinger, M. (2019). Grundvorstellungen versus Concept Image? Gemeinsamkeiten und Unterschiede beider Theorien am Beispiel des Funktionsbegriffs. In A. Büchter, M. Glade, R. Herold-Blasius, M. Klinger, F. Schacht, & P. Scherer (Hrsg.), *Vielfältige Zugänge zum Mathematikunterricht: Konzepte und Beispiele aus Forschung und Praxis* (S. 61–76). Springer Fachmedien Wiesbaden. https://doi.org/10.1007/978-3-658-24292-3

Klock, H. (2020). *Adaptive Interventionskompetenz in mathematischen Modellierungsprozessen: Konzeptualisierung, Operationalisierung und Förderung.* Springer Fachmedien Wiesbaden. https://doi.org/10.1007/978-3-658-31432-3

KMK. (2012). *Bildungsstandards im Fach Mathematik für die Allgemeine Hochschulreife* (Sekretariat der Ständigen Konferenz der Kultusminister der Länder in der Bundesrepublik Deutschland, Hrsg.).

KMK. (2022). *Bildungsstandards für das Fach Mathematik Erster Schulabschluss (ESA) und Mittlerer Schulabschluss (MSA) (i. D. F. vom 23.06.2022)* (Sekretariat der Ständigen Konferenz der Kultusminister der Länder in der Bundesrepublik Deutschland, Hrsg.).

Knauf, A. (2020). *Urbane Resilienz gegenüber Stromausfällen in deutschen Großstädten.* Springer Fachmedien Wiesbaden. https://doi.org/10.1007/978-3-658-31254-1

Kohen, Z., Amram, M., Dagan, M., & Miranda, T. (2022). Self-efficacy and problem-solving skills in mathematics: The effect of instruction-based dynamic versus static visualization. *Interactive Learning Environments, 30*(4), 759–778. https://doi.org/10.1080/10494820.2019.1683588

Kolen, M. J., & Brennan, R. L. (2014). *Test Equating, Scaling, and Linking: Methods and Practices.* Springer New York. https://doi.org/10.1007/978-1-4939-0317-7

Koller, I., Alexandrowicz, R., & Hatzinger, R. (2012). *Das Rasch-Modell in der Praxis: Eine Einführung in eRm.* Facultas.

König, J., & Blömeke, S. (2009). Pädagogisches Wissen von angehenden Lehrkräften: Erfassung und Struktur von Ergebnissen der fachübergreifenden Lehrerausbildung. *Zeitschrift für Erziehungswissenschaft, 12*(3), 499–527. https://doi.org/10.1007/s11618-009-0085-z

Koo, M., & Yang, S.-W. (2025). Likert-Type Scale. *Encyclopedia, 5*(18), 1–11. https://doi.org/10.3390/encyclopedia5010018

Kossivi, S. K. (2020). *Understanding Calculus Through Maple-Based Dynamic Visualization Tools.* Walden University.

Krämer, W. (2015). *Statistik für alle: Die 101 wichtigsten Begriffe anschaulich erklärt.* Springer Berlin Heidelberg. https://doi.org/10.1007/978-3-662-45031-4

Krauthausen, G. (2012). *Digitale Medien im Mathematikunterricht der Grundschule.* Spektrum Akademischer Verlag. https://doi.org/10.1007/978-3-8274-2277-4

Krawitz, J. (2020). *Vorwissen als nötige Voraussetzung und potentieller Störfaktor beim mathematischen Modellieren*. Springer Fachmedien Wiesbaden. https://doi.org/10.1007/978-3-658-29715-2

Krumm, S., Schmidt-Atzert, L., & Amelang, M. (2021). Grundlagen diagnostischer Verfahren. In L. Schmidt-Atzert, S. Krumm, & M. Amelang (Hrsg.), *Psychologische Diagnostik* (S. 39–208). Springer Berlin Heidelberg. https://doi.org/10.1007/978-3-662-61643-7

Kubinger, K. D., & Draxler, C. (2007). Probleme bei der Testkonstruktion nach dem Rasch-Modell. *Diagnostica, 53*(3), 131–143. https://doi.org/10.1026/0012-1924.53.3.131

Kuckartz, U., Rädiker, S., Ebert, T., & Schehl, J. (2013). *Statistik: Eine verständliche Einführung*. VS Verlag für Sozialwissenschaften. https://doi.org/10.1007/978-3-531-19890-3

Kühl, T. (2021). Prerequisite knowledge and time of testing in learning with animations and static pictures: Evidence for the expertise reversal effect. *Learning and Instruction, 73*. https://doi.org/10.1016/j.learninstruc.2021.101457

Kühl, T., Scheiter, K., Gerjets, P., & Edelmann, J. (2011). The influence of text modality on learning with static and dynamic visualizations. *Computers in Human Behavior, 27*(1), 29–35. https://doi.org/10.1016/j.chb.2010.05.008

Laakmann, H. (2013). *Darstellungen und Darstellungswechsel als Mittel zur Begriffsbildung: Eine Untersuchung in rechnerunterstützten Lernumgebungen*. Springer Fachmedien Wiesbaden. https://doi.org/10.1007/978-3-658-01592-3

Labovitz, S. (1970). The Assignment of Numbers to Rank Order Categories. *American Sociological Review, 35*(3), 515–524. https://doi.org/10.2307/2092993

Lankeit, E., & Biehler, R. (2024). The meaning landscape of the concept of the total derivative in multivariable real analysis textbooks: An analysis based on a new model of meaning. *ZDM – Mathematics Education*. https://doi.org/10.1007/s11858-024-01584-w

Larkin, J. H., & Simon, H. A. (1987). Why a Diagram is (Sometimes) Worth Ten Thousand Words. *Cognitive Science, 11*(1), 65–100. https://doi.org/10.1111/j.1551-6708.1987.tb00863.x

Larsen, S., Marrongelle, K., Bressoud, D., & Graham, K. (2017). Understanding the concepts of calculus: Frameworks and roadmaps emerging from educational research. *Compendium for Research in Mathematics Education*, 526–550.

Latifi, M., Hattaf, K., & Achtaich, N. (2021). The Effect of Dynamic Mathematics Software Geogebra on Student' Achievement: The Case of Differential Equations. *Journal of Educational and Social Research, 11*(6), 211–221. https://doi.org/10.36941/jesr-2021-0141

Lax, P. D., & Terrell, M. S. (2014). *Calculus With Applications*. Springer New York. https://doi.org/10.1007/978-1-4614-7946-8

Lenz, K., Wittmann, G., & Holzäpfel, L. (2019). Aufgaben als Lerngelegenheiten für konzeptuelles und prozedurales Wissen zu Brüchen: Eine vergleichende Schulbuchanalyse. *mathematica didactica, 42*(2), 105–122. https://doi.org/10.18716/OJS/MD/2019.1140

Leuders, T., & Prediger, S. (2005). Funktioniert's? – Denken in Funktionen. *Praxis der Mathematik in der Schule, 47*(2), 1–7.

Liburd, K. K. D., & Jen, H.-Y. (2021). Investigating the Effectiveness of Using a Technological Approach on Students' Achievement in Mathematics–Case Study of a High School in a Caribbean Country. *Sustainability, 13*(10), 1–20. https://doi.org/10.3390/su13105586

Lichti, M. (2019). *Funktionales Denken fördern: Experimentieren mit gegenständlichen Materialien oder Computer-Simulationen.* Springer Fachmedien Wiesbaden. https://doi.org/10.1007/978-3-658-23621-2

Lichti, M., & Roth, J. (2018). How to Foster Functional Thinking in Learning Environments Using Computer-Based Simulations or Real Materials. *Journal for STEM Education Research, 1*, 148–172. https://doi.org/10.1007/s41979-018-0007-1

Lichti, M., & Roth, J. (2019). Functional Thinking—A Three-Dimensional Construct? *Journal Für Mathematik-Didaktik, 40*(2), 169–195. https://doi.org/10.1007/s13138-019-00141-3

Lienert, G. A., & Raatz, U. (1998). *Testaufbau und Testanalyse* (6. Aufl.). Beltz, Psychologie-Verl.-Union.

Likwambe, B., & Christiansen, I. M. (2008). A case study of the development of in-service teachers' concept images of the derivative. *Pythagoras, 68*, 22–31. https://doi.org/10.4102/pythagoras.v0i68.64

Lin, Y.-C., Liu, T.-C., & Kalyuga, S. (2022). Strategies for facilitating processing of transient information in instructional videos by using learner control mechanisms. *Instructional Science, 50*(6), 863–877. https://doi.org/10.1007/s11251-022-09600-w

Litteck, K., Rolfes, T., & Heinze, A. (2023). More than just the basic derivation formula: The impact of prior knowledge on the acquisition of knowledge about the concept of derivative. *Proceedings of the 46th Conference of the International Group for the Psychology of Mathematics Education, 3*, 283–290.

Litteck, K., Rolfes, T., & Heinze, A. (2024). The structure of knowledge about the concept of derivative – a study investigating a process-object framework. *International Journal of Mathematical Education in Science and Technology*, 1–21. https://doi.org/10.1080/0020739X.2024.2397990

Little, C. (2011). Approaches to Calculus Using Geogebra. In L. Bu & R. Schoen (Hrsg.), *Model-Centered Learning. Modeling and Simulations for Learning and Instruction* (Bd. 6, S. 191–204). SensePublishers. https://doi.org/10.1007/978-94-6091-618-2_14

Lowe, R. (2004). Interrogation of a dynamic visualization during learning. *Learning and Instruction, 14*(3), 257–274. https://doi.org/10.1016/j.learninstruc.2004.06.003

Lowe, R., & Boucheix, J.-M. (2017). A Composition Approach to Design of Educational Animations. In R. Lowe & R. Ploetzner (Hrsg.), *Learning from Dynamic Visualization* (S. 5–30). Springer International Publishing. https://doi.org/10.1007/978-3-319-56204-9

Lowe, R., & Ploetzner, R. (Hrsg.). (2017). *Learning from Dynamic Visualization.* Springer International Publishing. https://doi.org/10.1007/978-3-319-56204-9

Lüdtke, O., Robitzsch, A., Trautwein, U., & Köller, O. (2007). Umgang mit fehlenden Werten in der psychologischen Forschung. *Psychologische Rundschau, 58*(2), 103–117. https://doi.org/10.1026/0033-3042.58.2.103

Majeed, A. A., Darmawan, I. G. N., & Lynch, P. (2013). A Confirmatory Factor Analysis of Attitudes Toward Mathematics Inventory (ATMI). *The Mathematics Educator, 15*(1), 121–135.

Malle, G. (1999). Grundvorstellungen zum Differenzen-und Differentialquotienten. *ÖMG-Didaktikhefte, 30*, 67–78.

Mamolo, A., & Zazkis, R. (2012). Stuck on convention: A story of derivative relationships. *Educational Studies in Mathematics, 81*, 161–177. https://doi.org/10.1007/s10649-012-9391-0

Mayer, R. E. (2014). Cognitive Theory of Multimedia Learning. In R. E. Mayer (Hrsg.), *The Cambridge Handbook of Multimedia Learning* (2. Aufl., S. 43–71). Cambridge University Press. https://doi.org/10.1017/CBO9781139547369.005

Mayer, R. E. (2017). Using multimedia for e-learning. *Journal of Computer Assisted Learning, 33*(5), 403–423. https://doi.org/10.1111/jcal.12197

Mayer, R. E. (2021). Cognitive Theory of Multimedia Learning. In R. E. Mayer & L. Fiorella (Hrsg.), *The Cambridge Handbook of Multimedia Learning* (3. Aufl., S. 57–72). Cambridge University Press. https://doi.org/10.1017/9781108894333

Mayer, R. E., & Chandler, P. (2001). When learning is just a click away: Does simple user interaction foster deeper understanding of multimedia messages? *Journal of Educational Psychology, 93*(2), 390–397. https://doi.org/10.1037/0022-0663.93.2.390

Mayer, R. E., & Fiorella, L. (Hrsg.). (2021). *The Cambridge Handbook of Multimedia Learning* (3. Aufl.). Cambridge University Press. https://doi.org/10.1017/9781108894333

Mayer, R. E., Hegarty, M., Mayer, S., & Campbell, J. (2005). When Static Media Promote Active Learning: Annotated Illustrations Versus Narrated Animations in Multimedia Instruction. *Journal of Experimental Psychology: Applied, 11*(4), 256–265. https://doi.org/10.1037/1076-898X.11.4.256

McElhaney, K. W., Chang, H.-Y., Chiu, J. L., & Linn, M. C. (2015). Evidence for effective uses of dynamic visualisations in science curriculum materials. *Studies in Science Education, 51*(1), 49–85. https://doi.org/10.1080/03057267.2014.984506

Merkt, M., & Bodemer, D. (2024). Learning with videos: Do task instructions and the availability of a pause button matter? *Journal of Computer Assisted Learning*, 1–16. https://doi.org/10.1111/jcal.13044

Merkt, M., & Schwan, S. (2018). Lernen mit Bewegtbildern: Videos und Animationen. In H. Niegemann & A. Weinberger (Hrsg.), *Lernen mit Bildungstechnologien* (S. 1–10). Springer Berlin Heidelberg. https://doi.org/10.1007/978-3-662-54373-3_32-1

Meyer, P., & Marohn, A. (2024). Mathematical *Grundvorstellungen* in Chemistry Education: An Approach to Understanding Chemical Mathematics Using the Example of the Concept of Density. *Journal of Chemical Education*, A-L. https://doi.org/10.1021/acs.jchemed.4c00917

Mkhatshwa, T. P. (2024). Best practices for teaching the concept of the derivative: Lessons from experienced calculus instructors. *Eurasia Journal of Mathematics, Science and Technology Education, 20*(4), 1–17. https://doi.org/10.29333/ejmste/14380

Mohammad, A. M. (2019). Students' attitude towards computer algebra systems (CAS) and their choice of using CAS in problem-solving. *International Journal of Mathematical Education in Science and Technology, 50*(3), 344–353. https://doi.org/10.1080/0020739X.2018.1506171

Monaghan, J., Ely, R., Pinto, M. M. F., & Thomas, M. (2024). *The Learning and Teaching of Calculus: Ideas, Insights and Activities*. https://doi.org/10.4324/9781003204800-4

Monaghan, J., & Trouche, L. (2016). Tasks and Digital Tools. In J. Monaghan, L. Trouche, & J. M. Borwein (Hrsg.), *Tools and Mathematics* (Bd. 110, S. 391–415). Springer International Publishing. https://doi.org/10.1007/978-3-319-02396-0

Moormann, M. (2009). *Begriffliches Wissen als Grundlage mathematischer Kompetenzentwicklung*. Ludwig-Maximilians-Universität München.

Moosbrugger, H., & Kelava, A. (2020a). Qualitätsanforderungen an Tests und Fragebogen („Gütekriterien"). In H. Moosbrugger & A. Kelava (Hrsg.), *Testtheorie und Fragebogenkonstruktion* (S. 13–38). Springer Berlin Heidelberg. https://doi.org/10.1007/978-3-662-61532-4

Moosbrugger, H., & Kelava, A. (Hrsg.). (2020b). *Testtheorie und Fragebogenkonstruktion* (3. Aufl.). Springer Berlin Heidelberg. https://doi.org/10.1007/978-3-662-61532-4

Moreno, R., & Mayer, R. (2007). Interactive Multimodal Learning Environments: Special Issue on Interactive Learning Environments: Contemporary Issues and Trends. *Educational Psychology Review, 19*(3), 309–326. https://doi.org/10.1007/s10648-007-9047-2

Moreno, R., & Valdez, A. (2005). Cognitive load and learning effects of having students organize pictures and words in multimedia environments: The role of student interactivity and feedback. *Educational Technology Research and Development, 53*(3), 35–45. https://doi.org/10.1007/BF02504796

Morrison, S., & Free, K. W. (2001). Writing Multiple-Choice Test Items That Promote and Measure Critical Thinking. *Journal of Nursing Education, 40*(1), 17–24. https://doi.org/10.3928/0148-4834-20010101-06

MSB NRW (Hrsg.). (2014). *Kernlehrplan für die Sekundarstufe II Gymnasium/Gesamtschule in Nordrhein-Westfalen Mathematik.*

Nagle, C., Martínez-Planell, R., & Moore-Russo, D. (2019). Using APOS theory as a framework for considering slope understanding. *The Journal of Mathematical Behavior, 54*, 1–14. https://doi.org/10.1016/j.jmathb.2018.12.003

Nam, P. S. (2022). GeoGebra As a Tool to Enhance Understanding of the Concept of Derivative of a Function and Develop Mathematical Competencies. *Vietnam Journal of Educational Sciences, 18*(1), 40–48.

Natsheh, I., & Karsenty, R. (2014). Exploring the potential role of visual reasoning tasks among inexperienced solvers. *ZDM – Mathematics Education, 46*(1), 109–122. https://doi.org/10.1007/s11858-013-0551-1

NCTM. (2000). *Principles and standards for school mathematics.* National Council of Teachers of Mathematics.

Ng, O.-L. (2016). Comparing Calculus Communication across Static and Dynamic Environments Using a Multimodal Approach. *Digital Experiences in Mathematics Education, 2*(2), 115–141. https://doi.org/10.1007/s40751-016-0014-8

Ng, O.-L. (2019). Examining Technology-Mediated Communication Using a Commognitive Lens: The Case of Touchscreen-Dragging in Dynamic Geometry Environments. *International Journal of Science and Mathematics Education, 17*(6), 1173–1193. https://doi.org/10.1007/s10763-018-9910-2

Nguyen, H. (2023). The influence of dynamic visualizations on learning derivatives. In H.-G. Weigand, A. Donevska-Todorova, E. Faggiamo, P. Iannone, J. Medová, M. Tabach, & M. Turgut (Hrsg.), *Proceedings of the 13th ERME Topic Conference MEDA3* (S. 317–318). HAL.

Nguyen, H. (2024). Erlernen der Ableitung über dynamische Visualisierungen per se besser als über statische? – Ergebnisse aus einer Pilotierungsstudie. In F. Dilling, D. Thurm, & I. Witzke (Hrsg.), *Digitaler Mathematikunterricht in Forschung und Praxis II* (Bd. 4, S. 289–305). WTM-Verlag. https://doi.org/10.37626/GA9783959872942.0.21

Nguyen, H. (2025a). Ableitung statisch über Visualisierungen entdecken: Ein Arbeitsblatt-basierter Lernpfad. *Open Science Framework (OSF)*. https://doi.org/10.17605/OSF.IO/GYNZP

Nguyen, H. (2025b). Messinstrumente im Projekt AdVise – Ableitung (dynamisch) über Visualisierungen entdecken. *Open Science Framework (OSF)*. https://doi.org/10.17605/OSF.IO/VY6S7

Nguyen, H., & Greefrath, G. (2023). DYNAMISCH vs. STATISCH – Vergleich zweier Visualisierungen beim Erlernen der Ableitung. In IDMI-Primar Goethe-Universität Frankfurt (Hrsg.), *Beiträge zum Mathematikunterricht 2022*. WTM-Verlag.

Nguyen, H., & Greefrath, G. (2024a). Comparing the efficacy of dynamic vs. Static visualisations in students' characteristics of basic mental models of the derivative. In E. Faggiamo, A. Clark-Wilson, M. Tabach, & H.-G. Weigand (Hrsg.), *Proceedings of the 17th ERME Topic Conference* (S. 287–294). HAL.

Nguyen, H., & Greefrath, G. (2024b). Steigerung der Einstellungen gegenüber GeoGebra durch den Einsatz dynamischer Visualisierungen. In B. Barzel, P. Ebers, F. Rösken, A. Büchter, F. Schacht, & P. Scherer (Hrsg.), *Beiträge zum Mathematikunterricht 2024*. WTM-Verlag. https://doi.org/10.37626/GA9783959872782.0

Nguyen, H., & Greefrath, G. (2025a). Ableitung dynamisch über Visualisierungen entdecken – Ein Arbeitsblatt-basierter Lernpfad mit interaktiven GeoGebra-Applets. *miami. Publikationsserver der Universität Münster*, 1–44. https://doi.org/10.17879/52988591224

Nguyen, H., & Greefrath, G. (2025b). Understanding the concept of derivative through dynamic visualisations by GeoGebra. In M. Bosch, G. Bolondi, S. Carreira, C. Spagnolo, & M. Gaidoschik (Hrsg.), *Proceedings of the Fourteenth Congress of the European Society for Research in Mathematics Education*. ERME. https://hal.science/hal-05303544v1

Nguyen, H., Reuter, L., & Greefrath, G. (im Druck). Dynamische GeoGebra-Applets beim Erlernen der Ableitung – Besonders vorteilhaft für mathematikängstliche Lernende? *Beiträge zum Mathematikunterricht 2025*. 58. Jahrestagung der Gesellschaft für Didaktik der Mathematik.

Noble, T., Nemirovsky, R., Wright, T., & Tierney, C. (2001). Experiencing Change: The Mathematics of Change in Multiple Environments. *Journal for Research in Mathematics Education, 32*(1), 85–108. https://doi.org/10.2307/749622

Nobre, C. N., Meireles, M. R. G., Vieira Junior, N., Resende, M. N. de, Costa, L. E. da, & Rocha, R. C. da. (2016). The Use of Geogebra Software as a Calculus Teaching and Learning Tool. *Informatics in Education, 15*(2), 253–267. https://doi.org/10.15388/infedu.2016.13

Norman, G. (2010). Likert scales, levels of measurement and the "laws" of statistics. *Advances in Health Sciences Education, 15*(5), 625–632. https://doi.org/10.1007/s10459-010-9222-y

Ocal, M. F. (2017). The Effect of Geogebra on Students' Conceptual and Procedural Knowledge: The Case of Applications of Derivative. *Higher Education Studies, 7*(2), 67–78. https://doi.org/10.5539/hes.v7n2p67

Oldenburg, R. (2016). Differentiale als Prognosen: Eine Grundvorstellung als Ausgangspunkt analytischer Begriffsbildung. *Journal für Mathematik-Didaktik, 37*(1), 55–82. https://doi.org/10.1007/s13138-016-0096-2

Orhun, N. (2005). Evaluation of 11th grade students' cognitive behaviour on some subjects of analysis according to gender. *International Journal of Mathematical Education in Science and Technology*, *36*(4), 399–405. https://doi.org/10.1080/00207390420003226 73

Orhun, N. (2012). Graphical Understanding in Mathematics Education: Derivative Functions and Students' Difficulties. *Procedia – Social and Behavioral Sciences*, *55*, 679–684. https://doi.org/10.1016/j.sbspro.2012.09.551

Orhun, N. (2013). Assessing conceptual understanding in mathematics: Using derivative function to solve connected problems. *Turkish Online Journal of Distance Education*, *14*(3), 138–151.

Orton, A. (1983). Students' understanding of differentiation. *Educational Studies in Mathematics*, *14*(3), 235–250. https://doi.org/10.1007/BF00410540

Ossimitz, G. (2003). Zeitliche Dynamiken verstehen. *mathematik lehren*, *120*, 60–63.

Paas, F., Renkl, A., & Sweller, J. (2003). Cognitive Load Theory and Instructional Design: Recent Developments. *Educational Psychologist*, *38*(1), 1–4. https://doi.org/10.1207/S15326985EP3801_1

Padberg, F., & Wartha, S. (2017). *Didaktik der Bruchrechnung*. Springer Berlin Heidelberg. https://doi.org/10.1007/978-3-662-52969-0

Paik, E. S., & Schraw, G. (2013). Learning with Animation and Illusions of Understanding. *Journal of Educational Psychology*, *105*(2), 278–289. https://doi.org/10.1037/a0030281

Palmer, S. E. (1978). Fundamental aspects of cognitive representation. In E. Rosch & B. Lloyd (Hrsg.), *Cognition and categorization* (S. 259–303). Lawrence Erlbaum.

Palmiter, J. R. (1991). Effects of Computer Algebra Systems on Concept and Skill Acquisition in Calculus. *Journal for Research in Mathematics Education*, *22*(2), 151–156.

Park, J. (2013). Is the derivative a function? If so, how do students talk about it? *International Journal of Mathematical Education in Science and Technology*, *44*(5), 624–640. https://doi.org/10.1080/0020739X.2013.795248

Park, J. (2015). Is the derivative a function? If so, how do we teach it? *Educational Studies in Mathematics*, *89*, 233–250. https://doi.org/10.1007/s10649-015-9601-7

Parr, E. D. (2023). Undergraduate students' interpretations of expressions from calculus statements within the graphical register. *Mathematical Thinking and Learning*, *25*(2), 177–207. https://doi.org/10.1080/10986065.2021.1943608

Pekrun, R., Vom Hofe, R., Blum, W., Frenzel, A. C., Goetz, T., & Wartha, S. (2007). Development of mathematical competencies in adolescence: The PALMA longitudinal study. In P. Manfred (Hrsg.), *Studies on the educational quality of schools: The final report on the DFG priority programme* (S. 17–37). Waxmann.

Philipp, R. A. (2007). Mathematics teachers' beliefs and affect. In F. K. J. Lester (Hrsg.), *Second handbook of research on teaching and learning* (S. 257–315). Information Age.

Picher, F. (2011). Änderungen besser verstehen – Mathematik besser verstehen. In M. A. Helmerich, K. Lengnink, G. Nickel, & M. Rathgeb (Hrsg.), *Mathematik Verstehen: Philosophische und Didaktische Perspektiven* (S. 147–156). Vieweg+Teubner. https://doi.org/10.1007/978-3-8348-9836-4

Pierce, R., & Stacey, K. (2004). A Framework for Monitoring Progress and Planning Teaching Towards the Effective Use of Computer Algebra Systems. *International Journal of Computers for Mathematical Learning*, *9*(1), 59–93. https://doi.org/10.1023/B:IJCO.0000038246.98119.14

Pizarro-Ayavire, A. B., Prieto-González, J. L., & Gutiérrez-Araujo, R. E. (2024). Designing the *encounter* of teachers with meanings and levels of understanding of the derivative. *International Electronic Journal of Mathematics Education, 19*(4), em0798. https://doi.org/10.29333/iejme/15520

Plass, J. L., Homer, B. D., & Hayward, E. O. (2009). Design factors for educationally effective animations and simulations. *Journal of Computing in Higher Education, 21*(1), 31–61. https://doi.org/10.1007/s12528-009-9011-x

Ploetzner, R. (2022). The effectiveness of enhanced interaction features in educational videos: A meta-analysis. *Interactive Learning Environments*, 1597–1612. https://doi.org/10.1080/10494820.2022.2123002

Ploetzner, R., Berney, S., & Bétrancourt, M. (2020). A review of learning demands in instructional animations: The educational effectiveness of animations unfolds if the features of change need to be learned. *Journal of Computer Assisted Learning, 36*(6), 838–860. https://doi.org/10.1111/jcal.12476

Ploetzner, R., Berney, S., & Bétrancourt, M. (2021). When learning from animations is more successful than learning from static pictures: Learning the specifics of change. *Instructional Science, 49*(4), 497–514. https://doi.org/10.1007/s11251-021-09541-w

Ploetzner, R., & Lowe, R. (2004). Dynamic visualisations and learning. *Learning and Instruction, 14*(3), 235–240. https://doi.org/10.1016/j.learninstruc.2004.06.001

Prediger, S. (2008). The relevance of didactic categories for analysing obstacles in conceptual change: Revisiting the case of multiplication of fractions. *Learning and Instruction, 18*(1), 3–17. https://doi.org/10.1016/j.learninstruc.2006.08.001

Prediger, S. (2009). Inhaltliches Denken vor Kalkül – Ein didaktisches Prinzip zur Vorbeugung und Förderung bei Rechenschwierigkeiten. In A. Fritz & S. Schmidt (Hrsg.), *Fördernder Mathematikunterricht in der Sek. I. Rechenschwierigkeiten erkennen und überwinden* (S. 213–234). Beltz.

Prediger, S., Barzel, B., Leuders, T., & Hußmann, S. (2011). Systematisieren und Sichern. Nachhaltiges Lernen durch aktives Ordnen. *mathematik lehren, 164*, 2–9.

Prediger, S., & Şahin-Gür, D. (2019). Wege zum sprachbildenden Mathematikunterricht der Oberstufe – Beispiele und Hintergründe. In U. Dirks (Hrsg.), *DaF-/DaZ-/DaM-Bildungsräume: Sprech- & Textformen im Fokus* (Bd. 5). https://doi.org/10.17192/ES2019.0027

Prenzel, M., Sälzer, C., Klieme, E., & Köller, O. (Hrsg.). (2013). *PISA 2012. Fortschritte und Herausforderungen in Deutschland*. https://doi.org/10.25656/01:18838

Presmeg, N. (1986). Visualisation in high school mathematics. *For the Learning of Mathematics, 6*(3), 42–46.

Presmeg, N. (2006). Research on visualization in learning and teaching mathematics. In *Handbook of research on the psychology of mathematics education* (S. 205–235). Brill. https://doi.org/10.1163/9789087901127

Presmeg, N. (2020). Visualization and Learning in Mathematics Education. In S. Lerman (Hrsg.), *Encyclopedia of Mathematics Education* (S. 900–903). Springer International Publishing. https://doi.org/10.1007/978-3-030-15789-0

Preuß, P., & Kauffeld, S. (2019). Visualisierung in der Lehre. In S. Kauffeld & J. Othmer (Hrsg.), *Handbuch Innovative Lehre* (S. 403–408). Springer Fachmedien Wiesbaden. https://doi.org/10.1007/978-3-658-22797-5

Quarder, J. (2024). *Mathematisches Modellieren mit digitalen Werkzeugen in der Lehrkräftebildung: Konzeption und Evaluation eines Lehr-Lern-Laborseminars.* Springer Fachmedien Wiesbaden. https://doi.org/10.1007/978-3-658-44996-4

Radmehr, F., & Turgut, M. (2024). Learning more about derivative: Leveraging online resources for varied realizations. *ZDM – Mathematics Education.* https://doi.org/10.1007/s11858-024-01564-0

Radović, S., Radojičić, M., Veljković, K., & Marić, M. (2020). Examining the effects of Geogebra applets on mathematics learning using interactive mathematics textbook. *Interactive Learning Environments, 28*(1), 32–49. https://doi.org/10.1080/10494820.2018.1512001

Rasch, B., Friese, M., Hofmann, W., & Naumann, E. (2014a). Der t-Test. In B. Rasch, M. Friese, W. Hofmann, & E. Naumann (Hrsg.), *Quantitative Methoden 1: Einführung in die Statistik für Psychologen und Sozialwissenschaftler* (S. 33–79). Springer Berlin Heidelberg. https://doi.org/10.1007/978-3-662-43524-3

Rasch, B., Friese, M., Hofmann, W., & Naumann, E. (2014b). *Quantitative Methoden 1: Einführung in die Statistik für Psychologen und Sozialwissenschaftler.* Springer Berlin Heidelberg. https://doi.org/10.1007/978-3-662-43524-3

Rasch, T., & Schnotz, W. (2009). Interactive and non-interactive pictures in multimedia learning environments: Effects on learning outcomes and learning efficiency. *Learning and Instruction, 19*(5), 411–422. https://doi.org/10.1016/j.learninstruc.2009.02.008

Rasmussen, C., Marrongelle, K., & Borba, M. C. (2014). Research on calculus: What do we know and where do we need to go? *ZDM, 46*(4), 507–515. https://doi.org/10.1007/s11858-014-0615-x

Reinhold, F. (2019). *Wirksamkeit von Tablet-PCs bei der Entwicklung des Bruchzahlbegriffs aus mathematikdidaktischer und psychologischer Perspektive: Eine empirische Studie in Jahrgangsstufe 6.* Springer Spektrum.

Reinhold, F., Leuders, T., Loibl, K., Nückles, M., Beege, M., & Boelmann, J. M. (2024). Learning Mechanisms Explaining Learning With Digital Tools in Educational Settings: A Cognitive Process Framework. *Educational Psychology Review, 36*(14), 1–21. https://doi.org/10.1007/s10648-024-09845-6

Reinhold, F., Strohmaier, A., Hoch, S., Reiss, K., Böheim, R., & Seidel, T. (2020). Process data from electronic textbooks indicate students' classroom engagement. *Learning and Individual Differences, 83–84,* 1–10. https://doi.org/10.1016/j.lindif.2020.101934

Reinhold, F., Walter, D., & Weigand, H.-G. (2023). Digitale Medien. In R. Bruder, A. Büchter, H. Gasteiger, B. Schmidt-Thieme, & H.-G. Weigand (Hrsg.), *Handbuch der Mathematikdidaktik.* Springer Berlin Heidelberg. https://doi.org/10.1007/978-3-662-66604-3

Reiss, K., Weis, M., Klieme, E., & Köller, O. (Hrsg.). (2019). *PISA 2018.* Waxmann Verlag GmbH. https://doi.org/10.31244/9783830991007

Rellensmann, J. (2019). *Selbst erstellte Skizzen beim mathematischen Modellieren: Ergebnisse einer empirischen Untersuchung.* Springer Spektrum. https://doi.org/10.1007/978-3-658-24917-5

Renardy, J. (2023). *Entwicklung und deskriptivstatistische Itemanalyse von Testaufgaben mit dem Ziel der Zusammenstellung eines Testinstruments zur Erfassung des Grundverständnisses der Ableitung. (Unveröffentlichte Masterarbeit, Universität Münster).*

Renkl, A., Berthold, K., Grosse, C. S., & Schwonke, R. (2013). Making Better Use of Multiple Representations: How Fostering Metacognition Can Help. In R. Azevedo & V. Aleven (Hrsg.), *Springer International Handbooks of Education* (S. 397–408). Springer New York. https://doi.org/10.1007/978-1-4419-5546-3_26

Rey, G. D. (2011). Interactive elements for dynamically linked multiple representations in computer simulations. *Applied Cognitive Psychology*, *25*(1), 12–19. https://doi.org/10.1002/acp.1633

Rey, G. D., & Diehl, S. (2010). Controlling Presentation Speed, Labels, and Tooltips in Interactive Animations. *Journal of Media Psychology*, *22*(4), 160–170. https://doi.org/10.1027/1864-1105/a000021

Roh, K. H., & Lee, Y. H. (2017). Designing Tasks of Introductory Real Analysis to Bridge a Gap Between Students' Intuition and Mathematical Rigor: The Case of the Convergence of a Sequence. *International Journal of Research in Undergraduate Mathematics Education*, *3*(1), 34–68. https://doi.org/10.1007/s40753-016-0039-9

Rohwer, G. (2018). Probleme bei der Verwendung von Ankeritems zur Ermittlung von Veränderungen mathematischer Kompetenzen. *Zeitschrift für Erziehungswissenschaft*, *21*(3), 465–485. https://doi.org/10.1007/s11618-017-0798-3

Rojas Suárez, J. P., Vergel-Ortega, M., & Pabón Gómez, J. A. (2019). Understanding of derivative as an essential part of the study of differential calculus. *Journal of Physics: Conference Series*, *1329*, 1–5. https://doi.org/10.1088/1742-6596/1329/1/012014

Rolfes, T. (2018). *Funktionales Denken: Empirische Ergebnisse zum Einfluss von statischen und dynamischen Repräsentationen*. Springer Fachmedien Wiesbaden. https://doi.org/10.1007/978-3-658-22536-0

Rolfes, T., Roth, J., & Schnotz, W. (2018). Effects of Tables, Bar Charts, and Graphs on Solving Function Tasks. *Journal Für Mathematik-Didaktik*. https://doi.org/10.1007/s13138-017-0124-x

Rolfes, T., Roth, J., & Schnotz, W. (2020). Learning the Concept of Function With Dynamic Visualizations. *Frontiers in Psychology*, *11*, 1–16. https://doi.org/10.3389/fpsyg.2020.00693

Roos, A.-K. (2020). *Mathematisches Begriffsverständnis im Übergang Schule–Universität: Verständnisschwierigkeiten von Mathematik an der Hochschule am Beispiel des Extrempunktbegriffs*. Springer Fachmedien Wiesbaden. https://doi.org/10.1007/978-3-658-29524-0

Rost, J. (2004). *Lehrbuch Testtheorie – Testkonstruktion* (2., vollst. überarb. u. erw. Aufl). Huber.

Roters, B., König, J., Tachtsoglou, S., & Nold, G. (2018). Fachdidaktisches Wissen angehender Englischlehrkräfte. Theoretischer Rahmen und empirische Ergebnisse zur Struktur eines Testinstruments. *Lehrerbildung auf dem Prüfstand*, *6*(2), 155–177. https://doi.org/10.25656/01:14744

Roth, J. (2015). Lernpfade – Definition, Gestaltungskriterien und Unterrichtseinsatz. In J. Roth, E. Süss-Stepancik, & H. Wiesner (Hrsg.), *Medienvielfalt im Mathematikunterricht: Lernpfade als Weg zum Ziel* (S. 3–26). Springer Fachmedien Wiesbaden. https://doi.org/10.1007/978-3-658-06449-5

Roth, J. (2022). Digitale Lernumgebungen Konzepte, Forschungsergebnisse und Unterrichtspraxis. In G. Pinkernell, F. Reinhold, F. Schacht, & D. Walter (Hrsg.), *Digitales Lehren*

und Lernen von Mathematik in der Schule: Aktuelle Forschungsbefunde im Überblick (S. 109–136). Springer Berlin Heidelberg. https://doi.org/10.1007/978-3-662-65281-7
Roth, J., & Siller, H.-S. (2016). Bestand und Änderung – Grundvorstellungen entwickeln und nutzen. *mathematik lehren*, (199), 2–9.
Roth, J., & vom Hofe, R. (2023). Verständnisvoll lernen – Grundvorstellungen vernetzen und Verständnisanker nutzen. *mathematik lehren, 236*, 8–11.
Roundy, D., Wagner, J., Dray, T., Monogue, C., & Weber, E. (2015). An Extended Theoretical Framework for the Concept of the Derivative. In T. Fukawa-Connolly, N. E. Infante, K. Keene, & M. Zandieh (Hrsg.), *Proceedings of the Eighteenth Annual Conference on Research in Undergraduate Mathematics Education* (S. 919–924).
Ryberg, U. (2018). Generating different lesson designs and analyzing their effects: The impact of representations when discerning aspects of the derivative. *The Journal of Mathematical Behavior, 51*, 1–14. https://doi.org/10.1016/j.jmathb.2018.03.012
Ryoo, K., & Linn, M. C. (2012). Can dynamic visualizations improve middle school students' understanding of energy in photosynthesis? *Journal of Research in Science Teaching, 49*(2), 218–243. https://doi.org/10.1002/tea.21003
Sadler, P., & Sonnert, G. (2018). The Path to College Calculus: The Impact of High School Mathematics Coursework. *Journal for Research in Mathematics Education, 49*(3), 292–329. https://doi.org/10.5951/jresematheduc.49.3.0292
Sahin, Z., Yenmez, A. A., & Erbas, A. K. (2015). Relational Understanding of the Derivative Concept through Mathematical Modeling: A Case Study. *EURASIA Journal of Mathematics, Science and Technology Education, 11*(1), 177–188. https://doi.org/10.12973/eurasia.2015.1149a
Salle, A., & Clüver, T. (2021). Herleitung von Grundvorstellungen als normative Leitlinien – Beschreibung eines theoriebasierten Verfahrensrahmens. *Journal für Mathematik-Didaktik, 42*(2), 553–580. https://doi.org/10.1007/s13138-021-00184-5
Salle, A., Schmidt-Thieme, B., Schulz, A., & Söbbeke, E. (2023). Darstellen und Darstellungen verwenden. In R. Bruder, A. Büchter, H. Gasteiger, B. Schmidt-Thieme, & H.-G. Weigand (Hrsg.), *Handbuch der Mathematikdidaktik* (S. 429–461). Springer Berlin Heidelberg. https://doi.org/10.1007/978-3-662-66604-3
Salle, A., & vom Hofe, R. (2020). Graphisch in die Analysis. Transferprozesse bei der Entwicklung des Ableitungs- und Integralbegriffs. *mathematik lehren, 218*, 39–43.
Salomon, G. (1994). *Interaction of media, cognition, and learning*. L. Erlbaum Associates.
Samuels, J. (2017). A Graphical Introduction to the Derivative. *The Mathematics Teacher, 111*(1), 48–53. https://doi.org/10.5951/mathteacher.111.1.0048
Sangwin, C. (2007). A brief review of GeoGebra: Dynamic mathematics. *MSOR Connections, 7*(2), 36–38. https://doi.org/10.11120/msor.2007.07020036
Santos-Trigo, M., Camacho-Machín, M., & Barrera-Mora, F. (2024). Focusing on foundational Calculus ideas to understand the derivative concept via problem-solving tasks that involve the use of a Dynamic Geometry System. *ZDM – Mathematics Education*. https://doi.org/10.1007/s11858-024-01607-6
Sari, P., Hadiyan, A., & Antari, D. (2018). Exploring Derivatives by Means of GeoGebra. *International Journal on Emerging Mathematics Education, 2*(1), 65–78. https://doi.org/10.12928/ijeme.v2i1.8670

Schacht, F. (2015). Ableitung besser verstehen mit digitalen Werkzeugen. Ein Einstieg in die Differenzialrechnung mit digitalen Werkzeugen. *PM Praxis der Mathematik in der Schule, 62*(57), 31–37.

Scheiter, K., Gerjets, P., & Catrambone, R. (2006). Making the abstract concrete: Visualizing mathematical solution procedures. *Computers in Human Behavior*, *22*(1), 9–25. https://doi.org/10.1016/j.chb.2005.01.009

Scheiter, K., Ninaus, M., & Moeller, K. (2022). Psychologische Perspektiven auf die Gestaltung digitaler Medien für das Lehren und Lernen von Mathematik. In G. Pinkernell, F. Reinhold, F. Schacht, & D. Walter (Hrsg.), *Digitales Lehren und Lernen von Mathematik in der Schule: Aktuelle Forschungsbefunde im Überblick* (S. 37–58). Springer Berlin Heidelberg. https://doi.org/10.1007/978-3-662-65281-7

Scheiter, K., Richter, J., & Renkl, A. (2018). Multimediales Lernen: Lehren und Lernen mit Texten und Bildern. In H. Niegemann & A. Weinberger (Hrsg.), *Lernen mit Bildungstechnologien* (S. 1–26). Springer Berlin Heidelberg. https://doi.org/10.1007/978-3-662-54373-3_4-1

Schendera, C. F. G. (2007). *Datenqualität mit SPSS*. Oldenbourg Verlag.

Schindler, M., Simon, A. L., Baumanns, L., & Lilienthal, A. J. (2025). Eye-tracking research in mathematics and statistics education: Recent developments and future trends. A systematic literature review. *ZDM – Mathematics Education, 57*(4), 727–743. https://doi.org/10.1007/s11858-025-01699-8

Schmidt-Atzert, L., Krumm, S., & Amelang, M. (2021a). Diagnostische Verfahren. In L. Schmidt-Atzert, S. Krumm, & M. Amelang (Hrsg.), *Psychologische Diagnostik* (S. 209–476). Springer Berlin Heidelberg. https://doi.org/10.1007/978-3-662-61643-7

Schmidt-Atzert, L., Krumm, S., & Amelang, M. (2021b). Durchführung einer diagnostischen Untersuchung und Gutachtenerstellung. In L. Schmidt-Atzert, S. Krumm, & M. Amelang (Hrsg.), *Psychologische Diagnostik* (S. 477–526). Springer Berlin Heidelberg. https://doi.org/10.1007/978-3-662-61643-7

Schmidt-Atzert, L., Krumm, S., & Amelang, M. (Hrsg.). (2021c). *Psychologische Diagnostik*. Springer Berlin Heidelberg. https://doi.org/10.1007/978-3-662-61643-7

Schmidt-Weigand, F., Kohnert, A., & Glowalla, U. (2010). A closer look at split visual attention in system- and self-paced instruction in multimedia learning. *Learning and Instruction*, *20*(2), 100–110. https://doi.org/10.1016/j.learninstruc.2009.02.011

Schmitz, A. (2017). *Beliefs von Lehrerinnen und Lehrern der Sekundarstufen zum Visualisieren im Mathematikunterricht*. Springer Fachmedien Wiesbaden. https://doi.org/10.1007/978-3-658-18425-4

Schneider, S., Beege, M., Nebel, S., & Rey, G. D. (2018). A meta-analysis of how signaling affects learning with media. *Educational Research Review*, *23*, 1–24. https://doi.org/10.1016/j.edurev.2017.11.001

Schnotz, W. (2002). Towards an Integrated View of Learning From Text and Visual Displays. *Educational Psychology Review*, *14*(1), 101–120.

Schnotz, W. (2010). Visuelles Lernen. In *Handwörterbuch Pädagogische Psychologie*. Belz.

Schnotz, W. (2021). Integrated Model of Text and Picture Comprehension. In R. E. Mayer & L. Fiorella (Hrsg.), *The Cambridge Handbook of Multimedia Learning* (3. Aufl., S. 82–99). Cambridge University Press. https://doi.org/10.1017/9781108894333

Schnotz, W., & Bannert, M. (2003). Construction and interference in learning from multiple representation. *Learning and Instruction, 13*(2), 141–156. https://doi.org/10.1016/S0959-4752(02)00017-8
Schnotz, W., & Lowe, R. (2003). External and internal representations in multimedia learning. *Learning and Instruction, 13*(2), 117–123. https://doi.org/10.1016/S0959-4752(02)00015-4
Schnotz, W., & Rasch, T. (2005). Enabling, facilitating, and inhibiting effects of animations in multimedia learning: Why reduction of cognitive load can have negative results on learning. *Educational Technology Research and Development, 53*(3), 47–58. https://doi.org/10.1007/BF02504797
Schnotz, W., & Wagner, I. (2018). Construction and elaboration of mental models through strategic conjoint processing of text and pictures. *Journal of Educational Psychology, 110*(6), 850–863. https://doi.org/10.1037/edu0000246
Schoenherr, J., & Schukajlow, S. (2024a). Characterizing external visualization in mathematics education research: A scoping review. *ZDM – Mathematics Education, 56*(1), 73–85. https://doi.org/10.1007/s11858-023-01494-3
Schoenherr, J., & Schukajlow, S. (2024b). Preservice teachers' judgments of students' expectations of success and task values: Close relations with their personal task motivation. *Teaching and Teacher Education, 148*, 1–12. https://doi.org/10.1016/j.tate.2024.104659
Schoenherr, J., Strohmaier, A. R., & Schukajlow, S. (2024). Learning with visualizations helps: A meta-analysis of visualization interventions in mathematics education. *Educational Research Review, 45*, 1–17. https://doi.org/10.1016/j.edurev.2024.100639
Schukajlow, S., & Krug, A. (2014). Do multiple solutions matter? Prompting multiple solutions, interest, competence, and autonomy. *Journal for Research in Mathematics Education, 45*(4), 497–533.
Schukajlow, S., Krug, A., & Rakoczy, K. (2015). Effects of prompting multiple solutions for modelling problems on students' performance. *Educational Studies in Mathematics, 89*(3), 393–417. https://doi.org/10.1007/s10649-015-9608-0
Schürmann, U., & Greefrath, G. (Hrsg.). (2021). *Modellieren im Mathematikunterricht: Fachdidaktische Erkenntnisse und Handlungsempfehlungen für die Sekundarstufe I und II* (Bd. 4). wbv Publikation. https://doi.org/10.3278/6004907w
Schwan, S., & Riempp, R. (2004). The cognitive benefits of interactive videos: Learning to tie nautical knots. *Learning and Instruction, 14*(3), 293–305. https://doi.org/10.1016/j.learninstruc.2004.06.005
Schwank, I. (2003). Einführung in prädikatives und funktionales Denken. *Zentralblatt für Didaktik der Mathematik, 35*(3), 70–78. https://doi.org/10.1007/s11858-003-0002-5
Schwank, I., Armbrust, S., & Libertus, M. (2003). Prädikative versus funktionale Denkvorgänge beim Konstruieren von Algorithmen. *Zentralblatt für Didaktik der Mathematik, 35*(3), 79–85. https://doi.org/10.1007/s11858-003-0003-4
Sealey, V. (2014). A framework for characterizing student understanding of Riemann sums and definite integrals. *The Journal of Mathematical Behavior, 33*, 230–245. https://doi.org/10.1016/j.jmathb.2013.12.002
Sedig, K., & Sumner, M. (2006). Characterizing Interaction with Visual Mathematical Representations. *International Journal of Computers for Mathematical Learning, 11*, 1–55. https://doi.org/10.1007/s10758-006-0001-z

Seidel, T. (2014). Angebots-Nutzungs-Modelle in der Unterrichtspsychologie. Integration von Struktur- und Prozessparadigma. *Zeitschrift für Pädagogik*, *60*(6), 850–866. https://doi.org/10.25656/01:14686

Sekulic, T., Takaci, D., Strboja, M., & Kostic, V. (2020). Influence of Mathematical Modeling in GeoGebra Environment on Learning Derivative. *International Journal for Technology in Mathematics Education*, *27*(2), 61–81.

Selden, A., Selden, J., & Mason, A. (1994). Even good calculus students can't solve nonroutine problems. In J. J. Kaput & E. Dubinsky (Hrsg.), *Research Issues in Undergrauate Mathematics Learning? Preliminary Analyses and Results* (S. 19–26). Mathematical Association of America. http://rgdoi.net/https://doi.org/10.13140/RG.2.1.4303.7208

Serhan, D. (2000). *The effect of using graphing calculators on students' concept images of the derivative at a point*. Arizona State University.

Sevimli, E. (2016). Do calculus students demand technology integration into learning environment? Case of instructional differences. *International Journal of Educational Technology in Higher Education*, *13*(37), 1–18. https://doi.org/10.1186/s41239-016-0038-6

Sfard, A. (1991). On the dual nature of mathematical conceptions: Reflections on processes and objects as different sides of the same coin. *Educational Studies in Mathematics*, *22*(1), 1–36. https://doi.org/10.1007/BF00302715

Sfard, A. (1992). Operational origins of mathematical objects and the quandary of reification—The case of function. In E. Dubinsky & G. Harel (Hrsg.), *The concept of function: Aspects of epistemology and pedagogy* (S. 59–84).

Siller, H.-S., & Roth, J. (2016). Grundvorstellungen als Basis und Bezugsnorm–das Beispiel Terme. *Praxis der Mathematik in der Schule*, *70*, 2–8.

Skulmowski, A., & Rey, G. D. (2020). Subjective cognitive load surveys lead to divergent results for interactive learning media. *Human Behavior and Emerging Technologies*, *2*(2), 149–157. https://doi.org/10.1002/hbe2.184

Spannagel, C., & Bescherer, C. (2009). Computerbezogene Selbstwirksamkeitserwartung in Lehrveranstaltungen mit Computernutzung. *Notes on Educational Informatics-Section A: Concepts and Techniques*, *5*(1), 23–43.

Stebner, F., Kühl, T., Höffler, T. N., Wirth, J., & Ayres, P. (2017). The role of process information in narrations while learning with animations and static pictures. *Computers & Education*, *104*, 34–48. https://doi.org/10.1016/j.compedu.2016.11.001

Stiller, K. D., Freitag, A., Zinnbauer, P., & Freitag, C. (2009). How pacing of multimedia instructions can influence modality effects: A case of superiority of visual texts. *Australasian Journal of Educational Technology*, *25*(2). https://doi.org/10.14742/ajet.1149

Stölting, P. (2008). *Die Entwicklung funktionalen Denkens in der Sekundarstufe I. Vergleichende Analysen und empirische Studien zum Mathematikunterricht in Deutschland und Frankreich*. Universität Regensburg.

Strobach, T. (2020). *Kognitive Psychologie* (M. Hasselhorn, W. Kunde, & S. Schneider, Hrsg.; 1.). Verlag W. Kohlhammer. https://doi.org/10.17433/978-3-17-032662-0

Strobl, C. (2015). *Das Rasch-Modell. Eine verständliche Einführung für Studium und Praxis* (3. Aufl.). Hampp.

Stroup, W. M. (2002). Understanding Qualitative Calculus: A Structural Synthesis of Learning Research. *International Journal of Computers for Mathematical Learning*, *7*, 167–215. https://doi.org/10.1023/A:1021147132127

Stylianou, D. A., & Silver, E. A. (2004). The Role of Visual Representations in Advanced Mathematical Problem Solving: An Examination of Expert-Novice Similarities and Differences. *Mathematical Thinking and Learning*, *6*(4), 353–387. https://doi.org/10.1207/s15327833mtl0604_1

Sweller, J. (2012). Cognitive Load Theory. In N. M. Seel (Hrsg.), *Encyclopedia of the Sciences of Learning* (S. 601–605). Springer US. https://doi.org/10.1007/978-1-4419-1428-6_446

Sweller, J. (2020). Cognitive load theory and educational technology. *Educational Technology Research and Development*, *68*(1), 1–16. https://doi.org/10.1007/s11423-019-09701-3

Sweller, J., van Merrienboer, J. J. G., & Paas, F. (1998). Cognitive Architecture and Instructional Design. *Educational Psychology Review*, *10*(3), 251–296.

Sweller, J., Van Merriënboer, J. J. G., & Paas, F. (2019). Cognitive Architecture and Instructional Design: 20 Years Later. *Educational Psychology Review*, *31*(2), 261–292. https://doi.org/10.1007/s10648-019-09465-5

Swidan, O. (2019). Construction of the Mathematical Meaning of the Function–Derivative Relationship Using Dynamic Digital Artifacts: A Case Study. *Digital Experiences in Mathematics Education*, *5*(3), 203–222. https://doi.org/10.1007/s40751-019-00053-4

Swidan, O. (2020). A learning trajectory for the fundamental theorem of calculus using digital tools. *International Journal of Mathematical Education in Science and Technology*, *51*(4), 542–562. https://doi.org/10.1080/0020739X.2019.1593531

Swidan, O., & Fried, M. (2021). Focuses of awareness in the process of learning the fundamental theorem of calculus with digital technologies. *The Journal of Mathematical Behavior*, *62*, 1–17. https://doi.org/10.1016/j.jmathb.2021.100847

Swidan, O., & Naftaliev, E. (2019). The role of the design of interactive diagrams in teaching–learning the indefinite integral concept. *International Journal of Mathematical Education in Science and Technology*, *50*(3), 464–485. https://doi.org/10.1080/0020739X.2018.1522674

Swidan, O., & Yerushalmy, M. (2014). Learning the indefinite integral in a dynamic and interactive technological environment. *ZDM – Mathematics Education*, *46*(4), 517–531. https://doi.org/10.1007/s11858-014-0583-1

Takači, D., Stankov, G., & Milanovic, I. (2015). Efficiency of learning environment using GeoGebra when calculus contents are learned in collaborative groups. *Computers & Education*, *82*, 421–431. https://doi.org/10.1016/j.compedu.2014.12.002

Tall, D. (1985). Understanding the calculus. *Mathematics Teaching*, *110*, 1–12.

Tall, D. (1996). Functions and Calculus. In A. J. Bishop, K. Clements, C. Keitel, J. Kilpatrick, & C. Laborde (Hrsg.), *International Handbook of Mathematics Education* (S. 327–370). Springer Netherlands. https://doi.org/10.1007/978-94-009-1465-0_10

Tall, D. (2012). A Sensible approach to the Calculus. *El cálculo y su enseñanza*, *3*, 81–128. https://doi.org/10.61174/recacym.v3i1.139

Tall, D., & Sheath, G. (1983). Visualizing higher level mathematical concepts using computer graphics. In R. Hershkowitz (Hrsg.), *Proceedings of the 7th PME International Conference* (S. 357–362).

Tall, D., Smith, D., & Piez, C. (2008). Technology and calculus. In M. K. Heid & G. W. Blume (Hrsg.), *Research on technology and the teaching and learning of mathematics: Vol. 1. Research synthesis* (S. 207–258). NCTM, Information Age Publishing.

Tall, D., & Vinner, S. (1981). Concept image and concept definition in mathematics with particular reference to limits and continuity. *Educational Studies in Mathematics, 12*(2), 151–169. https://doi.org/10.1007/BF00305619

Tatar, E., & Zengin, Y. (2016). Conceptual Understanding of Definite Integral with GeoGebra. *Computers in the Schools, 33*(2), 120–132. https://doi.org/10.1080/07380569.2016.1177480

Thompson, P. W. (1994). Images of rate and operational understanding of the fundamental theorem of calculus. *Educational Studies in Mathematics, 26*, 229–274.

Thompson, P. W., & Harel, G. (2021). Ideas foundational to calculus learning and their links to students' difficulties. *ZDM – Mathematics Education, 53*(3), 507–519. https://doi.org/10.1007/s11858-021-01270-1

Thurm, D., Barzel, B., & Büchter, A. (2024). Schulbücher und digitale Lernplattformen: Eine vergleichende Analyse von Aufgaben hinsichtlich kognitiver Aktivierung und Visualisierungen. *Journal für Mathematik-Didaktik, 45*(4). https://doi.org/10.1007/s13138-023-00227-z

Thurston, W. P. (1994). On proof and progress in mathematics. *Bulletin of the American Mathematical Society, 30*(2), 161–177.

Toh, T. L. (2021). School calculus curriculum and the Singapore mathematics curriculum framework. *ZDM – Mathematics Education, 53*(3), 535–547. https://doi.org/10.1007/s11858-021-01225-6

Torkzadeh, G., & Van Dyke, T. P. (2002). Effects of training on Internet self-efficacy and computer user attitudes. *Computers in Human Behavior, 18*(5), 479–494. https://doi.org/10.1016/S0747-5632(02)00010-9

Törner, G., Potari, D., & Zachariades, T. (2014). Calculus in European classrooms: Curriculum and teaching in different educational and cultural contexts. *ZDM, 46*(4), 549–560. https://doi.org/10.1007/s11858-014-0612-0

Trigueros, M., Badillo, E., Sánchez-Matamoros, G., & Hernández-Rebollar, L. A. (2024). Contributions to the characterization of the Schema using APOS theory: Graphing with derivative. *ZDM – Mathematics Education.* https://doi.org/10.1007/s11858-024-01615-6

Turgut, İ. G., & Turgut, S. (2018). The Effects of Visualization on Mathematics Achievement in Reference to Thesis Studies Conducted in Turkey: A Meta-Analysis. *Universal Journal of Educational Research, 6*(5), 1094–1106. https://doi.org/10.13189/ujer.2018.060531

Turk, H. S., & Akyuz, D. (2016). The Effects of Using Dynamic Geometry on Eighth Grade Students' Achievement and Attitude towards Triangles. *International Journal for Technology in Mathematics Education, 23*(3), 95–102.

Tversky, B., Morrison, J. B., & Betrancourt, M. (2002). Animation: Can it facilitate? *International Journal of Human-Computer Studies, 57*(4), 247–262. https://doi.org/10.1006/ijhc.2002.1017

Ubuz, B. (2007). Interpreting a graph and constructing its derivative graph: Stability and change in students' conceptions. *International Journal of Mathematical Education in Science and Technology, 38*(5), 609–637. https://doi.org/10.1080/00207390701359313

Vahey, P., Kim, H.-J., Jackiw, N., Sela, H., & Knudsen, J. (2020). From the static to the dynamic: Teachers' varying use of digital technology to support conceptual learning in a curricular activity system. *ZDM, 52*(7), 1275–1290. https://doi.org/10.1007/s11858-020-01182-6

van Garderen, D., Scheuermann, A., & Poch, A. (2014). Challenges students identified with a learning disability and as high-achieving experience when using diagrams as a visualization tool to solve mathematics word problems. *ZDM*, *46*(1), 135–149. https://doi.org/10.1007/s11858-013-0519-1

van Gog, T., Paas, F., Marcus, N., Ayres, P., & Sweller, J. (2009). The Mirror Neuron System and Observational Learning: Implications for the Effectiveness of Dynamic Visualizations. *Educational Psychology Review*, *21*(1), 21–30. https://doi.org/10.1007/s10648-008-9094-3

Vargas González, M. F., Fernández-Plaza, J. A., & Ruiz Hidalgo, J. F. (2023). Pre-service teachers' understanding of the derivative of a function at a point. *International Journal of Mathematical Education in Science and Technology*, *54*(4), 483–510. https://doi.org/10.1080/0020739X.2021.1957504

Verhoef, N. C., Coenders, F., Pieters, J. M., Van Smaalen, D., & Tall, D. (2015). Professional development through lesson study: Teaching the derivative using GeoGebra. *Professional Development in Education*, *41*(1), 109–126. https://doi.org/10.1080/19415257.2014.886285

Verzosa, D., Guzon, A. F., & De Las Peñas, Ma. L. A. N. (2014). Using dynamic tools to develop an understanding of the fundamental ideas of calculus. *International Journal of Mathematical Education in Science and Technology*, *45*(2), 190–199. https://doi.org/10.1080/0020739X.2013.790513

Vincent, B., LaRue, R., Sealey, V., & Engelke, N. (2015). Calculus students' early concept images of tangent lines. *International Journal of Mathematical Education in Science and Technology*, *46*(5), 641–657. https://doi.org/10.1080/0020739X.2015.1005700

Vinner, S. (1983). Concept definition, concept image and the notion of function. *International Journal of Mathematical Education in Science and Technology*, *14*(3), 293–305. https://doi.org/10.1080/0020739830140305

vom Hofe, R. (1992). Grundvorstellungen mathematischer Inhalte als didaktisches Modell. *Journal für Mathematik-Didaktik*, *13*(4), 345–364. https://doi.org/10.1007/BF03338785

vom Hofe, R. (2003). Grundbildung durch Grundvorstellungen. *mathematik lehren*, *118*, 4–8.

vom Hofe, R., & Blum, W. (2016). "Grundvorstellungen" as a Category of Subject-Matter Didactics. *Journal Für Mathematik-Didaktik*, *37*(S1), 225–254. https://doi.org/10.1007/s13138-016-0107-3

vom Hofe, R., Kleine, M., Blum, W., & Pekrun, R. (2005). On the role of „Grundvorstellungen" fort he development of mathematical literacy. In M. Bosch (Hrsg.), *4th Congress of the European Society for Research in Mathematics Education* (S. 142–151).

vom Hofe, R., & Roth, J. (2023). *Grundvorstellungen aufbauen. mathematik lehren.*

Wafi, S., & Wirtz, M. (2015). Visualisierungskompetenz in Deutsch und Mathematik aus Sicht von Expertinnen und Experten der Lehr-/Lernforschung und Fachdidaktik. *Zeitschrift für interpretative Schul- und Unterrichtsforschung*, *4*(1), 119–140. https://doi.org/10.3224/zisu.v4i1.21319

Wagner, I., & Schnotz, W. (2017). Learning from Static and Dynamic Visualizations: What Kind of Questions Should We Ask? In R. Lowe & R. Ploetzner (Hrsg.), *Learning from Dynamic Visualization* (S. 69–91). Springer International Publishing. https://doi.org/10.1007/978-3-319-56204-9_4

Wang, P.-Y., Vaughn, B. K., & Liu, M. (2011). The impact of animation interactivity on novices' learning of introductory statistics. *Computers & Education, 56*(1), 300–311. https://doi.org/10.1016/j.compedu.2010.07.011

Wartha, S. (2009). Zur Entwicklung des Bruchzahlbegriffs – Didaktische Analysen und empirische Befunde. *Journal für Mathematik-Didaktik, 30*(1), 55–79. https://doi.org/10.1007/BF03339073

Weber, C. (2007). *Mathematische Vorstellungen bilden – Praxis und Theorie von Vorstellungsübungen im Mathematikunterricht der Sekundarstufe II*. http://link.springer.com/ https://doi.org/10.1007/BF03339054

Weber, C. (2016). Making Logarithms Accessible – Operational and Structural Basic Models for Logarithms. *Journal Für Mathematik-Didaktik, 37*(S1), 69–98. https://doi.org/10.1007/s13138-016-0104-6

Wedekind, J. (2007). Interaktive Visualisierungen. In P. Baumgartner & G. Reinmann (Hrsg.), *Überwindung von Schranken durch E-Learning. Festschrift für Rolf Schulmeister* (Bd. 1, S. 57–76). StudienVerlag.

Wei, H., Bos, R., & Drijvers, P. (2023). An Embodied Approach to Abstract Functional Thinking Using Digital Technology: A Systematic Literature Review. *International Journal for Technology in Mathematics Education, 30*(2), 75–94. https://doi.org/10.1564/tme_v30.2.2

Weigand, H.-G. (1999). Eine explorative Studie zum computerunterstützten Arbeiten mit Funktionen. *Journal für Mathematik-Didaktik, 20*(1), 28–54. https://doi.org/10.1007/BF03338882

Weigand, H.-G. (2014). Looking back and ahead—Didactical implications for the use of digital technologies in the next decade. *Teaching Mathematics and Its Applications, 33*(1), 3–15. https://doi.org/10.1093/teamat/hru006

Weigand, H.-G. (2015). Begriffsbildung. In R. Bruder, L. Hefendehl-Hebeker, B. Schmidt-Thieme, & H.-G. Weigand (Hrsg.), *Handbuch der Mathematikdidaktik* (S. 255–278). Springer Berlin Heidelberg. https://doi.org/10.1007/978-3-642-35119-8

Weigand, H.-G., Greefrath, G., Oldenburg, R., Siller, H. S., & Ulm, V. (2025). Understanding and Basic Mental Models of the concept of derivative. *Proceedings of the Fourteenth Congress of the European Society for Research in Mathematics Education.* HAL. CERME14. https://hal.science/hal-05303623

Weigand, H.-G., Schüler-Meyer, A., & Pinkernell, G. (2022). *Didaktik der Algebra: Nach der Vorlage von Hans-Joachim Vollrath.* Springer Berlin Heidelberg. https://doi.org/10.1007/978-3-662-64660-1

Weigand, H.-G., Trgalova, J., & Tabach, M. (2024). Mathematics teaching, learning, and assessment in the digital age. *ZDM – Mathematics Education, 56*(4), 525–541. https://doi.org/10.1007/s11858-024-01612-9

Weinhandl, R., Lindenbauer, E., Schallert-Vallaster, S., Pirklbauer, J., & Hohenwarter, M. (2024). GeoGebra, a Comprehensive Tool for Learning Mathematics. In A. Gegenfurtner & I. Kollar, *Designing Effective Digital Learning Environments* (1. Aufl., S. 39–56). Routledge. https://doi.org/10.4324/9781003386131-6

Weisberg, S. (2014). *Applied Linear Regression* (4. Aufl.). Wiley.

Wess, R. (2020). *Professionelle Kompetenz zum Lehren mathematischen Modellierens: Konzeptualisierung, Operationalisierung und Förderung von Aufgaben- und Diagnosekompetenz*. Springer Fachmedien Wiesbaden. https://doi.org/10.1007/978-3-658-29801-2

Wilzek, W. (2021). *Zum Potenzial von Anschauung in der mathematischen Hochschullehre: Eine Untersuchung am Beispiel interaktiver dynamischer Visualisierungen in der Analysis*. Springer Fachmedien Wiesbaden. https://doi.org/10.1007/978-3-658-35361-2

Winsløw, C. (2020). Analysis Teaching and Learning. In S. Lerman (Hrsg.), *Encyclopedia of Mathematics Education* (S. 50–53). Springer International Publishing. https://doi.org/10.1007/978-3-030-15789-0

Witzke, I., & Spies, S. (2016). Domain-Specific Beliefs of School Calculus. *Journal Für Mathematik-Didaktik*, *37*(S1), 131–161. https://doi.org/10.1007/s13138-016-0106-4

Wong, M., Castro-Alonso, J. C., Ayres, P., & Paas, F. (2018). Investigating gender and spatial measurements in instructional animation research. *Computers in Human Behavior*, *89*, 446–456. https://doi.org/10.1016/j.chb.2018.02.017

Wright, B. D. (2003). Rack and Stack: Time 1 vs. Time 2. *Rasch Measurement Transactions*, *17*(1), 905–906.

Wu, H., & Leung, S.-O. (2017). Can Likert Scales be Treated as Interval Scales?—A Simulation Study. *Journal of Social Service Research*, *43*(4), 527–532. https://doi.org/10.1080/01488376.2017.1329775

Wu, H.-K., Kuo, C.-Y., Jen, T.-H., & Hsu, Y.-S. (2015). What makes an item more difficult? Effects of modality and type of visual information in a computer-based assessment of scientific inquiry abilities. *Computers & Education*, *85*, 35–48. https://doi.org/10.1016/j.compedu.2015.01.007

Yerushalmy, M., & Schwartz, J. J. (1999). A procedural approach to explorations in calculus. *International Journal of Mathematical Education in Science and Technology*, *30*(6), 903–914. https://doi.org/10.1080/002073999287563

Yimer, S. T., & Feza, N. N. (2019). Learners' Conceptual Knowledge Development and Attitudinal Change towards Calculus Using Jigsaw Co-operative Learning Strategy Integrated with GeoGebra. *International Electronic Journal of Mathematics Education*, *15*(1), 1–26. https://doi.org/10.29333/iejme/5936

Yohannes, A., & Chen, H.-L. (2023). GeoGebra in mathematics education: A systematic review of journal articles published from 2010 to 2020. *Interactive Learning Environments*, *31*(9), 5682–5697. https://doi.org/10.1080/10494820.2021.2016861

Yorganci, S., & Subasi, M. (2024). Interactive GeoGebra applets to improving students' learning performance in e-book-based learning environment. *Education and Information Technologies*, *30*. https://doi.org/10.1007/s10639-024-13021-2

Zandieh, M. (1997). *The Evolution of Student Understanding of the Concept of Derivative*. Oregon State University.

Zandieh, M. (2000). A theoretical framework for analyzing student understanding of the concept of derivative. In E. Dubinsky, A. Schoenfeld, J. Kaput, C. Kessel, & M. Keynes (Hrsg.), *CBMS Issues in Mathematics Education* (Bd. 8, S. 103–127). American Mathematical Society. https://doi.org/10.1090/cbmath/008/06

Zandieh, M., & Knapp, J. (2006). Exploring the role of metonymy in mathematical understanding and reasoning: The concept of derivative as an example. *The Journal of Mathematical Behavior*, *25*(1), 1–17. https://doi.org/10.1016/j.jmathb.2005.11.002

Zazkis, R., Dubinsky, E., & Dautermann, J. (1996). Coordinating Visual and Analytic Strategies: A Study of Students' Understanding of the Group D4. *Journal for Research in Mathematics Education, 27*(4), 435–457. https://doi.org/10.2307/749876

Zengin, Y. (2018). Examination of the constructed dynamic bridge between the concepts of differential and derivative with the integration of GeoGebra and the ACODESA method. *Educational Studies in Mathematics, 99*(3), 311–333. https://doi.org/10.1007/s10649-018-9832-5

Zentgraf, K., & Prediger, S. (2024). Demands and scaffolds for explaining the connection of multiple representations: Revisiting the bottle-filling task. *The Journal of Mathematical Behavior, 73*, 1–21. https://doi.org/10.1016/j.jmathb.2023.101118

Zhang, C., & Conrad, F. G. (2014). Speeding in Web Surveys: The tendency to answer very fast and its association with straightlining. *Survey Research Methods, 8*(2), 127–135.

Zhang, J. (1997). The Nature of External Representations in Problem Solving. *Cognitive Science, 21*(2), 179–217. https://doi.org/10.1207/s15516709cog2102_3

Zhang, Q., & Fiorella, L. (2019). Role of generated and provided visuals in supporting learning from scientific text. *Contemporary Educational Psychology, 59*, 1–14. https://doi.org/10.1016/j.cedpsych.2019.101808

Zhang, Y., Wang, P., Jia, W., Zhang, A., & Chen, G. (2023). Dynamic visualization by GeoGebra for mathematics learning: A meta-analysis of 20 years of research. *Journal of Research on Technology in Education*, 1–22. https://doi.org/10.1080/15391523.2023.2250886

Zhuang, Q., & Liu, X. (2022). Comparison of graph and animation: An unbalanced battle over two decades. *Frontiers in Psychology, 13*, 1–4. https://doi.org/10.3389/fpsyg.2022.810557

Zimmermann, W., & Cunningham, S. (1991). Editors' Introduction: What Is Mathematical Visualization. In *Visualization in teaching and learning mathematics* (S. 1–7).

Zöttl, L. (2009). *Modellierungskompetenz fördern mit heuristischen Lösungsbeispielen.* Ludwig-Maximilians-Universität München.

Zulnaidi, H., Oktavika, E., & Hidayat, R. (2020). Effect of use of GeoGebra on achievement of high school mathematics students. *Education and Information Technologies, 25*(1), 51–72. https://doi.org/10.1007/s10639-019-09899-y

Zumbach, J. (2008). *Lernen mit neuen Medien: Instruktionspsychologische Grundlagen* (M. Hasselhorn, H. Heuer, & F. Rösler, Hrsg.). W. Kohlhammer.

Kolibri 360 GmbH
Ferdinand-Jühlke-Straße 7
99095 Erfurt, Deutschland
produktsicherheit@kolibri360.de